工程地质

（第2版）

主　编　白建光
副主编　侯雨丰　寇文琦　薛慧君
参　编　杨振强　甄　琦
主　审　张　宏　李为萍

北京理工大学出版社
BEIJING INSTITUTE OF TECHNOLOGY PRESS

内 容 提 要

工程地质是土木工程专业的主要专业基础课程。本书针对应用型本科的培养目标和基本要求，加强针对性，突出应用性和实用性，力求理论概念清晰，简明扼要，以工程地质的基础知识和基本原理为依据，重点介绍各类工程地质条件和问题及工程地质分析评价方法，突出并充实与工程实践紧密相连的工程地质勘察等实用性内容，注意解决各类建设工程中与岩土介质有关的工程地质问题，使工程地质成为为实现某项工程目的服务而进行的必要的系统性工作之一，本书编写过程中最大限度地反映新技术在地质研究中的应用。全书共九章，内容包括绪论；矿物与岩石；地貌、地质年代及第四纪地质；地质构造；地下水；地质作用；岩土的工程性质；工程地质勘察；室内地质分析应用技能训练等。

本书可作为高等院校土木工程类专业的教材，也可作为道路桥梁与渡河工程、市政工程等相近专业的教材，同时可供从事土木工程设计、施工等工作的工程技术人员参考使用。

图书在版编目（CIP）数据

工程地质 / 白建光主编 . -- 2 版 . -- 北京 : 北京理工大学出版社，2025. 1.

ISBN 978-7-5763-4680-0

Ⅰ . P642

中国国家版本馆 CIP 数据核字第 2025U1M144 号

责任编辑：江 立　　文案编辑：李 硕

责任校对：周瑞红　　责任印制：李志强

出版发行 / 北京理工大学出版社有限责任公司

社 址 / 北京市丰台区四合庄路 6 号

邮 编 / 100070

电 话 / （010）68914026（教材售后服务热线）

（010）63726648（课件资源服务热线）

网 址 / http://www. bitpress. com. cn

版 印 次 / 2025 年 1 月第 2 版第 1 次印刷

印 刷 / 河北世纪兴旺印刷有限公司

开 本 / 787 mm × 1092 mm 1/16

印 张 / 19

字 数 / 481 千字

定 价 / 88.00 元

Preface
前言

编者在多年从事工程地质教学、科研和生产实践中，逐渐觉察到在工程中有一种被忽视的特殊工程——地质工程。为了解决现阶段土木工程出现的大量实际地质问题，更好地适应当前我国高等教育跨越式发展的需要，满足我国高等教育从精英式教育向大众化教育转轨过程中社会对应用型人才的需求，编者编写本书。本书采用理论、实践、应用结合的教材编写理念，重视应用能力和创造性思维能力的培养与提高。

本书参照国家最新颁布的规范，结合多所院校的现行教学大纲，确立了下列编写原则：内容安排力求少而精，突出理论够用、注重实践的特点；取材上保证在高级应用型人才培养的基础上，尽可能地融合有关的新理论、新知识、新方法，注意理论知识与实践技能的紧密结合；叙述上力求简明扼要、深入浅出；概念准确、严谨；图、表与文字叙述紧密配合，使读者易于理解、便于学习。

本书在介绍基本理论的同时，加强了各类工程的地质勘察、室内地质分析应用、野外地质技能训练；同时，甄选了典型的思考题、计算题和实训作业，提高读者解决工程实际地质问题的能力，并有助于读者复习和巩固。

本书第 2 版在工程地质学的研究方法、三大类岩石相互转化、常见地貌类型、活断层及断裂带分布、地质作用、地下水勘察、特殊土的类型、特殊构造物勘察等方面丰富了工程地质的相关内容。根据最新规范进行了部分内容调整，紧跟工程地质前沿，力求反映本学科国内外新技术、新发展；在理论说明时增加了较多插图，使内容更加形象；增加了

Preface

课程素养的内容，在基本理论学习的同时，培养学生的道德品质和人文精神，增强学生的综合素质与创新能力；课后计算题答案通过二维码方式给出，具有快速访问、便捷分享、信息安全、节省空间、跨平台兼容和交互式体验等优势。

本书编写分工如下：第 1 章、第 3 章、第 9 章由杨振强编写；第 2 章、第 4 章由甄琦编写；第 5 章和附录由薛慧君编写；第 6 章由侯雨丰编写；第 7 章由寇文琦编写；第 8 章由白建光编写。在拟订编写大纲及本书编写过程中，引用了大量前人的工作成果和现行相关教材的有关内容；并且本书得到了内蒙古大学张宏教授、内蒙古农业大学李为萍教授及各相关院校教师们的支持和帮助，提供了宝贵的经验和建议，使本书能集思广益、博采众长；除此之外，参加人员还包括杨超、王旭阳、赵信哲、王浩泽、贾鹏等，在此一并致谢。

由于编者水平有限，书中难免存在不妥之处，敬请各位专家、读者批评指正。

编　者

Contents

目录

Contents

Contents

Contents

Contents

Contents

第1章

绪　论

教学与学习目标

学习目标：通过本章学习，学生应了解工程地质条件、工程地质问题，掌握地球的圈层结构、地壳的组成及动力地质作用。

重点：本章的重点是内外地质作用。

难点：本章的难点是内外地质作用。

素质目标：要求学生了解生命意义的重要性，坚持绿色发展，坚持人与自然和谐共生。

思维导图

1.1　地质学与工程地质学

1.1.1　地质学

地质学是关于地球的科学。它的主要研究对象是地球的固体表层——地壳，研究内容主要为以下方面：

（1）研究地壳的物质组成，由矿物学、岩石学、地球化学等分支学科承担。

（2）研究地壳及地球的构造特征，即研究岩石或岩石组合的空间分布。研究这方面的分支学科有构造地质学、区域地质学、地球物理学等。

（3）研究地球的历史和栖居在地质时期的生物及其演变。研究这方面问题的有古生物学、地史学、岩相古地理学等。

（4）研究地质学的研究方法与研究手段，如同位素地质学、数学地质及遥感地质学等。

（5）研究应用地质学的理论和方法，解决资源探寻、环境地质分析和工程灾害防治等问题。

从应用方面来说，地质学对人类社会担负重大使命，主要有两方面：一是以地质学的理论和方法为指导，寻找各种矿产资源，这是矿床学、煤矿地质学、石油地质学等研究的主要内容；二是运用地质学的理论和方法研究工程地质环境，查明地质灾害的发生、发展及其分布规律，提出科学、合理的防治对策，以确保工程建设安全、经济和正常运行，这是工程地质学研究的主要内容。

1.1.2 工程地质学

工程地质学是地质学的分支学科，又是工程与技术科学、基础学科的分支学科。它是工程科学与地质科学相互渗透、交叉形成的一门边缘科学，是从事人类工程活动与地质环境相互关系的研究，是服务于工程建设的应用科学。

工程地质学为工程建设服务，是通过工程地质勘察来实现的。勘察所取得的各项地质资料和数据，提供给规划、设计、施工和使用部门使用。具体地说，工程地质勘察的主要任务如下：

（1）阐明建筑地区的工程地质条件，并指出对建筑物有利和不利的因素。

（2）论证建筑物所存在的工程地质问题，进行定性和定量的评价，做出确切结论。

（3）选择地质条件优秀的建筑场地，并根据场地工程地质条件对建筑物配置提出建议。

（4）研究工程建筑物兴建后对地质环境的影响，预测其发展演化趋势，提出利用和保护地质环境的对策及措施。

（5）根据所选定地点的工程地质条件和存在的工程地质问题，提出有关建筑物类型、规模、结构和施工方法的合理建议，以及保证建筑物正常施工和使用应注意的地质要求。

（6）为拟订改善和防治不良地质作用的措施方案提供地质依据。

工程地质学是把地质学的理论、方法应用于实际，通过工程地质调查、勘察和研究建筑场地的地形地貌、地层岩性及其工程地质性质、地质构造、水文地质和物理地质作用等工程地质条件，预测和论证有关工程地质问题发生的可能性，并采取必要防治措施加以防治。减灾防灾是工程地质学的重要任务之一。

1.2 工程地质条件

为了保证地基稳定可靠，必须全面地研究地基及其周围地质环境的有关工程地质条件，以及当建筑物建成后某些地质条件可能诱发的工程地质问题。工程地质条件是指工程建筑物所在地区地质环境各项因素的综合。这些因素包括以下内容：

（1）地层岩性：是最基本的工程地质因素，包括地层岩石的成因、时代、岩性、产状、成岩作用特点、变质程度、风化特征、软弱夹层和接触带及物理力学性质等。

（2）地质构造：是工程地质工作研究的基本对象，包括褶皱、断层、节理构造的分布和特征。地质构造，特别是形成时代新、规模大的优势断裂，对地震等灾害具有控制作用，因而对建筑物的安全稳定、沉降变形等具有重要意义。

（3）水文地质条件：是重要的工程地质因素，包括地下水的成因、埋藏、分布、动态和化学成分等。

（4）地表地质作用：是现代地表地质作用的反映，与建筑区地形、气候、岩性、构造、地下水和地表水作用密切相关，主要包括滑坡、崩塌、岩溶、泥石流、风沙移动、河流冲刷与沉积等，对评价建筑物的稳定性和预测工程地质条件的变化意义重大。

（5）地形地貌：地形是指地表高低起伏状况、山坡陡缓程度与沟谷宽窄及形态特征等。地貌则说明地形形成的原因、过程和时代。平原区、丘陵区、山岳地区的地形起伏、土层厚薄和基岩出露情况、地下水埋藏特征及地表地质作用现象都具有不同的特征，这些因素都直接影响建筑场地和线路的选择。

1.3　工程地质问题

已有的工程地质条件在工程建筑和运行期间会产生一些新的变化及发展，构成威胁影响工程建筑安全的地质问题称为工程地质问题。由于工程地质条件复杂多变，不同类型的工程对工程地质条件的要求又不尽相同，因此，工程地质问题是多种多样的。就土木工程而言，主要的工程地质问题如下：

(1) 地基稳定性问题：是工业与民用建筑工程常遇到的主要工程地质问题，它包括强度和变形两个方面。另外，岩溶、土洞等不良地质作用和现象都会影响地基稳定。铁路、公路等工程建筑则会遇到路基稳定性问题。

(2) 斜坡稳定性问题：自然界的天然斜坡是经受长期地表地质作用达到相对协调平衡的产物，人类工程活动尤其是道路工程需开挖和填筑人工边坡（路堑、路堤、堤坝、基坑等），斜坡稳定对防止地质灾害发生及保证地基稳定十分重要。斜坡地层岩性、地质构造特征是影响其稳定性的物质基础，风化作用、地应力、地震、地表水和地下水等对斜坡软弱结构面的作用往往破坏斜坡稳定，而地形地貌和气候条件是影响其稳定的重要因素。

(3) 洞室围岩稳定性问题：地下洞室被包围于岩土体介质（围岩）中，洞室开挖和建设过程破坏了地下岩体原始平衡条件，会出现一系列不稳定现象，常遇到围岩塌方、地下水涌水等。一般在工程建设规划和选址时要进行区域稳定性评价，研究地质体在地质历史中受力状况和变形过程。做好山体稳定性评价，研究岩体结构特性，预测岩体变形破坏规律，进行岩体稳定性评价及考虑建筑物和岩体结构的相互作用。这些都是防止工程失误和事故、保证洞室围岩稳定所必要及必需的工作。

(4) 区域稳定性问题：地震、震陷和液化及活断层对工程稳定性的影响，自1976年唐山地震后越来越引起土木工程界的注意。对于大型水电工程、地下工程及依据工程地质勘察成果应进行一般的工程地质问题分析和采取处理措施。

1.4　地球圈层

1.4.1　地球圈层的划分

地球并不是均一的整体，通过记录地震波获得的地球物理资料揭示固体地球是由不同圈层构成的。一般的工程建设都局限于地球表层几十米以内，但是对地球各圈层的了解，有助于我们深入认识地球表层的形成与演化，从而更好地为工程建设服务。

地球的圈层包括外圈层和内圈层。地球的外圈层是指大气圈、水圈和生物圈。地球内圈层的划分相对外圈层要困难得多，了解地球的内部构造是一个非常困难的问题，关于地球内部物质与构造的判断只能依靠间接信息。最重要的间接信息是地震波在地球内部的传播速度，它不仅是划分地球内部圈层的基础，也是判断地球内部物质的密度、温度、熔点、压力等物理性质的重要依据。另外，还可依靠陨石、地幔岩石学及高温高压试验等提供的间接信息推断地球内部的物质成分。图1.1给出了地震波在地球内部不同深度的传播速度。波速的突变面称为波速不连续面或界面。

从图1.1可以看出，在33 km和2 900 km处存在两个一级界面。第一个界面称为莫霍洛维奇面，简称莫霍面或 M 面，它是南斯拉夫学者莫霍洛维奇于 1909 年首先发现的。在此界面附近，地震纵波波速 V_P 由 7.6 km/s 突然增至 8.1 km/s。第二个界面是美国学者古登堡于 1914 年发现的，称为古登堡面。在此界面处，S 波（横波）消失，P 波（纵波）速度突然由 13.64 km/s 下降到 8.1 km/s。这两个界面把地球内部分为地壳、地幔和地核三个主要圈层。

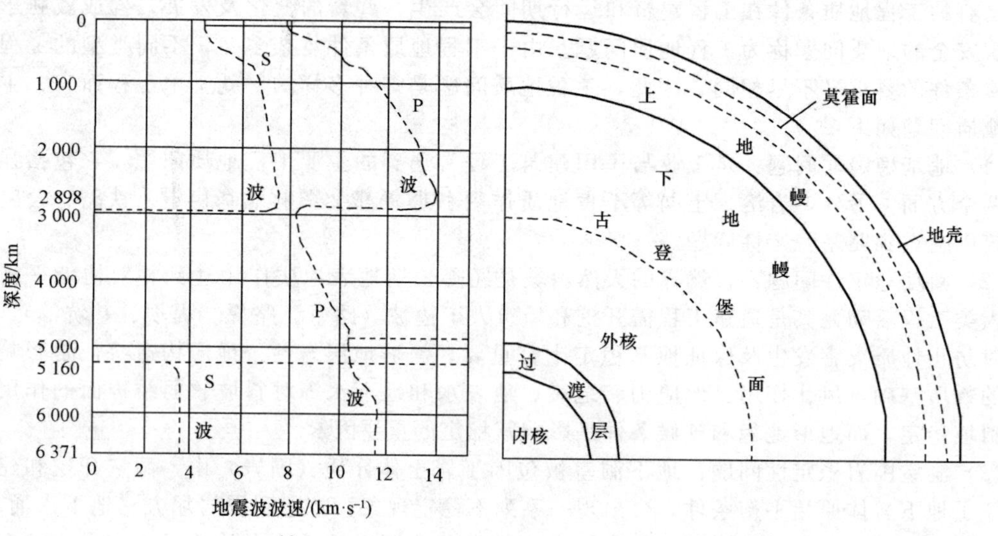

图 1.1　地震波在地球内部不同深度的传播速度

(a) 地震波波速与深度的关系；(b) 地球内部圈层的划分

大气圈是地球的最外圈层，其上界可达 1 800 km 或更高的空间。自地表到 10～17 km 的高空为对流层，所有的风、云、雨等天气现象均发生在这一层，它对地球上生物生长、发育和地貌的变化具有极大的影响。大气圈的主要成分是 N_2（78%）和 O_2（21%），其次是 Ar（0.93%）、CO_2（0.03%）和水蒸气等。大气圈提供生物需要的 CO_2 和 O_2 等，在适宜于生命活动的温度、湿度条件下，保护生物免受宇宙射线和陨石的伤害。在 4 亿多年前，高空的臭氧层形成，遮挡了对生物有害的大量紫外线，为陆生植物的生长创造了有利条件。

水圈由地球表层分布于海洋及陆地上的水和冰所构成。水的总体积约为 14×10^8 km^3，其中海洋水占总体积的 98%，陆地水只占 1.9%。可见，水在地表分布是很不均匀的，主要集中在海洋。水圈中各部分水的成分和物理性质有所不同，其成分除作为主体的水外，尚含有各种盐类。例如，海水含盐度高，平均为 35%，以氯化物（如 NaCl、$MgCl_2$ 等）为主，陆地水含盐度低，平均小于 1%，以碳酸盐［如 $Ca(HCO_3)_2$］为主。水受太阳热的影响，可不停地循环。由于水的循环，形成了外力地质作用的动力，它们在运动过程中可不断产生动能，促进各种地质地貌的发育，并对土和岩石的工程性质产生极为重要的影响。

生物圈是地球生物存在于水圈、大气圈下层和地壳表层的范围之中的总称。生物富集的化学元素主要是 H、O、C、N、Ca、K、Si、Mg、P、S、Al 等。生物圈的质量很小，有人估计相当于大气圈的 1/300，水圈的 1/7 000 或上部岩石圈的 1/1 000 000。但是，生物圈对于改变地球的地理环境起着重要的作用。生物所生产的物质是人类的重要财富。①

地壳是莫霍面以上部分，由固体岩石组成，厚度变化很大。大洋地壳较薄，仅有 5～10 km；大陆地壳的平均厚度是 35 km，在造山带和西藏高原处，其厚度达 50～70 km；整个地

① 加强地球圈生物多样性的保护，携手共建地球生命共同体。

下层为玄武岩层，又称硅镁层，是富含铁、镁的岩浆岩，如大洋地壳广泛分布的玄武岩物质。地壳与地球半径相比仅为1/400，是地球表层极薄的一层硬壳，只有地球体积的0.8%。

地幔是介于莫霍面与古登堡面之间的部分，厚度约为2 800 km。根据地震波的变化情况，以地下1 000 km激增带为界面，又可把地幔分为上、下两层。上地幔从莫霍面至地下1 000 km，厚度为900 km，主要是由超基性岩组成，平均密度为3.5 g/cm^3，温度为1 200～2 000 ℃，压力达0.4 GPa。下地幔从地下1 000 km至古登堡面，厚度为1 900 km，主要成分为硅酸盐、金属氧化物和硫化物，铁、镍含量增加，平均密度为5.1 g/cm^3，温度为2 000～2 700 ℃，压力达150 GPa。

地核自古登堡面至地心部分称为地核。地核又分内核、过渡层和外核，厚度为3 471 km。地核主要是由含铁、镍量很高且成分很复杂的液体和固体物质组成，密度约为13.0 g/cm^3，温度为3 500～4 000 ℃，中心压力达360 GPa。

1.4.2 地壳

1. 地壳的表面形态

地球表面明显地分为海洋和大陆两部分，海洋占地球表面的70.8%。大陆平均高出海平面0.86 km，海底平均低于海平面3.9 km。地壳表面起伏不平，有高山、丘陵、平原、湖盆地和海盆地等。世界上最高的山峰为珠穆朗玛峰，高8 844.43 m；最深的海沟为马里亚纳海沟，深11 034 m，两者高差在19 km以上。

大陆上典型的地形单元为线状延伸的山脉和面状展布的平原、高原等。海拔高于500 m，地形起伏大于200 m的地区称为山地，一般海拔500～1 000 m者为低山，1 000～3 500 m者为中山，大于3 500 m者为高山。除个别孤立的火山外，绝大多数山地呈线状延展，称为山脉。山脉主要是地壳运动使地表隆起的结果，是地壳活动性较大的地带，现代活动性较强。具有全球意义的山脉有两条：一是安第斯山脉—科迪勒拉山系；二是阿尔卑斯山脉—喜马拉雅山脉—横断山脉。

平原是较大的平坦地区，一般海拔小于600 m，地形起伏小于50 m。大面积平坦地形的出现表示这一地区内部是比较稳定的。高原是海拔高于600 m，表面较平坦或有一定起伏的广阔地区，它是近期地壳大面积整体隆起上升的结果。大陆上有一些宏伟的线状低地，这些地带是地球表面的巨型裂隙，地壳在这些地方被拉张而裂开，称为裂谷或大陆裂谷系。最著名的东非大裂谷为一系列的湖泊和峡谷，全长约6 500 km。

丘陵为有一定起伏的低矮地区，一般海拔在500 m以下，相对高差为50～200 m，其特点介于山地和平原之间。四周是高原或山地，中央低平的地区称为盆地。大陆上有些盆地很低，高程在海平面以下，这样的盆地称为洼地，如我国吐鲁番盆地中的艾丁湖，水面在海平面以下150 m，称为克鲁沁洼地。

大量海洋考察证实，海底与大陆一样具有广阔的平原、高峻的山脉和深陡的裂谷，而且比大陆更为雄伟壮观，如图1.2所示。

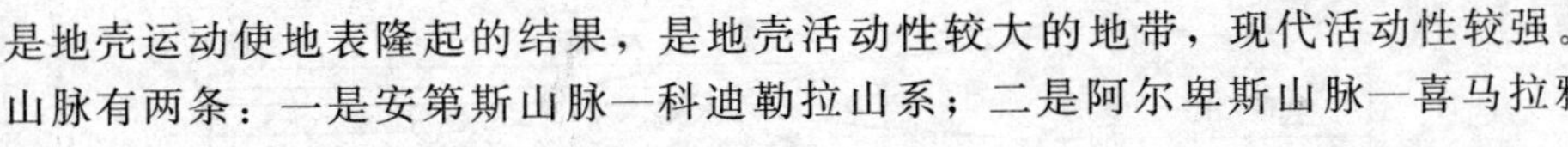

图1.2 海底地形示意

海底的山脉泛称海岭，其中那些现在经常有地震、正在活动的海岭称为洋脊或洋中脊。

海底的长条形洼地，泛称海槽，其中较深且边坡较陡者称海沟。大洋盆地是海底的主体，约占海底面积的45%，由洋脊两侧向外展布，一般深4 000～5 000 m。大洋盆地比较平坦，有一些低缓起伏，分深海丘陵和深海平原两种单元。海洋中的岛屿有的是微型的大陆，如日本列岛；有的是被海水淹没的大陆露出水面的部分，如海南岛及许多大陆架上的岛屿；然而为数众多的还是大洋盆地中的火山岛，它们是大洋中的火山露出水面的部分。大洋中还有许多比较孤立的水下山丘，称为海山。海洋边部的浅海是被海水覆盖的大陆，这一部分海底称为大陆边缘。大陆边缘占海洋总面积的15.3%，包括大陆架、大陆坡和大陆基。

大陆架是围绕大陆分布的浅水台地，平均坡度仅为0°07′，平均宽度为50～70 km。大陆架以外较陡的斜坡称大陆坡，其平均坡度为4.3°，平均宽度为28 km。大陆坡与大洋盆地的过渡地带称为大陆基或大陆麓。

2. 地壳组成

地壳是地球最表面的构造层，也是目前人类能够直接观察的唯一内部圈层，它只占地球体积的0.8%。地壳主要由岩石组成，如图1.3所示，岩石是自然形成的矿物集合体，它构成了地壳及其以下的固体部分。地壳根据其性质，可分为大陆地壳和大洋地壳，如图1.4所示。

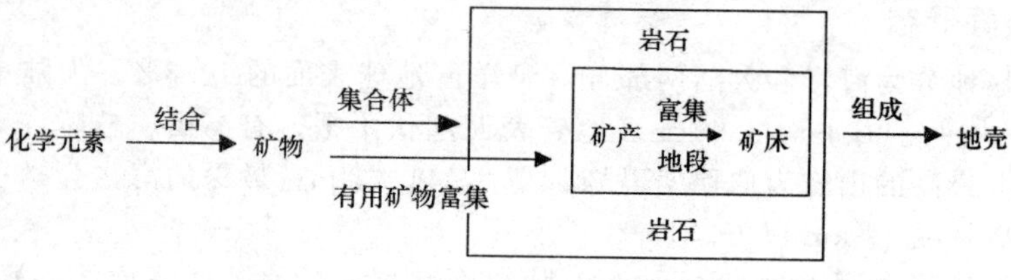

图1.3　地壳的组成

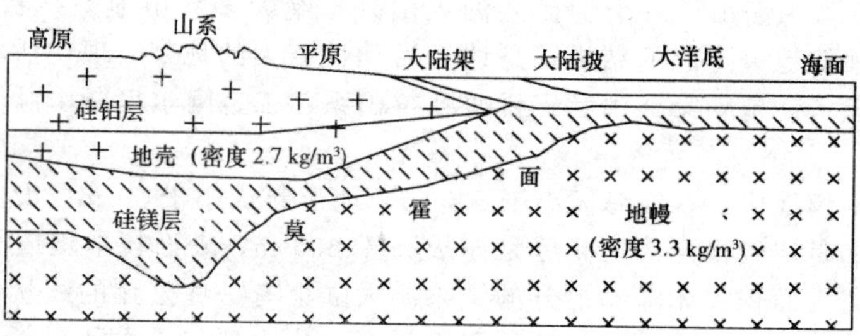

图1.4　地壳结构

大陆地壳覆盖地球表面的45%，主要表现为大陆、大陆边缘海及较小的浅海。地壳的化学组成以硅铝质为特点，可分为两大类岩石：一类是地壳上部的相对未变形的沉积岩或火山岩堆积；另一类是已经变形变质的沉积岩、火成岩和变质岩带。后者构成地球表面的山脉或在地壳深部，前者多在地壳表层的盆地及其边缘。地壳可以承受强烈的板块构造运动，因此，目前能寻找到38亿年前的地壳。

大洋地壳极薄，其上海水深度平均为4.5 km。大洋地壳从上到下由下列三部分组成：

（1）海洋沉积物层：平均厚度约为300 m，但其厚度可以从零（特别是洋中脊附近）变化到几千米（大陆附近），$V_P=2$，$d=1.93\sim2.3$；

（2）镁铁质火成岩：以玄武岩和辉长岩为主，其厚度为（1.7±0.8）km，$V_P=4\sim6$，$d=2.55$；

（3）海洋层：主要是地幔顶部水化作用形成的蛇纹石，其厚度为（4.8±1.4）km，$V_P=6.7$，$d=2.95$。大洋地壳的厚度、年龄随距洋中脊的距离加大而变厚、变老。但大洋地壳的年龄远远低于大陆地壳，多晚于中生代。

1.5 地质作用

1.5.1 概述

自然辩证法告诉人们："运动是物质存在的方式"。地球自形成以来，已有 46 亿年以上的历史，在漫长的地质历史中，它每时每刻都处在不停地运动之中。地球的演化包括了地表形态的不断改观和地球内部结构及物质成分的不断变化。地下深处高温高压的岩浆在向上运移的过程中，将深处的物质带到地球表层，使地球表层的物质成分发生变化；同时，由于岩浆热的作用，不断熔化围岩，被熔化的物质加入岩浆，从而使岩浆本身的成分也发生了改变。有时岩浆直接喷出地表形成火山，很快改变了地表的形态和物质组成；强烈的地震产生山崩、地裂及其他许多地质现象；在北大西洋的北海，浅海沉积物的厚度超过万米，只有该区地壳不断下沉才能产生如此厚的沉积物堆积；河流上游往往形成深沟峡谷，而下游地段开阔，有大量的砾石和泥沙堆积；河水的长期剥蚀作用使地表物质不断迁移；在可溶性岩石地区，由于地下水不断地溶蚀着岩石，使岩石呈现出千姿百态的壮丽岩溶地貌景观。

许多自然现象都有力地证明地球是在不断演化、发展的。由自然动力引起地球和地壳物质组成、内部结构及地表形态不断变化与发展的作用，称为地质作用。地质作用一方面不断地破坏地壳中已有的矿物、岩石、地质构造和地表形态；另一方面又不断地形成新的矿物、岩石，以及地质构造和地表形态。

产生动力地质作用的能量来自两个方面：一是源于地球本身，主要有地球自转产生的旋转能、重力作用产生的重力能、放射性元素蜕变产生的热能，另外，还有结晶能和化学能，上述能源系统称为内能；二是源于地球以外的能源，主要有太阳辐射能和日月引力能，另外，还有恒星及行星的辐射、宇宙射线等，这些来自地球以外的能源统称为外能。

内能引起的地质作用往往遍及岩石圈甚至整个地球。由内能引起整个岩石圈甚至整个地球的物质成分、内部结构、地表形态发生变化的作用称为内动力地质作用。它包括构造运动及地震、岩浆作用和变质作用等。内动力地质作用往往导致地球的物质成分、内部结构、地表形态的突然变化，被称为地球演化的"灾变说"，并且往往导致地表形态的凹凸不平，如火山喷发、地震作用等。

外能引起的地质作用发生在地球表层。由外能引起地表形态和物质成分变化的作用称为外动力地质作用，包括风化作用、剥蚀作用、搬运作用和沉积作用等。外动力地质作用往往带来地球的物质成分、内部结构、地表形态的缓慢变化，被称为地球演化的"渐变说"，其最终结果是把内动力地质作用带来的凹凸不平变得平整，即所谓的"平原化"过程，如风化作用、沉积作用等。

1.5.2 外动力地质作用

大约在 200 年前，人们还相信高山、湖泊和沙漠都是地球永恒的特征，可现在我们已知道高山最终将被风化和剥蚀而被夷为平地，湖泊将被沉积物和植被填满，沙漠则随着小气候的变化而行踪不定。地球上的物质无时无刻不在运动着。外动力地质作用按其效果可分为风化作用、剥蚀作用、搬运作用和沉积作用四种；按其动力来源则包括河流的地质作用、地下水的地质作用、湖泊和沼泽的地质作用、海洋的地质作用、冰川的地质作用和风的地质作用等。

(1) 风化作用：矿物和岩石在地表条件下发生的机械碎裂和化学分解过程叫作风化作用，

岩石类型、气候、地形是控制岩石和矿物风化的主要因素。风化可分为化学风化和机械风化。前者有组成成分的变化，而后者只有形体大小的改变而无组成成分的变化。岩石之所以被风化，是地球物质对环境变化的一种反应，直到原有物质逐渐变化至与新的环境处于平衡为止。

(2) 剥蚀作用：通过风、水流及冰等动力媒体将风化产物搬离原地的过程叫作剥蚀作用。剥蚀与风化作用在大自然中相辅相成，只有当岩石被风化后，才易被剥蚀。而当岩石被剥蚀后，才能露出新鲜的岩石，使之继续被风化。风化产物的搬运是剥蚀作用的主要体现。当岩屑随着媒体，如风或水等运动时，会对地表、河床及湖岸带产生侵蚀。这样也就产生更多的碎屑，为沉积作用提供了物质条件。

(3) 搬运作用：搬运作用是指风化剥蚀后的岩石碎块在各种外动力媒体的作用下沿一定的途径从原地搬运到最终沉积地点的全过程。

(4) 沉积作用：沉积作用为沉积物质在地表温度及大气压力下以成层方式进行堆积和形成的过程，包括沉积物埋藏以前（成岩作用之前）自风化、搬运以至堆积的全过程。沉积作用广泛地发生在大气圈下部，水圈、生物圈及岩石圈上部，沉积物主要堆积在地势相对低洼的地区。沉积作用的过程对沉积岩的成分、结构、分布等性质均有影响。

(5) 固结成岩作用：刚堆积的物质是松散多孔的并富含水分，被后来的沉积物覆盖埋藏后，在重压下排出水分，孔隙减小并被胶结，由松散堆积物渐变为坚硬的岩石，也就是沉积岩。

1.5.3 内动力地质作用

内动力地质作用是由地球内部能源包括转动能、重力能和放射性元素蜕变产生的热能等所引起的岩石圈物质成分、内部构造、地表形态发生变化的动力地质作用。它包括构造运动、岩浆及火山作用、变质作用和地震作用。

1. 构造运动

构造运动是指由内部能源引起地球物质运移并导致岩石圈内或整个地球结构发生变化，形成各类大区域地质构造形态和变形的作用，曾被称为地壳运动。它是地表变化和岩石圈内地质体的大尺度变形方式与过程及其时空分布规律产生的原因。对不同构造成因的认识，有着不同的地球构造假说或学说，如地球收缩说、地球膨胀说、大陆漂移说、地槽地台学说和板块构造学说等。构造运动又与比较具体的构造形态相联系，如褶皱运动、断裂运动、地裂运动、造山运动、造陆运动等。按地壳运动的方向，构造运动可分水平运动和升降运动。同一地区构造运动的方向随着时间推移而不断变化，某一时期以水平运动为主，另一时期则以垂直运动为主，且水平运动的方向和垂直运动的方向也会发生更替。

2. 岩浆及火山作用

人们通过对火山产物和当代火山活动的长期反复观察与综合研究，发现在火山活动时不但有蒸气、石块和熔浆团从火山口喷出，而且还有炽热的熔融物质自火山口溢流出来。这种产生于地球深处含挥发组分的高温黏稠的硅酸盐熔融物质就是岩浆。岩浆通常是指 40～100 km 深处、呈高温黏稠状的、富含挥发组分、成分复杂的硅酸盐熔融体。岩浆在高温高压下常处于相对平衡状态，但当地壳运动使地壳出现破裂带，或其上覆岩层受外力地质作用发生物质转移时，造成局部压力降低，打破了岩浆的平衡环境，岩浆就会向低压方向运动，这种现象称为岩浆活动。其侵入地壳上部或喷出地表冷凝而成的岩石称为岩浆岩，岩浆岩是构成岩石圈的主要岩石；当岩浆沿地壳软弱地带喷出到地表，形成火山喷发，就成了火山作用。岩浆活动还使围岩发生变质现象，同时引起地形改变。

3. 变质作用

变质作用是指由于地壳运动、岩浆作用等引起地壳物理和化学条件发生变化，促使岩石在固体状态下改变其成分、结构和构造的作用。组成地壳的岩石都是在一定的地质作用和条件下形成并存在的，它们必然处于不断地运动、变化和发展之中。地壳中已经形成的岩石由于其所处地质环境的改变，在新的物理、化学条件下，就会发生矿物成分和结构构造等多方面的改造与转变。由地球内力作用下，随着物理、化学条件的改变，地下的固态岩石因受温度、压力及化学活动性流体的影响，其原岩组分、矿物组合、结构、构造等发生转化即形成多种不同类型的变质岩。

4. 地震作用

地震是地壳快速振动的现象，地壳运动和岩浆作用都能引起地震。岩石中蓄积的应变能以弹性波形式突然释放而引起地球内部的快速颤动。地震发源于地下深处，传播并波及地表。地震是地内物质运动的表现之一。绝大多数地震是构造运动使岩石断裂而引起的。

1.6　工程地质学研究方法

工程地质学的研究对象是复杂的地质体，因此，其研究方法是包括地质分析法、模拟方法、实验和测试方法和计算方法等方法的密切结合，即通常所说的定性分析与定量分析相结合的综合研究方法。

(1) 地质分析法，即自然历史分析法。它是运用地质学的理论，查明工程地质条件和地质现象的空间分布，以及它在工程建筑物作用下的发展变化，用自然历史的观点分析研究其产生过程和发展趋势，进行定性的判断。它是工程地质研究的基本方法，也是其他研究方法的基础。

(2) 模拟方法，可分为物理模拟（也称工程地质力学模拟）和数值模拟。它们是在通过地质研究，深入认识地质原型，查明各种边界条件，并通过实验研究获得有关参数的基础上，结合建筑物的实际作用，正确地抽象出工程地质模型，利用相似材料或各种数学方法，再现和预测地质作用的发生及发展过程。

(3) 试验和测试方法，包括测定岩、土体特性参数的试验，对地应力的量级和方向的测试，对地质作用随时间延续而发展的监测，通过室内或野外现场试验，取得所需要的岩土的物理性质、水理性质、力学性质数据。长期观测地质现象的发展速度也是常用的试验方法之一。

(4) 计算方法，包括应用统计数学方法对测试数据进行统计分析，利用理论或经验公式对已测得的有关数据进行计算，以定量地评价工程地质问题。

计算机在工程地质学领域中的应用，不仅使过去难以完成的复杂计算成为可能，而且能够对数据资料进行自动存储、检索和处理，使计算过程变得简单。

思考题

1. 地球内部圈层是怎样划分的？
2. 外动力地质作用和内动力地质作用对地球表面形态的改变有哪些异同？
3. 常见鉴定矿物的方法有哪些？肉眼鉴定矿物的一般方法和程序有哪些？举例说明。
4. 简述三大岩的主要鉴定特征。
5. 沉积岩的主要矿物成分、结构、构造特点及分类是什么？常见沉积岩有哪些？
6. 简述岩浆岩的产状及特征。
7. 根据地质成因和变质作用因素，变质作用分为哪几种类型？

第 2 章

矿物与岩石

教学与学习目标

学习目标：通过本章的学习，学生应了解矿物的形态和主要造岩矿物的特征，掌握矿物的物理性质，以及岩石的形成、结构和构造特征及分类。

重点：本章的重点是矿物的物理性质、岩石的结构和构造特征。

难点：本章的难点是主要造岩矿物的特征、岩石的结构和构造特征及分类。

素质目标：要求学生领悟"人民需要我做什么，我就做什么，一直到我不能做的时候为止"的爱国情怀、"铸牢中华民族共同体意识、促进各民族像石榴籽一样紧紧抱在一起"的精神及培养"艰苦朴素、求真务实"的工作作风。

思维导图

2.1 矿 物

矿物是指地壳中的化学元素在地质作用下形成的、具有一定化学组成的天然化合物，它具有稳定的相界面和结晶习性。目前，自然界中已发现的矿物约有 3 300 种，但常见的只有 50～60 种①，其中有 20～30 种能够构成岩石主要成分的矿物称为造岩矿物。在岩石中经常出现、对岩石性质影响显著且对鉴定岩石类型起着重要作用的矿物称为主要造岩矿物，常见的主要造岩矿物有石英、长石、辉石、角闪石、黑云母、橄榄石、方解石、白云石等。认识和掌握鉴别矿物与造岩矿物的能力是鉴别岩石的基础。

2.1.1 矿物的形态及物理性质

自然界中大多数矿物通常是由两种或两种以上的元素组成的化合物，如石英（SiO_2）、方解石（$CaCO_3$）和正长石［K（$AlSi_3O_8$）］等；也有少数矿物是以单质元素组成，如石墨（C）、天然硫黄（S）、黄金（Au）等。绝大多数矿物以固体状态为主，如橄榄石、正长石、菱镁矿、白云石、蛇纹石、滑石和水镁石等，也存在液态（如汞、水、石油）和气态［天然气、硫化氢

① 我国工程地质学的发展自 20 世纪 50 年代开始，取得了一系列重要成果，涌现出大量典型人物案例。著名地质学家李四光是我国地质学的开拓者、地质事业的奠基人。工作期间，他组织地质工作者勘探了 60 多种矿产储量，促进了地质力学这门科学的诞生。地质学前辈们在艰苦的环境下所取得的傲人成就，既能鼓舞人心，又能促使大家崇尚科学精神，使大家领悟"人民需要我做什么，我就做什么，一直到我不能做的时候为止"的爱国情怀。

(H_2S)、二氧化碳 (CO_2)] 等。每一种矿物都具有独特的物理性质，它们是矿物化学成分与内部构造的综合体现。因此，矿物的形态及主要物理性质是识别和鉴定矿物的重要依据。

1. 矿物的形态

(1) 结晶质矿物与非晶质矿物。固体矿物根据其内部构造不同，可分为结晶质和非晶质两种，地壳中绝大多数造岩矿物为结晶质，少数为非晶质。结晶质矿物的内部质点（原子、离子、分子）在三维空间中呈有规律的周期性排列，形成空间结晶格子构造。因此，在一定条件下，每种结晶质矿物都具有固定的规则几何外形，这就是矿物的固有形态特征，如岩盐［氯化钠 (NaCl)］的立方晶体内部格点单元结构（图 2.1）。具有良好固有形态的晶体称为自形晶或单晶体①。在自然界中，自形晶较少见到，因为在晶体生长过程中，受生长速度和周围自由空间环境的限制，晶体发育不良，形成了不规则的外形，称为他形晶，而岩石中的造岩矿物多为粒状他形晶的集合体。

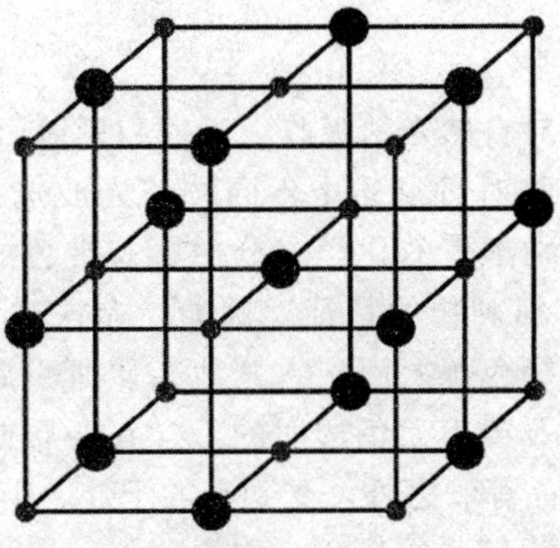

图 2.1 岩盐的立方晶体内部格点单元结构

非晶质矿物的内部质点的排列则是杂乱无章且没有规律性的，因此不具有规则的几何外形。非晶质矿物有玻璃质和胶体质两类。前者是高温熔融体迅速冷凝而成，如火山喷出的岩浆迅速冷凝而成的黑曜岩中的矿物；后者是由胶体溶液沉淀或干涸凝固而成，如硅质胶体溶液沉淀凝聚而成的蛋白石 ($SiO_2 \cdot nH_2O$)。

(2) 矿物的形态。矿物的形态是指矿物的单个晶体外形或集合体的状态。每种矿物一般都具有固定的形态，因此矿物的形态可以帮助识别矿物。

1) 常见的矿物单晶体的形态。矿物单晶体有的沿一个方向延展，呈柱状（如长柱状的角闪石和短柱状的辉石）、针状等；有的沿两个方向延伸，呈板状（如斜长石、板状石膏）、片状或鳞片状（如云母、绿泥石）等；有的沿三个方向大致相等发育，呈菱面体状（如方解石）、立方体状（如岩盐、方铅矿、黄铁矿）或菱形十二面体状（如石榴籽石）。

2) 常见的矿物集合体的形态。同种矿物多个单体聚集而形成的整体被称为矿物集合体。集合体的形态主要取决于矿物的单体形态、特征和它们之间的排列方式。

如果矿物单体为单一方向延伸，其集合体常为纤维状（如纤维石膏）、柱状、针状或毛发

---

① 晶体离子好比“石榴籽”，经精密堆积后构成晶体，也像“石榴”一样“千子同一”，颗颗相抱，组成一体，结实而坚硬。“铸牢中华民族共同体意识、促进各民族像石榴籽一样紧紧抱在一起”，各民族只有“像石榴籽那样紧紧抱在一起”，中华民族这棵参天大树才能枝繁叶茂。各族干部群众要切实增强政治意识、大局意识、责任意识，团结奋斗、繁荣发展。只要辛勤培育民族团结的“石榴之树”，定会结出颗满籽饱的石榴之果。

状；单体若为两个方向延展，其集合体常为片状、板状或鳞片状；单体若在空间三个方向上接近等长，其集合体常为粒状（肉眼可分辨矿物颗粒）或块状（肉眼不足以分辨矿物颗粒）。块状集合体中的坚实者称为致密块状（如石英），疏松的块状可称为土状（如高岭土）。当然，还有一些特殊形态的集合体，下面介绍常见的几种。

①放射状，由针状或长柱状矿物以一点为中心向外呈放射状排列，形状如菊花。

②鲕状、豆状、葡萄状、肾状，矿物集合体由许多圆球组成，圆球内部有同心圆构造，其中颗粒大小如鱼卵的称为鲕状，如方解石等；近似黄豆大小的称为豆状，如赤铁矿等；不规则的球形体可称为葡萄状与肾状。

③钟乳状，形态类似冬季屋檐下凝结的“冰溜”，横切面呈圆形，内部具有同心层状构造，有时还兼有放射状构造（如方解石）。

④晶簇，在岩石的空洞或裂隙中，丛生于同一基底，另一端朝向自由空间发育而具有完好晶形的簇状单晶体群。

2. 矿物的光学性质

矿物的光学性质是根据矿物对自然光的吸收、反射和折射而表现出的各种性质。

（1）颜色。矿物的颜色是矿物对可见光中不同波长光波选择性吸收和反射后的物理性能，颜色是矿物直观的性质之一。矿物本身的化学成分中含有带色的元素而呈现的颜色，即矿物固有的颜色，称作自色，可用作鉴别矿物的特征，例如，赤铁矿多为红色，黄铁矿多为铜黄色，黄铜矿为深铜黄色，孔雀石为翠绿色等。因混入其他杂质所引起的非固定色称作他色，不可作为鉴别矿物的依据，例如，纯质石英为无色透明的，含有杂质或致色元素时，可呈现出不同的颜色，如黄水晶、烟水晶、紫水晶等。另外，受到光的干涉、衍射等引起的颜色变化称作假色。例如，斑铜矿氧化表面上呈现蓝紫斑驳的颜色，称为锖色；白云母、冰洲石等无色透明矿物晶体内部，沿裂隙面、解理面所呈现的类似虹霓的彩色，称为晕色；欧泊石、日长石等矿物中不均匀分布的红、黄、蓝、绿等，随观察角度变化而呈现闪烁变幻或徐徐变化的彩色，称为变彩。

（2）条痕。矿物粉末的颜色称为条痕，通常由矿物在白色无釉瓷板上擦划来观察留下的矿物粉末痕迹而得出。大多数浅色矿物的条痕是无色或浅色的，某些深色矿物的条痕与颜色相同，这些矿物的条痕对鉴别矿物无用。矿物的条痕颜色较矿物块体的颜色固定，这对于不透明的金属矿物和色彩鲜明的透明矿物具有重要的鉴别意义。例如，赤铁矿因形态的不同可分别呈铁黑、钢灰、褐红等色，但它的条痕均为樱红色；角闪石为黑绿色，条痕为淡绿色；辉石为黑色，条痕为浅棕色；黄铁矿为铜黄色，条痕为黑色等。

（3）光泽。矿物新鲜表面对光线的反射能力称为光泽。根据矿物反射光线的强弱程度与特征，光泽可分为金属光泽、半金属光泽和非金属光泽，其中非金属光泽因为矿物表面不平，或带有细小孔隙，或不是单体而是集合体，故其表面所反射出来的光亮因经受多次折射、反射增加了散射的光亮，从而造成多种特殊光泽，又可细分为多种。对各类光泽的类型、特征及示例见表2.1。

表2.1　光泽的类型、特征及示例

光泽类型	特征	示例
金属光泽	反光强烈，光辉闪耀，类似金属抛光面的光泽	金、银、铜、辉锑矿、黄铁矿、方铅矿
半金属光泽	反光较强，类似未经抛光的金属表面的光泽	褐铁矿、黑钨矿、赤铁矿、磁铁矿

续表

光泽类型		特征	示例
非金属光泽	金刚光泽	反光较强，类似钻石呈现的光泽	金刚石、闪锌矿
	玻璃光泽	近似普通平面玻璃的反光	石英晶面、长石
	油脂光泽	如同涂上一层油脂后的反光	滑石、石英断口
	珍珠光泽	如同珍珠表面或贝壳内面出现的乳白彩光	白云母薄片
	蜡状光泽	如蜡烛表面的反光，较油脂光泽暗淡	块状叶蜡石、蛇纹石
	丝绢光泽	出现在纤维状集合体矿物的表面光泽	石棉、绢云母、纤维石膏
	土状光泽	矿物表面反光暗淡或无光泽	高岭石

(4) 透明度。矿物允许被光线穿透的程度称为透明度。矿物吸收、反射光线的能力越强，透明度越差，通常以 1 cm 厚的矿物块体为基础观察可见光透过的情形。能允许绝大部分光透过，即隔着约 1 cm 厚的矿物块体可清晰看到矿物后面物体轮廓的细节，称为透明，例如，纯净的石英单晶体和纯净方解石组成的冰洲石。容许极少光透过，即隔着约 1 cm 厚的矿物块体观察时，完全见不到矿物后面的物体，称为不透明，金属矿物均为不透明矿物，如黄铁矿、方铅矿、磁铁矿等。多数造岩矿物属于透明和不透明之间的过渡类型，称为半透明矿物，如一般石英集合体、滑石等。

3. 矿物的力学性质

矿物的力学性质是指矿物在受到力的作用后表现出来的物理性质。

(1) 硬度。矿物抵抗外力机械刻划、压入和摩擦的能力称为硬度。目前广泛采用德国矿物学家摩尔（F. Mobs）取自然界常见的 10 种矿物作为标准，定待定矿物硬度的相对硬度法。其将硬度分为 1～10 度共 10 个等级，即摩氏硬度（表 2.2）。例如，石墨的硬度与滑石接近，可定为 1 度；云母的硬度介于石膏和方解石之间，可定为 2～3 度等①。

表 2.2　摩氏硬度计硬度表

相对硬度等级	1	2	3	4	5	6	7	8	9	10
标准矿物	滑石	石膏	方解石	萤石	磷灰石	长石	石英	黄玉	刚玉	金刚石
注：为方便记忆上述 10 种矿物，可采用只记矿物的第一个汉字的方法，即："滑石方萤磷，长石黄刚金。"										

在野外工作，为便捷地测定矿物的相对硬度，常用随身携带的物品进行确定，这些物品相对硬度的等级：软铅笔（1 度），指甲（2～2.5 度），小刀、铁钉（3～4 度），玻璃碎片（5～5.5 度），钢刀刀刃（6～7 度）。

(2) 解理。矿物晶体在外力作用下沿一定晶面方向裂开呈光滑平面的性能称为解理；裂开的晶面一般平行成组出现，称为解理面。晶体根据受力时是否易于沿解理面破裂，以及解理面的大小和平整光滑程度的不同，可分为以下几种。

1）极完全解理：矿物容易沿一组解理面裂成薄片，如云母。

2）完全解理：矿物容易沿三组解理面方向裂成块状或板状，如方解石破裂成菱形六面体。

① 金刚石作为自然界中天然存在的最坚硬的物质，其用途非常泛，如工艺品、工业中的切割工具，具有很大的价值。作为地质工作者也要有金刚石般的"坚韧品质"，通过不懈的努力，实现"金刚石（宝石）"般的价值，为祖国做出杰出的贡献。

3）中等解理：矿物沿两组解理面方向裂成板状或柱状，如长石裂成板状、角闪石裂成长柱状。

4）不完全解理：沿解理面分裂较为困难，解理面很不平整、不连续，如磷灰石。

5）无解理：肉眼不易看到解理面，如橄榄石；或实际上没有解理面，如单晶体石英等。

解理还可根据解理面方向的数目分为一组解理（如云母）、二组解理（如长石、辉石与角闪石）、三组解理（如方解石）及多组解理。

（3）断口。实际上没有解理面的矿物在外力作用下沿不定方向破裂，而形成的形状各异、凹凸不平的破裂面，称为断口。断口的形态常具有一定的特征，例如，石英的贝壳状断口，其他还有石膏的锯齿状断口、块状高岭石的平坦状断口、大理石的粒状断口和铝土矿的土状断口等。

2.1.2 主要造岩矿物及其鉴别特征

一些矿物具有独特的性质，如弹性（指矿物受外力作用时发生弯曲而不断裂，外力撤除后即能恢复原状的性质，如云母）、挠性（指矿物受外力作用时发生弯曲而未断开，但外力解除后不能恢复原状的性质，如绿泥石、滑石）、延展性（指矿物受外力的拉引或锤击、滚轧时，能拉伸成细丝或展成薄片而不破裂的性质，如自然金等）、磁性（指矿物可被外部磁场吸引或排斥的性质，如磁铁矿）、滑感（滑石）、咸味（岩盐）、相对密度大（重晶石）、臭味（硫黄）等物理性质，以及与冷稀盐酸发生化学反应而产生 CO_2 气泡等现象。这些独特性对鉴别某些矿物具有重要意义。

另外，黄铁矿、石膏、云母、方解石、黏土矿物在评定岩石的工程地质性质时具有重要的意义。黄铁矿遇水和氧时易形成硫酸，导致岩石被迅速、剧烈地破坏。石膏可溶于水并膨胀，受水作用后易于在岩石中形成空洞。云母容易分裂成薄片，常以夹层状包含在岩石中，使岩石的强度降低、性质不均匀，容易碎裂成单独的板块，特别是含铁质的黑云母，较白云母更易受到破坏。方解石在一定条件下可溶解于水形成溶洞，不仅使岩石的强度降低，而且会产生渗透。黏土矿物（高岭石、蒙脱石、伊利石）遇水易软化，强度很低，极易产生滑动。

常见的造岩矿物及其物理性质见表2.3。在鉴定矿物时，应着重比较各种矿物的异同，找出它们的特殊点。表2.3为常见造岩矿物的物理性质，根据这些物理性质可进行造岩矿物的肉眼鉴定。应用表2.3鉴定造岩矿物时，首先根据颜色判断矿物是否为浅色（如石英、长石、白云母等）或深色（如橄榄石、黑云母、角闪石、辉石等），然后以适当的物品确定其硬度范围，最后观察分析其他特征，即可做出结论。常见造岩矿物的肉眼鉴定可结合矿物标本进行学习。

表2.3 常见造岩矿物的物理性质简表

矿物名称及化学成分	形态	物理性质				主要鉴别特征
		颜色	光泽	硬度	解理、断口	
石英 SiO_2	晶体为六棱柱状或双锥状，集合体为粒状、块状	纯净为无色，一般为乳白色或其他色	玻璃光泽，断口为油脂光泽	7	无解理，贝壳状断口	形状，硬度
正长石 $K(AlSi_3O_8)$	短柱状、板状、粒状	肉色、浅玫瑰色或近于白色	玻璃光泽	6	二向完全解理，近于正交	解理，颜色

续表

矿物名称及化学成分	形态	物理性质				主要鉴别特征
		颜色	光泽	硬度	解理、断口	
斜长石 Na（$AlSi_3O_8$）， Ca（$Al_2Si_2O_8$）	长柱状、板条状	白色或灰白色	玻璃光泽	6	二向完全解理，斜交	颜色，解理面有细条纹
白云母 $KAl_2(AlSi_3O_{10})(OH)_2$	板状、片状	无色、灰白至浅灰色	玻璃或珍珠光泽	2～3	一向极完全解理	解理，薄片有弹性
黑云母 K（Mg、Fe）$_3$ （$AlSi_3O_{10}$）$(OH)_2$	板状、片状	深褐、黑绿至黑色	玻璃或珍珠光泽	2.5～3	一向极完全解理	解理，颜色，薄片有弹性
角闪石 Ca_2Na（Mg、Fe）$_4$ （Al、Fe） [（Si、Al）$_4O_{11}$]$_2$ $(OH)_2$	长柱状、纤维状	深绿至黑色	玻璃光泽	5.5～6	二向完全解理，交角近56°	形状，颜色
辉石 （Ca、Mg、Fe、Al） [（Si、Al）$_2O_6$]	短柱状、粒状	褐黑、棕黑至深黑色	玻璃光泽	5～6	二向完全解理，交角近90°	形状，颜色
橄榄石 （Mg、Fe）$_2SiO_4$	粒状	橄榄绿、淡黄绿色	油脂或玻璃光泽	6.5～7	通常无解理，贝壳状断口	颜色，硬度
方解石 $CaCO_3$	菱面体、块状、粒状	白、灰白或其他色	玻璃光泽	3	三向完全解理	解理，硬度，遇盐酸强烈起泡
白云石 $CaMg(CO_3)_2$	菱面体、块状、粒状	灰白、淡红或淡黄色	玻璃光泽	3.5～4	三向完全解理，晶面常弯曲呈鞍状	解理，硬度，晶面弯曲，遇盐酸起泡微弱
石膏 $CaSO_4 \cdot 2H_2O$	板状、条状、纤维状	无色、白色或灰白色	玻璃或丝绢光泽	2	一向完全解理	解理、硬度
高岭石 $Al_4(Si_4O_{10})(OH)_8$	鳞片状、细粒状	白、灰白或其他色	土状光泽	1	一向完全解理	性软，黏舌，具可塑性
滑石 $Mg_3(Si_4O_{10})(OH)_2$	片状、块状	白、淡黄、淡绿或浅灰色	蜡状或珍珠光泽	1	一向完全解理	颜色，硬度，触摸有滑腻感
绿泥石 （Mg、Fe、Al）$_6$ [（Si、Al）$_4O_{10}$] $(OH)_8$	片状、土状	深绿色	珍珠光泽	2～2.5	一向完全解理	颜色，薄片无弹性有挠性
蛇纹石 $Mg_6(Si_4O_{10})(OH)_3$	块状、片状、纤维状	淡黄绿色、淡绿或淡黄色	蜡状或丝绢光泽	3～3.5	无解理，贝壳状断口	颜色，光泽
石榴籽石 （Mg、Fe、Mn）$_3$ $Al_2(SiO_4)_3$	菱形十二面体、二十四面体、集合体为粒状	棕、棕红或黑红色	玻璃光泽	6.5～7.5	无解理，不规则断口	形状，颜色，硬度
黄铁矿 FeS_2	立方体、粒状	浅黄铜色	金属光泽	6～6.5	贝壳状或不规则断口	形状，颜色，光泽

2.2　岩浆岩

岩石作为矿物（包括火山玻璃及生物残骸）的自然集合体，是在经过一定的自然地质作用，由一种及一种以上矿物组成、具有特定的结构或构造的集合体。根据形成原因和过程，岩石可分为由岩浆活动形成的岩浆岩（火成岩）、由外力作用形成的沉积岩（水成岩）和由变质作用形成的变质岩三大类。岩浆岩又称火成岩，是由炽热的岩浆在地下或喷出地表后冷凝固结而形成的岩石，其占地壳岩石体积的 64.7%，是三大类岩石的主体。

2.2.1　岩浆岩的形成过程

1. 岩浆和岩浆作用

岩浆是存在于上地幔和地壳深处、以硅酸盐为主要成分、富含挥发性物质（CO_2、CO、SO_2、H_2S 及 HCl 等）、处于高温（700～1 300 ℃）和高压（高达数千兆帕）状态下的熔融体。地下深处相对平衡状态下的岩浆，受地壳运动影响可以在上地幔或地壳深处运移，并沿深部的断裂向上入侵。当岩浆向上运移时，由于温度和压力的降低，岩浆逐渐在地壳中冷却凝固而未到达地表，称为岩浆侵入作用。因侵入作用所形成的岩石称为侵入岩。侵入岩是被周围原有岩石封闭起来的三维空间的实体，故又称为侵入体。包围侵入体的原有岩石称为围岩。侵入体按形成深度可分为深成侵入体（一般是在地表 3 km 以下）和浅成侵入体（通常距地表 3 km 以内）。一般深成侵入体规模大，浅成侵入体规模小。若岩浆沿一定构造裂隙通道上升到溢出地表或喷出地表，在地面上冷却凝固，则称为岩浆的喷出作用，也称为火山作用。在地表由于喷出作用形成的岩石称为喷出岩，喷出岩根据岩浆喷出的作用方式及其猛烈程度，又可分为熔岩和火山碎屑岩两类。熔岩是指上升的岩浆溢出地表冷凝而成的岩石。火山碎屑岩是指岩浆或它的碎屑物质被火山猛烈地喷发到空中，而后又在地面堆积形成的岩石。

2. 岩浆岩及其产状

岩浆岩的产状是指岩浆岩的形态、大小及其与周围岩体间的相互关系。因此，岩浆岩的产状是受岩浆的物质组成、产出的物理化学条件及冷凝地带的空间环境的制约和控制的，岩浆岩的产状多种多样，常见的有以下几种（图 2.2）。

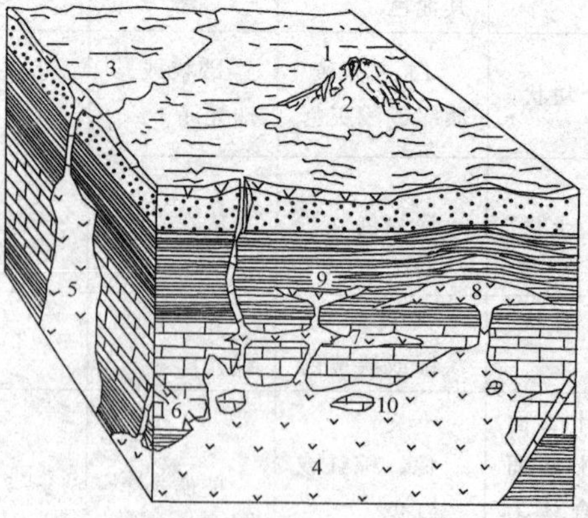

图 2.2　岩浆岩的产状

1—火山锥；2—熔岩流；3—熔岩被；4—岩基；5—岩株；
6—岩墙；7—岩床；8—岩盘；9—岩盆；10—捕虏体

（1）岩基和岩株：深成侵入体的产状。岩基是规模最大的侵入体，分布面积在 60 km^2 以上，形态不规则，岩性均匀，岩浆侵入位置深，冷凝速度慢，基底埋藏深，多为花岗岩；岩株出露面积一般小于 60 km^2，规模次之，平面形状多呈浑圆形，岩性均一，与围岩接触面不平直，边缘常有规模较小、形态规则或不规则的侵入体分枝插入围岩，宏观呈树枝状。

（2）岩盖、岩盘和岩床：浅成侵入体的产状。岩浆侵入成层的围岩，侵入体的展布与围岩成层方向大致平行，如果侵入体底平而顶凸、似蘑菇状，称为岩盖；若侵入体中间部分略向下凹、似盘状，则称为岩盘，岩盘形成透镜体或倒扣的盘子状岩体；岩盘与岩盖，其下部有管状通道与下面更大的侵入体相通，多为黏性较大的酸性岩浆形成。岩浆沿着围岩的层面侵入而形成的板状侵入体称为岩床，岩床形成厚板状岩体，多为黏性较小的基性岩浆形成。

（3）岩墙和岩脉：规模较小的浅成侵入体的产状。岩浆沿近垂直的围岩裂隙侵入，形成的近于直立的岩脉称为岩墙，长数十米至数千米，宽数米至数十米；岩浆侵入围岩的各种裂隙和断层中形成的脉状岩体称为岩脉或脉岩，形成脉状岩体，称为脉状或岩脉，长数厘米至数十米，宽数毫米至数米。

（4）岩钟和岩流：喷出岩的产状。岩浆沿火山颈喷出地表，其喷发方式主要有两种：一是岩浆沿管状通道上涌，从火山口喷发或溢出，称为中心式喷发；二是岩浆沿地壳中狭长的裂隙或断裂带溢出，称为裂隙式喷溢。喷出岩的产状受其岩浆的成分、黏性、上涌通道的特征、围岩的构造及地表形态的控制和影响。常见的喷出岩的产状有火山锥、熔岩流和熔岩台地等。

岩钟是黏性大的酸性岩浆沿火山口喷出地表，猛烈地爆炸喷发火山角砾、火山弹及火山渣。这些较粗的固体喷发物在火山口周围冷凝而成的钟状或锥状岩体，又称火山锥，锥体高达数十米至数百米，锥体坡角可达 30°，锥顶有明显的火山口。岩流由黏性小、易流动的基性岩浆沿火山口或断裂喷出或溢出地表后，迅速向地表低处流动，边流边冷凝而成的岩体，在一定地表面范围内覆盖一定的厚度的岩流也称熔岩席或熔岩被。岩浆长时间、缓慢地溢出地表堆积形成的台状高地称为熔岩台地。

2.2.2　岩浆岩的地质特征

岩石的地质特征包括岩石的结构、构造和矿物成分。岩石的结构是指岩石中矿物的结晶程度、晶（颗）粒大小、晶（颗）粒形态及晶（颗）粒之间的相互关系。岩石的构造是指岩石中矿物在空间的排列与充填方式所反映出来的岩石外貌特征。岩石的结构、构造由岩石形成环境过程所决定，还反映了物质成分变化的规律性，同矿物成分一样都是鉴定岩石的重要标志，也是岩石分类和定名的重要依据之一，同时还是直接影响岩石强度高低的主要因素。

1. 岩浆岩的结构

岩浆岩的结构涉及矿物的结晶程度、颗粒大小、晶粒形状和相互结合情况。主要影响岩浆岩结构的因素包括岩浆的化学成分（黏度）、物理化学状态（温度、压力）及成岩环境（冷凝、结晶时间与空间）等。如果形成深成岩的岩浆埋藏深且冷却缓慢，结晶过程充分，可以在适宜的条件下形成自形程度高、晶形良好、晶粒较大的矿物。相反，喷出地表的岩浆由于冷凝速度快、结晶时间不足，所以形成的喷出岩多为非晶质或隐晶质结构。①

① 《温家宝地质笔记》一书中有对岩浆岩结构构造的详细描述，见证了温家宝总理作为一名地质工作者的“地质韶光 携梦同行”的 12 年野外地质工作经历，也反映了改革开放初期我国地质工作的变化和成就，激发大家对所学专业的热爱，增强对所学专业的学习兴趣和学习信心，同时学习温家宝总理“艰苦朴素、求真务实”的工作作风。

以下是常见的岩浆岩结构分类：

(1) 基于结晶程度分类。根据矿物的结晶程度，岩石结构可分为全晶粒状结构、半全晶粒状结构和非晶粒状（玻璃质）结构。

1) 全晶粒状结构。全晶粒状结构是完全由结晶矿物组成的结构，通常是岩浆在温度缓慢降低的条件下形成的，是深成侵入体具有的结构，如花岗岩等。

2) 半全晶粒状结构。半全晶粒状结构是指既有矿物晶体又有玻璃质共存的结构，主要见于浅成岩，也可在喷出岩中观察到，如流纹岩、粗面岩等。

3) 非晶粒状结构。非晶粒状结构是指岩石完全由非晶粒状矿物组成的结构，也称为玻璃质结构。这种结构通常是在岩浆喷出地表迅速冷凝以致没有足够时间结晶的情况下形成的，是喷出岩的特征之一，如黑曜岩等。

(2) 基于矿物晶粒大小分类。依据矿物晶粒的大小，岩石结构可分为粗粒（颗粒直径大于5 mm）、中粒（颗粒直径为1～5 mm）、细粒（颗粒直径为0.1～1 mm）和微粒（颗粒直径小于0.1 mm）。粗粒、中粒、细粒可用肉眼或放大镜观察辨识，统称为显晶质结构，是侵入岩的结构特征。微粒全结晶，晶粒极细小，只能在显微镜下观察和识别，因此被称为隐晶质结构，是火山岩和部分浅成岩的结构特征。

(3) 基于矿物晶粒的相对大小分类。根据矿物晶粒的相对大小，岩石结构可分为等粒结构和不等粒结构两大类。

1) 等粒结构。等粒结构是指岩石中的矿物全部为显晶质，同种主要矿物结晶颗粒大小大致相等的结构，是深成岩特有的结构。

2) 不等粒结构。不等粒结构是指岩石中同种主要矿物结晶颗粒大小不等、相差悬殊的结构。其中，较大的晶体矿物称为斑晶，而细粒的微小晶粒或隐晶质、玻璃质称为石基。不等粒结构按颗粒相对大小又可分为斑状结构和似斑状结构两类。斑状结构中，石基为隐晶质或玻璃质，是浅成岩或喷出岩的重要特征。似斑状结构又称结晶斑状结构，矿物全部结晶，肉眼可见晶粒，晶粒大小不均。大于5 mm的斑晶被细小晶粒的基质包围。似斑状结构的石基为显晶质，多见于深成岩体的边缘或浅成岩中。一般侵入岩多为全晶质等粒结构，而喷出岩多为隐晶质致密结构或玻璃质结构，有时为斑状结构。

2. 岩浆岩的构造

岩浆岩的构造是指岩石中不同矿物集合体之间的排列方式及充填方式，它们决定了岩石的外貌特点。岩石的构造与结构的概念不同，结构主要表示矿物或矿物之间的各种特征，而构造主要表示矿物集合体之间的各种特征。岩浆岩的构造特征主要取决于岩浆冷凝时的环境。常见的岩浆岩构造有以下几种。

(1) 块状构造。岩石中矿物颗粒均匀分布，无定向排列，呈均匀的块体状。这种构造在侵入岩中最为常见，是绝大多数岩浆岩的构造，部分喷出岩也是块状构造。

(2) 流纹状构造。岩石中柱状及针状矿物、被拉长的气孔、不同颜色的条带，相互平行、定向排列而形成流动状的构造。流纹状构造是酸性喷出岩的特有构造，以流纹岩为典型，反映岩浆喷出的流动状态。

(3) 气孔状构造。当岩浆喷溢到地面迅速冷凝时，其中所含气体或挥发组分逸散后留下的圆形、椭圆形或被拉长的孔洞形成气孔状构造。一般来说，基性熔岩岩浆黏度小，气孔较大、较圆；酸性熔岩岩浆黏度大，气孔较小、较不规则。当气孔占岩石总体积的70%以上时，称为浮岩或浮石。

(4) 杏仁状构造。喷出岩中的气孔被后期的次生物质（如方解石、二氧化硅、沸石、蛋白石等，与原岩成分无关）充填，形成形似杏仁状的构造。杏仁状构造常见于喷出岩中，某些玄武岩和安山岩的构造即为杏仁状构造。

（5）晶洞构造。侵入岩中由于岩浆冷凝时体积收缩或气体逸出而形成的浑圆或椭圆形的大小不一的孔洞称为晶洞构造。晶洞中常有发育完好的晶体，形成晶簇，常见于花岗岩中。

3. 岩浆岩的矿物成分

组成岩浆岩的矿物共有 30 多种，但分布最广泛的只有 8 种。这 8 种矿物按颜色深浅可分为浅色矿物和深色矿物两类。浅色矿物富含硅、铝，包括钾长石、斜长石、石英和白云母等；深色矿物富含铁、镁，包括橄榄石、辉石、角闪石和黑云母等。其中长石占全部岩浆岩矿物总量的 63%，其次是石英，因此，长石和石英是岩浆岩分类与鉴定的重要依据。

对具体岩石来说，并不是所有这些矿物都同时存在，通常仅由其中的两三种主要矿物组成。例如，花岗岩的主要矿物是石英、正长石和黑云母，辉长岩的主要矿物是基性斜长石和辉石。

岩浆岩的矿物组成与其化学成分（硅、铝、铁、镁含量）密切相关，而岩浆岩的颜色与其矿物组成（浅色矿物、深色矿物的含量）密切相关。从基性岩到中性岩再到酸性岩，岩石中硅、铝含量逐渐增高，铁、镁含量逐渐降低；浅色矿物含量逐渐增多，而深色矿物含量逐渐减少。因此，从基性岩到中性岩再到酸性岩，岩石的颜色逐渐变浅。

2.2.3　岩浆岩的分类及常见岩浆岩的鉴定特征

1. 岩浆岩分类

岩浆岩是构成地壳的主要岩石，约占地壳体积的 64.7%。然而，在地表上，岩浆岩相对较少（经过各种变质形成其他岩石），同变质岩加在一起，约占地壳表面积的 25%。岩浆岩有多种分类方法，其中最基本的是根据岩浆中组成物质中 SiO_2 的含量的多少，将其分为酸性岩、中性岩、基性岩和超基性岩四大类，见表 2.4。

表 2.4　岩浆岩按 SiO_2 含量分类

岩浆类型	SiO_2 含量/%	颜色	稀稠	密度
酸性岩	>65	浅	稠	小
中性岩	52～65	↕	↕	↕
基性岩	45～52			
超基性岩	<45	深	稀	大

同时，根据岩石的结构、构造和产状，每类岩石又可划分为深成岩、浅成岩和喷出岩三种不同类型。如果根据上述方法给不同的岩浆岩分类，并赋予相应的名称，则形成了一种纵向与横向双向分类法，见表 2.5。

表 2.5　常见岩浆岩分类

颜色	浅←→深			
岩浆类型	酸性岩	中性岩	基性岩	超基性岩
化学成分	富含 Al、Si		富含 Fe、Mg	
SiO_2 含量/%	>65	52～65	45～52	<45

续表

岩浆类型				酸性岩	中性岩		基性岩	超基性岩
主要矿物				石英、正长石	正长石、斜长石	角闪石、斜长石	斜长石、辉石	橄榄岩、辉石
次要矿物				黑云母、角闪石	角闪石、黑云母、辉石、石英（小于5%）	辉石、黑云母、正长石（小于5%）、石英（小于5%）	橄榄石、角闪石、黑云母	角闪石、斜长石、黑云母
成因类型	产状	构造	结构					
喷出岩	岩钟、岩流	杏仁、块状	非晶质（玻璃质）	火山角砾岩、火山集块岩；黑曜岩、浮岩等				少见
喷出岩	岩钟、岩流	气孔、流纹	隐晶质、斑状	流纹岩	粗面岩	安山岩	玄武岩	少见
侵入岩 浅成岩	岩床、岩墙	块状、气孔	斑状、半晶、细粒	花岗斑岩	正长斑岩	闪长斑岩	辉绿岩	少见
侵入岩 深成岩	岩株、岩基	块状	全晶，中、粗粒	花岗岩	正长岩	闪长岩	辉长岩	橄榄石、辉岩

2. 常见岩浆岩的鉴定特征

(1) 酸性岩类。主要矿物包括石英、钾长石和酸性斜长石，次要矿物有黑云母、白云母和角闪石。典型的岩石有花岗岩、花岗斑岩和流纹岩。

1) 花岗岩，常见的有肉红色、灰白色和浅黄色，主要矿物有石英、正长石和斜长石，次要矿物有黑云母和角闪石，具有全晶、粗、中等粒结构和块状构造。花岗岩分布广泛，质地均匀坚硬，岩块抗压强度可达120～200 MPa，适用于建筑物地基和优质建筑石料。

2) 花岗斑岩，也称斑状花岗岩，与花岗岩成分相似，呈斑状结构，斑晶由正长石和石英组成，石基多为细小的长石、石英和其他矿物或隐晶质构成，同样具有块状构造。当斑晶以石英为主时，称为石英斑岩。

3) 流纹岩，其矿物成分类似花岗岩，常见颜色为灰白色或灰红色，具有斑状结构，斑晶为正长石和石英，基质常为玻璃质或隐晶质，具有明显的流纹构造。流纹岩坚硬，强度高，可作为良好的建筑材料，但作为建筑物地基时需注意下伏岩层和接触带的性质。

(2) 中性岩类。相较于基性岩，铁镁矿物含量明显减少，主要矿物为角闪石，其次为黑云母和辉石。中性斜长石变多，典型岩石有闪长岩、安山岩、正长岩和粗面岩。

1) 闪长岩，呈灰白色或深灰色，主要矿物为角闪石和斜长石，次要矿物包括辉石、黑云母和少量石英。含有石英时称为石英闪长岩，常呈细粒等粒状结构，具有块状构造。岩石坚硬，不易风化，抗压强度可达130～200 MPa，适用于各种建筑物的地基和建筑材料。

2) 安山岩，呈灰色、紫色或灰紫色，主要矿物为角闪石和斜长石，具有斑状结构，基质为隐晶质或玻璃质，同样具有块状构造，有时含气孔状或杏仁状构造。安山岩岩块致密，强度略低于闪长岩。

3) 正长岩，多为肉红色、浅黄色或灰白色，具有中粒、等粒结构和块状构造，主要矿物为正长石，其次为黑云母和角闪石，有时含少量的斜长石和辉石，石英含量极少。其物理力学性质与花岗岩类似，但不如花岗岩坚硬，且易风化。

4) 粗面岩，呈浅红色、浅褐黄色或浅灰色，具有斑状结构，斑晶为正长石，石基很细，为隐晶质，具有细小孔隙，表面粗糙。

（3）基性岩类。主要矿物包括辉石、斜长石，次要矿物有角闪石、黑云母和橄榄石。有时也可见到蛇纹石、绿泥石和滑石等次生矿物。典型的岩石有辉长岩、辉绿岩和玄武岩。

1）辉长岩，呈灰黑色、深灰色或黑绿色，主要矿物为辉石和斜长石，次要矿物包括角闪石、黑云母和橄榄石。辉长岩具有中粒或粗粒结构，块状构造，岩石坚硬，抗风化能力强，具有很高的强度，岩块抗压强度可达 200～250 MPa。

2）辉绿岩，呈暗绿色或绿黑色，主要矿物为斜长石和辉石，两者含量相近，其次为橄榄石、角闪石和黑云母，具有典型的辉绿结构。其特征是粒状辉石等暗色矿物充填在板条状斜长石组成的格架空隙中，常具有杏仁状构造，多呈岩床或岩脉产出。辉绿岩具有良好的物理力学性质，抗压强度也很高，但因节理往往较发育，易风化破碎，使强度大为降低。

3）玄武岩，为灰绿色或暗绿色、暗黑色，矿物成分同辉长岩，常呈隐晶质和细粒结构，也有斑状结构，斑晶多为橄榄石、辉石和斜长石，常有气孔状或杏仁状构造，柱状节理发育。玄武岩分布广泛，岩块抗压强度为 200～290 MPa，具有抗磨损、耐酸性强的特点。

（4）超基性岩类。绝大多数由铁、镁矿物组成，颜色深，典型的岩石有橄榄岩和辉石岩。

1）橄榄岩，呈深绿色或黑绿色，主要矿物为橄榄石（全由橄榄石组成者称为纯橄榄岩），包含少量辉石，呈块状构造，中、粗等粒结构。橄榄石易风化剥蚀变成蛇纹石或绿泥石。

2）辉石岩，呈黑绿色，主要矿物为辉石，包含少量橄榄石，具有粒状结构和块状构造。

（5）火山碎屑岩类。火山碎屑岩是由火山喷发作用形成的火山碎屑物质堆积、胶结而成的岩石，常见的有火山角砾岩和凝灰岩。

1）火山角砾岩，常见于火山锥，由火山砾、火山渣（粒径为 2～50 mm）组成称为火山角砾岩；主要由火山块（粒径大于 50 mm）组成称为火山集块岩。

2）凝灰岩，主要由火山灰组成，其中粒径小于 2 mm 的火山碎屑占 90%以上，颜色多为灰白色、灰绿色、灰紫色和褐黑色。凝灰岩是分布最广的火山碎屑岩，宏观上有不规则的层状或似层状构造。其抗风化能力弱，易风化剥蚀变成蒙脱石黏土。火山凝灰岩岩石的孔隙率大，容积密度小，易风化，风化后会形成斑脱土，抗压强度一般为 8～75 MPa。由于其含有玻璃质矿物较多，因此常用作水泥原料。

2.3　沉积岩

沉积岩是地球表面最常见的岩石，由地表或接近地表的岩石遭风化剥蚀破坏而产生的物质经搬运、沉积和固结成岩而形成的。据相关统计，沉积岩只占地壳岩石总体积的 7.9%（岩浆岩和变质岩共占 92.1%），但其在地壳表层分布面积最广，占陆地总面积的 75%。沉积岩分布的特征是厚度各处不一，且深度有限，一般不过几百米，仅在局部地区才有数千米甚至上万米的巨厚沉积。

2.3.1　沉积岩的形成过程

沉积岩的形成过程是一个长期而复杂的外力地质作用过程，在地表或接近地表的常温常压条件下，由原岩（早期形成的岩浆岩、沉积岩和变质岩）经过下述四个作用过程而形成的。

1. 原岩风化破碎作用

地表或接近地表的原岩经过在温度变化、大气、水及生物长期的作用，逐步形成各种松散破碎物质，被称为松散沉积物，它们是构成新的沉积岩的主要物质来源①。另外，在特定环境和条件下，大量生物遗体堆积而成的物质也是沉积物的一部分。风化破碎物质可分为三类：

（1）大小不等的岩石或矿物碎屑，称为碎屑沉积物。

（2）颗粒粒径小于0.005 mm的黏土粒，称为黏土沉积物。

（3）以离子或胶体分子形式存在于水中的化学成分，例如，K^+、Na^+、Ca^{2+}、Mg^{2+}等溶于水中，形成真溶液；而Al、Fe、Si等元素的氧化物、氢氧化物难溶于水，它们的细小分子质点分散到水中，形成胶体溶液。这两种溶液中的化学成分统称化学沉积物。

2. 沉积物的搬运作用

原岩风化破碎产物除少部分残留在原地堆积外，大部分被剥离原地，经流水、风及重力等作用都要被搬运一定距离。在搬运过程中，岩石的不稳定成分继续风化破碎，破碎物质反复经受磨蚀，其棱角被不断磨圆、颗粒逐渐变细。搬运方式则主要有机械（物理）式搬运和化学式搬运两种。

（1）机械式搬运。主要搬运对象是碎屑和黏土沉积物。以风力或流水搬运为例，在运动过程中，有悬浮、跳跃和滚动三种不同运动方式。这三种方式根据沉积物大小、质量与搬运力大小来决定。沉积物在搬运过程中，相互碰撞和磨蚀，沉积物原有棱角逐渐消失，成为卵圆或滚圆形。碎块、颗粒圆滑的程度称为磨圆度，搬运距离越长，磨圆度越高。

（2）化学式搬运。以真溶液或胶体溶液方式的搬运，主要搬运化学沉积物。这种搬运方式可以搬运很远，直至进入海洋。

3. 沉积物的沉积作用

（1）碎屑和黏土沉积物的沉积。当搬运力（如流水）逐渐减小时，被搬运的沉积物按其大小、形状和密度不同，先后停止搬运而陆续沉积下来。在沉积过程中，大的比小的先沉积、球状比片状的先沉积、重的比轻的先沉积。在同一地段上的沉积物，其颗粒大小均匀程度称为分选性，大小均匀的分选性好，大小悬殊的分选性差。

（2）化学沉积物的沉积。真溶液中离子的沉淀和重新结晶与溶液中的pH值、温度及压力等许多因素有关，但最终取决于溶液的溶解度和离子浓度之间的相互关系，浓度超过溶解度时，多余的离子就会重新结晶析出而沉淀。

胶体物质的重新凝聚和沉积，主要由于带正电荷的正胶体物质（如Fe_2O_3、Al_2O_3等）与带负电荷的负胶体物体（如SiO_2、MnO_2等）相遇，电价中和而凝聚；另外，胶体溶液逐渐脱水干燥，也会使其中的胶体物质凝聚沉积。

4. 成岩作用

松散沉积物经过下述四种成岩作用中的一种或几种作用后，形成新的、坚硬的、完整的岩石——沉积岩。

（1）压固脱水作用。沉积物不断沉积，厚度逐渐加大。先沉积在下面的沉积物，承受着上面越来越厚的新沉积物及水体的巨大压力，使下部沉积物孔隙减小、水分排出、密度增大，最后形成致密坚硬的岩石，称为压固脱水作用。

（2）胶结作用。各种松散的碎屑沉积物被不同的胶结物胶结而成坚固完整的岩石。最常见的胶结物有硅质、钙质、铁质和泥质等。

---

① 风化对敦煌石窟的负面影响较大，保护历史遗迹免受自然破坏是当代青年的责任和使命。2020年感动中国十大人物之一“敦煌女儿”——樊锦诗，1963年自北京大学毕业后已在敦煌研究所坚持工作40余年，被誉为“敦煌女儿”，主要致力石窟考古、石窟科学保护和管理。樊锦诗视敦煌石窟的安危如生命，扎根大漠，潜心石窟考古研究和创新管理。

（3）重新结晶作用。非晶质胶体溶液陈化脱水转化为结晶物质；溶液中微小晶体在一定条件下能长成粗大晶体。这两种现象都可称为重新结晶作用，从而形成隐晶或细晶的沉积岩。

（4）新矿物的生成。沉积物在向沉积岩的转化过程中，除体积、密度上的变化外，同时还生成与新环境相适应的稳定矿物，如方解石、燧石、白云石、黏土矿物等新的沉积岩矿物。

由以上成岩过程可知，沉积岩的产状均为层状。

2.3.2　沉积岩的地质特征

1. 沉积岩的结构

沉积岩的结构是指组成物质的形态、大小、性质、结晶程度等。沉积岩的结构随其成因类型的不同而各具特点，其结构主要有以下几种。

（1）碎屑状结构。由原岩经机械破碎和搬运的碎屑物质（包括矿物碎屑和岩石碎屑），在沉积成岩过程中被胶结而成的结构，称为碎屑结构。碎屑结构是碎屑特有的结构，按碎屑大小又可细分为砾状结构和砂状结构，见表 2.6。

表 2.6　碎屑结构分类

结构名称		碎屑颗粒粒径/mm	名称
砾状结构	砾状	>2	砾岩
	角砾状		角砾岩
砂状结构	粗砂	0.5～2	粗粒砂岩
	中砂	0.25～0.5	中粒砂岩
	细砂	0.075～0.25	细粒砂岩
	粉砂	0.005～0.075	粉砂岩

根据碎屑形状，碎屑状结构可分为棱角状结构、次棱角状结构、次圆状结构和滚圆状结构（图 2.3）。碎屑颗粒磨圆程度受颗粒硬度、相对密度及搬运距离等因素影响。

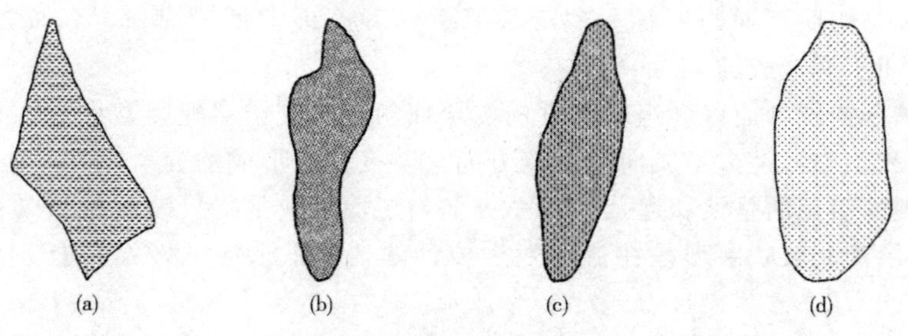

图 2.3　碎屑形状分类

（a）棱角状结构；（b）次棱角状结构；（c）次圆状结构；（d）滚圆状结构

（2）泥状结构。泥状结构也称黏土结构，是由粒径小于 0.005 mm 的黏土矿物颗粒形成的，是泥岩、页岩等黏土岩的主要结构。这种结构质地均一、致密且性软。

（3）化学结构和生物化学结构。离子或胶体物质从溶液中沉淀或凝聚出来时，经结晶或重新结晶作用形成的是结构，也称化学结构。化学结构中常见的有结晶粒状（显晶、隐晶）结构和同生砾状结构（豆状、鲕状、竹叶状）。生物化学结构是由生物遗体及其碎片组成的化学结构，如生物碎屑、贝壳状、珊瑚状等结构。生物结构是生物化学岩的特有结构。

2. 沉积岩的构造

沉积岩具有宏观沉积构造，这是它的一个明显特点。沉积构造指的是沉积岩不同组成部分的空间分布和排列形式，可以反映并指示岩石形成时的特定沉积环境。沉积岩的构造特征主要表现在层理、层面、结核和生物构造等方面。

（1）层理构造和块状构造。沉积岩的原始产状通常呈层状分布，上下被略微平行的面所分割。上面称为上层面或顶板，下面称为下层面或底板。每一层都是广阔但厚度很薄的板状均质岩体（岩层）。然而，由于沉积环境的变化，沉积岩也可能呈现其他一些产状。

沉积岩的一个重要特征是层理构造。层理构造指的是由于沉积岩的物质在颜色、成分、颗粒粗细或颗粒特征上的差异而产生的分层现象。相邻层之间的接触面称为层理面。然而，实际上，层与层之间结合得非常紧密，它们并没有真正的分界面。与层理面不同，层面是由于岩石在原始形成过程中发生了沉积间断而形成的。层根据层的厚度可分为巨厚层（厚度大于 1 m）、厚层（厚度为 0.5～1 m）、中厚层（厚度为 0.1～0.5 m）、薄层（厚度为 0.001～0.1 m）和微层（纹层）（厚度小于 0.001 m）。

由于沉积环境和条件不同，层理面与层面的方向不一定一致，据此，层理根据其形态和成因可分为水平层理、斜交层理、交错层理和波状层理（图 2.4）。

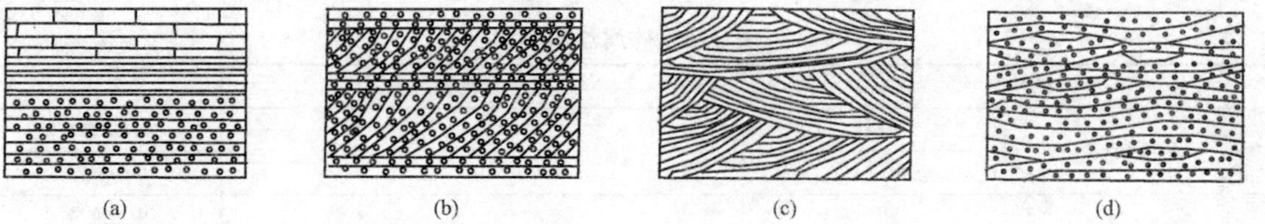

图 2.4　沉积岩的层理构造类型

（a）水平层理；（b）单斜层理（斜交层理）；（c）交错层理；（d）夹层、透镜体及尖灭（波状层理）

1）水平层理是指层理面与层面相互平行。这种层理主要出现在细粒岩石（如黏土岩、粉细砂岩等）中。水平层理形成于相对稳定的沉积环境下（如广阔的海洋和湖底、河流的堤岸带等），通过悬浮物或溶液的缓慢沉积形成。

2）斜交层理是指层理面与层面呈斜交关系。这种层理常见于河流和滨海三角洲的沉积物中，主要是由单向水流造成的。

3）交错层理是指层理面以多组不同方向与层面斜交。交错层理经常出现在风成沉积物（如沙丘）或浅海沉积物中，是由于风向或水流方向交替变化而形成的。

4）波状层理的层理面呈波状起伏，其总方向与层面大致平行。波状层理又可分为平行波状层理和斜交波状层理。波状层理是在流体发生波动的情况下形成的，经常有夹层、透镜体及尖灭现象。

夹在两厚层中间的薄层称为夹层。有些岩层一端厚度较大，逐渐向另一端变薄直至消失，这种现象称为尖灭层。如果在岩层中间存在一个厚度较大的区域，在距离两端不远的地方逐渐变薄，则称为透镜体。

（2）层面构造、结核和生物构造。

1）层面构造是指在沉积岩岩层的层面上往往保留有反映沉积岩形成时水流、风力、生物活动等作用的痕迹，常见的层面构造有波痕、泥裂、雨痕、雹痕等。波痕指的是沉积物在沉积过程中由于风力、水流或海浪的作用，在沉积岩层的层面上形成的波浪痕迹。它是沉积介质动荡的迹象，常见于岩层的顶部。泥裂发生在滨海或滨湖地区的沉积物未固结时露出地表，由于干燥的气候和阳光照射，沉积物的表面会出现干裂，并形成多边形的裂缝，裂缝的断面呈现出 V 形，后期可能会被泥、砂等填充。雨痕和雹痕是指沉积物层面受雨、雹打击留下的痕迹固结石化后而形成。

2）结核是指岩体中与周围岩石成分、结构、构造和颜色等不同的一些集合体。结核的形态通常为圆球形、椭球形、透镜状或不规则形状，常见的结核类型包括硅质、钙质、磷质、铁锰质和黄铁矿结核等。例如，石灰岩中的燧石结核主要由 SiO_2 组成，是在沉积物沉积过程中通过胶体凝聚形成的；黄土中的钙质结核是地下水从沉积物中溶解出 $CaCO_3$，然后在适当位置重新沉积形成的。

3）生物构造是指在沉积过程中被埋藏、固结成岩并保留下来的生物遗体、生物活动痕迹和生态特征等构造，如化石、虫迹、虫孔、生物礁体和叠层构造等。在沉积过程中，如果各种生物遗体或遗迹（如动物的骨骼、甲壳、蛋卵、粪便、足迹及植物的根、茎、叶等）被埋藏在沉积物中，并在后期经过石化交代作用在岩石中保留下来，就称为化石。根据化石的种类，可以确定岩石形成的环境和地质年代。另外，缝合线等也是沉积岩形成条件的反映。化石、缝合线等不仅对研究沉积岩很重要，而且对研究地史和古地理也有重要意义。

3. 沉积岩的矿物成分

沉积岩的矿物成分主要源于先成岩石的碎屑、造岩矿物和溶解物质。沉积岩的矿物组成通常有 20 种左右，而每种沉积岩一般由 1～3 种主要矿物组成。根据成因，组成沉积岩的物质可分为以下四类。

（1）碎屑物质：碎屑物质是指原岩经风化破碎生成的处于碎屑状态的物质，主要包括矿物碎屑（如石英、长石、白云母等抵抗风化能力较强且相对稳定的矿物颗粒）、岩石碎块和火山碎屑等。在岩浆岩中，橄榄石、辉石、角闪石、黑云母、基性斜长石等矿物形成于高温高压环境，而在常温常压的表生条件下是不稳定的。岩浆岩中的石英大部分形成于岩浆结晶的晚期，在表生条件下比较稳定，通常以碎屑物的形式出现在沉积岩中。

（2）黏土矿物：黏土矿物主要是指一些原生矿物经过化学风化作用分解后形成的次生矿物。这些矿物是在常温常压且富含 CO_2 和 H_2O 的表生环境条件下形成的，如高岭石、蒙脱石、水云母等。黏土矿物的粒径小于 0.005 mm，具有很强的亲水性、可塑性和膨胀性。

（3）化学沉积矿物：化学沉积矿物是指从真溶液或胶体溶液中沉淀出来，或通过生物化学沉积作用形成的矿物，如方解石、白云石、石膏、岩盐及铁和锰的氧化物或氢氧化物等。

（4）有机质及生物残骸：有机质及生物残骸是由生物残骸经过有机化学变化形成的矿物，如贝壳、珊瑚礁、硅藻土、泥炭和石油等。

4. 沉积岩的胶结物

积岩中的碎屑矿物颗粒经过胶结物的胶结、压实固结后形成岩石。常见的胶结物主要有硅质、钙质、泥质和铁质等。不同的胶结物对沉积岩的颜色和岩石强度有很大的影响。它们的鉴定特征见表 2.7。

表 2.7　胶结物鉴定特征

胶结物类型	主要鉴定特征			
	颜色	硬度	滴稀盐酸	其他
硅质胶结	灰白、灰黑	6～7		
钙质胶结	灰白、灰黄	3	剧烈起泡	
泥质胶结	红、灰、黑色	1		遇水软化
铁质胶结	灰红、铁锈	4～5		
石膏质胶结	白色、无色	1.5～2		
碳质胶结	黑色	2～3		污染手指

（1）硅质胶结：主要由隐晶质石英或非晶质 SiO_2 组成，呈灰白色或浅黄色，质地坚硬，具有较高的抗压强度和耐风化能力。

（2）钙质胶结：主要由方解石、白云石等组成，呈灰色、青灰色或灰黄色。岩石具有较高的强度和坚固性，但具有一定的可溶性，与稀盐酸发生反应会产生起泡现象。

（3）泥质胶结：主要由黏土矿物组成，呈黄褐色或灰黄色，结构疏松且易碎，抗风化能力较弱，岩石强度较低，容易在水中软化。

（4）铁质胶结：主要由铁的氧化物和氢氧化物组成，呈棕色、红色、褐色或黄褐色等。胶结较紧密，具有较高的强度，但抗风化能力较弱。

（5）石膏质胶结：胶结物的成分为 $CaSO_4$，硬度较小，胶结不紧密。在沉积岩中，石膏质胶结物的含量通常约为 25%。如果超过 25%，则可用于岩石的命名。例如，钙质长石石英砂岩指的是长石石英砂岩中钙质胶结物超过了 25%。

（6）碳质胶结：主要由有机物质（主要是有机碳）组成，碳质胶结物质包括腐殖质、煤质物质、沥青质等。碳质胶结物质对沉积岩的胶结性能、孔隙结构、抗压强度等具有一定的影响，也可能影响岩石的孔隙度、渗透性等特性。

胶结方式有以下三种。

（1）基底式胶结：碎屑颗粒之间互不接触，散布于胶结物中。这种胶结方式胶结紧密，岩石强度由胶结物成分控制，硅质最强，铁质、钙质次之，碳质较弱，泥质最差。

（2）孔隙式胶结：颗粒之间接触，胶结物充满于颗粒间孔隙。这是一种最常见的胶结方式，它的工程性质受颗粒成分、形状及胶结物成分影响，变化较大。

（3）接触式胶结：颗粒之间接触，胶结物只在颗粒接触处才有，而颗粒孔隙中未被胶结物充满。这种胶结方式最差，强度低、孔隙度大、透水性强。

2.3.3 沉积岩的分类及常见沉积岩的鉴定特征

1. 沉积岩分类

由于沉积岩的形成过程复杂，目前对沉积岩的分类方法尚未统一。沉积岩通常根据沉积造岩物质的来源进行基本分类，而进一步分类要依据沉积作用方式、成分、结构和构造等方面的特征。因此，沉积岩可分为碎屑岩、黏土岩和化学岩及生物化学岩三大类别。沉积岩的分类见表 2.8。

表 2.8 沉积岩的分类

<table>
<tr><th>分类</th><th>岩石名称</th><th colspan="2">结构</th><th>构造</th><th>矿物成分</th></tr>
<tr><td rowspan="6">碎屑岩</td><td>角砾岩</td><td rowspan="2">砾状结构（粒径大于 2 mm）</td><td>角砾状结构（粒径大于 2 mm）</td><td rowspan="6">层理或块状</td><td rowspan="2">砾石成分为原岩碎屑成分</td></tr>
<tr><td>砾岩</td><td>砾状结构（粒径大于 2 mm）</td></tr>
<tr><td>粗砂岩</td><td rowspan="4">砂状结构（粒径为 0.005～2 mm）</td><td>粗砂状结构（粒径为 0.5～2 mm）</td><td rowspan="4">砂粒成分：①石英砂岩：石英占 95%以上；②长石砂岩：长石占 25%以上；③杂砂岩：含石英、长石及多量暗色矿物</td></tr>
<tr><td>中砂岩</td><td>中砂状结构（粒径为 0.25～0.5 mm）</td></tr>
<tr><td>细砂岩</td><td>细砂状结构（粒径为 0.075～0.25 mm）</td></tr>
<tr><td>粉砂岩</td><td>粉砂状结构（粒径为 0.005～0.075 mm）</td></tr>
</table>

续表

分类	岩石名称	结构	构造	矿物成分
黏土岩	页岩	泥状结构（粒径小于 0.005 mm）	页理	颗粒成分为黏土矿物，并含其他硅质、钙质、铁质、碳质等成分
	泥岩		块状	
化学岩及生物化学岩	石灰岩	化学结构及生物化学结构	层理或块状或生物状	方解石为主
	白云岩			白云石为主
	泥灰岩			方解石、黏土矿物
	硅质岩			燧石、蛋白石
	石膏岩			石膏
	岩盐			NaCl、KCl
	有机岩			煤、油页岩等含碳、碳氢化合物的成分

在这里需要对火山碎屑岩类岩石做一说明，这是一类由火山喷发的碎屑和火山灰就地或经过一定距离搬运后沉积、胶结而成的岩石。火山碎屑岩根据碎屑大小可分为火山集块岩（碎屑直径大于 100 mm）、火山角砾岩（碎屑直径为 2～100 mm）和火山凝灰岩（碎屑直径小于 2 mm）。火山碎屑岩的胶结物可以是一般沉积岩的胶结物，也可以是火山喷出的岩浆。若胶结物为正常沉积物，则形成的火山碎屑岩分别称为层火山集块岩、层火山角砾岩和层火山凝灰岩；若胶结物为喷出岩浆，则分别称为熔火山集块岩、熔火山角砾岩和熔火山凝灰岩；若两种胶结物均有，则把“层”及“熔”字去掉。由于火山碎屑岩类是介于岩浆岩和沉积岩之间的过渡性岩石，故未列入岩浆岩或沉积岩分类。

2. 常见沉积岩的鉴定特征

（1）碎屑岩类。碎屑岩的特点是由矿物岩石的碎屑颗粒组成。沉积的碎屑和黏土主要是由柔软且含有饱和水分的泥、砂和砾石组成。随着它们的不断沉积，先沉积的物质被后来的沉积层埋藏，压实后挤出水分，并产生一定的化学变化，使泥、砂和砾石经过胶结和固结作用形成岩石。根据碎屑颗粒的粒径和结构特点，碎屑岩可分为以下几种类型。

1）砾岩和角砾岩：碎屑岩中粒径大于 2 mm 的碎屑颗粒称为砾石或角砾。当砾石含量大于50％且呈圆状或次圆状时，岩石被称为砾岩；如果砾石呈棱角状或次棱角状，则称为角砾岩。砾岩和角砾岩主要由岩屑组成，矿物成分多为石英、燧石，而胶结物可以是硅质（成分为 SiO_2）、泥质（成分为黏土矿物）、钙质（成分为 Ca、Mg 的碳酸盐）或其他化学沉淀物。胶结物的成分和类型对砾岩的物理力学性质有很大的影响。当胶结物为硅质或铁质时，抗压强度可达 200 MPa 以上，适用于良好的建筑物地基。

2）砂岩：砂岩是由 50％以上粒径为 0.05～2 mm 的砂粒胶结而成的岩石。碎屑成分常见的有石英、长石、白云母、岩屑和生物碎屑等。由于砂屑和填隙物成分的不同，碎屑的颜色也多种多样。根据碎屑颗粒的粒径大小，砂岩可分为粗粒砂岩、中粒砂岩和细粒砂岩等。对砂岩的命名通常依据碎屑成分、胶结物和基质成分。例如，如果碎屑主要是粗粒石英，次要是岩屑，基质为黏土质，那么可以称为粗粒黏土质岩屑石英砂岩；也可根据颜色来命名，如紫红色砂岩、灰绿色砂岩等。砂岩的抗压强度与胶结物成分和胶结类型有关。例如，硅质砂岩的抗压强度为 80～200 MPa，而泥质砂岩的抗压强度较低，为 40～50 MPa 或更低。还需要说明的是，天然沉积的砂粒，其粒径虽有一定分选性，但仍然难免大小粒径混杂在一起，例如，中砂粒径为 0.25～0.5 mm，只要在该砂岩中，中砂粒含量超过全部砂粒 50%即可定为中砂岩。

3）粉砂岩：粉砂岩是由 50%以上粒径为 0.005～0.05 mm 的颗粒组成，具有粉砂状结构的岩石。粉砂岩的颜色多样，碎屑成分常见的有石英和少量的长石及白云母，命名方法与砂岩相似。

（2）黏土岩类。黏土岩主要由粒径小于 0.005 mm 的颗粒组成，含有大量的黏土矿物。另外，黏土岩还包含少量的石英、长石和云母。黏土岩通常具有可塑性、吸水性和耐火性，在工程上具有重要意义。黏土岩可分为泥岩和页岩两种类型。

1）泥岩：泥岩是由弱固结的黏土经过脱水和固结形成的。泥岩的层理不明显，常呈厚层状或块状，具有泥质结构。泥岩的强度较低，一般干燥试样的抗压强度为 5～35 MPa，遇水易变为泥浆，强度显著降低。

2）页岩：页岩的颜色各异，常见的有灰色、黑色和棕色。虽然页岩的成分和成因与泥岩相似，但由于具有明显的页片状层理结构，所以被称为页岩。页岩具有泥质结构和页理构造，硬度较低且致密，不透水。由于页岩基本不透水，通常被用作阻水层。然而，页岩的性质较软弱，抗压强度一般为 20～70 MPa 或更低，浸水后强度显著降低，抗滑稳定性较差。

（3）化学岩及生物化学岩类。手标本观察化学结构及生物化学结构构造可为层理或块状；矿物成分是此类岩石定名的主要依据。常见岩石有以下几种。

1）石灰岩：通常呈深灰色或浅灰色，而质地纯净者为白色。其主要成分为碳酸钙，以细粒结晶的方解石为主要矿物成分，并含有少量白云石。这种岩石结构致密，常呈块状或有层理。另外，不同的沉积环境可导致石灰岩具有多样的结构，如鲕状、竹叶状和豆状。石灰岩通常与酸反应激烈且其抗压强度为 40～80 MPa。由于易溶于水，石灰岩容易被地下水侵蚀，形成裂隙和溶洞，为地下水提供了良好的通道。同时，石灰岩是生产石灰和水泥的关键原料，并广泛用作建筑石材。

2）白云岩：以白云石为主要成分，常见颜色有灰白色和浅灰色，泥质含量较高时可呈现浅黄色。其结构多为隐晶质或细晶粒状。白云岩外观类似石灰岩，但硬度和耐风化性略优。与冷稀盐酸反应时，白云岩仅轻微起泡。其特征为在野外露头上常有许多纵横交叉似刀砍状的溶沟。高纯度白云岩还可用作耐火材料。

3）泥灰岩：主要矿物有方解石和含量达 25%～50%的黏土矿物两种。泥灰岩的颜色包括灰色、黄色、褐色和红色等，与盐酸反应留下泥质斑点，可据此与石灰岩区分。泥灰岩结构致密但易风化，其抗压强度较低，通常为 6～30 MPa，优质泥灰岩可用作水泥的原料。

4）硅质岩：硅质岩的颜色多种多样，包括红色、暗红色和灰绿色。其主要化学成分是二氧化硅，以微晶石英或玉髓为主，偶尔含有蛋白石。含有机质的硅质岩呈灰黑色，而富含氧化铁的称为碧玉。具结核状结构的称为燧石结核，轻质多孔者为硅华。带有彩色同心圆环构造的被称作玛瑙。

5）燧石岩：由燧石组成的岩石，性硬而脆；颜色多样，灰黑色较多。在沉积岩中，少量燧石呈结核；局部较多可呈夹层；数量较大的燧石沉积成相当厚度的燧石岩。

2.4 变质岩

变质岩是地壳三大岩类之一，也是地质科学研究的重点之一。它含有地球远古演化的历史痕迹，是研究地球演化的重要对象，例如，许多宝石和汉白玉都属于变质岩。由于变质岩中存在片理结构的岩石，所以在工程建设中属于软弱地带，需要引起重视。随着地壳的演化，岩石所处的地质环境也在不断变化，为了适应新的地质环境和物理化学条件的变化，岩石的矿物成分、结构和构造会发生一系列变化。原本存在于地壳内部的岩石（包括岩浆岩、沉积岩和原始变质岩）受到高温、高压和新增化学成分的影响，导致原有矿物成分、结构和构造发生改变，形成新的变质岩。这个使岩石发生质的变化的过程称为变质作用。变质岩在地壳总体积中占据27.4%，但在地球表面的分布范围相对较小且不均匀。地球历史中（寒武纪以前）的大部分古老岩石是变质岩。

2.4.1　变质岩的形成过程

1. 变质岩及其产状

根据前述岩浆岩和沉积岩的地质特征，我们可知每种岩类、每种岩石都具有自己独特的结构、构造和矿物成分。在漫长的地质历史过程中，这些最初形成的岩石（原岩）在各种变质因素的作用下，改变了原有的结构、构造和矿物成分的特征，形成了新的结构、构造和矿物成分，从而使原岩变质为新的岩石。引起原岩地质特性发生改变的因素称为变质因素；在变质因素作用下使原岩地质特性改变的过程称为变质作用；生成的具有新特性的岩石称为变质岩。

变质作用基本上是原岩在保持固体状态下、在原位置进行的，因此，变质岩的产状为残余产状。由岩浆岩形成的变质岩称为正变质岩；由沉积岩形成的变质岩称为副变质岩。正变质岩产状保留原岩浆岩产状；副变质岩产状则保留沉积岩的层状。

2. 变质因素

引起变质作用的因素有温度、压力及化学活动性流体。变质温度的基本来源包括地壳深处的高温、岩浆及地壳岩石断裂错动产生的高温等。引起岩石变质的压力包括上覆岩石重量引起的静压力、侵入岩体空隙中的流体所形成的压力及地壳运动或岩浆活动产生的定向压力。化学活动性流体则是以岩浆、H_2O、CO_2 为主，其次还包含其他一些易挥发、易流动物质的流体。变质因素具体有以下三个方面。

（1）温度：高温是引起岩石变质最基本、最积极的因素。促使岩石温度增高的原因有以下三种：地下岩浆侵入地壳带来的热量；随地下深度增加而增大的地热，一般认为自地表常温带以下，深度每增加 33 m，温度提高 1 ℃；地壳中放射性元素衰变释放出的热量。高温使原岩中元素的化学活泼性增大，使原岩中矿物重新结晶，隐晶变显晶、细晶变粗晶，从而改变原结构，并产生新的变质矿物。

（2）压力：作用在岩石上的压力主要分为以下两种。

1）静压力：类似静水压力，是由上覆岩石质量产生的，是一种各方向相等的压力，随深度增加而增大。静压力使岩石体积受到压缩而变小、密度变大，从而形成新矿物。

2）动压力：也称定向压力，是由地壳运动而产生的。由于地壳各处运动的强烈程度和运动方向都不同，故岩石所受动压力的性质、大小和方向也各不相同。在动压力作用下，原岩中各种矿物发生不同程度变形甚至破碎的现象。在最大压力方向上，矿物被压溶，不能沿此方向生长结晶；与最大压力垂直的方向是变形和结晶生长的有利空间。因此，原岩中的针状、片状矿物在动压力作用下，它们的长轴方向发生转动，转向与压力垂直方向平行排列；原岩中的粒状矿物在较高动压力作用下，变形为椭圆形或眼球状，长轴也沿与压力垂直方向平行排列。由动压力引起的岩石中矿物沿与压力垂直方向平行排列的构造称为片理构造，是变质岩最重要的构造特征。

（3）化学活泼性流体：这种流体在变质过程中起溶剂作用。化学活泼性流体包括水蒸气、

O_2、CO_2、含 K 和 S 等元素的气体及液体。这些流体是岩浆分化的后期产物，它们与周围原岩中的矿物接触发生化学交替或分解作用，形成新矿物，从而改变了原岩中的矿物成分。

3. 变质作用

在自然界中，原岩变质很少只受单一变质因素的作用，多受两种以上变质因素的综合作用，但在某个局部地区，以某一种变质因素起主要作用，其他变质因素起辅助作用。根据起主要作用的变质因素不同，变质作用可划分为下述四种类型。

(1) 接触变质作用。接触变质作用是指当岩浆侵入围岩时，在侵入体与围岩的接触带，受到岩浆高温、挥发成分和热液的影响而发生的一种变质作用。根据变质过程中侵入体与围岩间是否发生化学成分的相互交代，接触变质作用可分为热接触变质作用和接触交代变质作用两种类型。

1) 热接触变质作用：也称为热力变质作用，是指由于岩浆侵入体释放的热能导致接触带附近围岩的矿物成分、结构和构造等发生变化的一种变质作用。这种作用主要表现为原岩成分经过重结晶而形成新的矿物组合、新的结构和构造，而化学成分基本上没有发生变化，如石灰岩变为大理岩、砂岩变为石英砂岩等。

2) 接触交代变质作用：是指由于岩浆成分在晚期析出大量挥发成分和热液，通过交代作用，接触带附近的侵入体与围岩在岩性和化学成分上均发生变化的一种变质作用。其与热接触变质作用的区别在于，围岩温度升高的同时还有化学成分的进入和带出。接触交代变质作用主要发生在酸性和中性侵入体与石灰岩的接触带，往往会产生矽卡岩等岩石类型。

(2) 交代变质作用。交代变质作用是指主要受化学活泼性流体因素影响而变质的作用，又称气化热液变质作用，主要使原岩矿物和结构特征发生改变。

(3) 动力变质作用。在构造运动过程中，岩石受到定向压力的作用，会发生变形、破碎甚至重结晶，这种作用被称为动力变质作用。动力变质作用主要发生在地壳较浅的地方，尤其是构造变形强烈的断裂带附近，通常呈现狭长带状分布。

(4) 区域变质作用。区域变质作用是指在一个较大范围内，由于区域性的地壳运动和岩浆活动的影响，导致岩石发生变质的作用。区域变质作用通常具有广泛的分布范围和长时间的持续性，具有明显的区域性特征。山东泰山、山西五台山、河南嵩山等地分布的古老变质岩就是由区域变质作用形成的。区域变质岩的岩性在较大范围内相对均一，其强度取决于岩石本身的结构、构造和矿物成分。由于变质作用通常不改变原生岩石的产状，所以产状不能作为判断变质岩的特征。然而，如果受到强烈的挤压，原生岩石的产状也可能发生某些变化，例如，原生岩体在压力方向上受到强烈的压缩等。

2.4.2 变质岩的地质特征

1. 变质岩的结构

变质岩的结构按成因可分为变晶结构、压碎结构和变余结构。

(1) 变晶结构。变晶结构是指岩石在变质过程中经过重结晶或重新组合而形成的结构。根据矿物的粒度不同，变晶结构可分为等粒变晶结构、不等粒变晶结构和斑状变晶结构；根据矿物颗粒的形状，变晶结构可分为粒状变晶结构、鳞片状变晶结构和纤维状变晶结构等。

(2) 压碎结构。压碎结构也称为碎裂结构，是在定向压力的作用下，原岩及其中的矿物发生弯曲变形、破裂，甚至粉碎后又被胶结起来的一种结构，如糜棱岩、碎裂岩和角砾岩。

(3) 变余结构。变余结构也称为残余结构，由于变质重结晶作用不完全，保留了原岩的矿物成分和结构特征。例如，当泥质砂岩发生变质时，泥质胶结物变成绢云母和绿泥石，而其中的碎屑物质（如石英）没有发生变化，就形成了变余砂状结构。还有其他与岩浆岩相关的变余结构，如变余斑状结构、变余花岗结构等。这些结构的命名只需要在原岩的结构名称前加上“变余”两字即可。

2. 变质岩的构造

变质岩的构造与岩浆岩和沉积岩的构造有着显著的区别，是鉴定变质岩的可靠特征。在大多数情况下，构成变质岩的片状、针状或柱状矿物在定向压力的作用下呈连续或断续的平行排列，容易使岩石裂开成薄片，这种特性称为片理。裂开的面被称为片理面。片理的延伸范围有限，片理面可以是平的、弯曲的或波状的，并且平滑光亮，通过这些特征可以与沉积岩的层理和层理面进行区分。根据片理面的特征和变质程度等特点，片理构造可进一步分为片麻状构造、片状构造、千枚状构造、板状构造、块状构造和变余构造。

(1) 片麻状构造。片麻状构造又称为片麻理，是指以长石为主的粒状矿物在平行定向排列的片状或柱状矿物之间呈断续的带状分布。片麻状构造中矿物的重结晶程度高，颗粒粗大，容易识别。例如，颗粒粗大、呈球状的长石类矿物也称为眼球状构造。

(2) 片状构造。由大量片状、柱状变质矿物连续定向排列形成清晰的薄面，称为片状构造。片状构造是变质岩中最常见、最典型的构造，是片岩特有的构造，具有片状构造的岩石中所有组分都经历了重结晶，可以用肉眼辨别其中的矿物颗粒。

(3) 千枚状构造。千枚状构造是千枚岩特有的构造，主要由重结晶的细小片状矿物定向排列而成，其片理清晰，在片理面上可见明显的丝绢光泽和细小皱纹状或揉皱状构造。虽然岩石中的主要组分已经基本重结晶，但重结晶程度不高，肉眼还不能分辨其中的矿物。

(4) 板状构造。板状构造又称为板理，是指柔性页岩、泥岩等在受应力后产生一组平行破裂面，使岩石易于劈成薄板的构造。板状构造是板岩特有的构造。该岩石中的矿物颗粒细小，肉眼无法分辨。

(5) 块状构造。当变质作用中没有定向和高压等因素时，由于温度和静压力的联合作用，粒状矿物均匀分布，无定向排列，称为块状结构。部分大理岩和石英岩具有这种构造。这种构造与火成岩的块状构造相似，但并不完全相同。

(6) 变余构造。变余构造指的是变质岩中保留了原岩的构造，如变余层状构造、变余泥裂构造、变余气孔构造等。变余构造在变质程度不深的变质岩中比较常见。

3. 变质岩的矿物成分

变质岩的矿物成分是鉴定变质岩的重要特征之一，其最大特点是包含变质矿物，即在变质作用中形成并只在很狭窄的温度和压力范围内稳定存在的矿物。由于变质矿物对外界条件的变化非常敏感，它们常常成为判断变质岩形成条件的指示矿物，也是鉴定变质岩的可靠依据。常见的变质矿物包括石榴籽石、红柱石、滑石、石墨、十字石、蓝晶石和硅线石等。

有时绿泥石、绢云母、刚玉、蛇纹石和石墨等矿物也在变质岩中大量存在，这也是变质岩的一个特征。同时，这些矿物具有指示变质带的作用，例如，绿泥石和绢云母多出现在浅变质带，蓝晶石存在于中变质带，而硅线石存在于深变质带，因此被称为标准变质矿物。除了变质矿物，变质岩中的主要造岩矿物与岩浆岩和沉积岩共有，包括石英、长石、云母、普通角闪石、普通辉石、橄榄石、磁铁矿、赤铁矿、菱铁矿、磷灰石、方解石和白云石等。

2.4.3　变质岩的分类及常见变质岩的鉴定特征

1. 变质岩的分类

按照变质岩的成因，变质岩可分为区域变质岩、热力变质岩、交代变质岩和动力变质岩四类。其中，区域变质岩可首先按构造进行分类命名，然后可根据矿物成分进一步定名，如具片状构造的岩石叫作片岩，若片岩中含绿泥石较多，则可进一步定名为绿泥石片岩。凡具有块状构造和变晶结构的岩石，首先按矿物成分命名，如石英岩；也有按地名命名的，如大理岩。动力变质岩则主要根据岩石结构分类定名。变质岩分类归纳于表2.9中。

表2.9　变质岩分类

变质作用	岩石名称	结构	构造		主要矿物成分
区域变质（由板岩至片麻岩变质程度逐渐加深）	板岩	变余	片理构造	板状	黏土矿物、云母、绿泥石、石英、长石等
	千枚岩	变余		千枚状	绢云母、石英、长石、绿泥石、方解石等
	片岩	变晶		片状	云母、角闪石、绿泥石、石墨、滑石等
	片麻岩	变晶		片麻状	石英、长石、云母、角闪石、辉石等
热力变质或区域变质	大理岩	变晶	非片理构造	块状	方解石、白云石
	石英岩	变晶		块状	石英
交代变质	云英岩	变晶		块状	白云母、石英
	蛇纹岩	隐晶		块状	蛇纹石
动力变质	断层角砾岩	压碎		块状	岩石、矿物碎屑
	糜棱岩	糜棱		块状	石英、长石、绿泥石、绢云母

2. 常见变质岩的鉴定特征

（1）板岩。板岩通常呈灰至灰黑色或灰绿色，具有残余泥质结构和板状构造。板岩的主要矿物成分是黏土矿物，其次是少量的细小石英、铁质和炭质粉末，以及新生矿物（绢云母和绿泥石），大部分矿物是微细颗粒。板岩质地脆硬，在被敲打时会发出清脆的声音，片理面呈现丝绢光泽。根据颜色和杂质成分的不同，板岩可以进一步命名，如黑色板岩、钙质板岩等。板岩的透水性很弱，适合作为隔水层。

（2）千枚岩。千枚岩通常呈绿色、黑色、黄灰色或棕褐色，一般具有细粒鳞片变质结构和千枚状构造，多由黏土矿物和粉砂岩变质而成，主要由绢云母、黏土矿物、石英、绿泥石和斜长石等新生矿物组成。千枚岩的片理面具有丝绢光泽和微细皱纹状。千枚岩的性质较软弱，容易风化破碎，在荷载作用下容易产生蠕动变形和滑动破坏。

（3）片岩类。片岩类通常呈灰色、黑色或深绿色，具有鳞片变质结构和片状构造，主要矿物为云母和石英，其次为角闪石、绿泥石、滑石、石墨、石榴籽石、绢云母、黑云母和白云母等。与片麻岩不同的是，片岩不含长石，可以通过这一特点与片麻岩区分开来。根据所含矿物成分的不同，片岩可分为云母片岩、绿泥石片岩、角闪石片岩和滑石片岩等。片岩中由于含有大量片状矿物，具有定向排列的特性，容易受风化和剥蚀的影响，所以岩石强度较低，沿着片理方向容易产生裂解，不适合作为建筑材料。

（4）片麻岩类。片麻岩通常呈肉红色、灰色或深灰色，具有粒状变晶结构、片麻状构造或眼球状构造，主要矿物成分为长石和石英，其次为黑云母、角闪石和石榴籽石等。片麻岩的物理力学性质因其矿物组成的不同而有所不同，一般具有较高的强度，抗压强度可达120～200 MPa，但当云母含量增加且富集在一起时，其强度会大幅降低。

（5）石英岩。石英岩通常呈白色或灰白色，具有粒状变晶结构和块状构造，其矿物成分中石英的含量大于85%，其次含有少量的长石和白云母等。石英岩硬度较高，具有较强的抗风化能力。岩块的抗压强度可达300 MPa以上，适合作为良好的建筑地基材料，但由于其性质脆弱，容易产生密集的裂隙，形成渗漏通道，所以需要采取必要的防渗措施。

(6) 大理岩。大理岩呈白色或灰白色，具有粒状变晶结构和块状构造，其主要矿物成分是方解石和白云石等。洁白细粒的大理岩（汉白玉）及带有各种条带和花纹的大理岩是优质的装饰材料及建筑材料。大理岩的硬度较低，与冷稀盐酸作用时会起泡，因此很容易鉴别。大理岩具有一定的可溶性，其强度随颗粒胶结性质和颗粒大小的不同而异，一般的抗压强度为 50～120 MPa。

2.5　三大类岩石特征对比及相互转化

对于岩浆岩、沉积岩和变质岩三大类岩石的肉眼鉴定，应结合岩石标本在实验课中进行。地壳是由各种各样的岩石组成的，而岩石是地壳发展过程中内、外动力地质作用的必然产物。由于各类岩石的形成条件不同，它们在产状、矿物组成、结构、构造等方面也各具特点；所以可对三大类岩石进行属性比较和分类鉴定。图 2.5 基本上标明了三大类岩石之间的关系。

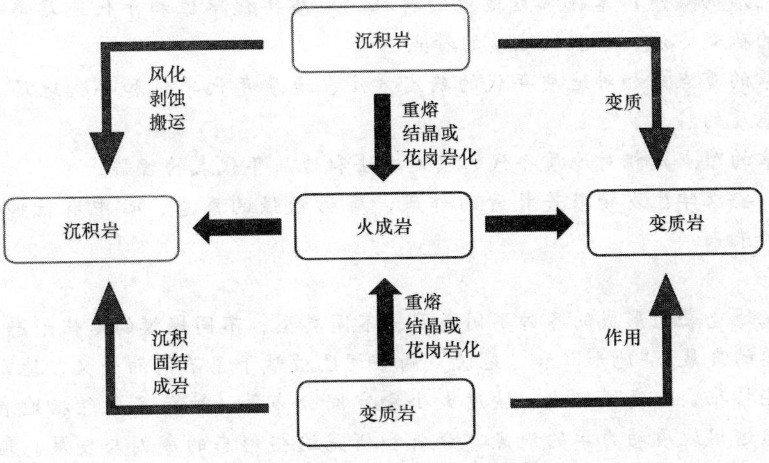

图 2.5　三大类岩石之间的关系

不同种类的岩石，因为其成因、成分、结构和构造的不同，所以它们的工程地质性质也有很大的差异。因此在分析其工程地质性质时，应结合具体的工程要求来进行。

思考题

1. 最重要的造岩矿物有哪几种？其主要的鉴别特征是什么？

2. 试对比沉积岩、岩浆岩、变质岩三大类岩石在成因、产状、矿物成分、结构构造等方面的不同特性。

3. 简述沉积岩代表性岩石的特征及其工程地质性质。

4. 简述岩浆岩代表性岩石的特征及其工程地质性质。

5. 简述变质岩代表性岩石的特征及其工程地质性质。

第 3 章

地貌、地质年代及第四纪地质

教学与学习目标

学习目标：通过本章的学习，学生应了解地貌的形成、地貌的分类及地质年代和第四纪地质的概念；掌握常见地貌的特征、地质年代单位和年代地层单位及地质年代的确定方法、第四纪地质的特点。

思维导图

重点：本章的重点是相对地质年代的确定方法、地质年代单位和年代地层单位、第四纪地质的特点。

难点：本章的难点是相对地质年代的确定方法和地质年代表的理解。

素质目标：要求学生发扬艰苦朴素的作风，磨砺顽强的意志；心中有信仰，脚下有力量，创造更为美好的未来。

地质作用在地壳表面形成的各种不同成因、不同类型、不同规模的起伏形态，称为地貌。

随着地貌学的发展，“地形”和“地貌”两个词已被赋予了不同的含义。地形通常专指地表既成形态的某些特征，如高低起伏、坡度大小和空间分布等。地貌不仅包括地表形态的全部外貌特征，还包括运用地质动力学的观点，分析和研究这些形态的成因与发展。地貌条件与公路工程建设有着密切的关系。

地壳表面的各种地貌都在不停地形成和发展变化着，其动力就是内、外力地质作用。内力地质作用形成了地壳表面的基本起伏，对地貌的形成和发展起着决定性的作用。外力地质作用则对内力地质作用所形成的基本地貌形态，不断地进行雕刻、加工，使之复杂化。在地质构造中，各种地质破碎带常是外力作用表现最强烈的地方；岩性不同，抗风化能力不同，会形成不同的地貌；气候条件的影响也很显著，干旱地区易形成风沙地貌，高寒气候常形成冰川地貌。

3.1 地貌的分级和分类

3.1.1 地貌分级

不同等级的地貌其成因不同，形成的主导因素也不同。地貌等级一般分为四级：

(1) 巨型地貌。大陆与海洋，大的内海及大的山系都是巨型地貌。巨型地貌绝大多数是由内力作用形成的，所以又称大地构造地貌。

（2）大型地貌。山脉、高原、山间盆地等都是大型地貌。大型地貌也是由内力作用形成的。

（3）中型地貌。河谷及河谷之间的分水岭等为中型地貌，其主要是外力地质作用造成的。

（4）小型地貌。残丘、阶地、沙丘、小的侵蚀沟等都是小型地貌，小型地貌多数是外力地质作用控制。

3.1.2　地貌分类

地貌按其绝对高度、相对高度及地面的平均坡度等形态特征进行分类，见表 3.1。

表 3.1　地貌分类

形态分类		绝对高度/m	相对高度/m	平均坡度/（°）	举例
山地	高山	＞3 500	＞1 000	＞25	喜马拉雅山，天山
	中山	1 000～3 500	500～1 000	10～25	大别山，庐山
	低山	500～1 000	200～500	5～10	川东平行岭谷，华蓥山
	丘陵	＜500	＜200		闽东沿海丘陵
平原	高原	＞1 000	＞500		青藏高原，内蒙古高原，黄土高原，云贵高原
	高平原	＞200			成都平原
	低平原	0～2 000			东北平原，华北平原，长江中下游平原
	洼地	低于海平面			吐鲁番洼地

（1）山地，属地质学范畴，地表形态按高程和起伏特征定义为海拔 500 m 以上，相对高差 200 m 以上。山地按海拔高度分，可分为高山、中山和低山。海拔在 3 500 m 以上的称为高山，海拔为 1 000～3 500 m 的称为中山，海拔为 500～1 000 m 的称为低山。

（2）丘陵，一般海拔在 200 m 以上，500 m 以下，相对高度一般不超过 200 m，起伏不大，坡度较缓，地面崎岖不平，是由连绵不断的低矮山丘组成的地形。

（3）平原，是目视距离（30～50 km）范围内地势平坦、高差小，或微有起伏的大面积地貌组合（包括大型盆地）。平原的形态分类及高度见表 3.1。

（4）高原，是海拔高度一般在 1 000 米以上，面积广大，地形开阔，周边以明显的陡坡为界，比较完整的大面积隆起地区。高原与平原的主要区别是海拔较高，它以完整的大面积隆起区别于山地。高原素有“大地的舞台”之称，它是在长期连续的大面积的地壳抬升运动中形成的。

（5）山原，指山脉和高原的分布交错在一起的地区。例如，在（海拔 4 000～5 500 m）青藏高原上，还耸立着一些更高（海拔 6 000～7 000 m）的山脉，所以，青藏高原就是山原。

（6）台地，指的是沿河谷两岸或海岸隆起的呈带状分布的阶梯状地貌。台地是一种凸起的面积较大且海拔较低的平面地形。台地中央的坡度平缓，四周较陡，直立于周围的低地丘陵。有人认为台地是高原的一种，但一般而言，海拔较低的大片平地称为平原，海拔较高的大片平地称为高原。台地则介于两者之间，海拔为 100～1 000 m。台地是由平原向丘陵、低山过渡的一种地貌形态。

（7）盆地，主要特征是四周高、中部低，因盆状得名。

（8）河流阶地，是指河流下切侵蚀，原来的河谷底部超出一般洪水位之上，呈阶梯状分布在河谷谷坡上的地形。

3.2 常见地貌特征

3.2.1 山岭地貌

1. 山岭地貌的形态要素

山岭地貌的特点是称为具有山顶、山坡、山脚等明显的形态要素。山顶是山岭地貌的最高部分。山顶呈长条状延伸时称为山脊。山脊标高较低的鞍部称为垭口。山顶的形状与岩性和地质构造等条件密切相关，可能呈现尖顶、圆顶和平顶。山坡是山岭地貌的重要组成部分。山坡形状有直线形、凹形、凸形及复合形等，这取决于新构造运动、岩性、岩体结构及坡面剥蚀和堆积的演化过程等因素。山脚是山坡与周围平地的交接处。由于坡面剥蚀和坡脚堆积，使山脚在地貌上一般并不明显，那里通常有起缓坡作用的过渡带，它主要是由一些坡积群、冲积堆、洪积扇及岩堆、滑坡体等流水地貌和重力地貌组成。

2. 垭口

山区公路勘测经常遇到选择过岭垭口和展线山坡问题。山岭垭口是在山岭地质构造的基础上经外力剥蚀作用形成的。垭口一般分为以下几种：

（1）构造型垭口。构造型垭口是由构造破碎带或软弱岩层经外力剥蚀所形成的垭口。

1）断层破碎带型垭口。断层破碎带型垭口工程地质条件比较差。由于岩体破碎不宜采用隧道方案，采用路堑也需控制开挖深度或考虑边坡防护防止崩塌。

2）背斜张裂带型垭口。虽然构造裂隙发育，岩层破碎，但背斜张裂带型垭口工程地质条件较断层破碎带型好，这是因为两侧岩层外倾，有利于排水和边坡稳定，可采用较陡的边坡。

3）单斜软弱型垭口。单斜软弱型垭口主要由页岩、千枚岩等易风化的软弱岩层构成。其岩性松软，风化严重，稳定性差，不宜深挖，否则须缓坡或防护。

（2）剥蚀型垭口。剥蚀型垭口是以外力强烈剥蚀为主导因素形成的垭口，其形态特征与山体地质结构无明显联系。其特点是松散覆盖层很薄，基岩多半裸露。垭口肥瘦和形态主要取决于岩性、气候及外力切割程度等因素。石灰岩等构成的溶蚀性垭口也属此种，开挖路堑或隧道需注意溶洞的不利影响。

（3）剥蚀－堆积型垭口。剥蚀－堆积型垭口是在山体地质构造基础上，以剥蚀和堆积作用为主导因素形成的垭口。其开挖稳定条件取决于堆积层的地质特征和水文地质条件。剥蚀－堆积型垭口的特点是外形浑缓、宽厚，堆积厚度较大，有时还发育湿地或高地沼泽，水文地质条件较差；故不宜降低过岭标高，多以低填或浅挖的形式通过。

3. 山坡

山坡的形态特征是新构造运动、山坡的地质构造和外力地质条件的综合反应，对公路建设条件有着重要影响。山坡的外形包括高度、坡度及纵向轮廓等。山坡外形各种各样，根据纵向轮廓和坡度，概括为以下几种类型：

（1）按山坡的纵向轮廓分类。

1）直线形坡：直线形坡又分为单一岩性坡、单斜岩层坡与松软破碎坡三种。单一岩性坡遭受长期强烈冲刷剥蚀形成，稳定性一般较高；单斜岩层坡一侧坡陡不利布线，一侧坡缓是顺倾向边坡易滑坡；松软破碎坡是在气候干旱时强物理风化剥蚀和堆积形成，稳定性最差。

2）凸形坡：上缓下陡坡，坡度渐增，下部甚至直立，坡脚界限明显。凸形坡是由于新构造运动加速上升，河流强烈下切所造成。其稳定条件取决于岩体结构，一旦山坡变形就会形成大规模崩塌。

3）凹形坡：上陡下急剧变缓，坡脚界限很不明显。凹形坡是由新构造运动减速上升或坡顶破坏坡脚堆积形成。凹形坡往往是古滑坡的滑动面或崩塌体的依附面，稳定性比较差。

4）阶梯形坡：阶梯形坡有软硬互层坡和滑坡台阶坡两种。软硬互层坡是软硬岩层差异风化形成，稳定性一般较高；滑坡台阶坡是滑坡台阶组成的次生阶梯状斜坡，多在山坡中下部，坡脚冲刷、不合理切坡或地震影响，可能引起古滑坡复活，威胁建筑物稳定。

（2）按山坡的纵向坡度分类。坡度小于 15°为微坡，坡度为 16°～30°为缓坡，坡度为 31°～70°为陡坡，坡度大于 70°为垂直坡。山坡稳定性高，坡度平缓，对建筑物有利。但平缓山坡特别在一些坳洼部分有较大的坡积物或重力堆积物分布，坡面径流也易在这里汇集，开挖揭露下伏基岩接触面后，遇到不良水文地质情况，很容易引起堆积物沿基岩顶面发生滑动。

3.2.2　平原地貌

平原地貌是在地壳升降运动微弱或长期稳定的条件下，经外力作用的充分夷平或补平而形成的。按高程不同，平原可分为高原、高平原、低平原和洼地（表 3.1）；按成因不同，平原可分为构造平原、剥蚀平原和堆积平原。

1. 构造平原

构造平原主要是由地壳构造运动所形成，其特点是地形面与岩层面一致，堆积物厚度不大，可分为海成平原和大陆坳曲平原。海成平原是因地壳缓慢上升、海水不断后退所形成的，其地形面与岩层面基本一致，上覆堆积物多为泥沙和淤泥。海成平原的工程地质条件不良，与下伏基岩一起略微向海洋方向倾斜。大陆坳曲平原是因地壳沉降使岩层发生坳曲所形成的，岩层倾角较大，在平原表面留有凸状或凹状的起伏形态，其上覆堆积物多与下伏基岩有关，两者的矿物成分很相似。构造平原由于基岩埋藏不深，所以地下水一般埋藏较浅。在干旱、半干旱地区如排水不畅，常形成盐渍化。多雨冰冻地区则易造成道路的冻胀和翻浆。

2. 剥蚀平原

剥蚀平原是在地壳上升微弱的条件下，经外力的长期剥蚀夷平所形成，其特点是地形面与岩层面不一致，上覆堆积物常常很薄，基岩常常裸露地表，只是在低洼地段有时才覆盖有厚度稍大的残积物、坡积物、洪积物等。剥蚀平原可分为河成剥蚀平原、海成剥蚀平原、风力剥蚀平原和冰川剥蚀平原。由于形成后往往地壳运动变得活跃，剥蚀作用重新加剧遭到破坏，故其分布面积常常不大。工程地质条件一般较好。

3. 堆积平原

堆积平原是在地壳缓慢而稳定下降的条件下，经各种外力作用的堆积填平所形成的。其特点是地形开阔平缓，起伏不大，往往分布有厚度很大的松散堆积物。堆积平原可分为河流冲积平原、山前洪积冲积平原、湖积平原、风积平原和冰积平原。河流冲积平原地形开阔平坦，工程建设条件良好，对公路选线有利。

3.2.3　河谷地貌

1. 河谷地貌的形态要素

河谷是在流域地质构造的基础上，经河流的长期侵蚀、搬运和堆积作用逐渐形成并发展起来的地貌。河谷通常是山区公路争取利用的一种有利的地貌类型。典型的河谷地貌，形态要素一般包括谷底、河床、谷坡、谷缘、坡麓，如图 3.1 所示。

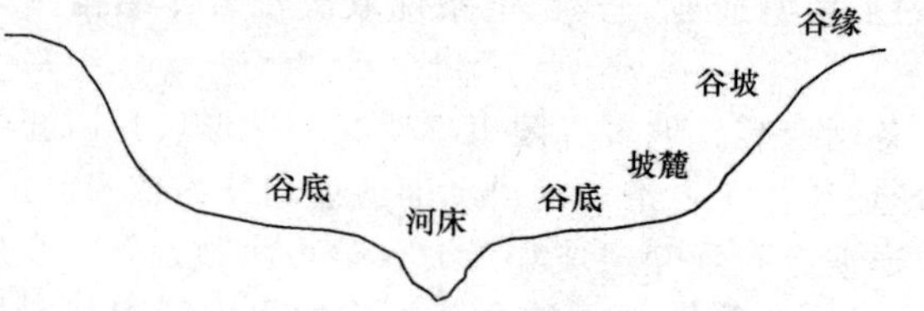

图 3.1　河谷要素

2. 河谷地貌的类型

河谷地貌按发展阶段可分为未成形河谷，也称 V 形河谷，山区河谷发育初期，以垂直侵蚀为主的阶段；河漫滩河谷，其断面呈 U 形，河谷是经河流侵蚀，谷底拓宽发展而形成的；成形河谷，河流经历漫长地质时期后，具有复杂形态的河谷，阶地的存在就是成形河谷的显著特点。

3. 河流阶地

河流阶地是在地壳的构造运动与河流的侵蚀、堆积作用的综合作用下形成的。当河漫滩河谷形成后，由于地壳上升或侵蚀基准面相对下降，原来的河床或河漫滩便受到下切，而没有受到下切的部分就高出于洪水位之上，变成了阶地。

由于构造运动和河流地质过程的复杂性，河流阶地的类型是多种多样的，一般可以将它分为以下三种类型：

（1）侵蚀阶地。侵蚀阶地主要是由河流的侵蚀作用形成的，多由基岩组成，所以又称基岩阶地，如图 3.2 所示。侵蚀阶地多发育在山区河谷中，这里水流速度大，侵蚀作用强，所以沉积物很薄，有时甚至在河床中出露基岩。当后期河流进行强烈下切时，河谷底部抬升形成阶地，因而在侵蚀阶地上很少找到冲积物，即使原先有薄层的冲积物分布，在阶地形成以后的长期侵蚀作用中，也可能被冲刷殆尽。阶地面上往往只有一些坡积物，这类阶地面是河流侵蚀削平的基层面，故称为侵蚀阶地。

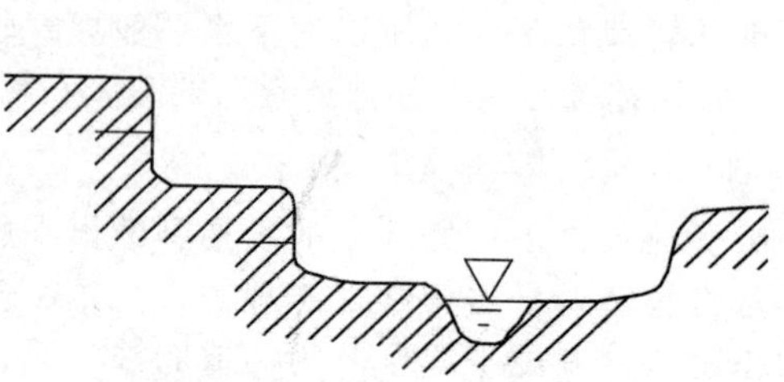

图 3.2　侵蚀阶地

（2）堆积阶地。堆积阶地是由河流的冲积物组成的，所以又称冲积阶地或沉积阶地，如图 3.3 所示。它的形成过程首先是河流侧向侵蚀，展宽谷地，同时发生大量堆积，形成宽阔的河漫滩，然后河流强烈下切侵蚀，形成阶地。一般河流下切侵蚀的深度不超过冲积层的厚度，因此，整个阶地全由松散的冲积物组成。

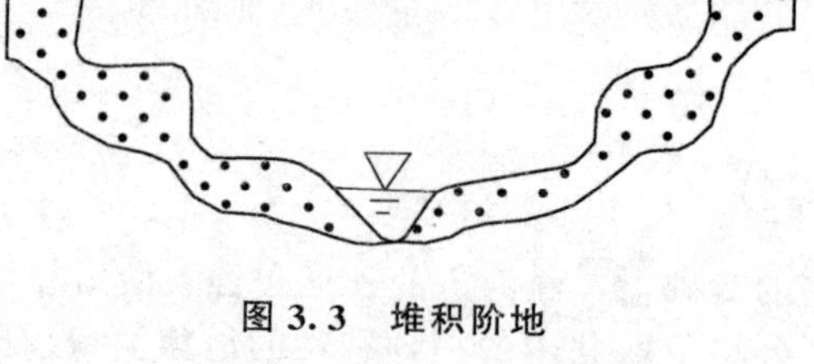

图 3.3　堆积阶地

(3) 基座阶地。基座阶地由两种物质组成，上部为河流的冲积物，下部是基岩或其他类型的沉积物。这种阶地是在地壳相对稳定，下降和再度上升的地质过程中逐渐形成的，如图3.4所示，是在形成过程中河流下切侵蚀深度超过了原来冲积物的厚度，切至基岩内部而形成。如果基座阶地形成以后，由于气候或构造的原因，在新一轮的河流侵蚀—堆积过程中，河谷中堆积较厚的冲积物，超过阶地基座高度并把基座覆盖起来，称为覆盖基座阶地。

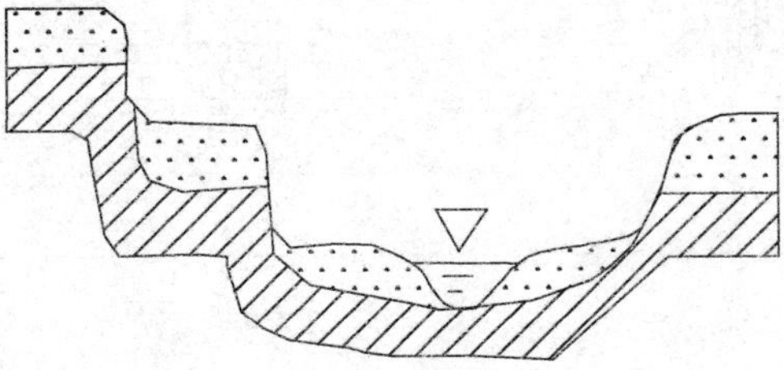

图3.4 基座阶地

阶地可能有多级，按照由下向上、由新到老的顺序，从河漫滩向上依次为一级阶地、二级阶地等。每一级阶地都由阶地面和阶地斜坡组成。通常情况下，阶地面有利于布设线路，但有时为了少占农田或受地形限制，也常在阶地斜坡上布线。还应指出，并不是所有的河流或河段都有阶地。

从上述情况看，河谷地貌是山岭地区向分水岭两侧的平原做缓慢倾斜的带状谷地。由于河流的长期侵蚀和堆积，成形的河谷一般都有不同规模阶地的存在，它一方面缓和了山谷坡脚地形的平面曲折和纵向起伏，有利于路线平纵面设计和减少工程量；另一方面又不易遭受山坡变形和洪水淹没的威胁，容易保证路基稳定。所以阶地在通常情况下是河谷地貌中敷设路线的理想部位。除考虑过岭标高外，一般以利用一、二级阶地敷设路线为好。

3.2.4 黄土地貌

黄土地貌是中国半干旱区的主要地貌。按主导地质营力，黄土地貌可分为黄土堆积地貌、黄土侵蚀地貌、黄土潜蚀地貌。堆积地貌和侵蚀地貌是黄土地貌的主体。黄土地貌的形成发展和古地形有一定的关系。

1. 黄土堆积地貌

大型黄土堆积地貌有黄土高原和黄土平原。

(1) 黄土高原。黄土高原分布于新构造运动的上升区，如陕北、陇东和山西高原，是由黄土堆积形成的高而平坦的地面。黄土高原受现代水流切割，形成下列地貌（图3.5）：

1) 黄土塬。黄土塬是黄土高原受现代沟谷切割后，保存下来的大型平坦地面，常以地名命名，如洛川塬、西峰塬等。塬周边沟谷环绕，并因沟谷溯塬侵蚀，边缘支离破碎，但塬面侵蚀微弱。黄土塬是由黄土堆积在平缓的古地形（如古盆地或古单斜地形）上形成，少数为黄土覆盖于山前或山间而成。黄土塬区居民常沿切割塬的沟边修建窑洞，这是一种良好的民间传统地下建筑。

2) 黄土梁。黄土梁是平行沟谷的长条状高地，长可达几百米、几千米到几十千米，宽仅几十米到几百米，顶面平坦或微有起伏。黄土梁或为黄土塬进一步切割而成；或为晚期黄土（马兰黄土）覆盖在古梁状高地之上而成。后者如陇东高原东部合水一带，晚更新世黄土覆盖在中更新世黄土梁状丘陵之上。

3）黄土峁。黄土峁是顶部浑圆、斜坡较陡的黄土小丘。大多数是由黄土梁进一步被切割而成，为晚期黄土覆盖在古丘状高地而成，常成群分布。

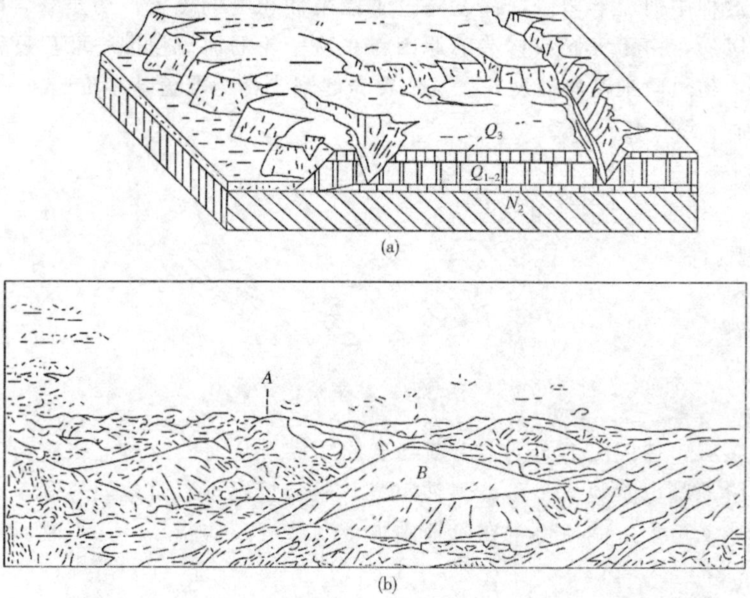

图 3.5　黄土主要地貌（引自《地质与地貌学》，刘凡）

（a）黄土塬（为黄土谷沟切割）；（b）黄土梁（A）黄土峁（B）黄土沟谷和丘陵

黄土梁、黄土峁经常与谷沟并存，组成黄土丘陵。黄土丘陵比黄土源分布广泛，土流失严重、重力崩滑造成的地质灾害不时发生。

（2）黄土平原。黄土平原分布于新构造下降区，如渭河平原局部倾斜地面上发育沟谷系统。

2. 黄土侵蚀地貌

（1）黄土区大型河谷。黄土区大型河谷地貌（又称“川”）是长期发展的结果，如黄河、渭河、洛河、泾河等。其形成发展与一般侵蚀河谷发展相似，但由于在黄土区河谷形成发展过程中，伴有风积黄土堆积，晚期黄土覆盖早期河谷阶地的情况经常可见，在研究黄土区河谷阶地和河谷第四纪沉积时应特别注意。

（2）黄土区冲沟。黄土区冲沟的发展过程与一般正常流水冲沟发展相似，但由于黄土质地疏松，常伴有重力、潜蚀作用，故黄土区冲沟系统发展快，且具有一些黄土区特有的冲沟形态，如沟壁经常发生崩塌，纵剖面形成阶梯状悬沟等。黄土区冲沟的发展常具继承性，部分现代黄土沟谷重叠发育在老沟谷之上，即这一部分水泵是继承早期水系发展而来。

3. 黄土潜蚀地貌

由于地面水局部集中，沿黄土裂隙下渗并进行潜蚀作用，产生了一系列黄土潜蚀地貌，这些潜蚀形态往往给工程带来严重的地质灾害。

（1）黄土碟。黄土碟是一种直径数米至数十米、深数米的碟形凹地。黄土碟是由于流水聚集凹地内，沿黄土裂隙与孔隙下沉、浸润，当潜水面上黄土底部充分含水之后，黄土在重力影响下沉陷而成。

（2）黄土陷穴。黄土碟进一步发展、沉陷，形成深度大于宽度的陷穴。若陷穴成串分布，称为串珠状陷穴，进一步发展便成黄土陷沟。

(3) 黄土井。黄土陷穴向下发展，形成深度大于宽度若干倍的陷井，称为黄土井。

(4) 黄土林和黄土桥。在黄土陷穴区崩塌之后，残余的洞顶即构成黄土桥。若沿垂直节理进一步崩塌，就形成黄土柱。在干燥情况下。黄土林、黄土桥较稳定，若遇久雨，则易于崩塌。

以上各种黄土潜蚀形态，又称“黄土喀斯特”。在黄土区还经常发生坍塌重力地质作用，且发展速度较快。

3.2.5　风成地貌

在风对地面物质进行吹蚀、搬运和堆积作用的过程中所形成的各种风蚀地貌及风积地貌，统称为风成地貌。

1. 风蚀地貌

风蚀作用在地面疏松无植被覆盖的地区尤为盛行。在有天然或人工森林、草地的区域，风蚀作用的破坏性大为降低。如十二级大风（风速>33.5 m/s），可以搬动巨砾，可以将特大树连根拔起，造成严重风灾，但对有植被覆盖的地区影响不大。相反，即使风速不大，对无植被覆盖区也会造成严重的土壤破坏，沙尘飞扬，使大气能见度大为降低。主要风蚀地貌如下：

(1) 风蚀小形态。风沙吹蚀岩壁所形成的蜂窝状小形态，称为风蚀壁。风沙流对孤立凸起岩石的长期磨蚀过程中，由于风沙主要集中在近地面部分，形成上大下小的风成蘑菇石（图 3.6）。

图 3.6　蘑菇石（源于网络）

(2) 风蚀垄槽。在干旱地区，干涸的湖底常因干缩而裂隙发育，风沿着裂隙不断吹蚀，形成垄槽地形，称为风蚀垄槽。维吾尔语谓之“雅丹”。其沟槽较宽，沟深可达 10 余米，长条状延伸数十米到数百米不等。

(3) 风蚀洼地。松散物质组成的地面经风吹蚀而形成的洼地称为风蚀洼地。其平面上多呈椭圆形，沿主风向伸长，背风面陡达 30°；也有些洼地呈新月形，凸出的一面对主风向。单纯由风蚀形成的洼地，规模一般较小，直径只有几十米，深度仅 1 m 左右。而在流水侵蚀基础上，经风蚀改造形成的洼地，规模较大，深度可达 10 m 左右。

(4) 风蚀谷和风城。风沿着暂时性洪水所形成的冲沟吹蚀，使谷地进一步扩大，形成风蚀谷。风蚀谷平面上无一定形状和走向，宽窄不一，蜿蜒曲折，形状可为狭长的谷地，也可是宽广的谷地或围场。风蚀谷两侧陡立，谷底高低不平，谷壁下部常堆积着崩塌碎屑，谷壁上常发育有大大小小的石窝。

在长期的风蚀作用下，风蚀谷不断扩大，谷与谷之间的原始地面不断缩小，最后形成一些孤立小丘，称为风蚀残丘。在较软弱的水平岩层（或缓倾斜岩层）分布区，风蚀作用常形成一些平顶层状山丘，类似断壁残垣的千载古城，称为风城。

2. 风积地貌

前进中的风沙流在遇障碍物（植物、山体、凸起的地面或建筑物）时，就会因受阻而产生涡流或减速，使其动能降低而发生堆积，形成各种风积地貌。风积地貌的形态与风沙流的结构、运动方向和含沙量有关。根据风沙流的结构等特征，风积地貌可划分为以下四种类型：

（1）信风型风积地貌。信风型风积地貌是在单向风或几个方向近似的风的作用下形成的各种风积地貌。其主要类型有沙堆、新月形沙丘、纵向沙垄和抛物线形沙丘等（图3.7）。

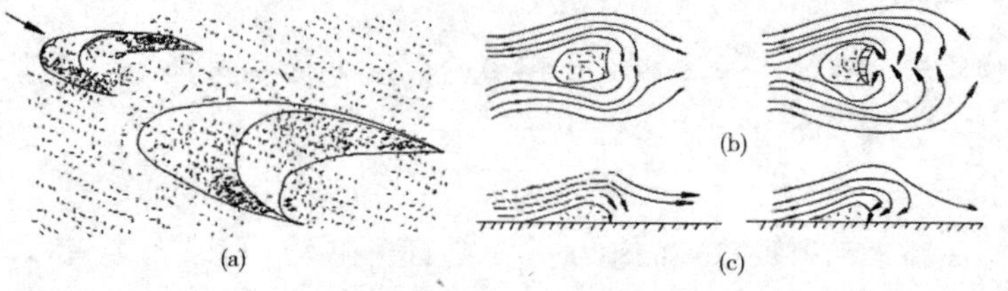

图3.7　新月形沙丘及形成示意（引自北京大学等《地貌学》，1978）

（a）新月形沙丘；（b）平面；（c）纵断面

（2）季风—软风型风积地貌。季风—软风型风积地貌是指在两个方向相反的风交替作用时，其中一个风向占优势所形成的沙丘。这类风积地貌的排列延伸方向大多与主风向垂直，沙丘经常前后往返或移动。季风—软风型风积地貌有新月形沙丘链、横向沙垄和梁窝状沙地等。

（3）对流型风积地貌。夏季的沙漠中常形成龙卷风，在龙卷风作用下形成的堆积地统称为对流型风积地貌。蜂窝状沙地就是这类地貌的代表。蜂窝状沙地是由无数圆形或椭圆形沙窝，周围有丘状沙埂环绕而组成。强烈的龙卷风把沙漠地面吹成一个个圆形洼地，被吹蚀的沙粒堆积在洼地的四周，形成丘状沙。这种地貌在温带荒漠中最为发育。

（4）干扰型风积地貌。干扰型风积地貌是指当主要气流向前运动时，遇到山地阻挡而产生折射，引起气流干扰形成的各种地貌。其中主要的是金字塔形沙丘。金字塔形沙丘是一种角锥形沙丘，具有三角形面（坡度为30°左右），一般高为50～100 m。

3.2.6　岩溶地貌

岩溶地貌形态是十分复杂的，按其出露与分布情况，可分为地表岩溶和地下岩溶两类。

1. 地表岩溶地貌

在地表岩溶作用过程中，可形成一系列独特的地貌，主要地貌形态介绍如下：

（1）石牙与溶沟。地表水沿可溶蚀岩石的节理裂隙进行溶蚀与侵蚀，形成纵横交错的凹槽称为溶沟，凹槽之间残存的凸起岩石称为石牙（图3.8）。

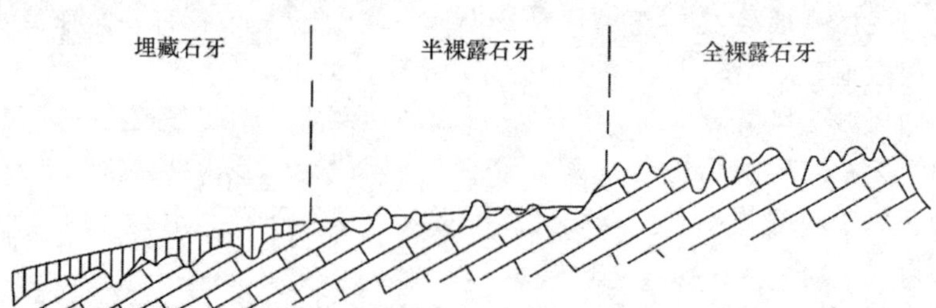

图3.8　斜坡上的石牙分布（引自北京大学等《地貌学》，1978）

（2）石林与岩溶漏斗。

1）石林是由密集林立的锥柱状、锥状、塔状岩体组成的地貌景观。其间多为溶蚀裂缝，狭窄而直，坡壁上部有平行的溶沟，以云南的路南石林最为典型（图 3.9）。

图 3.9　云南石林素描（引自李维能，方贤铨，《地貌学测绘专业用》，1983）

2）漏斗是呈碟状或倒锥状的封闭洼地，直径一般为几米到百米，深几米到十几米，常成群出现，是岩溶区的特征性形态之一。其成因有两种：一种是地表水沿节理裂隙溶蚀而成的溶蚀漏斗，其长轴方向与区域裂隙优势方位相近，底部往往被溶蚀残余物质所充填，有的底部有落水洞（图 3.10）；另一种是溶洞顶板塌陷而成的塌陷漏斗。石林与漏斗大致形成于同一个岩溶发展阶段。

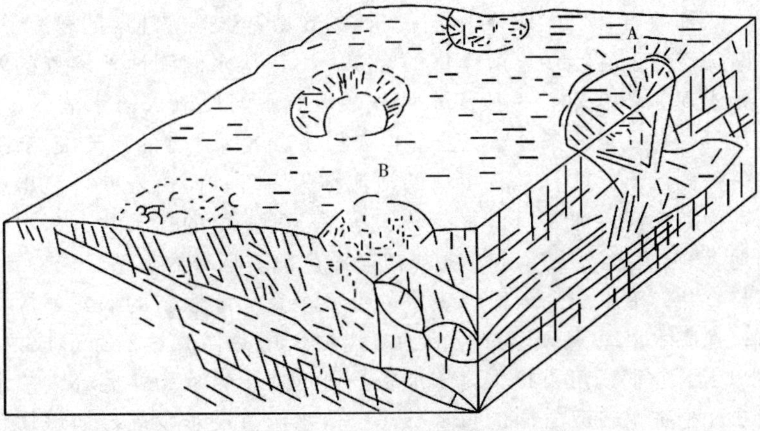

图 3.10　岩溶漏斗示意（引自武汉地质学院，《普通地质学》，1981）

A—塌陷为主的漏斗；B—溶蚀为主的漏斗

（3）峰林、峰丛与溶蚀洼地。

1）峰林是成群分布的山体基部分离的石灰岩山峰群。峰体相对高差为 100～200 m，坡度很陡，一般均在 45°以上。峰林的分布常与地质构造有关。我国广西的桂林、阳朔，贵州安顺、独山等地均发育有典型的峰林地貌。

2）峰丛是一种山峰基部相连的峰林，峰与峰之间常形成 U 形的马鞍地形。相对高差一般为 200～300 m。它与峰林的主要区别是峰丛山峰间基部相连的高度比例大于上部分开部分，而峰林相反。峰丛之间常发育溶蚀洼地、漏斗及落水洞。峰丛主要分布在广西西部及西北部与云贵高原的边缘部分。

3）溶蚀洼地的平面形态为圆形或椭圆形，长轴多沿构造线而发育。溶蚀洼地与漏斗的主要区别在于：前者规模较大，底部较平坦，其内可发育溶蚀漏斗，并覆盖有溶蚀残余物，可以耕种；后者多为不规则的圆形，底部平坦面积小。溶蚀洼地和溶蚀漏斗常以底部长度 100 m 为两者之间的分界。长度大于 100 m 者为溶蚀洼地。溶蚀洼地可以由溶蚀漏斗扩大而成，洼地又可进一步扩大合并为洼地形态组合。溶蚀洼地的底部除有落水洞外，还可有小河、小溪。溶蚀洼地常与峰丛共生，构成峰丛—洼地组合形态，在我国的广西西北部和云贵高原边缘的斜坡地带常可见到（图 3.11）。

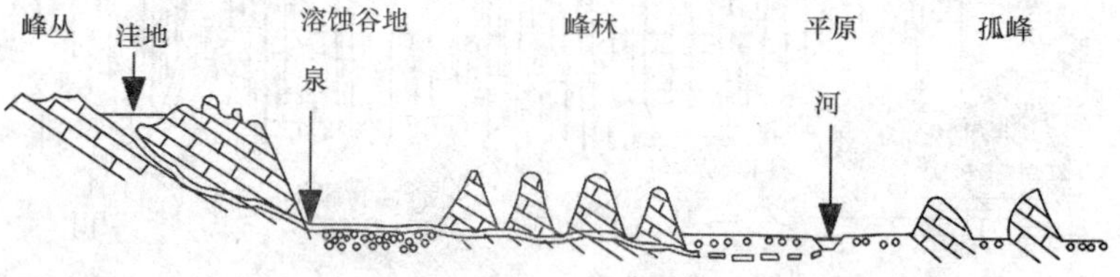

图 3.11　峰丛、峰林和孤峰的分布（引自北京大学等《地貌学》，1978）

（4）孤峰与岩溶平原。

1）孤峰（也称残丘）是兀立在岩溶平原或盆地上的孤立的灰岩山峰。峰体低矮，相对高度由数十米至百余米不等，以广西桂江与宾阳一带为代表。孤峰进一步遭受溶蚀、侵蚀，当其相对高度更小，仅有十数米至数十米时，被称为石丘。

2）岩溶平原（也称坡立谷）是指比溶蚀洼地更为宽广的地面平坦的岩溶地形。其宽度一般为数百米至数千米，长度为数千米至数十千米。其底部平坦，覆盖着溶蚀残余的红土，有些地方还覆盖冲积层，局部散布着岩溶孤峰。我国广西的黎塘、贵县等地区的岩溶平原最为典型。

（5）盲谷、断头河与干谷。在岩溶作用的晚期，由于落水洞和地下溶洞的发育，地表河流逐渐转入地下，常出现一段有水、一段无水的现象。有水河段流入落水洞，过渡为无水河段，地表河由此潜入地下，在一定的条件下又流出地表。在岩溶区，有的河流突然终止于石灰岩壁，有时又会从岩壁另一侧流出。前方没有出口的河流称为盲谷；而由岩壁下流出或由地下河补给的地表河流，则称为断头河。地表河出水流转入地下，所遗留的高于地下水水位的干涸河道称为干谷。断续的地表河、盲谷、湖沼和干谷组成岩溶区地表特有的水系。

（6）落水洞与竖井。落水洞是消泄地表水的近于垂直的或倾斜的洞穴，常作为连通地表河与地下河的通道，是流水沿垂直裂隙进行溶蚀、侵蚀作用并伴有塌陷而形成的。其形态不一，深度可达 100 m 以上。它们既可直接出露于地表，也可处于岩溶漏斗底部。落水洞常沿构造线呈线状和带状展布，是查明暗河方向的重要标志。落水洞进一步发展，崩塌作用加剧，就可形成一种垂向深井，称为竖井。竖井也可由洞穴顶板塌陷而成。有时从竖井可以看到暗河的水面。在地壳相对稳定的厚层石灰岩区，上述各种岩溶地貌的形成有一定的联系和演化规律。最初形成的是溶沟、石牙；逐渐发展成峰丛被分割而成峰林，溶蚀洼地扩大为溶蚀谷地；随着溶蚀作用的进一步发展和重力崩塌的发生，峰林不断被蚀低，最后成为立于岩溶平原之上的孤丘。因此在岩溶作用较强地区，从分水岭到平原常可见岩溶地貌有规律地分布。

2. 地下岩溶地貌

地下岩溶地貌主要是溶洞（图 3.12）和地下河。

（1）溶洞。溶洞是岩溶作用所形成的地下岩洞的通称。它是地下水沿可溶性岩体的各种构造面（层面、节理面或断裂面），特别是沿着各种构造面互相交叉的地方，逐渐溶蚀、崩塌和侵蚀而开拓出来的洞穴。形成初期，岩溶作用以溶蚀为主，随着空洞的扩大，地下水的运动加快，侵蚀和崩塌也随之加强，洞穴迅速扩大，从而形成高大的地下溶洞。

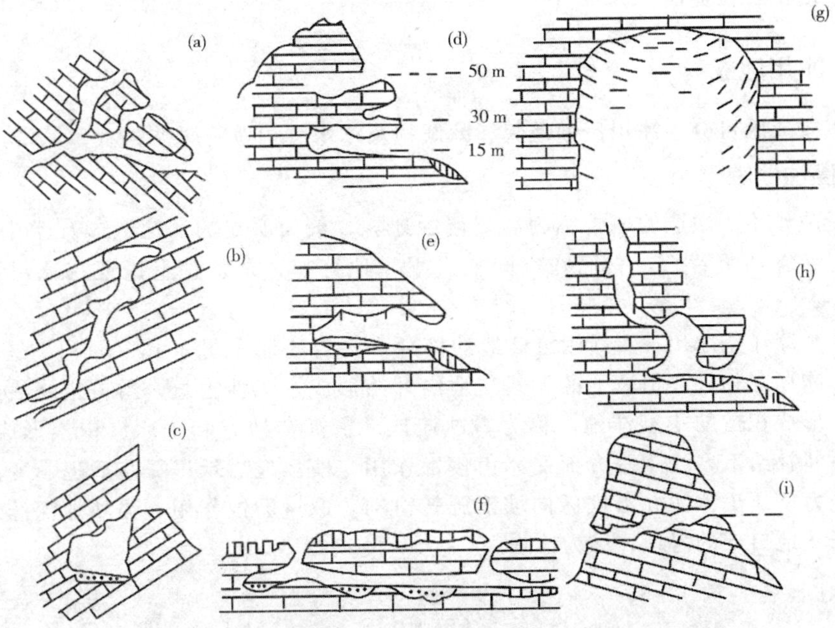

图 3.12　溶洞形态类型剖面图（引自《地质与地貌学》，刘凡）

（a）管道状；（b）阶梯状；（c）袋状；（d）多层洞穴；（e）水平盲洞；（f）地下长廊；（g）地下厅；（h）通天洞；（i）通山洞

溶洞大小不一，形态多种多样，有时彼此有通道相连，或多层发育，按其成因可分为包气带洞、饱水带洞和深部承压带洞等。包气带洞的形成过程：从裂隙、落水洞和竖井下渗的水，在包气带内，沿着各种构造裂隙而不断向下流动和溶蚀，同时扩大空间，从而形成大小不一、形态多样的洞穴。饱水带洞是在地下水面附近发育的水平溶洞，此类溶洞有迷宫式特点和较平的洞底，受间歇性新构造上升运动影响，则有多层溶洞发育，上下彼此有溶隙相通。深部承压带洞则以分布较局限，并受裂隙、节理、层理等构造形迹控制为特征。

（2）地下河、伏流与地下湖。

1）地下河。地下河又称暗河，是具有河流主要特性的位于岩溶区地下的有水通道。它是由地下溶洞、地下湖、溶隙和连接它们的廊道系统组成的。由于溶洞、溶隙的形状和高度不同，所以地下河各段形态变化大，纵剖面坡度陡，水流落差也大。暗河也有一定地下汇水范围。两暗河间的地下水文地质分水岭与地表分水岭有时不一致。暗河也会发生袭夺现象。地下河的水文动态受当地大气降水影响，如著名的广西地苏地下河系，洪水期最大流量达 390 m/s。地下河系及形态还明显受构造破裂面和岩性的控制。

2）伏流。伏流为地表河流经过地下的潜伏段。其与地下河的主要区别在于：伏流有明显的进出口，且进口水量为出口水量的主要来源，而地下河无明显的进口。有些伏流的规模很大，如长江支流清江，在湖北利川地下伏流长达 10 余千米。国外著名的希腊斯提姆法布斯河伏流长 30 km 以上。伏流常形成于地壳上升、河流下切、河床纵向坡降较大的地方。在深切峡谷两岸及深切河谷的上源部分伏流经常发生。如嘉陵江观音峡左岸的学堂堡没水洞伏流，伏流长仅 1.3 km，而进出口落差超过 100 m。

3）地下湖。地下湖是指天然洞穴中具有开阔自由水面的比较平静的地下水水体。它往往和地下河相连通，或在地下河的基础上，局部扩大而成，起着储存和调节地下水的作用，如云南的六朗洞、广西都安拉通洞。

3.2.7 冰川地貌

冰川地貌按成因可分为冰川侵蚀地貌和冰碛物及冰水沉积地貌两类。

1. 冰川侵蚀地貌

由冰川侵蚀作用所塑造的地貌称为冰川侵蚀地貌。最为明显的冰蚀地形有冰斗、刃脊、角峰、冰槽谷、悬谷和羊背石，它们在空间上有规律地分布，是宏观上论证古冰川历史的重要证据。

（1）冰斗。冰斗是冰川在雪线附近塑造的椭圆形基岩洼地［图3.13（a）］，是雪蚀与冰川侵蚀的结果。冰期之初，在山坡上的天然洼地内开始形成永久性雪斑，雪斑边缘底部受冰冻风化强烈作用，形成积雪的小型洼地，称为雪蚀洼地。雪蚀洼地有利于冰雪积累形成冰斗冰川。冰斗在冰川不断补给下，冰斗一方面受冰川侵蚀作用，使洼地后缘进一步后退、变高；同时冰斗内冰川被强力挤压出冰斗并沿底床向坡下旋转滑动，通过磨蚀作用，强烈加深洼地底部，同时造成横亘于洼地口部的岩坎，称为冰坎。

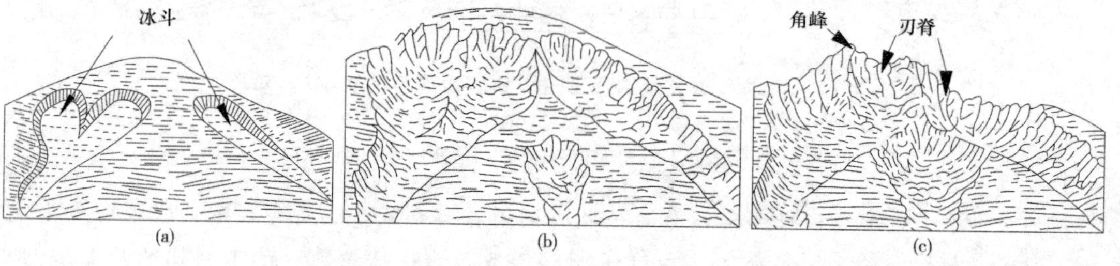

图3.13 冰斗、刃脊和角峰的发展（引自北京大学等《地貌学》，1978）
（a）冰斗；（b）、（c）刃脊、角峰

冰斗成群发育于雪线附近，不受岩性控制。古冰斗边缘的高度标志着古雪线位置，各地古雪线高度与所在纬度和降雪量大小相关。不同时期古冰斗高度与现代雪线的高差，是研究古温度波动的重要标志。

（2）刃脊、角峰。在相邻两个冰斗或冰川谷的发育过程中，斗（谷）壁不断后退，结果使相邻两个冰斗或冰川谷之间的分水岭越来越窄，最后形成像鱼鳍、刀背一样的山脊，称为刃脊。由两个以上的冰斗发展所构成的尖锐山峰称为角峰［图3.13（b）、（c）］。由于组成刃脊和角峰的岩性与地质构造不同，有的可残留，有的则被破坏殆尽。

（3）冰槽谷。冰槽谷（又称U形谷、幽谷）是山谷冰川塑造的线性谷地，且是山岳冰川区分布最广的地形。当冰川流速一定时，冰川下蚀能力随冰川厚度的增加而加大，所以同等厚度山谷冰川的侵蚀力，在谷地下部和底部最强，使冰槽谷横剖面呈明显的抛物线形或U形（但U形谷不一定是冰川成因），谷坡呈凹形，上部陡下部缓，并逐渐过渡为宽阔的平坦谷底。陡峻的谷坡上缘，突变为缓坡或平台，其间的地形转折点称为冰槽谷肩，它代表当时冰面最高位置。沟谷肩的水平距离为冰槽谷宽度；谷肩至谷底最低点为冰槽深度，冰川下蚀深度受冰川流动、厚度、内部温度的控制，而与侵蚀基准面无关。所以，有的冰槽谷的深度很大，如美国加利福尼亚州的约斯迈特冰槽谷深达900～1 200 m。

冰槽谷纵剖面向下游倾斜，但起伏不平，冰蚀洼地与冰蚀岩坎频繁交替，底床有时向上游倾斜，这是冰川选择性剥蚀的结果。特别是在构造软弱地带（断层、节理等），冰川运动性质不同。在洼地后侧的顺向坡上，冰川在重力驱动下流动，被称为伸张流（图 3.14 E），它不断加深洼地后壁，冰面常见横张裂隙；在洼地前端，冰川在纵向压力作用下旋转流动并沿剪切面向上逆冲，称为压缩流（图 3.14 C），它旋转滑动所特有的磨蚀力使洼地进一步加深，形成深度较大的冰蚀岩盆。冰川消融后，所有的岩盆积水，成为串珠状湖泊。冰槽谷纵剖面上的巨大起伏是区分冰川谷与非冰川谷的重要特征。

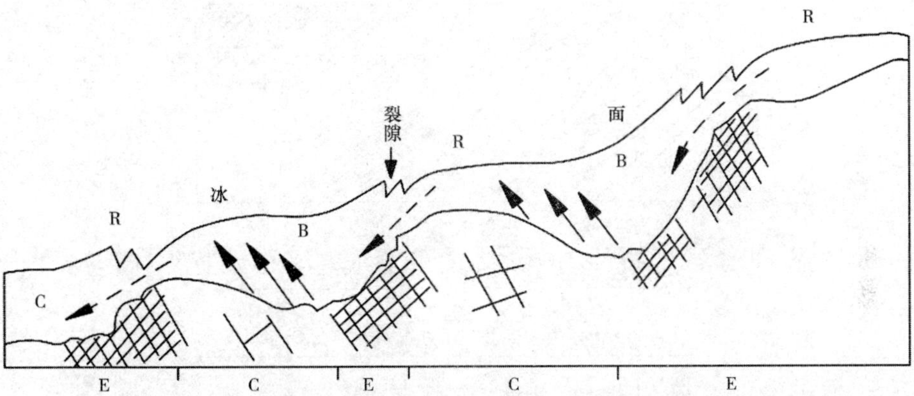

图 3.14　冰槽谷纵剖面形成机制图解（引自《地质与地貌学》，刘凡）

R—冰坎；B—岩盆；C—压缩流区；E—伸张流区；

实箭头示压缩流方向，虚箭头示伸张流方向，格纹为岩石节理

在平面上，冰槽谷平直，两侧排列着冰川切削山嘴而形成的三角面或冰溜面，其上的擦痕与刻槽是古冰川作用的重要证据。

（4）悬谷。支谷冰川谷底高悬于主冰槽谷的坡上，称为悬谷。悬谷成因与支谷冰川的下蚀能力远小于主谷冰川的下蚀能力有关。

（5）羊背石。冰槽谷的底部在大陆冰川的冰床上，由于冰川的磨蚀与拔蚀作用形成的一群石质小丘，称为羊背石，羊背石平面形状为椭圆形，长轴方向与冰川运动方向平行，前后坡度不对称，迎冰面平缓，带有擦痕、刻槽及新月形的磨光面，是冰川磨蚀作用的结果；羊背石背面冰陡峻，由阶状小陡坎及裂隙组成，是冰川拔蚀作用的结果。

2. 冰碛物及冰水沉积地貌

由冰川直接沉积，是未经其他外力特别是未经冰融水明显改造的沉积物，称为冰碛物。冰雪融化后形成的水流称为冰水。大部分冰水，最后都要经冰川前缘的冰下河和冰侧溪沟流出去，形成冰前河流及冰前湖泊。经冰水搬运，沉积在冰川内部或附近的堆积物称为冰水沉积地貌。冰水沉积物可分为冰前沉积和冰川接触沉积两类。

（1）冰碛地貌。

1）基碛及基碛地形。当冰川融化以后，原来的冰面及冰内岩屑坠落到早已形成的滞碛上合称基面（或底碛）。因为在基面形成过程中有冰下水、冰面水和冰内水的作用，所以在基碛中常可见到砂、卵石及砾石所组成的透镜体，甚至有黏土质的湖相夹层。基碛厚度一般不超过数米，在山岳冰川区甚至可能遭到破坏，只剩下一些残余的大砾石。大陆冰川区厚一些，可达数十米

到百余米。由基碛组成的地形称为基碛地形，常见的基碛地形如下：

①底碛丘陵。底碛丘陵为冰川 U 形谷中高度不大的波状起伏地形，分布零乱。由于底碛透水性差，在丘陵之间常有小而浅的湖沼。山岳冰川区的底碛丘陵主要由融出碛和流碛组成，高度为数米至数十米不等。

②鼓丘。鼓丘一般是由含黏土较高的停积型冰碛所构成的椭圆形丘陵（图 3.15），椭圆长轴与冰流方向一致。鼓丘大小差别很大，高度为几米到几十米，长度为 100～2 000 m。鼓丘往往成群地分布于大陆冰川前端终碛堤之内。山岳冰川区很少见。

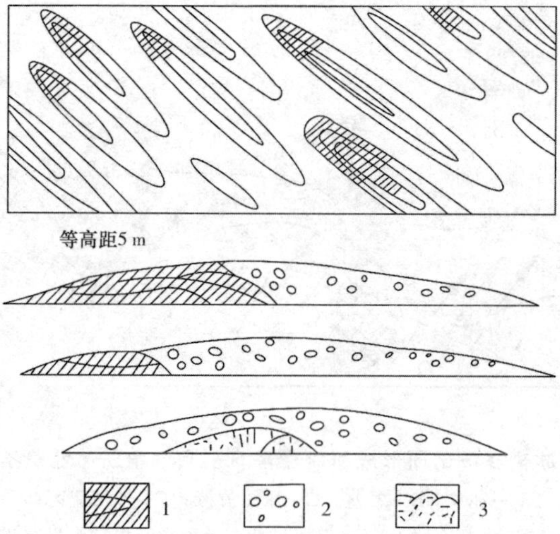

图 3.15　鼓丘的平面及断面示意（引自《地质与地貌学》，刘凡）

1—基岩（羊背石）；2—冰碛物；3—砂

2）终碛堤（又称前碛堤）。当冰川末端补给与消融处于平衡时，由于冰川中部运动稍快，冰面物就会在冰舌前端堆积成向下游弯曲的弧形长堤，称为终碛堤（图 3.16）。一般来说，山岳冰川终碛堤短而高，终碛堤外侧陡、内侧缓。冰川后退时终碛堤完整而平行排列；冰川前进时老的终碛堤被冰川破坏，或终碛堤被后期水流分割而成弧丘，但仍呈弧形排列。

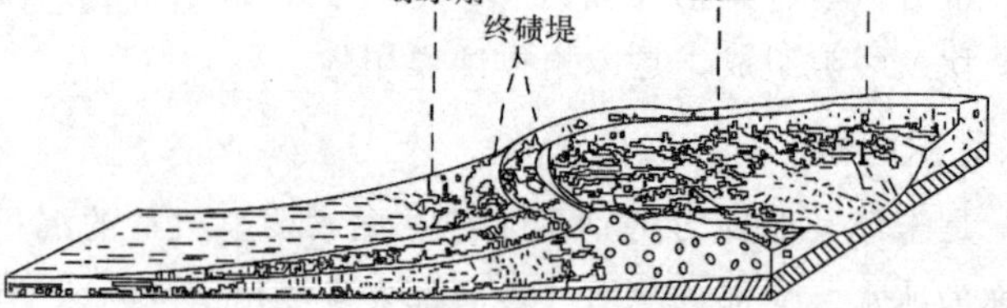

图 3.16　终碛堤与冰水扇示意（引自《地质与地貌学》，刘凡）

3）侧碛堤。由于冰川对谷壁的剥蚀作用及崩塌等作用，在冰川两侧及冰川表面边缘聚集了大量碎屑物质。当冰川融化时，这些物质就以融坠的方式堆积在冰川谷两侧，形成与冰川平行的长堤状地形，称为侧碛堤。当冰川两侧发育着边缘沟槽时，槽中流水可将侧碛堤完全毁掉或加工成冲积物，或仅仅冲掉侧碛堤的靠山坡部分。有的地区在山坡的不同高度上存在着多道侧碛堤，它们可以是同一冰期不同融化阶段的产物，也可以是不同冰期的产物。

（2）冰前沉积。冰前沉积是冰水流出冰川以后，在冰川外围堆积起来的沉积物。其主要地貌为冰水扇、冰水冲积平原、冰水阶地及冰湖沉积等。

1）冰水扇及冰水冲积平原。如果冰川外围是下坦开阔的地形，冰水流出冰川末端后，立即分散为没有固定河床的细小股流，形成辫状水系。冰水携带的碎屑物质就在冰前堆积起来形成平缓的扇状地形，称为冰水扇或扇堆儿。系列冰水扇连接起来就构成冰水冲积平原，又称外冲平原（图 3.16）。

冰水扇的顶端直接与终碛堤或其他类型的冰碛物相接，呈明显的相变关系。冰水扇最厚的地方在顶端，向外逐渐变薄。冰水扇堆积物具有明显的岩相变化特征：顶端部分为巨大的砾石，层理不清，砾石磨圆度差，表面可有冰川压磨痕迹。往外粒度变细，圆度增加，以含砾石层或含砾石透镜体的砂层为主，沉积构造丰富，但极不稳定，水平层理与交错层理及不同物度和分选性的砂砾层频繁交替，冰淤构造发育、很少或没有向上变粗的层序。

2）冰水阶地。若冰川前为谷地，则冰川融水在谷中形成冰水阶地。冰水阶地冲积物属辫状河沉积，具有厚度大、易风化岩石数量多、分选差等特点。在剖面上，下粗上细的粒序层多次重复。

3）冰湖沉积物。冰湖沉积物包括冰湖三角洲沉积物和冰湖底沉积物。

①冰湖三角洲沉积物。当冰水河流流入冰湖，或冰川直接濒临湖畔，在冰湖岸边就会产生冰湖三角洲沉积，这种沉积与普通三角洲沉积没有多大差别。所不同者：冰湖三角洲沉积含有冰川砾石。

②冰湖底沉积物。夏季冰川融化强烈，冰水充沛，搬运能力强，把大量泥沙搬到湖中，砂粒很快沉于湖底；冬季黏土才慢慢地在砂上沉积下来，形成一层浅色长石、石英粉细砂砾层及深色黏土构成的年层。这种沉积作用年复一年地进行，形成了粗细相间和层理极薄的纹泥（又称季候泥）。就像树木的年轮，根据年层的数目即可确定从冰川开始退缩，至冰湖停止沉积这一阶段的年限。

（3）冰川接触沉积。冰川接触沉积又名冰界沉积，是冰川区内或紧靠冰川的冰水沉积物。因此这种冰水沉积与冰碛物相互混杂、交叉和重叠，还经常受到冰流的搅动，原生堆积形态和沉积构造常被破坏，特别是沉积物四周冰的融化，导致沉积物本身的崩塌或塌陷，更加剧了这种破坏程度。冰川接触沉积的最大特征之一是沉积期后变形。这种沉积构成有以下几种常见地貌形态。

1）冰阜阶地及冰砾阜。冰阜阶地分布于冰川谷两侧或高地的边缘。当冰退时，冰融水在冰川谷两侧形成溪流，这种水流在谷壁与冰川之间堆积具有一定层次的冰水堆积物（图 3.17）。当冰川全部融化后，堆积物的前端面（与冰川相接触的面）因失去支撑而垮塌，形成陡坎，整个形态与河流阶地相似，故称冰阜阶地。

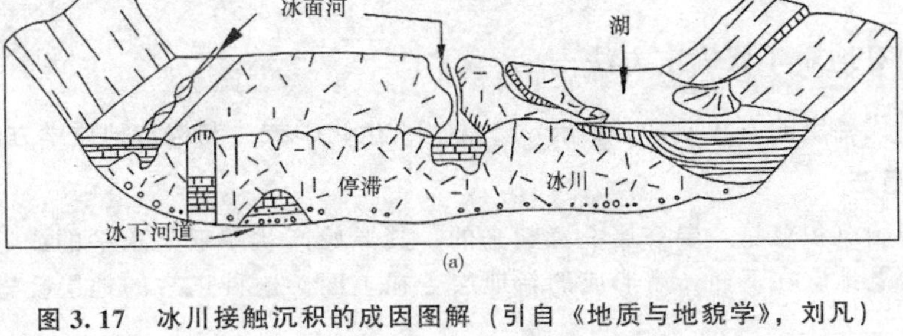

图 3.17　冰川接触沉积的成因图解（引自《地质与地貌学》，刘凡）

（a）冰退之前，冰水在停滞水体的各个部位堆积各种冰水沉积

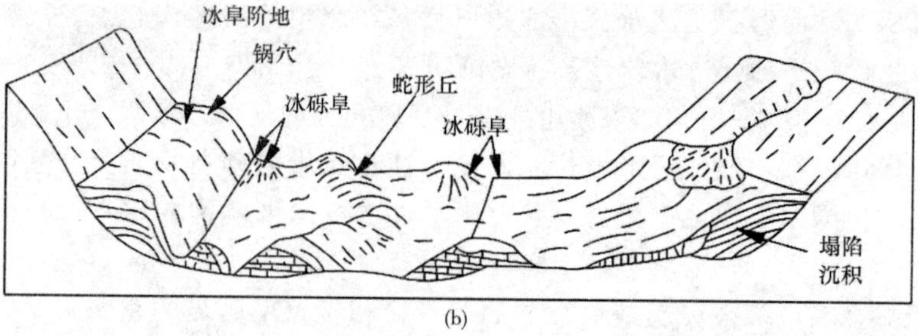

图 3.17　冰川接触沉积的成因图解（引自《地质与地貌学》，刘凡）（续）

（b）冰退之后，冰水沉积物坠落地面，并产生变形

冰砾阜是一种平顶圆形或长条形的丘陵地形。其直径为 0.5～2 km，高为 5～70 m，边坡较陡，常杂乱地成群分布于山岳冰川或大陆冰川的边缘（靠近终碛的地方）。冰砾阜由亚砂土、砂及细砾组成，具有明显的水流型层理，这些层理常因冰川的挤压而发生小的褶皱和断裂。冰砾阜内常夹有冰碛泥砾透镜体，而大部分冰砾阜表面还覆盖着 0.5～2 m 厚的冰碛层。冰砾阜是冰川消融后，冰面河流沉积坠落地面的产物。

2）锅穴。当冰川向后退缩时，在冰水沉积物中常遗留有大小不等的脱离冰川的死冰，当这些死冰完全融化后，就会引起上部沉积物陷落，在地表上形成凹坑。这种凹坑称为锅穴。锅穴大部分呈圆形，直径一般约几十米。

3）蛇形丘。蛇形丘主要是发育在大陆冰川区的地形，状如铁路路基的狭而长的垄状高地，并随地形高低起伏变化。它由经过分选和冲洗的砾石、砂组成，有明显的不均匀斜交层理，是冰下河道在出水口处的冰水沉积物，随冰川后退而堆积增长。山谷冰川的蛇形丘规模不大，大规模的蛇形丘是大陆冰川的重要遗迹①。

3.3　地质年代

3.3.1　基本概念

地质年代是指地球上各种地质事件发生的时代。地质学上计算时间的方法有两种：

（1）相对年代（Relative Time or Age）：地质事件发生的先后顺序。

（2）绝对年代（Absolute Time or Age）：地质事件发生的距今年龄。绝对年代主要是运用同位素技术测定，又称为同位素地质年龄。

相对年代和绝对年代两者结合，才构成对地质事件及地球、地壳演变时代的完整认识。

3.3.2　相对地质年代确定方法

相对地质年代确定的方法通常有地层学方法、古生物学方法和构造地质学方法等。

1. 地层学方法

沉积岩的原始沉积总是一层一层叠置起来的，其原始产状一般是水平的或近于水平的，并且总是先形成的老地层在下面，后形成的新地层盖在上面，这种正常的地层叠置关系称为地层

① 回顾过往，把握当下，放眼未来。学习红军长征爬雪山的艰辛历程，革命理想高于天！

层序律（叠置原理），如图 3.18 所示。地层学方法是利用地层层序律来确定地质年代的方法。

当岩层受到强烈变动，如发生倒转、错动等现象时，就不能简单使用地层层序律；在岩层未受变动或变动不强烈地区，地层层序律是完全可以使用的。

图 3.18　地层层序律示意

A—原始水平层理；B—倾斜层理；C—倒转地层

1、2、3、4、5—地层从老到新

2. 古生物学方法

(1) 化石：保存在地层中古代生物遗体或遗迹（如动物的骨骼、甲壳；植物的根、茎、叶；动物足迹、蛋、粪、动植物印痕），一般被钙质、硅质等充填或交代（石化）而形成的物质。

(2) 标准化石：对研究地质年代有决定意义的化石。地质历史上延续时间短、演化快、分布广、数量多、特征显著，并且容易形成、容易寻找、容易鉴定的化石。

生物层序律又称化石层序律，不同时代的地层中具有不同的古生物化石组合，相同时代的地层中具有相同或相似的古生物化石组合；古生物化石组合的形态、结构越简单，则地层的时代越老；反之则越新。

生物层序律其实就是进化论原理的具体运用，即生物演化是由简单到复杂，由低级到高级，生物种属由少到多，而且这种演化和发展是不可逆的。因而，各地质时期所具有的生物种属、类别是不相同的。时代越老，所具有的生物类别越少，生物越低级，构造越简单；时代越新，所具有的生物类别越多，生物越高级，构造越复杂。

古生物学方法是利用生物层序律确定地质年代的方法。

3. 构造地质学方法

地壳运动和岩浆活动，使不同时代的岩层、岩体和构造出现彼此切割穿插关系，利用这些关系也可确定岩层、岩体和构造形成的先后顺序。

切割律即穿插关系。较新的地质体总是切割或穿插较老的地质体，或者说切割者新、被切割者老，如图 3.19 所示。

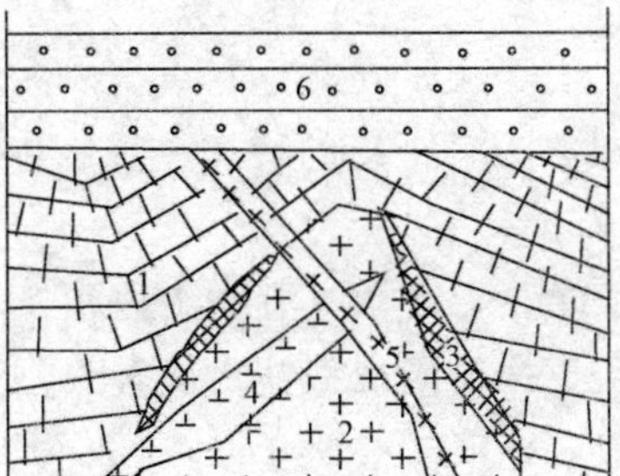

图 3.19　切割律确定岩石形成顺序示意

1—石灰岩，形成最早；2—花岗岩，形成晚于石灰岩；3—矽卡岩，形成晚于花岗岩或与其同一时代；4—闪长岩，形成晚于花岗岩或矽卡岩；5—辉绿岩，形成晚于闪长岩；6—砾岩，形成最晚

3.3.3 地质年代单位与地层年代单位

1. 地质年代单位

地质年代单位的划分是以生物界及无机界的演化阶段为依据的，这种阶段的延续时间常常在百万年、千万年甚至数亿年以上，并且常常是大的阶段中又套着小的阶段，小的阶段中又包含着更小的阶段。

地质年代单位由大到小分别是宙、代、纪、世，而在这些时间单位内形成的地层称为宇、界、系、统，即年代地层单位。

(1) 宙是地质年代的最大单位，根据生物演化，把距今6亿年以前仅有原始菌藻类出现的时代称为隐生宙，距今6亿年以后称为显生宙，是地球上生命发展和繁荣的时代。与宙相应时段内形成的岩石地层相应单位为宇。

(2) 代是地质年代的二级单位。隐生宙划分两个代：太古代和元古代。显生宙进一步划分为三个代：古生代、中生代和新生代。与代相应时段内形成的岩石地层相应单位为界。

(3) 纪是地质年代的三级单位。古生代分为六个纪，中生代分为三个纪，新生代分为两个纪。在纪时段内形成的岩石地层相应单位为系。

(4) 世是纪下面的次一级地质年代单位。一般一个纪分为三个或两个世，称为早世、中世、晚世或早世与晚世，并在纪的代号右下角分别标出1、2、3或1、2表示之。比较特殊的是新生代划分为七个世。与世相应时段内形成的岩石地层相应单位为统，它们相应地称为下统、中统和上统。

2. 地层年代单位

岩石地层单位（地方性地层单位）是根据地层的岩性特征进行分层，并建立起地层系统和层序，一般分为群、组、段、层。

(1) 群：比组高一级的岩石地层单位，是常用的最大岩石地层单位，是由两个或两个以上经常伴随在一起而具有某些统一的岩石学特点的组联合构成的，或由一大套厚度巨大、岩类复杂的地层组成。群在必要时可以再分成亚群，或合并为超群。群的名称通常取自典型剖面附近的地名。

(2) 组：是最重要的基本岩石地层单位。其含义在于具有岩性、岩相和变质程度的一致性。组由一种岩石构成，或者以一种岩石为主，夹有重复出现的夹层；或者由两三种岩石交替出现所构成；还可能以很复杂的岩石组合为一个组的特征，而与其他比较单纯的组相区别。组的厚度无固定的标准，由1 m到几千米不等。

(3) 段：是低于组的岩石地层单位，必须具有与组内相邻岩层不同的岩性特征，且分布广泛，对研究区域地层有用。组是否要分段应根据其内部有无分段的岩性条件和区域地层研究的需要来定，有的组可全部划分为段；也可仅指定组的某一部分为段，其余部分不正式命名为段；有的组可不分段；有的组在某一地区分段，在另一地区不分段。

(4) 层：等级最低的岩石地层单位。它一般由岩性、成分、生物组合等特征显著而又明显区别于相邻岩层的地层构成。它的厚度不大，可以从数厘米、数米至10余米。层是组内或段内的一个特殊单位，在岩性上与相邻岩层显著不同。

3.3.4 地层年代表

各代和纪的延续时间不同。年代老者长、新者短，主要由于年代新者保留下来的地质记录全、生物进化的阶段性缩短；震旦纪之前由于时间老、研究难度大，故划分较粗糙，而且很难得到统一，见表 3.2。

表 3.2　地层年代表

宙（宇）	代（界）		纪（系）	世（统）	距今年龄/Ma	主要地壳运动
显生宙（宇）	新生代（界）K_Z		第四纪（系）Q	全新世（统）Q_h	0.01	喜马拉雅运动
				更新世（统）Q_p	2.0	
			新近纪（系）N	上新世（统）N_2	5.3	燕山运动
				中新世（统）N_1	24.6	
			古近纪（系）E	渐新世（统）E_3	38.0	
				始新世（统）E_2	54.9	
				古新世（统）E_1	65.0	印支运动
	中生代（界）M_Z		白垩纪（系）K	晚（上）白垩世（统）K_2		
				早（下）白垩世（统）K_1	144	
			侏罗纪（系）J	晚（上）侏罗世（统）J_3		海西运动
				中（中）侏罗世（统）J_2	213	
				早（下）侏罗世（统）J_1		
			三叠纪（系）T	晚（上）三叠世（统）T_3		加里东运动
				中（中）三叠世（统）T_2	248	
				早（下）三叠世（统）T_1		
	古生代（界）	晚古生代（界）Pz_2	二叠纪（系）P	晚（上）二叠世（统）P_2	286	
				早（下）二叠世（统）P_1		
			石炭纪（系）C	早（上）石炭世（统）C_2	360	
				晚（下）石炭世（统）C_1		
			泥盆纪（系）D	晚（上）泥盆世（统）D_3		
				中（中）泥盆世（统）D_2	408	蓟县运动
				早（下）泥盆世（统）D_1		
		早古生代（界）Pz_1	志留纪（系）S	晚（上）志留世（统）S_3		
				中（中）志留世（统）S_2	438	
				早（下）志留世（统）S_1		
			奥陶纪（系）O	晚（上）奥陶世（统）O_3		
				中（中）奥陶世（统）O_2	505	
				早（下）奥陶世（统）O_1		
			寒武纪（系）∈	晚（上）寒武世（统）$\in_3$		
				中（中）寒武世（统）$\in_2$	590	
				早（下）寒武世（统）$\in_1$		
隐生宙（宇）	元古代（界）Pt		震旦纪（系）Z	晚（上）震旦世（统）Z_2		五台运动
				早（下）震旦世（统）Z_1	800	
					2 500	
	太古代（界）Ar					

1. 古生代地史

古生代是地球上生物繁盛的时代。所以，从寒武纪开始，就可以利用古生物化石来划分地层。古生代地层主要为石灰岩、白云岩、碎屑岩等海洋环境沉积。上石炭统和上二叠统在一些地区含煤。二叠纪末部分地区上升成为陆地。

早古生代的地壳运动，世界上称为加里东运动。在我国南方表现为泥盆系与前泥盆系，为角度不整合接触。二叠纪末期地壳运动影响广泛，内蒙古、天山、昆仑山都发生强烈褶皱上升成山，并有岩浆活动，称为海西运动。

古生代末，海水消退，中国大陆雏形出现。

2. 中生代地史

中生代意为“中等生物”的时代，以陆上爬行动物盛行为特征。中生代时除南方部分地区和西藏等地为海洋环境外，我国大部分已形成陆地。三叠系、侏罗系都是主要含煤地层。中生代发生多次强烈的地壳运动，主要有印支运动和燕山运动，并伴随有广泛的岩浆侵入活动和火山爆发。中生代构造运动奠定了我国东部地质构造的基础。

3. 新生代地史

新生代包括古近纪、新近纪和第四纪，为近代生物的时代，哺乳动物和被子植物非常繁盛。古近纪、新近纪仅中国台湾和喜马拉雅地区仍被海水淹没，我国古近纪、新近纪系主要为陆相红色碎屑岩沉积并含有丰富的岩盐。新近纪末期的地壳运动称为喜马拉雅运动，它使中国台湾和喜马拉雅地区褶皱上升为山脉，并伴有岩浆活动，我国其他地区表现为断块运动。

3.4 第四纪地质

3.4.1 第四纪地质的特点

第四纪是新生代最晚的一个纪，也是包括现代在内的地质发展历史的最新时期，第四纪的下限一般定为 200 万年。第四纪分为更新世和全新世，将更新世分为早、中、晚三个世（表 3.3）。

在 200 多万年前地球上出现了人类，这是最重大的事件。北京附近周口店的石灰岩洞穴中发现了生活在四五十万年以前的“北京猿人”头盖骨化石及其使用的工具。

地球上巨大块体大规模的水平运动、火山喷发、地震等都是地壳运动的表现。第四纪气候多变，曾多次出现大规模冰川。地区新构造运动的特征，对工程区域稳定性问题的评价是一个基本要素。

表 3.3 第四纪地质年代表

地质年代			绝对年龄/万年	
纪	世	距今年龄	时间间隔	
第四纪 Q	全新世 Q_4		1	1
	更新世	晚更新世 Q_3	10	9
		中更新世 Q_2	73	63
		早更新世 Q_1	200	127

1. 第四纪气候与冰川活动

第四纪气候冷暖变化频繁，气候寒冷时期冰雪覆盖面积扩大，冰川作用强烈发生，称为冰期。气候温暖时期，冰川面积缩小，称为间冰期。中国大陆在冰期时，海平面下降，渤海、东海、黄海均为陆地，台湾与大陆相连，气候干燥、风沙盛行、黄土堆积作用强烈。根据深海沉积物研究，第四纪冰川作用有 20 次之多，而近 80 万年每 10 万年有一次冰期和间冰期。

2. 板块构造

20 世纪 40 年代以来，出于军事目的和对石油资源的需求，世界各国进行了大规模海底地质调查，获得大量成果，导致全球构造理论——板块构造学说的诞生。板块构造学说认为：刚性的岩石圈分裂成六个大的地壳块体（板块），它们被驮在软流圈上做大规模水平运动。各板块边缘结合地带是相对活动的区域，表现为强烈的火山（岩浆）活动、地震和构造变形等。而板块内部是相对稳定区域。全球划分出六个大的板块是太平洋板块、美洲板块、非洲板块、印度洋板块、南极洲板块、欧亚板块。

相邻板块间的结合情况有三种类型：

（1）岛弧和海沟，表现为大洋地壳沿海沟插入地下，构成消减带，并引起火山作用、地震及挤压应力作用，如太平洋板块与欧亚板块间的情况。

（2）洋中脊，是地壳生成的地方，表现为拉张应力，如非洲板块与美洲板块之间。

（3）转换断层，是横穿过洋中脊的大断裂，表现为剪切应力作用。板块间的接合带与现代地震、火山活动带一致。

板块构造学说极好地解释了地震的成因和分布。

3.4.2　第四纪沉积物

第四纪新构造运动强烈，海平面和气候变化频繁，因而第四纪沉积环境极为复杂。第四纪沉积物形成时间短，成岩作用不充分，常常成为松散、多孔、软弱的土层（土体）覆盖在前第四纪坚硬岩层（岩体）之上。

第四纪沉积物分为残积物、坡积物、洪积物、冲积物、湖泊沉积物、海洋沉积物、冰碛与冰水沉积物和风积物。

1. 残积物

岩石经物理风化和化学风化作用后残留在原地的碎屑物称为残积物或残积土，因其成层覆盖在地表，故又称残积层。残积物不具有层理，粒度和成分受气候条件及母岩岩性控制。残积物成分与母岩岩性关系密切。残积物表部土壤层孔隙率大、压缩性高、强度低。而其下部残积层常常是夹碎石或砂粒的黏性土或是黏性土充填的碎石土、砂砾土，其强度较高。

2. 坡积物

雨水或雪水将高处的风化碎屑物质洗刷而向下搬运，或由本身的重力作用，堆积在平缓的斜坡或坡脚处，成为坡积物。坡积物一般不具层理，碎屑物一般呈棱角状或因经一段距离搬运而呈次棱角状。坡积物可以具有一定分选性，由于重力作用，比较粗大的碎屑物往往堆积在紧靠斜坡的位置，而细小的碎屑和黏土则分布在离开斜坡稍远处。坡积物厚度变化较大，在陡坡地段较薄，而在坡脚处较厚。

3. 洪积物

大雨或融雪水将山区或高地的大量碎屑物沿冲沟搬运到山前或山坡的低平地带堆积而成洪积物。洪积物在沟口往往呈扇状分布，扇顶在沟口，向山前低平地带展开，称为洪积扇。洪积物具有一定程度的分选和磨圆。每次洪水流量大小不同，堆积物也不相同，因而洪积物常具有较明显的层理及夹层、透镜体等。洪积扇上部多以砾石、卵石为主要成分，强度高、压缩性小，可作为工业、民用建筑的良好地基，但其孔隙大、透水性强，不易建坝。中部以砂土为主，下部以黏性土为主，它们一般都是良好地基。在砂土向黏性土过渡地带及黏性土分布地带，由于透水性的差异及地下水埋藏性等因素的影响，常有泉水出露，形成沼泽。沼泽地带泥炭层强度低、压缩性大。

4. 冲积物

河流沉积物称为冲积物，根据形成条件和环境可分为河床冲积物、河漫滩冲积物、牛轭湖冲积物和河口三角洲冲积物。它们具有一些基本共同的特性：因受河流长期搬运而碎屑物质磨圆度和分选性都较好；具有清楚的层理构造；具有良好的韵律性，表现在剖面上两种或两种以上沉积物交替、重复出现；除水平层理外，冲积物中交错层理往往很发育。

（1）河床冲积物因河床水流速度大，沉积物较粗。

（2）河漫滩冲积物主要分布于河流的中下游和平原区河流。洪水期河水漫溢，河漫滩被淹没，沉积的土粒较细。河漫滩冲积物之下常为早先河床沉积的砾、砂和粉细砂，这样河漫滩沉积及下面的河床沉积一起构成了“二元结构”。

（3）牛轭湖是河流废弃的弯道。牛轭湖静水环境中沉积形成淤泥和泥炭层，洪水期成为溢洪区，土都被细砂或粉质黏土覆盖。

（4）河口三角洲冲积物是在河流入海入湖处，将所搬运的大量细小碎屑物沉积而成，其面积广、厚度大，并常有淤泥质土和淤泥分布。

冲积物的工程地质特征：古河床冲积物的压缩性低、强度较高，是良好的建筑地基；现代河床冲积物密实度较差、透水性强，尤其不利于作为水工建筑物地基。河漫滩及阶地冲积物一般是较好的地基，但要注意其中的软弱夹层及粉细砂的振动液化问题。牛轭湖冲积物常是一些压缩性很高而承载力很低的软弱土层，不宜作为建筑物天然地基。三角洲冲积物上常呈饱和状态，承载力较低。但三角洲冲积物最上层，因长期干燥比较硬实，承载力较下面高，俗称硬壳层，可用作低层建筑物的天然地基。

5. 湖泊沉积物

在湖岸带，湖浪冲蚀湖岸形成湖蚀洞穴和湖蚀崖等地形。

（1）湖岸沉积物：较粗的砾、砂沉积在湖岸附近，具有较好的磨圆度及明显的层理和交错层理。

（2）湖心沉积物颗粒较细为黏土和淤泥，常伴有粉砂、细砂层。

（3）湖岸沉积物以近岸带上的承载力高，远岸较差。湖心沉积物一般压缩性高、强度很低。湖泊淤塞后可变成沼泽，地表水聚集或地下水出露的洼地也会形成沼泽。沼泽沉积物主要是腐烂的植物残体、泥炭和部分黏土与细砂，组成沼泽土。泥炭含水率极高，承载力低，一般不宜作为天然地基。

6. 海洋沉积物

根据海底地形起伏和海水深度，海洋由岸向海洋方向分为滨海带、浅海带、大陆斜坡和深海带。滨海带是海水运动强烈的近岸水域。滨海带沉积物具有良好的层理和交错层理，一般具有高承载力，但透水性强。浅海带位于大陆架主体上，水深下限为 200 m，浅海沉积碎屑物主要来自大陆，有细粒砂土、黏性土及淤泥，水平层理和交错层理十分发育，浅海沉积物较滨海疏松、含水率高、压缩性大而强度低。大陆斜坡和深海沉积以生物软泥、黏土及粉细砂为主。

7. 冰碛与冰水沉积物

冰川融化，其搬运物就地堆积形成冰碛物。冰碛物的主要特点：巨大的石块和泥质混合在一起，极不均匀，缺乏分选，磨圆差，棱角分明，不具成层性。砾石表面常具有磨光面或冰川擦痕，砾石因长期受冰川压力作用而弯曲变形。冰雪融化后形成的水流可冲刷和搬运冰碛物进行再沉积，形成冰水沉积物。冰水沉积物具有一定程度分选和良好的层理。

8. 风积物

干旱地区，地面无植被保护，岩石风化碎屑物被风吹扬，在风力减弱时发生沉积形成风积物。风积物中最常见的是风成砂与黄土。风成砂主要由细砂、粉砂及少量黏土组成，分选性好，磨圆度高，具有层理和大型交错层理。风成黄土具有垂直节理，均匀无层理，孔隙大，具有湿陷性。

思考题

1. 常见的地貌类型有哪几类？其各自特征是什么？
2. 相对地质年代的确定方法有哪些？
3. 简述地质年代单位与其对应的年代地层单位。
4. 简述第四纪地质及其特点。
5. 第四纪沉积物有哪些？

第 4 章

地质构造

教学与学习目标

学习目标：通过本章的学习，学生应了解地壳运动及基本特征、地壳运动引起的地质构造的工程地质评价；掌握岩层产状的三要素；掌握褶皱、节理、断层的形成、类型和要素，以及野外的观测和识别。

思维导图

重点：本章的重点是岩层产状的三要素；褶皱、节理、断层的形成、类型和要素。

难点：本章的难点是褶皱、节理、断层的野外识别和观测，以及对工程地质的评价。

素质目标：塑造“挑战极限、勇创一流”的青藏铁路精神，以及领悟“万众一心、众志成城，不畏艰险、百折不挠，以人为本、尊重科学”的伟大精神。

4.1 地壳运动

地壳是地球内部圈层结构的最外层，是由岩石组成的，它与大气圈、水圈、生物圈等地球外部圈层联系最为紧密。地壳运动也称构造运动，主要是指由于地球内部力量引起的地球表层（岩石圈，主要是地壳）的变形和位移等机械运动。然而，在许多情况下，地壳运动不仅限于地壳，还涉及上地幔的上部（岩石圈）。因此，常常将地壳运动称为构造运动或岩石圈运动。

构造运动使岩层发生变形和变位，形成的产物称为地质构造。常见的地质构造有褶皱、断层和节理。断层和节理又统称为断裂构造。

按照构造运动发生的时间，晚第四纪以来发生的构造运动通常被称为新构造运动；第四纪以前发生的构造运动被称为古构造运动；人类历史时期到现在所发生的构造运动被称为现代构造运动。

4.1.1 类型

地球自形成以来一直处于运动状态。随着现代科学技术的发展，通过对地质资料的分析和仪器的测定，已经证实地壳运动主要表现为升降运动和水平运动两种形式。

1. 升降运动（垂直运动）

升降运动指的是地壳或岩石圈物质沿着地球半径方向发生上升或下降的交替性移动。升降运动主要表现为地壳大面积的上升或下降，形成大规模的隆起或凹陷（使相邻块体上升或下降的差异性），从而引起地势的起伏和陆地的变迁。典型的例子是华北平原的部分沿海地区在近100万年以来下沉超过1 000 m，但同时由于黄河、海河、滦河等带来的大量沉积物不断沉积，补偿了失去的高度，从而形成了华北平原。另外，俗话说“稳如泰山”，但即便是泰山这样的山脉，在过去100万年中也上升了数百米。时间虽然很长，但地势的高低起伏是显而易见的。虽然地壳升降运动的速度缓慢，但经历了显著的变化。四川省和喜马拉雅山等广阔地区，在地质历史上曾是特提斯海的一部分，即古地中海的一部分。四川在1.8亿年前才逐渐上升为陆地。喜马拉雅山区大约在2 500万年前才开始从海底升起，近200万年以来，它以平均每年2.4 cm的速度不断上升，形成了目前地球上最高的山脉。据测知，喜马拉雅山区现在仍在继续抬升，其主峰珠穆朗玛峰高达8 848.86 m（以每年1.82 cm的速度上升）。

2. 水平运动

水平运动是指地壳或岩石圈物质沿地球切线方向或水平方向移动的现象。水平运动通常表现为地壳物质的相背分离（扩张）、相向靠拢（挤压）和平错剪切，导致岩石和岩层发生破裂（断层、节理）及弯曲（褶皱），最终形成复杂的地质构造，如大型褶皱构造和巨大的逆掩断层、平移断层等。例如，昆仑山、祁连山、秦岭及其他许多山脉都是由地壳的水平运动形成的褶皱山脉。研究资料显示，目前东非大裂谷沿非洲大陆的东侧正经历着一个巨大的地壳变动过程，裂谷北端的阿拉伯地块和非洲地块已经分离，并以每年2 cm的速度向两边移动，裂谷本身也以每年1 mm的速度扩大。美国西部的圣安德烈斯断层自中新世以来水平位移达260 km，而1906年旧金山大地震导致断层错开了6.4 m，断层带的长度增加了超过430 km。可见，地壳的水平运动对地壳的形变有显著影响，加剧了地球表面地势的起伏。

地壳运动在漫长的地质时期里，有时表现为和缓的变动，有时又表现为剧烈的变动，两者相互交替，使地壳按照螺旋式上升的规律向前发展。水平运动和垂直运动只是地壳运动的两个方面。事实上，这两种运动方式是相互依存、相互制约的，也就是说，在以水平运动为主的地壳运动伴随着垂直运动，而以垂直运动为主的地壳运动也常伴随着水平运动，两者的关系见表4.1。地壳运动也就是在这种极其复杂的环境下不断向前发展的。

表4.1 水平运动和垂直运动

运动方式	产生结果—形成地貌	两者关系
水平运动	水平挤压隆起，形成巨大的褶皱山系、岛弧；水平张裂，形成裂谷或海洋	两者相伴发生，某一时间段以水平运动为主，垂直运动为辅
升降运动	引起地表高低起伏和海陆变迁	

4.1.2 基本特征

1. 长期性

从时间上看，自地球形成以来就存在地壳运动的发生。地壳中最古老的岩石和正在形成的现代岩石都记录着地壳运动的信息。一般来说，由于不断累积的地壳运动作用，古老岩石中出现了复杂的地壳运动痕迹。这就是地壳运动的长期性。

2. 普遍性

从空间上看，地壳上的任何地方都曾发生不同形式的地壳运动，既有水平运动，又有垂直运动。一般来说，地壳中的任何一块岩石从形成以来都受到不同程度的地壳运动的影响，可能受拉伸、挤压或扭曲作用。这就是地壳运动的普遍性。

3. 不均一性

地壳运动的速度和幅度的不均一性是普遍存在的。地壳运动的速度并不始终如一，有时表现为短暂快速的激烈运动，如岩浆喷发、山崩等；有时地壳运动则表现为长期缓慢的运动，在同一地区，经历过快速激烈运动后，地壳可能会长期平静下来，转变为缓慢而稳定的运动。另外，地壳运动的幅度也大小不一，在不同的时间和空间尺度上表现出不同的幅度。

4. 方向性

地壳运动的方向常常呈现相互交替转换的情况。例如，某些地区可能经历上升运动，而其他地区可能经历下降或水平运动。这种方向的转换并不简单重复周期性特征，而是在地质历史的不同时期发生的。在特定地区或特定地质历史时期中，地壳运动可能以水平运动为主，也可能以垂直运动为主。然而，从地壳的发展历史分析来看，地壳运动总体上以水平运动为主，而垂直运动往往是由水平运动演化而来的。

4.2 水平岩层和倾斜岩层

岩层是由两个平行或近乎平行的界面所限制的层状岩体，其岩性基本一致。岩层的上下界面称为层面，上层面也被称为顶面，下层面则被称为底面。两个岩层的接触面既是上层岩层的底面，又是下层岩层的顶面。两个层面之间的垂直距离被称为岩层的厚度。

4.2.1 水平岩层

在地壳运动对地层的影响较轻微、均匀隆起或下陷的地区，岩层的层面基本上是一个水平面，即岩层的同一层面上各处的海拔高度基本相同，称为水平岩层，如图 4.1 所示。水平构造下的地层经风化和剥蚀作用，形成了一些独特的地貌景观。例如，平直且厚度稳定的岩层形成了阶梯状陡崖；交互沉积的软硬岩层形成了塔状、柱状或城堡状地形；如果水平岩层的顶部被坚硬而厚的岩层所覆盖，由于上层岩层的抗风化侵蚀能力较强，就会形成方山和桌状山的地形。

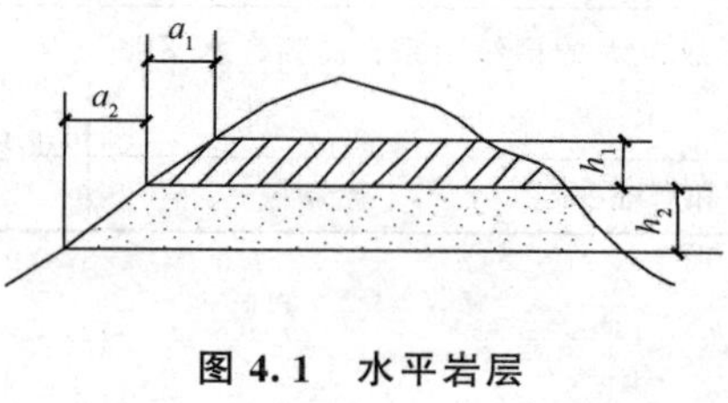

图 4.1 水平岩层

a—露头宽度；*h*—岩层厚度

在水平岩层没有发生倒转的前提下，它具有以下特征：

（1）较新时代的岩层叠置在较旧的岩层之上。

（2）水平岩层的地质界线（岩层面在地面的出露线）与地形等高线平行或重合，而不相交。因此，在河谷和冲沟中，岩层的出露界线随着等高线的弯曲而弯曲，形成 V 形，V 形尖端指向上游；在山顶和山坡上，岩层露头呈现出孤岛状、不规则的同心圆状和条带状分布。

（3）水平岩层的厚度等于岩层顶面和底面的高度差。

(4) 水平岩层的露头宽度（岩层上下层面的地质界线的水平距离）取决于岩层的厚度和地面坡度。厚度较大且坡度较缓时，露头宽度较宽；反之，露头宽度较窄。在陡崖处，岩层上下层面界线的投影线重合成一条直线，露头宽度为零，因此在地质图上呈现出岩层尖灭的假象。

4.2.2　倾斜岩层

由于地壳运动或岩浆活动，原本水平的岩层会发生构造变动，形成与水平面成一定角度的倾斜岩层，这被称为倾斜岩层，如图 4.2 所示。在一定范围内，岩层的倾斜方向和倾斜角度大致一致的单斜岩层可以称为单斜岩层，当倾角较小（小于 35°）时，在地貌上形成单面山；当倾角较大（大于 35°）时，则形成猪背岭。

倾斜岩层是层状岩石中最常见的，也是最简单的构造形态，它往往是某种构造形态的一部分，如褶皱的一翼、断层的一盘，或者是地壳不均匀抬起或下降所造成的。倾斜岩层按倾角 α 可分为缓倾岩层，α＜30°；陡倾岩层，30°≤α＜60°；陡立岩层，α≥60°。

倾斜岩层出露地面的表现与水平构造不同。当沟谷走向与岩层走向相交时，从沟口向沟头出露的岩层可能由新到老（岩层向沟口倾斜），也可能由老到新（岩层向沟头倾斜）。另外，最高山峰上出露的不一定是最新的岩层，最低谷底上出露的不一定是最老的岩层。

直立岩层是指岩层倾角大于等于 85°的岩层，也称直立构造。直立岩层一般出现在地壳运动强烈的地区，其地质界线是沿其走向做直线延伸，露头宽度与岩层厚度相等，不受地形影响（图 4.3）。

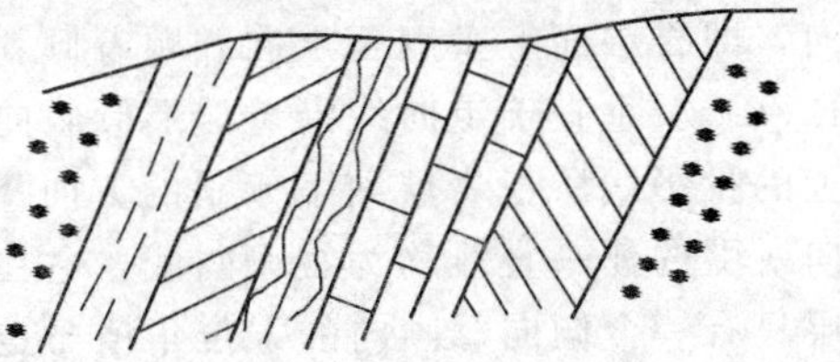

图 4.2　倾斜岩层

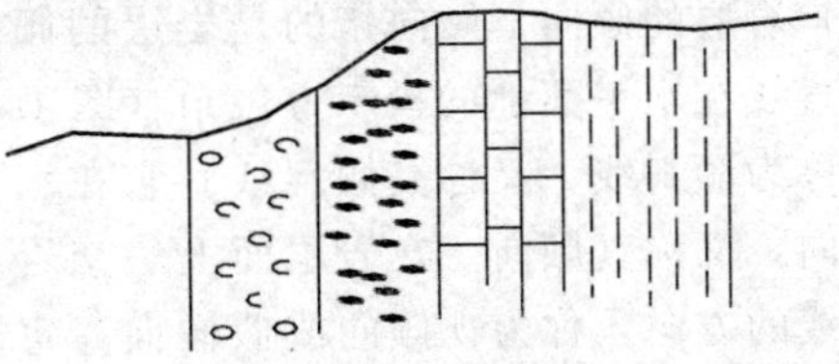

图 4.3　直立岩层

各个地质时代形成的不同岩层，大多数原本产状是水平的或近乎水平的，而原始倾斜的产状是局部现象。在广阔而平坦的沉积盆地（如海洋、湖泊）中，层层堆积的沉积岩的原始产状大多是水平或近乎水平的。然而，在沉积盆地边缘、岛屿周围或水下隆起等地方沉积的岩层，受到古地形的影响，往往会出现岩层厚度朝地形高处变薄或尖灭的现象，同时层面也呈现一定的倾斜，即原始倾斜。

岩层形成后，在地壳构造运动的作用下会发生变形，使原始产状发生不同程度的改变：有些岩层基本保持水平产状，有些形成倾斜岩层，甚至还可能形成直立或倒转的岩层。另外，在某些情况下，重力、流水、岩溶、冰川等与地壳运动无直接关系的地质作用也会对岩层的产状造成改变。

4.2.3　岩层产状

未经构造运动影响的沉积岩，在地表分布时通常是水平的。然而，实际观察到的沉积岩层大多数并非水平，有些倾斜甚至直立，还有些呈现弯曲或碎裂等多样的空间形态。研究地质构造时，首要任务是确定岩层的空间位置。岩层在地壳中的产出状态和空间方位称为岩层的产状（图 4.4），是以岩层面的空间方位及其与水平面的关系来确定的。

图 4.4　岩层产状

1. 岩层产状要素

岩层的空间位置取决于岩层层面相对于水平面的走向、倾向和倾角，这三个表示空间位置的数据称为岩层的产状要素，如图 4.5 所示。测出岩层产状要素的数值，就可以定量地表示该岩层在观测点的产状，任何构造面或地质体的界面的产状，也都是靠测定其产状要素来确定的。

（1）岩层的走向。岩层面与水平面相交的线称为走向线。走向线两端所指的方向即岩层的走向，如图 4.5 中的 *OA* 和 *OB*。因此，岩层的走向可以用两个方位角数值表示，如 NE40°和 SW220°，这两个数值相差 180°。岩层的走向表示了岩层在空间中的延伸方向。

（2）岩层的倾向。倾向指的是岩层的倾斜方向，即岩层面上垂直于走向并顺着倾斜面向下引出的直线在水平面上的投影方位角（图 4.5 中的 *OD*）。垂直于走向线沿着岩层倾斜向下所引的直线称为倾斜线，又称真倾斜线。它在水平面上的投影线所指岩层向下倾斜的方向，就是岩层的倾向，又称真倾向。在岩层面上斜交岩层走向所引的任一直线均为视倾斜线，它在水平面上投影线的方向，称为视倾向或假倾向。每个岩层只有一个倾向，倾向的方位角值与走向的方位角值相差 90°。

（3）岩层的倾角。岩层的倾角是指岩层的倾斜线与其在水平面上的投影线之间的夹角，也称为真倾角（图 4.6 中的 α 角）。而基于倾斜线和其在水平面上的投影线之间的夹角，我们可以得到视倾角或假倾角（图 4.6 中的 β 角）。

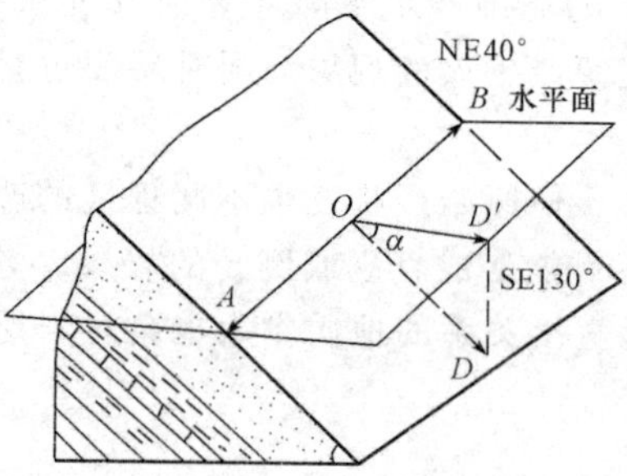

图 4.5　岩层产状要素

AB—走向；*OD*—倾向；α—倾角

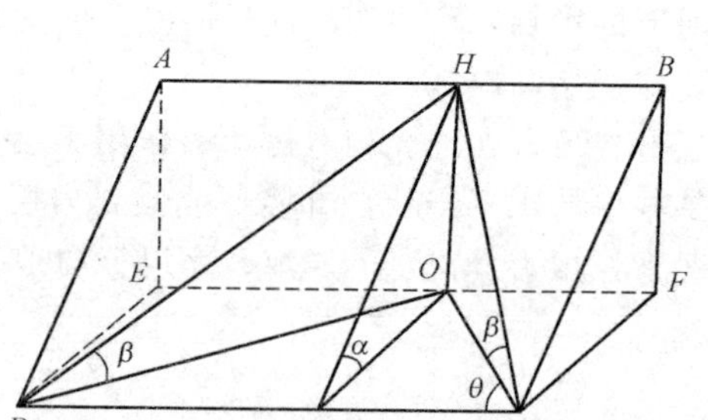

图 4.6　真倾角与视倾角的关系

真倾角 α 和视倾角 β 的关系可以表示为

$$\tan\alpha = \tan\beta / \sin\theta \tag{4-1}$$

其中，α 为真倾角；β 为视倾角；θ 为视倾向与走向线的夹角。

从式（4-1）可以看出，视倾向越接近真倾向，其视倾角值也越大，最后趋近真倾角值；视倾向偏离真倾向越远，即越靠近岩层走向，则其视倾角就越小，以至趋近于零。野外测量时，通常需要测量真倾向和真倾角，有时也需要测量视倾角，然后根据上述关系换算真倾角。岩层呈水平产出时，其倾角为零，没有走向与倾向。岩层呈直立产出时，它的空间位置取决于层面的走向。

2. 岩层产状的测定及表示方法

（1）测定方法。测量岩层产状是基本的野外地质工作方法之一，可以使用地质罗盘仪来测量岩层产状的三个要素。地质罗盘仪有矩形和八边形（圆形）两种类型，主要由磁针、上刻度盘、下刻度盘、倾角指示针（摆锤）、水准器等组成。上刻度盘通常按照方位角进行划分，以北为 0°，沿逆时针方向划分为 360°；按象限角进行划分时，北和南均为 0°，东和西均为 90°。在刻度盘上用四个符号表示地理方位，即 N 代表北，S 代表南，E 代表东，W 代表西。当刻度盘上的南北方向与地面上的南北方向一致时，刻度盘上的东西方向与地面实际方向相反。这是因为磁针永远指向南北，在转动罗盘进行方向测量时，只有刻度盘转动而磁针保持不动。所以，当刻度盘向东转动时，磁针实际上是相对地向西转动的。因此，只有将刻度盘上所标示的东西方向与实际地面上的东西方向相反对待时，所测得的方向才与实际相一致。下刻度盘和倾角指示针用于测量倾角。下刻度盘的角度左右两侧各分划为 90°，它没有特定的方向，通常只在 W 边上刻度（E 边下刻度盘没有刻度）。

在测量岩层走向时，将罗盘的长边（NS 边）的一条棱紧贴在岩层层面上，然后旋转罗盘（在旋转过程中，紧贴在岩层层面上的罗盘棱的任何一点都不能离开层面），使圆形水准器中的气泡居中，磁针停止摆动，读出指针所指的刻度即为岩层的走向。因为岩层的走向可以延伸到两个方向，所以南针或北针所指方向（如 30°和 210°）均代表该岩层的走向。

在测量岩层倾角时，将罗盘直立，并以罗盘长边（底盘上标有半圆刻度的一侧）平行于倾斜线，紧贴在岩层层面上，使水准器中的气泡居中，然后转动罗盘背面上的活动扳手，读取测斜指针所指的度数即为岩层的倾角。

（2）表示方法。

1）文字法。倾斜岩层走向和倾向可采用方位角表示。方位角是正北方向与走向（或倾向）之间的交角，按顺时针方向划分为 360°，正北方向为 0°。产状的方位角表示法只记倾向和倾角，用“倾向∠倾角”表示。如 30°∠35°，也可写 NW330°∠35°，表示倾向是从正磁北顺时针量的方位角 330°，倾角为 35°；如 15°∠40°表示倾向方位为 15°（北东 15°），倾角 40°。

2）图示法。地质图上常用特定的符号来表示岩层面的产状，常用的产状符号及其代表意义：├→30°长线为走向（线）、短线箭头表示倾向、数字表示倾角。长短线要按实际方位标绘在图上；┼水平岩层（倾角为 0°～5°）；┬↓直立岩层，箭头指向新岩层，长线表示走向。

4.3　褶皱构造

褶皱是指在受到地壳运动所产生的强大水平力挤压后，原本呈水平或近水平状态的岩层弯曲而柔性，但仍保持连续性，形成一个或一系列弯曲的地质体变形现象。简而言之，褶皱就是岩层的弯曲。自然界的褶皱形态千变万化，复杂多样，规模也极为不同，从微观褶皱如手标本或显微镜下观察到的，到区域性长达几十米至几百千米的褶皱甚至地壳规模的褶皱，都有所存在。①

4.3.1 褶皱要素

在描述褶皱的形态和产状特征时，首先需要对组成褶皱的特定部位及它们的几何要素，如点、线、面等进行定义。这些通常被称为褶皱要素，如图4.7所示，主要褶皱要素如下：

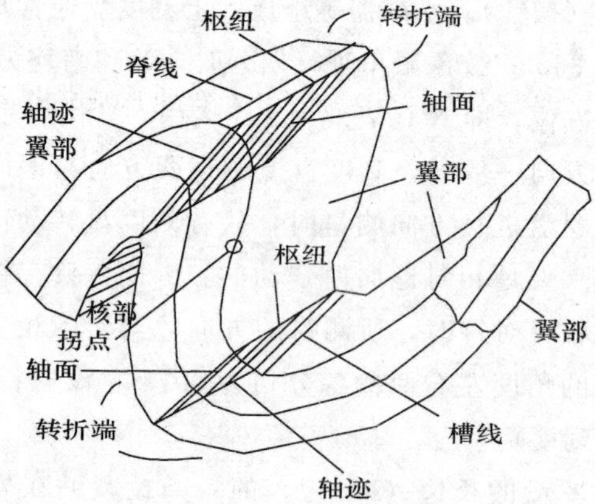

图4.7 褶皱要素示意

(1) 核部。核部是指褶皱中心部分剥蚀后，在地面上暴露的地层，简称为核。

(2) 翼部。翼部是指褶皱核部两侧的地层。在横剖面（或横截面）上，构成两翼。翼间角是同一褶皱面的拐点切线之间的夹角。

(3) 转折端。转折端是指从一翼向另一翼过渡的部分。

(4) 枢纽。在褶皱的各个横剖面上，同一褶皱面上的各最大弯曲点的连线称为枢纽。枢纽可以是倾斜线。背斜的枢纽称为脊线，向斜的枢纽可以是直线或曲线；可以是水平线，也可以是槽线。

(5) 轴面。从褶皱顶平分两翼的面，称为褶皱的轴面。轴面与水平面的交线，称为褶皱的轴。轴的方位表示褶皱的方位。轴的长度表示褶皱延伸的规模。轴面与地面的交线称为轴迹。

4.3.2 褶皱类型

褶皱构造中的一个弯曲称为褶曲，褶曲是构成褶皱构造的基本单位。褶曲的形状千变万化，但基本形态只有背斜和向斜两种，如图4.8所示。

① 青藏铁路途经地区地壳运动强烈，是现今地表构造活动最强烈的地域单元，分布着大量的褶皱和活动断裂带，岩石破碎，土质松散，地貌类型多样，病害严重。但青藏铁路开工建设以来，1 800多个日日夜夜，5度炎夏寒冬，10多万建设大军在“生命禁区”，冒严寒、顶风雪、战缺氧、斗冻土，以惊人的毅力和勇气挑战极限，战胜各种难以想象的困难，攻克了“高寒缺氧、多年冻土、生态脆弱”三大难题，谱写了人类铁路建设史上的光辉篇章。青藏铁路建设者以敢于超越前人的大智大勇，拼搏奋斗，开拓创新，攀登不止，在雪域高原上筑起了中国铁路建设新的丰碑，也铸就了挑战极限、勇创一流的青藏铁路精神。

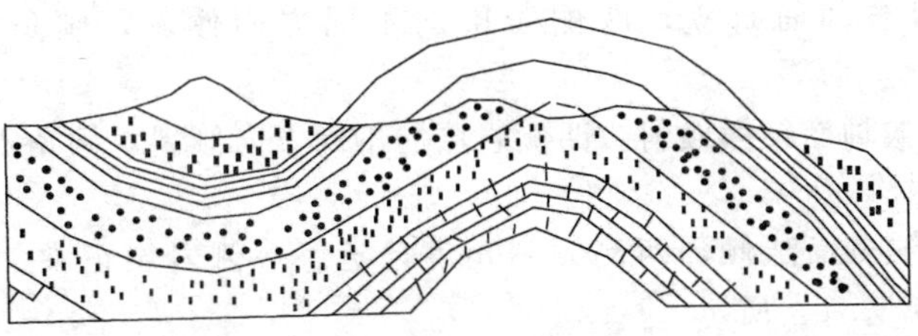

图 4.8　背斜和向斜

1. 褶皱的基本形式

(1) 背斜。背斜是原始水平岩层受力作用后向上弯曲形成的拱形褶皱，其经过风化、剥蚀后露出地面的地层呈对称出现，老地层在中间，新地层在两侧，从核部向外逐渐变新。

(2) 向斜。向斜为岩层向下凹曲所形成的槽形褶皱，其经风化、剥蚀后露出地面的地层向两侧对称出现，新地层在中间，老地层在两侧，从核部向外逐渐变老。

背斜与向斜常是并存的。相邻背斜之间为向斜，相邻向斜之间为背斜。相邻的背斜与向斜共用一个翼。

褶曲的基本类型及特征见表 4.2。

表 4.2　褶曲的基本类型及特征

基本类型	岩层形态	岩层新老关系	地形表现
背斜	岩层一般向上拱起，岩层自中心向外倾斜	中心部分岩层较老，两翼岩层较新	有时背斜成为山岭（年轻、顺地貌，外力侵蚀小于褶皱构造作用速度），长期外力侵蚀下常被侵蚀成谷地（逆地貌，倒置地形，再长期剥蚀破坏，恢复一致，再顺地貌）
向斜	岩层向下弯曲，岩层自两翼向中心倾斜	核心部分岩层较新，两翼岩层较老	有时向斜成为谷地，有时成为山岭

2. 褶皱常见分类

自然界中的褶皱形态多样，对其进行概括和分类有助于深入理解构造运动及岩层受力情况。

(1) 根据褶皱要素的形态分类。常见的分类方法是根据褶皱要素的形态进行区分。根据褶皱轴面产状和两翼产状特点，褶皱可分为直立褶皱、斜歪褶皱、倒转褶皱、平卧褶皱，如图 4.9 所示。

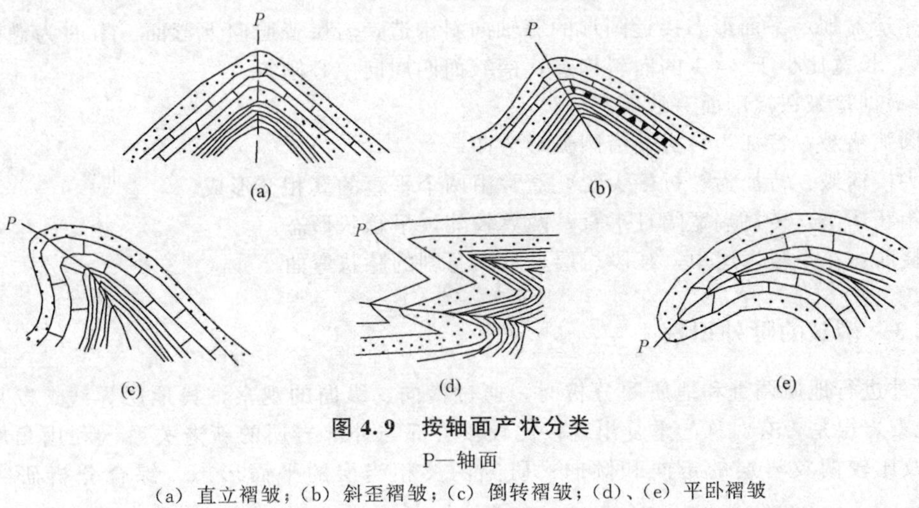

图 4.9　按轴面产状分类

P—轴面

(a) 直立褶皱；(b) 斜歪褶皱；(c) 倒转褶皱；(d)、(e) 平卧褶皱

1）直立褶皱：褶皱轴面直立，两侧岩层向不同方向倾斜，倾角相等，形态对称，如图 4.9（a）所示。

2）斜歪褶皱：褶皱轴面轻微倾斜，两侧岩层向不同方向倾斜，倾角不等，形态不对称，如图 4.9（b）所示。

3）倒转褶皱：褶皱轴面陡倾，两侧倾斜角度接近。一侧岩层正常，顶面向上；另一侧倒转，顶面向下，如图 4.9（c）所示。

4）平卧褶皱：轴面水平或接近水平，一侧岩层正常，另一侧倒转，如图 4.9（d）所示。

5）翻卷褶皱：轴面呈弯曲的平卧褶皱，如图 4.9（e）所示。

（2）根据褶皱枢纽产状分类。

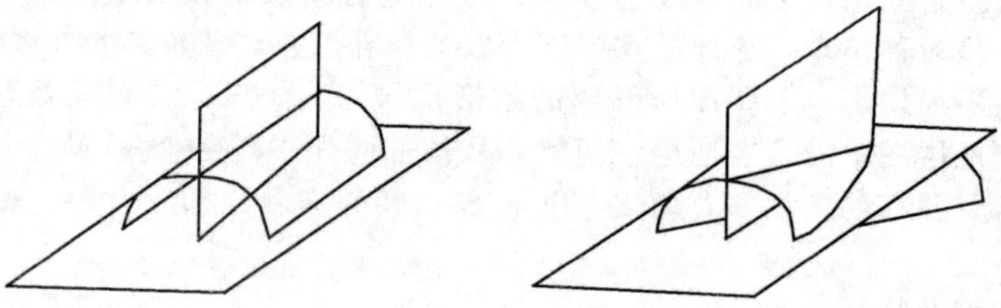

(a)　　(b)

图 4.10　按枢纽产状分类

（a）水平褶皱；（b）倾伏褶皱

1）水平褶皱。褶皱的枢纽近于水平，两翼岩层的走向基本平行［图 4.10（a）］。

2）倾伏褶皱。褶皱枢纽向一端倾斜，两翼岩层走向不平行，在平面上形成弧线交汇；背斜的尖端指向轴线倾斜方向，而向斜开口指示同一方向［图 4.10（b）］。

（3）根据褶皱在平面上的形态分类。褶皱的平面形态由其长度和宽度决定。长度是指褶皱枢纽的延伸长度；宽度是指垂直于轴线的切面上，两个相邻背斜或向斜的枢纽之间的距离。依据长度和宽度的比例，褶皱可分为以下几种类型：

1）线状褶皱：是指在水平方向上延伸较远的狭长形褶皱，其长度为宽度的 10 倍以上。

2）短轴褶皱：在平面上呈长圆形的褶皱，其长度与宽度之比为 3～10。

3）穹窿构造：平面形态接近圆形的等轴背斜构造，从任意方向看岩层向上弯曲。有时为椭圆形或不规则形状，长宽比小于 3∶1 的背斜构造。

4）构造盆地：平面形态接近圆形的等轴向斜构造，岩层普遍向下弯曲。有时为椭圆形或不规则形状，长宽比小于 3∶1 的向斜构造，褶皱面四周向中心倾斜。

（4）根据褶皱在横剖面上的形态分类。

1）圆弧褶皱：特征为转折端沿圆弧形弯曲。

2）尖棱褶皱：特征为转折端尖锐，通常由两个平直的翼相交形成。

3）箱状褶皱：转折端宽阔且平直，两翼较陡，呈箱状形态。

4）挠曲：在平缓岩层中，某段岩层显示出急剧的膝状弯曲。

4.3.3　褶皱的野外识别

在野外进行地质调查和地质图分析时，通过横向、纵向的观察，找地层界线、断层线、化石等，观察岩层是否有对称的重复出现；比较核心部与外部岩层的新老关系（利用角度不整合等），以及比较两翼岩层的走向和倾向；研究两翼相当层的平面形态。综合分析研究确定其类型。

在褶皱形成过程中，所有的岩层并不是整体弯曲的，层与层之间有相对的运动，在形成背斜时，大多数情况是新的岩层向上滑动（向核部滑动），老的岩层向下滑动，这种剪切运动是引发褶皱内部一些构造现象的主要原因。为了识别褶皱，首先可以沿垂直于岩层走向的方向进行观察，判断工作区是否存在褶皱。如果存在，需要正确辨别背斜和向斜，并确定它们的形态特征。

正确辨别背斜和向斜是一项基本技能。在采石场、山区河谷或公路两侧，岩层的弯曲通常直接暴露，容易识别背斜或向斜。然而，在大多数情况下，地面上只能观察到岩层呈倾斜状态，岩层弯曲的全貌并不一目了然，因此必须掌握褶皱的野外识别方法。

(1) 判别有无褶皱。可以采用路线穿越法观察地层的出露规律，在垂直于岩层走向的方向上观察，了解岩层产状和新旧地层的分布特征。如果地层呈现对称重复，则存在褶皱；如果地层虽然重复，但不对称，可能是由断层引起的斜列式构造，不能错误地认为是褶皱。

(2) 确定褶皱的基本类型。可以根据新旧地层分布的相互关系确定褶皱是背斜还是向斜。

(3) 确定褶皱的剖面形态。根据测得的产状和各种褶皱的基本特征，分析其剖面形态。

(4) 确定褶皱的平面形态。为了对褶皱进行全面分析和理解，还需要沿褶皱的轴线进行纵向观察。如果两侧岩层平行延伸，呈带状分布，则为水平褶皱；如果两侧岩层相互交汇或展开，或呈之字形分布，则为倾斜褶皱。

(5) 确定褶皱形成的年代。褶皱是地壳运动的产物，大多数褶皱是在一次构造运动中形成的。褶皱形成的年代介于组成该褶皱的岩层中最新地层的年代和上覆未褶皱岩层中最古老地层的年代之间。

4.3.4 褶皱构造的工程地质评价

褶皱构造对工程的影响程度与工程类型及褶皱类型、褶皱部位密切相关，对于某一具体工程来说，所遇到的褶皱构造往往是其中的一部分，因此褶皱构造的工程地质评价应根据具体情况做具体的分析。

由于褶皱核部是岩层受构造应力最为强烈、最为集中的部位，因此在褶皱核部，无论是公路、隧道，还是桥梁工程，都容易遇到工程地质问题，主要是由于岩层破碎产生的岩体稳定问题和向斜核部地下水的问题。这些问题在隧道工程中往往显得更为突出，容易产生隧道塌顶和涌水现象。

褶皱的翼部主要是单斜构造中倾斜岩层引起的顺层滑坡问题。倾斜岩层作为建筑物地基时，一般无特殊不良的影响，但对于深路堑、高切坡及隧道工程等则有影响。对于深路堑、高切坡来说，当路线垂直岩层走向，或路线与岩层走向平行但岩层倾向与边坡倾向相反时形成反向坡。就岩层产状与路线走向的关系而言，对边坡的稳定性是有利的；不利的情况是路线走向与岩层的走向平行，边坡与岩层的倾向一致，特别是在云母片岩、绿泥石片岩、滑石片岩、千枚岩等松软岩石分布地区，坡面容易发生风化剥蚀，产生严重碎落坍塌，对路基边坡及路基排水系统会造成经常性的危害；最不利的情况是路线与岩层走向平行且岩层倾向与边坡倾向一致形成顺向坡，而边坡的坡角大于岩层的倾角，特别是在石灰岩、砂岩与黏土质页岩互层，且有地下水作用时，如路堑开挖过深、边坡过陡，或者由于开挖使软弱构造面暴露，都容易引起斜坡岩层发生大规模的顺层滑动，破坏路基稳定。

对于隧道工程来说，从褶皱的翼部通过一般较为有利。如果中间有软弱岩层或软弱结构面时，则在顺倾向一侧的洞壁，有时会出现明显的偏压现象，甚至会导致支护结构的破坏，发生局部坍塌。这种隧道等深埋地下的工程，一般应布置在褶皱翼部。因为隧道通过均一岩层有利稳定，而背斜顶部岩层受张力作用可能塌落，向斜核部则是储水较丰富的地段。

褶皱核部岩层由于受水平挤压作用，产生许多裂隙，直接影响岩体的完整性和强度，在石灰岩地区还往往使岩溶较为发育。所以核部布置各种建筑工程，如厂房、路桥、坝址、隧道等，必须注意岩层的坍落、漏水及涌水问题。

在褶皱翼部布置建筑工程时，如果开挖边坡的走向近于平行岩层走向，且边坡倾向与岩层倾向一致，边坡坡角大于岩层倾角，则容易出现顺层滑动现象。

在褶皱构造的轴部，从岩层的产状来说，是岩层倾向发生显著变化的地方，就构造作用对岩层整体性的影响来说，又是岩层受应力作用最集中的地方，所以在褶皱构造的轴部，无论公路、隧道还是桥梁工程，都容易遇到工程地质问题，主要是由于岩层破碎而产生的岩体稳定问题和向斜轴部地下水的问题。这些问题在隧道工程中往往显得更为突出，容易产生隧道塌顶和涌水现象，有时会严重影响正常施工。

4.4 节 理

在构造运动中，岩石或岩块受地应力作用，当作用力超过其破裂强度后，岩石或岩块即失去了连续性而产生破裂（断裂变形），断裂变形阶段产生的地质构造称为断裂构造。根据断裂面两侧岩石产生位移的大小情况，断裂构造分为两大类：一类是没有或只有微小断裂变位的节理；另一类是沿着断裂面有显著位移的断层。断裂构造是地壳上发育最广泛的地质构造，极大地影响了水工建筑的稳定性，且破裂面中的裂隙是水流的良好通道，易导致渗漏。但断裂构造类型不同，对工程影响也有差异。

4.4.1 节理的类型及成因

节理的分类主要从两个方面考虑：一是与岩层产状的几何关系；二是力学及其成因。

1. 按与岩层产状的关系分类

（1）走向节理：与所在岩层走向大致平行。

（2）倾向节理：与所在岩层走向大致垂直。

（3）斜交节理：与所在岩层走向斜交。

2. 按力学性质分类

（1）张节理：是在一个方向的张应力超过了岩石的抗拉强度，而在垂直于张应力方向上产生的裂割式的破裂面（图 4.11）。

图 4.11 张节理

张节理的特点：产状不稳定，而且往往延伸不远，即行消失；节理面粗糙不平，呈颗粒状或锯齿状的裂面；节理面没有擦痕；一般发育稀疏，节理间距较大，呈开口状或楔形，常被其他物质充填；在砾岩中绕过砾石而不会切穿。

(2) 剪节理：剪节理是由剪应力作用而形成的，理论上剪节理应成对出现，自然界的实际情况也经常如此，不过两组剪节理的发育程度可以不等。如陕西铜川砂岩层中的共轭剪节理；湖北均县杨家堡页岩层中的共轭剪节理（图 4.12）。

图 4.12　剪节理

剪节理具有以下主要特征：产状较稳定，沿走向和倾向延伸较远，但穿过岩性差别显著的不同岩层时，其产状可能发生改变，反映出岩石性质对剪节理的方位有一定的控制作用；节理面平直光滑，这是由于剪节理是剪破（切割）岩层而不是拉破岩层的；节理面上常有剪切滑动时留下的擦痕、摩擦镜面，但由于一般剪节理，沿节理面相对位移量不大，所以在野外必须仔细观察研究；一般发育较密，常密集成群。硬而厚的岩层中的节理间距大于软而薄的岩层；常呈现羽列现象；两壁之间的距离较小，常呈闭合状。后期风化或地下水的溶蚀作用可以扩大剪节理的壁距；在砾岩中可以切穿砾石。

3. 按节理成因分类

节理按成因可分为原生节理、表生节理和构造节理。

(1) 原生节理。原生节理是指岩石成岩过程中自身形成的节理，如玄武岩的柱状节理就是在岩石冷凝过程中形成的。

(2) 表生节理。表生节理又称风化节理、非构造节理，是岩石受外动力地质作用（风、水、生物等）产生的，如由风化作用产生的风化裂隙等。这类节理在空间分布上常局限于地表浅部岩石中，对地下水的活动及工程建设有较大的影响。

(3) 构造节理。构造节理是岩石受地壳构造应力作用产生的，这类节理具有明显的方向性和规律性，发育深度较大，对地下水的活动和工程建设的影响也较大。构造节理与褶皱、断层及区域性地质构造有着非常密切的联系，它们常常相互伴生，是工程地质调查工作中的重点对象。

4. 区域性节理

在地壳表层广大地区存在着规律性展布的节理，这些节理与局部的地质构造（如断层、褶皱）没有成因上的联系，应该是区域性构造和区域性构造应力场作用的结果，这类节理称为区域性节理。

在区域性节理的发育过程中，在节理产状、方位、组合、排列、间距等方面具有规律性的节理称为系统性节理，无规律可循的节理称为非系统性节理。节理构造的这些规律性一般是构造成因的，或者是与某种构造具有成因关系。非系统性节理一般来说是非构造成因的，也可能是前期的系统性节理遭受后期构造的改造或叠加，使其失去原先的规律性而造成的。

区域性节理的特点如下：

（1）区域性节理多发育于变形比较轻微的地台水平岩层或近于水平岩层区，节理产状直立或近于直立，即节理多为垂直岩层层面发育的平面共轭 X 形。

（2）区域性节理发育范围广，产状稳定。

（3）区域性节理规模大、间距宽、延伸长，可穿切不同岩层和地质体。

（4）区域性节理常常构成一定的几何形状，如 X 形。

（5）区域性节理如被岩浆填充，则形成规律性排列的岩墙群。

4.4.2 节理的观测与统计

对节理的观测与统计主要是确定节理的成因，对节理进行分期，统计节理的间距、数量、密度，确定节理的发育程度和主导方向等。

1. 节理野外观测点的选定

（1）观测点的选定取决于研究的目的和任务，一般不要求均匀布点，而是根据地质情况和节理发育情况来布点，做到疏密适度。

（2）露头良好，最好能在三度空间观测，其露头面积一般不小于 10 m^2，便于大量观测和统计。

（3）节理比较发育，节理组、节理系及其相互关系比较容易确定。

（4）观测点应选在构造的重要部位。

（5）尽可能在不同的构造层、不同的岩系、不同的岩性层中布点。

2. 节理野外观测的内容

（1）地质背景：包括地层岩性、褶皱和断层的发育。

（2）节理的产状：走向、倾向和倾角。

（3）节理的张开和填充情况：包括张开的程度、充填的物质等。

（4）节理面的粗糙程度：粗糙的、平坦的、光滑的。

（5）节理的充水情况。

3. 节理的室内资料整理与统计

室内资料整理与统计常用的方法是制作节理玫瑰图，主要有节理走向玫瑰图、节理倾向玫瑰图、节理倾角玫瑰图。

4.5 断　层

断裂是指岩石的破裂，是岩石连续性受到破坏的表现。当作用力的强度超过岩石的抗力时，岩石就会发生断裂。岩石破裂后，破裂面两侧的岩块有明显的相对滑动称为断层，没有明显滑动的称为裂隙（节理），这些统称为断裂构造。

断层是断裂构造中的一种主要类型，岩层受到超过其自身强度的应力作用时，会导致其连续性和完整性破裂，并且沿着破裂面发生明显的位移，称为断层。由于构造应力的大小和性质各不相同，所以断层的规模差异很大。小的断层可以在小样本上观察到，而大的断层甚至可以延伸数百甚至上千千米。

断层的切割深度也不相同，有的可切穿地壳至上地幔。断层破坏了岩石的连续完整性，对岩体的稳定性、渗透性、地震活动和区域稳定性都有重大影响，从而影响工程的稳定性，与工程建设有着密切的联系。

4.5.1　断层的要素

断层的基本组成部分称为断层的要素，包括断层面、断层带、断层线、断层盘和断距（图 4.13）。

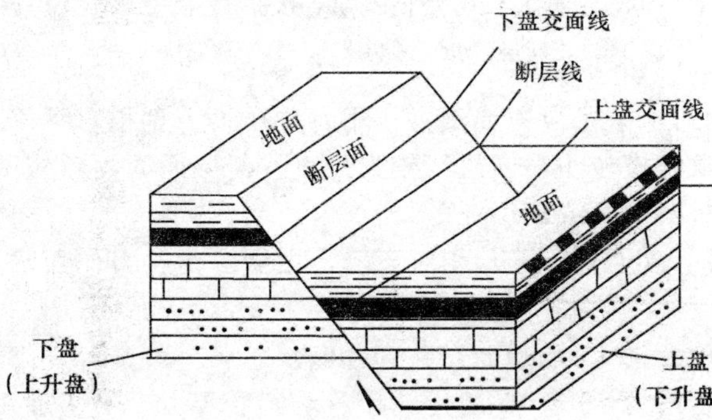

图 4.13　断层要素示意

1. 断层面

断层面指的是两侧岩块发生相对位移的裂纹面。断层面可以是垂直的，但大多数是倾斜的。在某些地段，断层面可能是平坦的，但通常是不规则或呈波状起伏的。断层的产状是通过断层面的走向、倾向和倾角来描述的。由于断层面上的岩块相互错动，所以在断层面上通常会有擦痕，断层带中也会形成糜棱岩、断层角砾和断层泥等。

2. 断层带

有些断层不仅仅是单一的断层面，而是由多个错动带构成的复杂体系，被称为断层带。断层带中通常分布有由断裂作用形成的构造岩。

3. 断层线

断层线指的是断层面与地表的交线，也就是断层在地表上的出露线。断层线表示了断层的延伸方向，其形状取决于断层面的弯曲程度、产状及地表的起伏。断层面的倾角越缓和，地形起伏越大，断层线的形态就越复杂。

4. 断层盘

断层面两侧发生相对位移的岩块称为断层盘。当断层面倾斜时，位于断层面上方的称为上盘，位于断层面下方的称为下盘。当断层面垂直时，就没有上下盘的区分，因此使用断块所在的方位来表示断层盘，如东盘、西盘或南盘、北盘。根据两个盘的相对滑动方向，相对上升的一侧称为上盘，相对下降的一侧称为下盘。

5. 断距

断层两个盘沿断层面相对移动的距离称为断距。断层在垂直方向上的相对位移称为垂直断距或落差，在水平方向上的相对位移称为水平断距或错距。

4.5.2　断层的类型

（1）按断层两盘的相对运动，断层可分为正断层、逆断层和平移断层，如图 4.14 所示。

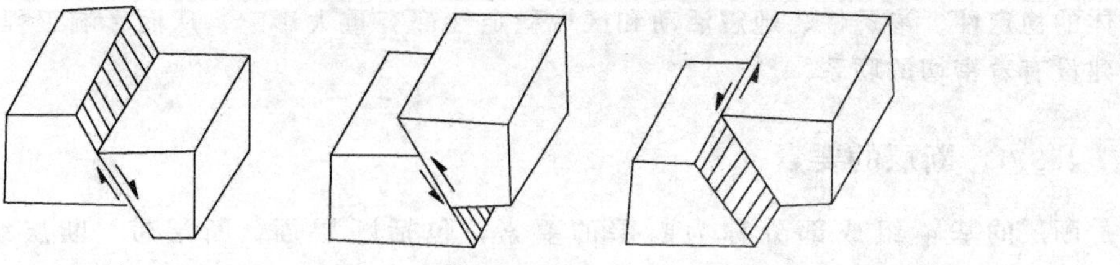

图 4.14　常见断层立体示意

(a) 正断层；(b) 逆断层；(c) 平移断层

1）正断层。当岩体受到水平张应力或重力作用时，导致上盘相对下降、下盘相对上升的断层称为正断层。正断层通常规模较小，断层线较为平直，断层面的倾角较陡，常大于45°。当断层破碎带较宽时，常形成断层角砾或断层泥。

2）逆断层。逆断层的上盘上升，下盘相对下降，主要由挤压力作用形成。逆断层按断层面倾角的不同又可分为以下三类。

①冲断层。断层面倾角大于45°的逆断层称为冲断层。

②逆掩断层。断层面倾角为25°～45°的逆断层称为逆掩断层。逆掩断层往往是由倒转褶皱发展形成的，它的走向与褶皱轴大致平行，逆掩断层的规模一般都较大。

③碾掩断层。断层面倾角小于25°的逆断层称为碾掩断层。碾掩断层常是区域性的巨型断层，断层中一盘较老的地层沿着平缓的断层面推覆在另一盘较新的岩层之上，断距可达数千米，破碎带的宽度也可达几十米。

3）平移断层。断层面两侧岩体沿水平方向相对错动的断层称为平移断层。平移断层一般是在剪切应力作用下沿平面剪切裂隙发育形成的，其断层面较为平直、光滑。根据断层走向与岩层走向的关系，平移断层可分为走向断层（与岩层的走向平行）、倾向断层（与岩层的走向垂直）和斜交断层（与岩层的走向斜交）；根据断层走向与褶皱轴向的关系，平移断层也可分为纵断层（与褶皱轴向一致）、横断层（与褶皱轴向正交）和斜断层（与褶皱轴向斜交）。

（2）按断层面产状与岩层产状的关系分类（图4.15）。

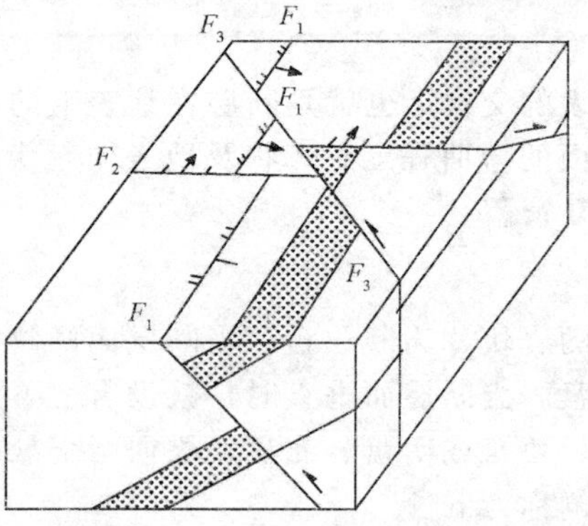

图 4.15　断层面产状与岩层产状的关系示意

F_1—走向断层；F_2—倾向断层；F_3—斜向断层

1）走向断层：断层走向与岩层走向基本平行。

2）倾向断层：断层走向与岩层走向基本垂直。

3）斜向断层：断层走向与岩层走向斜交。

（3）按断层面走向与褶皱轴走向的关系分类（图4.16）。

1）纵断层：断层走向与褶皱轴向基本一致。

2）横断层：断层走向与褶皱轴向基本垂直。

3）斜断层：断层走向与褶皱轴向斜交。

（4）断层的组合形式。在自然界往往可以见到断层的组合形式，如阶梯状断层、地垒、地堑和迭瓦状断层等。

1）阶梯状断层。阶梯状断层是由两条以上产状大体一致的正断层组合而成的（图 4.17）。

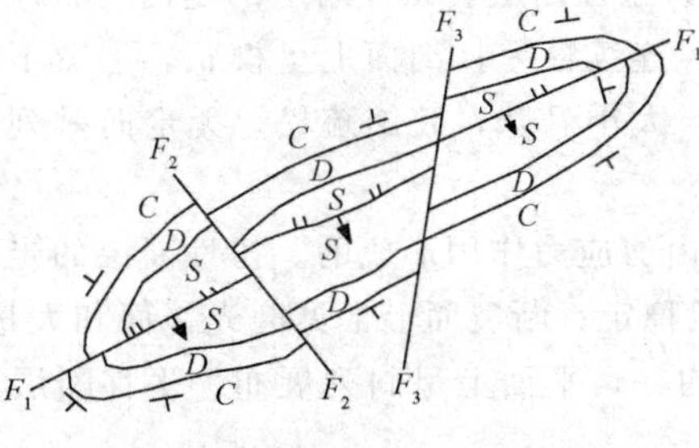

图 4.16　断层面走向与褶皱轴向的关系

F_1—纵断层；F_2—横断层；F_3—斜断层

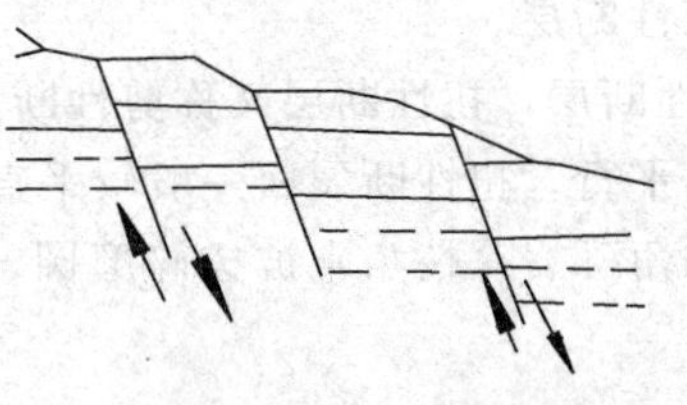

图 4.17　阶梯状断层

2）地堑与地垒。地堑与地垒是指具有两条以上正断层的构造形式。倾向相对的正断层中间断盘相对下降的称为地堑（图 4.18）；倾向相背的正断层中间断盘相对上升的称为地垒（图 4.19）。在地形上，地堑常常形成狭长的凹陷地带，例如，我国山西的汾河河谷、陕西的渭河河谷等都是著名的地堑构造。地垒则通常形成块状山地，天山、阿尔泰山等地区广泛发育着地垒构造。

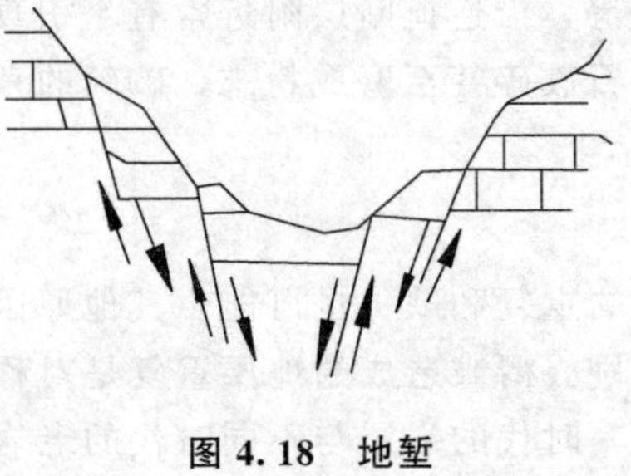

图 4.18　地堑

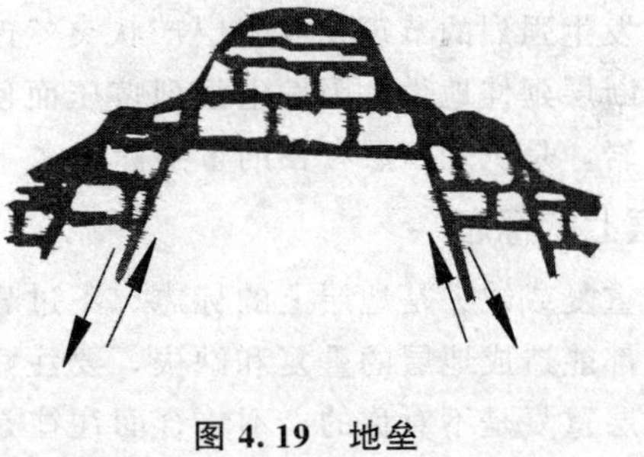

图 4.19　地垒

3）迭瓦状断层。许多条大致平行的断层倾向一致，老岩层依次逆冲覆盖在新岩层之上，形状似迭瓦，故称为迭瓦状断层（图 4.20），也称推覆式断层。迭瓦构造断层常同强烈褶皱伴生，断层走向与枢纽相同，标志该地区经历过强烈挤压。

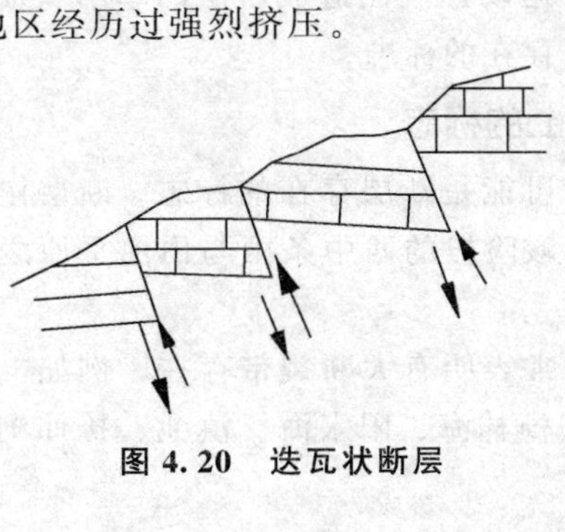

图 4.20　迭瓦状断层

（5）按形成断层的力学性质分类。

1）压性断层：由压应力作用形成的断层称为压性断层。压性断层的走向与压应力作用的方向垂直。在平面或剖面上，断裂面一般呈舒缓波状；断面上常出现大片擦痕和阶步，擦痕与断裂面的走向垂直；断裂面附近常形成挤压破碎带，其中劈理、片理和构造透镜体的排列方向与断层走向近于平行。逆断层一般都属于压性断层。有的断层面倾向发生变化，不便用两盘运动方式来命名，而用断层反映的力学性质来命名比较恰当。

2）张性断层：由张应力作用形成的断层称为张性断层。张性断层的走向与张应力作用的方向垂直。张裂面的形态一般不规则，粗糙不平、连续性差；剖面上呈楔状，上宽下窄。倾角较陡；张裂带内常含有角砾岩，角砾的棱角显著，大小悬殊，胶结疏松，无定向排列。正断层一般都属于张性断层。

3）扭性断层：扭性断层又称剪性断层，是由剪应力作用形成的。扭性断层的走向与剪应力作用的方向平行。扭性断裂面一般较平直，产状稳定；断裂面上常见磨光镜面和大量水平擦痕；扭裂带内的角砾岩，棱角常被搓碎磨圆、大小均一，平面上呈斜列展布。平移断层大多属于扭性断层。

4.5.3　断层野外识别

断层可以用各种方法来识别，如果断层出露在悬崖、路堑等露头良好的地方可以直接观测到，若在覆盖地区需运用断层的间接标志来确定，断层能在构造上、地层上、地形上、水文地质及其他地质现象等方面造成一系列的标志。

1. 构造（线）的不连续

断层常将岩层、岩墙或岩脉错开。岩层露头突然中断或不同岩性的岩层突然接触；断层附近的岩层常发生强烈的节理化或岩层产状突然改变等，沿逆掩断层附近常有牵引现象，引起地层倒转；在断层延伸地带，因发生强烈挤压而使岩石破碎甚至磨成粉末，破碎的角砾再经胶结而形成构造岩，是识别断层存在的重要标志之一。

2. 地层上的标志

地层的重复或缺失是地层上的标志。不过岩层的重复和缺失也可能由其他原因造成，如褶皱、不整合都能造成地层的重复和缺失，要注意区别。褶皱造成的地层重复是对称式的，而断层造成的岩层重复是不对称的。不整合面往往是同一时代的岩层与不同时代的老岩层接触，而断层往往是不同时代的岩层与不同时代的岩层接触。

3. 断层面上及其两侧岩层的标志

由于断层面两侧岩块的相对运动，往往造成岩层的牵引弯曲，有时断层面上的擦痕、摩擦镜面、阶步等也是帮助判断断层存在的标志。

4. 地貌、水文地质及植被上的标志

（1）一个又陡又直的悬崖，可能是断层存在的标志。断层崖进一步遭受侵蚀，可造成许多三角面的峡谷；如山西西南部高峻险拔的西中条山与山前平原之间就是一条高角度正断层所造成的陡崖。

（2）串珠状的湖泊或洼地，常表明有大断裂带存在。例如，云南东部顺南北向的小江断裂带分布了一串湖泊，自北向南有杨林海、阳宗海、滇池、抚仙湖、杞麓湖，以及昆明盆地、宜良盆地、嵩明盆地、玉溪盆地等。

(3) 泉水的带状分布，尤其是温泉的成排出现，可能有断层存在。例如：湖北京山县宋河地堑盆地的两侧顺着边缘断层出露了两串泉水；西藏念青唐古拉山南麓从黑河到当雄一带散布着一串高温温泉，也是现代活动断层直接控制的结果。

(4) 正常延伸的山脊突然错断，正常流径的河流突然产生急转弯。

(5) 植物也可作为参考，有时沿断层两侧因岩性不同，而生长截然不同的植物群落，有时则在断层带上生长着特殊的植物。

5. 断层运动方向的判别

上升盘出露地层较老，下降盘出露地层较新；断层横截褶皱时，背斜上升盘核部地层变宽，向斜上升盘核部地层变窄。牵引现象的弯曲方向指示本盘运动方向。

6. 确定断层的形成时期

利用不整合接触关系，若断层切割了彼此不整合接触的一套较老岩层，并被一套较新地层以区域性不整合所覆盖，则说明该断层形成在较老岩层中的最新岩层之后，上覆岩层的最老岩层之前。利用断层与地层、岩体及其他地质体的切割关系也可判别，如果断层切割地层、岩体及其他地质体，则断层活动是在相应的地质体形成之后；如果岩体、岩脉或矿脉充填于断层中，则断层活动时期相当于或早于岩体的形成时期。

4.5.4 断层的工程地质评价

断层对工程建筑有不利影响，因为断层引起岩层的断裂变动，增加了岩体的裂隙，导致岩石破碎、风化加剧和地下水充分发育，从而降低了岩石的强度和稳定性。其主要不利影响如下：

(1) 跨越断裂构造带的建筑物，由于断裂带及其两侧上、下盘的岩性可能不同，容易产生不均匀沉降。一般来说，与断层垂直通过的线路相比，顺着断层方向通过的线路受到的影响较小。

(2) 隧道工程通过断层破碎带时易发生塌方。在断层发育地段修建隧道是最不利的情况。由于岩层的整体性受到破坏，加之地面水或地下水的侵入，其强度和稳定性都会很差，所以容易发生洞顶塌落，影响施工安全。当断层破碎带规模很大或隧道穿越断层带时，施工会非常困难。因此，在确定隧道平面位置时，要尽量避开这些区域，或采取相应的工程加固措施，以免建筑物发生崩塌。

(3) 断裂带在新的地壳运动影响下可能发生新的移动，从而影响建筑物的稳定，降低地基岩体的强度和稳定性。

(4) 受张力作用形成的断层比受压力作用形成的断层的工程地质条件较差，但受压力作用形成的断层的破碎带宽度可能较大，需引起注意。断层破碎带的力学强度低，压缩性大，建在其上的建筑物易发生断裂或倾斜。

(5) 在线路工程中，若断层面倾向线路且倾角大于10°，则工程地质条件较差。另外，断层面对岩质边坡、坝基及桥基的稳定性常有重要影响。

(6) 活动中的断层（如新构造、运动剧烈、地震频繁地区的断层）对工程建筑物的影响较大，相对稳定的断层对工程建筑物的影响较小，但要考虑到复活的可能性。

(7) 饱水的断层带稳定性较差。

(8) 有些大型水库可能导致附近断层复活，不可忽视。

4.5.5 活断层

活断层也称为活动断裂，是指现在仍在活动或近期有过活动、不久的将来可能活动的断层。其中后一种也被称为潜在活断层。活断层可以导致岩层产生错动位移或引发地震，对工程建筑造成巨大甚至无法抵御的危害。

1. 活断层的分类

（1）走向滑动型断层和倾向滑动型断层。活断层根据两个断层盘的错动方向可分为走向滑动型断层（平移断层）和倾向滑动型断层（逆断层和正断层）。走向滑动型断层最常见，其特点是断层面陡倾或直立，延伸平直，一些规模较大的断层中常蓄积高能量，可能引发高震级的强烈地震。倾向滑动型断层中逆断层更为常见，大多数由水平挤压形成，断层倾角较缓，错动时上盘为主动盘，导致上盘地表变形开裂较严重，岩体较下盘破碎，对建筑物造成较大的危害。倾向滑动型的正断层的上盘也为主动盘，因此上盘岩体也较破碎。

（2）蠕变型活断层和突发型活断层。活断层根据其活动性质可分为蠕变型活断层和突发型活断层。蠕变型活断层只发生长期缓慢的相对位移变形，不引发地震或只有少数微弱地震。突发型活断层的错动位移是突然发生的，并同时伴随较强烈的地震。具体而言，突发型活断层分为两种情况：一种是断层的错动引发地震；另一种是地震引发老断层的错动或形成新的断层。

2. 活断层的特征

（1）活断层的继承性。绝大多数的活断层是继承自古老的断裂，并延续了其活动历史，而且曾多次发生地表断裂破坏的地区过去也发生过同样的断裂活动，这就是活断层的继承性。新的活断层通常只在老断裂的某一段发生活动，或在某些段落活动较为强烈，而其他段落不太活动。活动方式和方向的一致性也是继承性的一个明显特点。形成年代越新的断层，其继承性也越强。

（2）活断层的活动方式。活断层的活动方式可分为蠕滑和黏滑两种形式。蠕滑是一种持续的滑动过程，由于只产生较小的应力释放，所以断层通常只有小震或无地震活动。黏滑则是断层发生快速错动，在快速错动之前断层呈闭锁状态，往往没有明显的位移。在同一条断裂带的不同区段，可能存在不同的活动方式。黏滑运动的断层有时也会伴随小的蠕动，而大部分地段以蠕滑为主的断层，在断层端部可能会发生黏滑，引发大地震。

（3）活断层的规模与活动速率。断层的规模包括长度和切割深度，这可以反映出断层的能量和破坏力。活断层的活动速率是评估断层活动强度的重要指标。不同类型的活断层具有不同的错动速率。蠕变型活断层的错动速率通常相对缓慢，年均不足1 mm至数十毫米；而突发型活断层的错动速率相当快，可达0.5～1 m/s。同一条活断层上的错动速率也有显著差异，断层的错动速率也不均匀，例如，地震断层在地震前的速率可能会急剧增加，而震后会减缓。这种断层变形速率的变化特征对地震预测具有重要意义。

（4）活断层重复活动的周期性。地震断层两次突然错动之间的时间间隔称为活断层的错动周期。由于活断层发生大地震的重复周期往往长达数百年甚至数千年，已经超出了地震记录的时间范围。所以，为了准确获取一些活断层上强震的重复时间间隔，必须加强对史前古地震的研究。主要的研究方法有两种：一是利用保存在近代沉积物中的地质证据和地貌记录，来确定断层的活动次数和每次活动的时代；二是根据我国历史上发生的地震记录数据来获取一些活断层的活动周期。我国的科学家利用古地震研究获得了一些活动大断裂的强震重复周期。

4.5.6　断裂带分布

断裂带是由多个断裂面构成，呈带状延伸的区域，包括主断裂面、两侧的断裂构造岩和次级断裂，具有一定的宽度。断裂带区域内可能被断裂作用产生的构造岩所占据，或者由许多近乎平行或交织的断裂和分隔的岩块组成。有时，断裂带的边界由两侧或一侧发育的主干断层构成，而有时没有明显的边界。靠近主断层面附近会发育出断裂构造岩，以主断层面为轴线向两侧扩散，通常依次出现断裂泥或糜棱岩、断层角砾岩和碎裂岩等，向外过渡为断裂带以外的完整岩石。断裂带可能是平直的、弯曲的，甚至呈波状起伏。在变质核杂岩中，常发育一种波状起伏的伸展拆离断层，称为波状构造。断裂带的宽度可以从几米到数百米不等，大型断裂带的宽度可达数十千米。断裂带的长度短者以米计，长者以千米计，最长可达数千千米，一般与断距成正比。断裂带两侧的岩层或岩体通常会发生一定程度的相对位移，位移量大小不一，小者仅几厘米至几十厘米，大者可达数十千米，甚至累计达数百千米。

断裂带根据性质可分为正断层、逆断层和走滑断层。它们是岩石圈变形的主要集中带，在浅层的脆性域表现为较窄的脆性破碎带，而在深层的韧性域转变为较宽的韧性剪切带，显示出随深度增加影响范围扩大的特征。断裂带的宽度及断裂构造岩的破碎程度受到断层规模、活动历史、活动方式和力学性质的综合影响，即使在同一条断裂带上，断裂带的宽度、断裂构造岩的类型和组合特征也会有很大差异。地球上七大板块之间的边界就是大型断裂带，自然地震通常发生在断裂带上，因此断裂带往往容易引发地震①。

在中国东部地区，最明显的是连绵超过 2 000 km 的郯庐断裂带（北段称为依兰—伊通断裂带），是东部地区最重要的地震威胁来源。国际上公认的成功预测的 1975 年海城地震就发生在郯庐断裂带上。在华北地区，有一条与郯庐断裂带垂直的断裂带，称为张家口—渤海断裂带，是 1976 年唐山大地震的主要原因。从北部的阿尔金断裂和海原断裂（发生过 1920 年海原 8 级大地震）到南部的小江断裂和红河断裂，给西藏、青海及周边的四川、云南、甘肃、新疆等地区带来了严重的地震灾害。

思考题

1. 简述地壳运动的类型及特点。
2. 简述岩层产状三要素及其测定方法。
3. 简述水平岩层和倾斜岩层的特点。
4. 简述什么是褶皱构造、褶皱的基本类型及其识别特征。
5. 简述褶皱构造的工程地质评价。
6. 什么是节理？节理对工程有什么影响？
7. 简述张节理和剪节理的基本特点。
8. 简述节理玫瑰图的绘制方法。
9. 什么是断层？按两盘相对位移方向，断层如何分类？
10. 简述断层的工程地质评价。

① 四川汶川特大地震是中国乃至世界地震史上极其惨烈的地震灾害，给人民群众生命财产造成了重大损失。大地震使山川移位、河流改道，却无法撼动中华民族的精神坐标。生死瞬间，教师们以血肉之躯护住学生，一些人甚至献出了宝贵的生命。灾难面前，坚强不屈的人民爆发出“汶川加油，中国加油”的呐喊。抗震救灾精神是在“5. 12”四川汶川特大地震的抗震救灾中所表现出来的“万众一心、众志成城，不畏艰险、百折不挠，以人为本、尊重科学”伟大精神的概括。在抗震救灾精神的感召和激励下，汶川人民百折不挠、勇往直前，生活越过越带劲，越过越幸福。

第5章

地　下　水

教学与学习目标

学习目标：通过本章的学习，学生应了解地下水的物理、化学性质，掌握地下水的水理性质、地下水的类型，掌握地下水的补给、径流和排泄及地下水对工程建设的影响，掌握地下水勘察的基本要求和评价。

重点：本章的重点是地下水的类型，地下水的补给、径流和排泄及地下水对工程建设的影响等内容。

难点：本章的难点是岩土渗透系数的测定及地下水对工程建设的影响。

素质目标：要求学生理解水是生命之源，也是生态文明建设的发力点。

思维导图

在自然界中，水以气态、液态和固态三种相态存在。按水存在的部位，水又可分为大气水、地表水和地下水。这三部分水之间既有区别，又有着密切的联系，在一定的条件下可以相互转化。大气水、地表水和地下水之间这种不间断的运动与相互转化，称为水的循环。水循环按其循环范围，又分为大循环和小循环：大循环是指整个地球范围内，在海洋和陆地之间的循环。小循环是指地球局部范围内的循环。

5.1　地下水的相关概念

地下水是指存在于地面以下，松散堆积物和岩石空隙（孔隙、裂隙、溶隙）中的水。

地下水是工农业及生活饮用水的重要水源①，又对工程建设造成了不同程度的影响，许多工程病害、地质灾害等都与地下水活动有着密切的关系，如基坑、隧道涌水、地面沉降、滑坡活动、路基沉陷和冻胀变形等。

① 课程素养：节约是一种美德，节约用水、节约粮食、节约时间，是对世界的贡献，也是对自己负责，以寻找适合人类生存的淡水资源为例，鼓励培养积极探索未知世界的精神。党的十八大以来，以习近平同志为核心的党中央从人与自然和谐共生、加快推进生态文明建设的战略高度，做出全面推行河长制湖长制的重大战略部署，以保护水资源、防治水污染、改善水环境、修复水生态为主要任务，构建起河湖管理保护机制，为维护河湖健康生命、实现河湖功能永续利用提供制度保障。

5.1.1　空隙

岩土中的空隙是存在于岩土中那些大小不等、形状各异的空间，它们是地下水存储的场所和运动的通道，因此这些空隙的多少、大小、形状、连通情况和分布情况，决定着地下水分布与渗透的特点。地下水赋存在地壳表层 15 km 左右范围的空隙之中，尤其是 1～2 km 以内，这一范围空隙发育比较普遍，所以有人形象地说：地壳表层犹如饱含水的海绵。

根据岩土空隙的成因，岩土的空隙可分为孔隙、裂隙和溶隙三大类。

1. 孔隙

孔隙是指松散岩土中颗粒或颗粒集合体之间的空隙。松散堆积物和某些胶结不好的基岩，由大大小小的颗粒构成，颗粒之间的空隙相互连通且呈孔状，故称为孔隙。显然，岩石中孔隙较多，储存地下水的能力也大。孔隙体积的发育程度用孔隙度（n）表示，孔隙度是指孔隙体积（V_n）与包括孔隙在内的岩土总体积（V）的比值，用小数或百分数表示，即

$$n=\frac{V_n}{V} \quad 或 \quad n=\frac{V_n}{V}\times 100\% \tag{5-1}$$

孔隙度大小是衡量岩土储容地下水能力大小的重要参数，两者成正比关系。岩土孔隙度的大小主要取决于颗粒的分选程度（均匀程度）、颗粒的排列方式、颗粒形状及胶结充填情况。岩土越疏松，分选性越好，孔隙度越大；岩土颗粒立方体排列方式比四方体排列方式的孔隙度要大；孔隙若被胶结物充填，则孔隙度变小。

2. 裂隙

裂隙是指岩土受地壳运动及各种地质应力作用下变形破裂而形成的空隙，按裂隙成因分为以下几种：

(1) 成岩裂隙：岩土在成岩过程中产生的裂隙。

(2) 构造裂隙：岩土在构造运动中受力破裂所产生的裂隙。

(3) 风化裂隙：岩土在风化作用下破坏而产生的裂隙。

裂隙的发育程度用裂隙率（K_t）表征，所谓裂隙率，是指裂隙体积（V_t）与包含裂隙体积在内的岩土总体积（V）的比值，用小数或百分数表示，即

$$K_t=\frac{V_t}{V} \quad 或 \quad K_t=\frac{V_t}{V}\times 100\% \tag{5-2}$$

研究裂隙，主要研究其发育方向、密度、延伸长度、充填情况，以及发育密度、发育程度等。由于自然界岩石裂隙发育极不均匀，所以在实地测量岩石的裂隙率时要多测些点，以统计平均值给出，才具有代表性。

3. 溶隙

可溶岩中的裂隙经地下水流长期溶蚀而形成的空隙称为溶隙。溶隙的发育程度用溶隙率（K_k）表示，所谓溶隙率（K_k），是指溶隙的体积（V_k）与包含溶隙体积在内的岩土总体积（V）的比值，用小数或百分数表示，即

$$K_k=\frac{V_k}{V} \quad 或 \quad K_k=\frac{V_k}{V}\times 100\% \tag{5-3}$$

上述三种空隙的发育，在自然界的许多情况下是相互制约而共同伴生的。如坚硬的灰岩，可在构造力作用下产生构造裂隙，而后地下水又活动其间而发生溶蚀作用，将这些构造裂隙开拓为溶蚀裂隙，进而扩为溶洞。松散岩石中固然多孔隙，但有时黏土干缩会产生裂隙，这些裂隙的水文地质意义往往超过其原有的孔隙。固结程度不高的沉积岩，往往既有孔隙又有裂隙。

岩石中的空隙是地下水赋存场所和运移通道，但这些空隙必须是以一定方式连接起来构成空隙网络，才能成为具有水文地质意义的储容空间和地下水流运动的通道。否则，孤立的空隙意义不大。不同类型的岩石，所形成的空隙网络其特点是不一样的。松散岩土中空隙发育的一般特点是连通性好，分布均匀，各向同性，所以分布其中的地下水的多少和运动状态都是比较均匀的。

5.1.2 水在岩土中的存在状态

根据岩土中水的物理力学性质及水与岩土颗粒间的相互关系，水可分为以下几种。

1. 气态水

气态水也就是水蒸气，它可以是由湿空气带入的，也可以是岩石中其他水蒸发而成的。气态水可因温度、湿度和压力的变化而迁移。当温度降低，湿度达到饱和时，气态水便凝结为液态水。

2. 吸着水（强结合水）

所谓吸着水，就是最靠近颗粒表面的那些水分子。这些水分子与颗粒结合得非常紧密，结合力可超过10 000个大气压，因此也称为强结合水。强大的结合力，使吸着水的相对密度、密度都较大。它不受重力的影响，一般不能移动，不溶解盐类，因此吸着水不能被植物根系所吸收。

3. 薄膜水（弱结合水）

在紧密的吸着水层的外面，还存在着吸附力的作用，吸附着水分子，随着水层的加厚，吸附力逐渐减弱，这一层水又称弱结合水。薄膜水可以移动，这种运动主要与颗粒吸附的位能有关，而与重力无关。

4. 毛细水

岩土细小孔隙和毛细裂隙中的水称为毛细水。它是由于表面张力的作用而存在于孔隙或裂隙中的。毛细水是直接影响农作物生长的因素。它供给农作物水分，也是可能造成土壤盐渍化的主要因素。道路和某些建筑物的地基基础及其他设施也往往必须考虑毛细水的上升。

5. 重力水（自由水）

岩土孔隙中不受颗粒表面引力影响，只在重力作用下运动的水称为重力水；重力水可以自由流动，所以有时又可称为自由水。重力水是构成地下水的主要部分，通常所说的地下水就指重力水。

6. 固态水

当岩土的温度低于0 ℃时，岩土中的水就结成冰——固态水。因为水结成冰时体积要膨胀，所以冬季许多高寒地区地表会有“冻胀”的现象，在高寒地区还有“多年冻土”，这些都是工程地质工作需要研究的问题。

由上述可见，岩土中存在着各种不同形态的水，它们是相互关系，可以相互转化的。如果存在地下水，那么地下水面以下自由流动的重力水，称为饱水带。地下水面以上直到地表统称为包气带，包气带下部是毛细水带，是岩土饱和度的过渡带。

5.1.3 岩土的水理性质

岩土与水作用时表现出来的性质称为岩土的水理性质，包括容水性、持水性、给水性和透水性等。

1. 容水性

容水性是指岩土能容纳一定水量的性能。容水性在数量上用容水度表示，容水度是指岩土空隙完全被水充满时的含水率，可表示为岩土所能容纳的水的体积与岩土的总体积之比。

$$容水度=\frac{岩土容纳水的体积}{岩土的总体积} \tag{5-4}$$

显然，当孔隙完全被水饱和时，容水度在数值上等于孔隙度。

2. 持水性

依靠分子引力或毛细力，在岩土孔隙、裂隙中能保持一定数量水体的性能称为持水性。持水性在数量上以持水度表示，持水度是指受重力作用时岩土仍能保持的水的体积与岩土总体积之比。

$$持水度=\frac{靠分子引力和毛细力保持的水的体积}{岩土的总体积} \tag{5-5}$$

3. 给水性

在重力作用下，饱水岩土能够流出一定水量的性能称为岩土的给水性。给水性在数量上用给水度表示，给水度是指岩土给出的水量与岩土总体积的比值，在数值上等于容水度减去持水度。

$$给水度=\frac{能自由流出的水的体积}{岩土的总体积}=容水度-持水度 \tag{5-6}$$

不同岩土的给水度很不相同。松散沉积物中颗粒越粗，给水度越大；颗粒非常细的岩土，持水度很大，因而给水度很小，甚至为零。

4. 透水性

岩土允许水透过的性能称为透水性。岩土可以透水的根本原因在于它具有相连通的空隙。透水性的大小用渗透系数 K（m/d）来表示。

松散岩土的透水性主要取决于土的粒径、级配，而与孔隙度关系不大。在通常情况下，砾石层具有较大的透水性；细砂层透水性较弱；黏土层接近不透水。在坚硬岩石中透水性主要取决于裂隙和溶隙的数量、规模及填充性，因而裂隙率和岩溶率是影响透水性大小的主要因素。根据透水性的大小，岩土可分为透水的、半透水的和不透水的。

5.1.4　含水层、隔水层

岩石中含有各种状态的地下水，由于各类岩石的水理性质不同，各类岩石层可划分为含水层和隔水层。

所谓含水层，是指能够给出并透过相当数量重力水的岩层。构成含水层的条件：一是岩石中要有空隙存在，并充满足够数量的重力水；二是这些重力水能够在岩石空隙中自由运动。

隔水层是指不能给出并透过水的岩层或给出微不足道水的岩层。隔水层有的含水，但是不具有允许相当数量的水透过自己的性能，如黏土就是这样的隔水层。

常压下岩石按透水程度的分类见表 5.1。

表 5.1　岩石按透水程度的分类

透水程度	渗透系数 $K/(\mathrm{m \cdot d^{-1}})$	岩石名称
良透水的	>10	砾石、粗砂、岩溶发育的岩石、裂隙发育且很宽的岩石
透水的	1.0～10	粗砂、中砂、细砂、裂隙岩石

续表

透水程度	渗透系数 $K/(m\cdot d^{-1})$	岩石名称
弱透水的	0.01～1.0	粉砂、细裂隙岩石
微透水的	0.001～0.01	黏质粉土、粉质黏土、微裂隙岩石
不透水的	<0.001	黏土、页岩

5.2 地下水的物理性质和化学性质

5.2.1 地下水的物理性质

地下水的物理性质包括温度、颜色、透明度、嗅味、口味、相对密度、导电性及放射性等。

1. 温度

地下水的温度与其埋藏深度、地下补给条件及地质条件有关。地下水按温度可分为七类：过冷水（<0 ℃）、极冷水（0～4 ℃）、冷水（4～20 ℃）、温水（20～37 ℃）、热水（37～42 ℃）、极热水（42～100 ℃）、过热水（>100 ℃）。

2. 颜色

地下水的颜色决定于水中的化学成分及悬浮物，而纯水是无色的。表5.2列出了地下水颜色与水的成分的关系。

表5.2 地下水颜色与水的成分的关系

水的成分	低价铁	高价铁	硫细菌	腐植酸	黏土	锰的化合物
水色	浅绿灰色	黄褐色	红色	暗或黑黄、灰色	无萤光的淡黄色	暗红色

3. 透明度

纯水是透明的，然而天然水中因含有泥砂、腐殖质及浮游藻类等能使水体产生浑浊。如浑浊来自生活污水或工业废水的排泄，则往往是有害的。由于固体与胶体悬浮物的含量不同，其透明度就不同。根据透明程度，地下水可分为透明的、微浊的、浑浊的、极浊的四级。

4. 嗅味

纯水无嗅味，含一般矿物质时也无味。水中的气味取决于它所含的某些气体或有机物质。例如：H_2S气体使水具有臭鸡蛋味，腐殖质使水具有霉味，Fe^{2+}使水具有铁腥味。水的气味与水温有很大关系，往往在煮沸时气味更为显著。我国饮用水标准规定需在20 ℃及60 ℃时无异臭和异味。

5. 口味

纯水淡而无味，地下水的味道取决于水中溶解的盐类和有机质含量。

6. 相对密度

地下水的相对密度决定于其中所溶解的盐类的含量，溶解的越多，地下水的相对密度就越大，一般地下水的相对密度接近1，最大时可达到1.3。

7. 导电性

地下水的导电性取决于其中所含电解质的数量与性质。离子含量越多，离子价越高，则水的导电性越强，根据地下水的导电性，区别矿化水和淡水，圈定富水地段，寻找含水断裂破碎带等。

8. 放射性

地下水的放射性取决于其中放射性物质的含量，一般来说，地下水在一定程度上都具有放射性。

5.2.2　地下水的化学性质

地下水是由各种无机和有机物质组成的天然溶液。从化学成分来看，它是溶解的气体、离子及源于矿物和生物胶体物质的复杂的综合体。

地下水中化学成分以离子、化合物和气体三种状态出现。以离子状态出现的有 H^+、Na^+、K^+、$NH_4{}^+$、Mg^{2+}、Ca^{2+}、Fe^{2+}、Fe^{3+}、Mn^{2+} 等阳离子和 OH^-、Cl^-、HCO_3^-、NO_2^-、SO_4^{2-}、CO_3^{2-}、SiO_3^{2-}、PO_4^{3-} 等阴离子；以化合物状态出现的有 Fe_2O_3、Al_2O_3、H_2SiO_3 等，多以沉淀物或胶体形式存在；以气体状态出现的有 N_2、O_2、CO_2、CH_4、H_2S 及放射性气体等。

5.3　地下水类型

5.3.1　按埋藏条件分类

按地下水的埋藏条件，地下水可将其划分为上层滞水、潜水、承压水三大类。

1. 上层滞水

上层滞水是指存在于地面以下包气带中的水。当包气带存在局部隔水层（弱透水层）时，局部隔水层（弱透水层）上会积聚具有自由水面的重力水，即上层滞水，如图 5.1 所示。

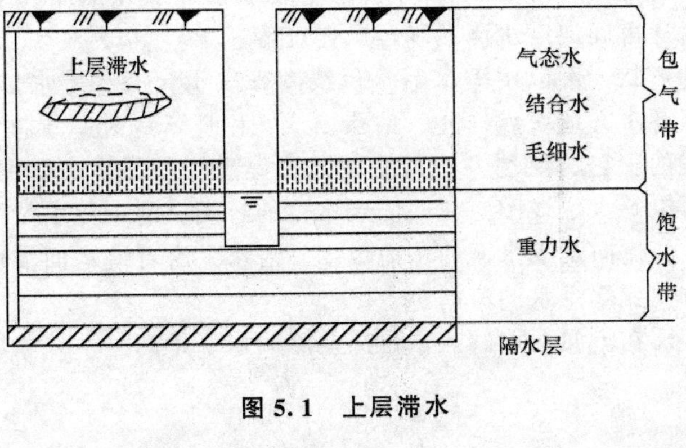

图 5.1　上层滞水

上层滞水的主要特征：水量不大，且季节性变化强烈；由于最接近地表，故水量随季节而变化，一般在雨季水量大，而到干旱季节水量减小，甚至干枯。上层滞水的补给区和分布区是一致的。上层滞水来自当地大气降水或地表水的补给，以蒸发或逐渐向下渗透（决定于相对不透水层的透水性）的形式排泄。上层滞水一般矿化度低，但由于直接与地表相通，水质最易受污染。上层滞水水量不大，且随季节变化强烈，上层滞水只能用于农村少量人口的供水及小型灌溉用水。从工程地质角度看，上层滞水是引起土质边坡滑坍，地基、路基沉陷、冻胀等病害的重要因素。

2. 潜水

埋藏于地表以下，第一个稳定隔水层之上具有自由水面的饱水带中的重力水被称为潜水。潜水具有的自由水面称为潜水面，如以高程表示称为潜水位，自地表至潜水面间的垂直距离为潜水的埋藏深度。潜水面至下伏隔水层之间地带均充满重力水，称为含水层，其间距离即含水层的厚度，下伏的隔水层称为此含水层的底板，如图 5.2 所示。

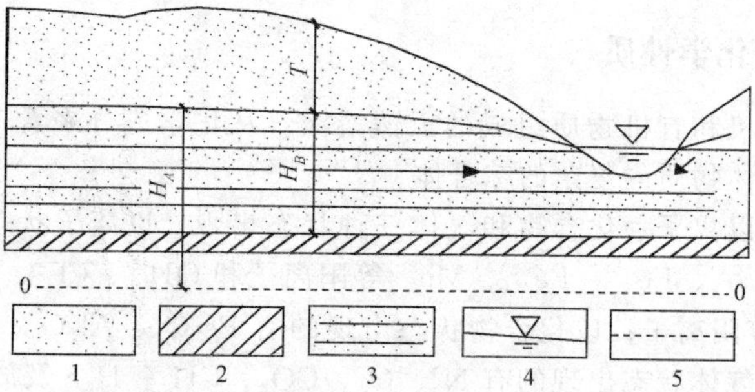

图 5.2　潜水

—透水砂层；—隔水层；—含水层；—潜水面；—基准面；T—潜水位埋藏深度；H_A—潜水位；H_B—含水层厚度

潜水面的特征：潜水面通常不是延伸很广的平面，潜水面的形状与当地的地貌形态、隔水底板的坡度、含水层岩性、厚度变化及水文网发育状况有密切关系，基于这些因素，潜水面一般呈倾斜的各种形态的曲面。但在特定的条件下，潜水面以近似平面呈水平产出，不流动，此时形成潜水湖；潜水面的起伏经常与地形一致，只是比地形起伏平缓；当含水层厚度变大时，潜水面坡度变缓；当岩层透水性变好，潜水面坡度变缓。

了解潜水面的形状与变化规律对开采利用潜水、工程设计与施工具有重要意义。通过潜水面的形状可以掌握该面各点的潜水位，而潜水位是决定于开采井深度和取水方式及工程设计、施工的重要依据，同时还可确定潜水流向和运动速度等。

在平面上潜水面的形状，可以用潜水等水位线图来表示。潜水等水位线图即潜水面等高线图，它是根据所在地区各水文地质点（井、钻孔、试坑和泉等），在大致相同的时间内，潜水面各点的水位标高编制成的。它的绘制方法与绘制地形等高线相同，一般在地形图上绘制。因为潜水面随时在变化，所以等水位线图应注明测定水位的日期。潜水等水位线图有以下用途：

（1）可以确定潜水的流向及潜水面的水力坡度。潜水是沿着潜水面坡度最大的方向流动的，因此垂直等水位线的方向就是潜水的流向。

潜水面的水力坡度即在流向上取两点水位高差除以水平距离。

$$I_{AB}=\frac{H_A-H_B}{AB} \tag{5-7}$$

（2）反映潜水与地表水的相互关系。如果潜水流向指向河流，则潜水补给河流；如果潜水流向背向河流，则潜水接受河水补给。

（3）确定潜水的埋藏深度。某一点的地面标高减去该点的水位标高，就是此点的潜水埋深。

（4）确定泉或沼泽的位置。在潜水等水位线与地形等高线高程相等处，潜水出露，这里即是泉或沼泽的位置。

（5）推断含水层的岩性或厚度的变化。在地形坡度变化不大的情况下，若等水位线由密变疏，表明含水层透水性变好或含水层变厚；相反，则说明含水层透水性变差或厚度变小。

(6) 确定给水和排水工程的位置。水井应布置在地下水流汇集的地方，排水沟（截水沟）应布置在垂直水流的方向上。

潜水对建筑物的稳定性和施工均有影响，建筑物的地基最好选在潜水位深的地带或使基础浅埋，尽量避免水下施工。若潜水对施工有危害，宜用排水、降低水位、隔离等措施处理。

3. 承压水

埋藏并充满在两个隔水层之间的透水层中的重力水叫作承压水。承压水有传递静水压力的性质，当水量充足时其深处的水体就受到上部水柱的压力而具有承压性；当水体压力较大时，沿着地下水通道能喷出地表形成自流，这时的承压水又叫作自流水。

承压水的形成首先决定于地质构造，在适当的地质构造条件下，无论孔隙水、裂隙水、岩溶水都可形成承压水。最适宜形成承压水的地质构造大体可分为向斜构造和单斜构造。有承压水分布的向斜构造称为自流盆地，有承压水分布的单斜构造称为自流斜地。

(1) 自流盆地。自流盆地按水文地质特征可分为三个组成部分：补给区、承压区和排泄区，如图 5.3 所示。承压含水层在盆地边缘出露于地表，高程较高的一边，成为承压水的补给区，高程较低处成为排泄区。在补给区上面由于没有隔水层存在而不具有承压性质，实际上已成为潜水，它直接受大气降水及地表水的补给，它的水位受到气候及地形的控制，往往具有较好的径流条件。承压含水层之上有不透水层覆盖的地段称为承压区，这里的地下水受静水压力，当钻孔打穿隔水顶板后，就可发现水位上升到隔水顶板以上的某一高度，此高程即承压水在该点的静止水位或测压水位。从静止水头到含水层顶板的底面的垂直距离称为压力水头，此压力水头的大小各处不同，取决于含水层各处的隔水顶板与静止水位间的距离。当承压水位高于地形高程时，如钻孔穿过隔水顶板，水就可以涌出地表，否则不会。在自流盆地边缘，地形较低的地段内，承压水可以通过泉等各种形式排出含水层之外，该处即排泄区。

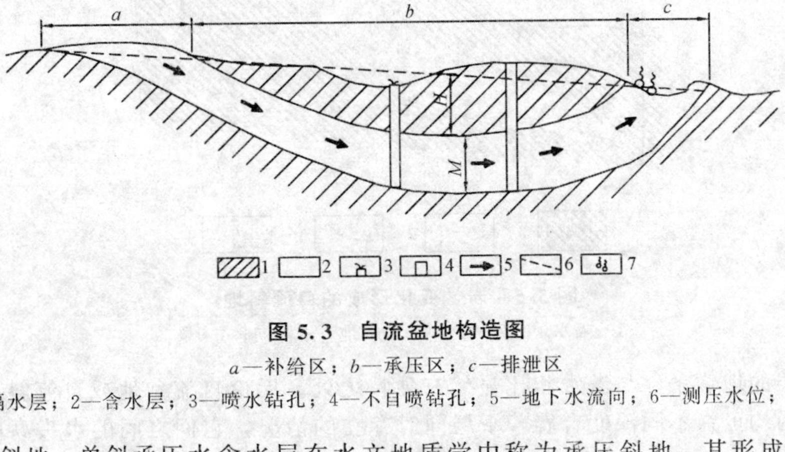

图 5.3　自流盆地构造图

a—补给区；*b*—承压区；*c*—排泄区

1—隔水层；2—含水层；3—喷水钻孔；4—不自喷钻孔；5—地下水流向；6—测压水位；7—泉

(2) 自流斜地。单斜承压水含水层在水文地质学中称为承压斜地，其形成有两种不同的情况：

1) 一种情况是断裂构造所形成的自流斜地，含水岩层一端出露于地表，成为接受大气降水或地表水下渗的补给区；另一端在地下某一深度被断层切断，并与断层另一侧隔水层接触。当断层带岩性破碎能够透水时，含水层中的承压水沿断层带上升，若断层带出露地表处低于含水层出露地表处，则承压水可以通过断层以泉水的形式排泄，断层带就成为这种自流斜地的排泄区。倘若断层不导水，那么自流斜地的补给区与排泄区位于相邻地段，而承压区位于另一地段，如图 5.4 所示。

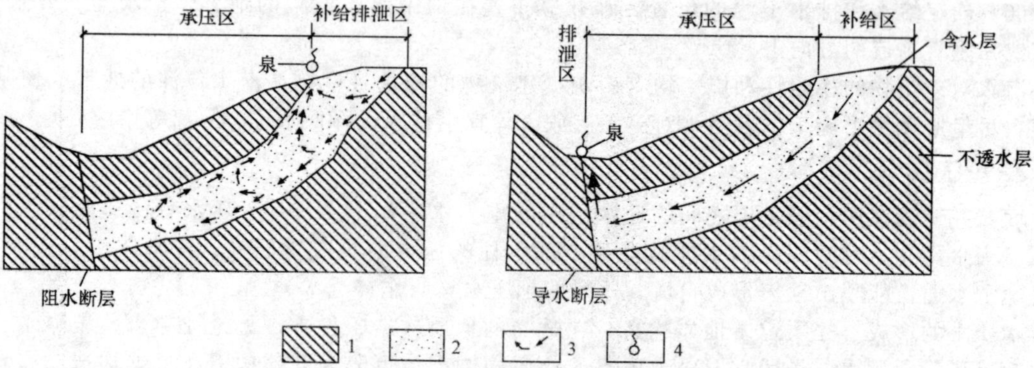

图 5.4　断裂构造形成的自流斜地

1—隔水层；2—含水层；3—地下水流向；4—泉

2）另一种情况是含水层岩性发生相变，上部出露地表，下部在某一深度处尖灭，即岩相发生变化，由透水层变为不透水层。在补给区承受来自地表水或大气降水的补给，当补给量超过含水层可能容纳的水量时，由于下部无排泄出路，形成回水，所以在含水层出露地表的地势较低处有泉出现，形成排泄区，可见补给区与排泄区是相邻的，而承压区位于另一端。此时水从补给区流到排泄区并非经过承压区，这与上面所述自流盆地中水的循环显然有极大的区别。在第一种情况下，如断层带不导水时，则情况相同，如图 5.5 所示。

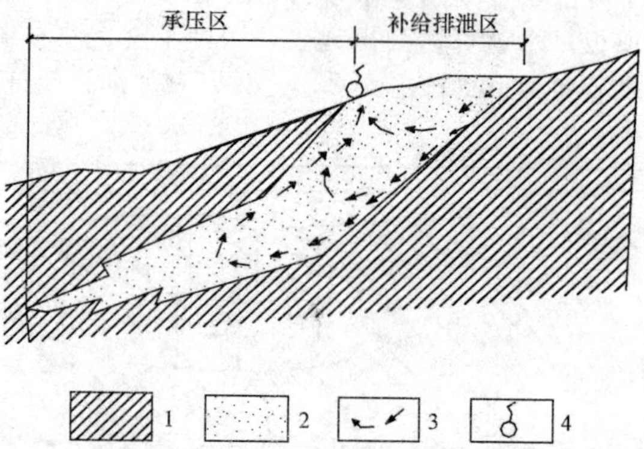

图 5.5　岩性变化形成的自流斜地

1—隔水层；2—含水层；3—地下水流向；4—泉

承压含水层的埋藏条件与潜水相比显然有独特之处。无论自流盆地或自流斜地，承压含水层在同一区域内均可在不同深度有着若干层同时存在的情况，它们之间的水头高度与地形和构造两者有关。

承压水的补给区直接出露于地表时，补给多半来自大气降水；只有当补给区位于河床地带，地表水才可以成为补给来源；当承压含水层补给区位于潜水之下时，潜水就可以泄入承压含水层构成其补给源。

承压水面在平面图上用承压水等水压线图表示。承压水位标高相同点的连线，便是承压水等水压线。平面图上的等水压线图，可以反映承压水（位）面的起伏情况。承压水（位）面和潜水面不同，潜水面是一个实际存在的地下水面，即含水层的顶面，而承压水（位）面是一个势面，这个面可以与地形极不吻合，甚至高出地面。只有当钻孔打穿上覆隔水层至含水层顶面时才能测到。因此承压水等水压线图通常要附以含水层顶板等高线。

承压水等水压线图的绘制方法，与潜水等水位线图相似。在某一承压含水层内，将一定数量的钻孔、井、泉（上升泉）等的初见水位（或含水层顶板的高程）和稳定水位（承压水位）等资料，绘在一定比例尺的地形图上，用内插法将承压水位等高的点相连，即得等水压线图，如图 5.6 所示。

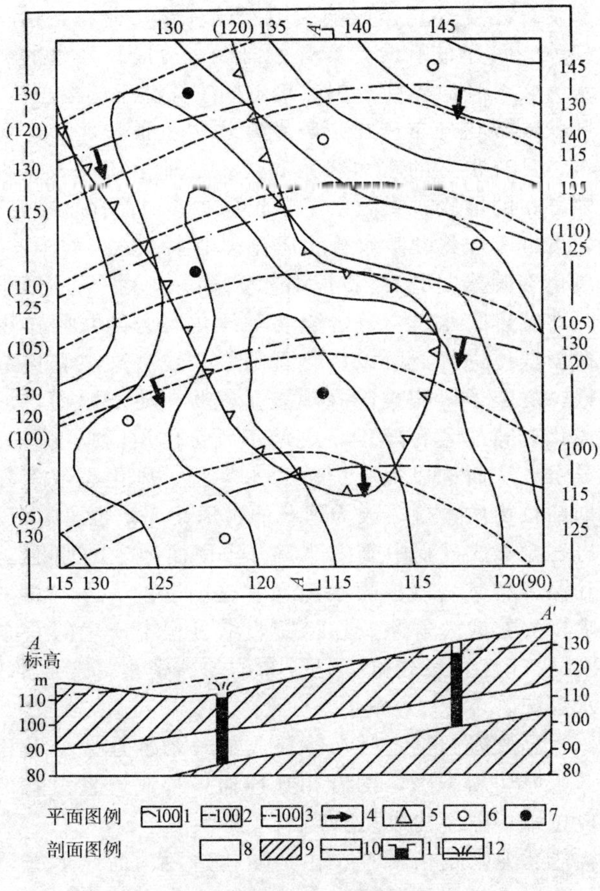

图 5.6 等水压线图

1—地形等高线（m）；2—含水层顶板等高线（m）；3—等水压线（m）；
4—地下水流向；5—承压水自溢区；6—钻孔（平面图）；7—自流井（平面图）；
8—含水层；9—隔水层；10—承压水位线；11—钻孔（剖面图）；12—自流井（剖面图）

5.3.2 按赋存介质分类

地下水按赋存介质可分为孔隙水、裂隙水、岩溶水。

1. 孔隙水

孔隙水存在于松散岩层的孔隙中，这些松散岩层包括第四系和坚硬基岩的风化壳。它多呈均匀而连续的层状分布。孔隙水的存在条件和特征取决于岩石的孔隙情况，因为岩石孔隙的大小和多少，不仅关系到岩石透水性的好坏，而且也直接影响岩石中地下水水量的多少，以及地下水在岩石中的运动条件和地下水的水质。一般情况下，颗粒大而均匀，则含水层孔隙也大、透水性好，地下水水量大、运动快、水质好；反之，则含水层孔隙小、透水性差、地下水运动慢、水质差、水量也小。

孔隙水由于埋藏条件不同，可形成上层滞水、潜水或承压水，即分别称为孔隙—上层滞水、孔隙—潜水、孔隙—承压水。

2. 裂隙水

裂隙水是指保存在坚硬岩石裂隙中的地下水。岩石裂隙空间是裂隙水储存和运动的场所，所以裂隙的类型、性质和发育程度等直接影响裂隙水的埋藏、分布与运动规律。岩层中裂隙的发育和分布极不均匀，裂隙空间分布不均且具有方向性，造成裂隙水的分布和运动与孔隙水有很大差别。分布不均及水力联系各向异性是裂隙水不同于孔隙水的突出特点。

裂隙水可呈层状、脉状或带状分布。在裂隙发育均匀、张开性和连通性好、充填物少的岩层中，裂隙水呈层状分布，具有很好的水力联系和统一的地下水面。在裂隙发育不均匀、连通性差，特别是局部有裂隙分布的地段，裂隙水呈脉状分布，形成含水裂隙体系。

裂隙水按裂隙成因，可进一步将裂隙水分为风化裂隙水、成岩裂隙水和构造裂隙水。

（1）风化裂隙水。风化裂隙水是指赋存于风化裂隙中的水。风化裂隙多分布于地表附近，它是暴露于大气的岩石，在湿度、水、空气、生物等风化应力的共同作用下形成的裂隙。风化作用首先在地表岩石的薄弱部位进行，所以风化裂隙常在成岩裂隙和构造裂隙的基础上进一步发展。风化作用的普遍性，决定了风化裂隙在地表呈壳状包裹于地面，形成密集、均匀、相互连通的层状裂隙系统。风化裂隙的发育厚度，决定于风化作用的强度，一般几米到几十米。这些风化裂隙可以贮水、导水，从而构成风化裂隙含水系统。风化裂隙多分布在地表，故常为潜水。如果风化裂隙被后期细粒物质覆盖，成为埋藏的古风化壳，也可贮存承压水。

（2）成岩裂隙水。岩石在形成过程中受内部应力作用而产生的原生裂隙中赋存的地下水称为成岩裂隙水。沉积岩和深成岩浆岩的成岩裂隙通常是闭合的，含水意义不大。最有意义的是玄武岩成岩裂隙。陆地喷发的玄武岩岩浆，在冷凝收缩过程中产生的六方柱状节理属于成岩裂隙（还有气孔）。此类裂隙张开性一般较好，且分布均匀、密集，连通性好，常构成贮水丰富、导水通畅的层状裂隙含水系统。

岩浆侵入某个地质体，形成岩脉。岩脉在冷凝收缩时产生垂直于岩脉的拉张裂隙，张开性好，并在拉力的作用下产生剪切斜裂隙，两者相互连通可构成近直立的带状含水系统。在岩浆侵入接触带上，也可形成拉张裂隙而构成裂隙含水系统。

（3）构造裂隙水。构造裂隙水是指赋存在由地质构造运动而产生的裂隙之中的水。裂隙的发育情况决定着裂隙水的分布。一般情况下，在构造应力集中的部位裂隙发育。坚硬的脆性岩石容易形成裂隙，所以在背斜轴部、穹窿核部、枢纽的倾伏端处裂隙发育而富水；脆性岩石易破裂也富水，断裂带也富水。构造裂隙水的特征（与孔隙水比较裂隙水的特征）：透水性各向异性（受裂隙发育的方向性制约）；富水性极不均匀（由裂隙发育不均匀所致）；多具承压性（总体上说，裂隙水可以是潜水，但由于其整体岩块起隔水作用，岩壁承受一定的静水压力，所以裂隙水往往承压）；揭露主干裂隙通道的井，其涌水量远远大于只揭露其他裂隙的井的涌水量。

3. 岩溶水

在岩溶孔隙中保存和运动的地下水便是岩溶水。岩溶又称为喀斯特，它是在以碳酸盐岩为主的可溶性岩石分布区，由水流与可溶性岩石相互作用的过程及由此产生的各种地质现象的总和。在地表典型的岩溶地貌有石林、孤峰、落水洞、波立谷等，地下则形成溶孔、溶洞、暗河等。

岩溶水不仅是一种具有特殊性质的地下水，而且也是一种活跃的地质应力，在它的运动过程中，不断与岩石作用，改造自身的赋存环境，形成独特的分布和运动特征。

岩溶空隙发育得不均匀，裂隙宽度大小不一，连通程度各不相同，层流与紊流并存。在一些细小的裂隙中，水流因阻力大而流动缓慢，流态为层流；而在一些连通性和开启性好的裂隙中，水流阻力小，流速大且水量集中，多呈紊流状态。如石灰岩其原生孔隙很小，透水性能差，但经溶蚀后形成不同形状的溶隙，有溶蚀漏斗、溶洞等，不同空隙空间的大小和透水性可以相差几个数量级，一些巨大的地下管道和溶洞，可成为地下暗河，加上岩溶发育在空间上的差异性，造成岩溶水的分布极为不均匀。同时，岩溶空间主要是在裂隙空间的基础上发展形成的，裂隙空间的方向性和其透水性能各向异性的特点在岩溶介质中得到继承与加剧，因此，透水性能各向异性是岩溶介质的另一个显著特点。有时在同一水力系统的不同过水断面上，渗透系数、水力坡度、渗透流速都各不相同。另一方面还表现为岩溶水的水位与流量过程呈现强烈的季节变化，其水位变幅可达几十米，流量变幅达几十倍。

岩溶含水层的水量往往比较丰富，岩溶含水层的富水程度与岩溶发育程度密切相关。

5.4　地下水运动规律

5.4.1　地下水的补给、排泄与径流

1. 地下水的补给

含水层自外界获得水量的过程称作补给。地下水的补给来源有大气降水、地表水和凝结水补给；含水层之间的补给及人工补给等。

(1) 大气降水补给。大气降水是地下水的最主要补给来源，但大气降水补给地下水的数量与降水性质、植物覆盖、地形、地质构造、包气带厚度及岩石透水性等密切相关，一般来说，时间短的暴雨对补给地下水不利，而连绵细雨能大量补给地下水。

(2) 地表水补给。地表水体指的是河流、湖泊、水库与海洋等，地表水体可能补给地下水，也可能排泄地下水，这主要取决于地表水水位与地下水水位之间的关系。地表水水位高于地下水水位，地表水补给地下水；反之，地下水补给地表水。

(3) 含水层之间的补给。深部与浅部含水层之间的隔水层中若有透水的“天窗”或由于受断层的影响，使上下含水层之间产生一定的水力联系时，地下水便会由水位高的含水层流向并补给水位低的含水层。另外，若隔水层有弱透水能力，当两含水层之间水位相差较大时，也会通过弱透水层进行补给。例如，对某一含水层抽水时，另一含水层可以越流补给抽水井，增加井的出水量。

(4) 人工补给。人工补给包括灌溉水，工业与生活废水排入地下，以及专门为增加地下水水量的人工方法补给。

2. 地下水的排泄

含水层或含水系统失去水量的过程称作排泄。地下水排泄方式包括蒸发、泉水溢出、向地表水体泄流、含水层之间的排泄和人工排泄等。

(1) 蒸发。通过土壤蒸发与植物蒸发的形式而消耗地下水的过程称为蒸发排泄。蒸发量的大小与温度、湿度、风速、地下水水位埋深、包气带岩性等有关，干旱与半干旱地区地下水蒸发强烈，常是地下水排泄的主要形式。

(2) 泉。泉是地下水的天然露头，是地下水排泄的主要方式之一。当含水层通道被揭露于地表时，地下水便溢出地表形成泉。山区地形受到强烈的切割，岩石多次遭受褶皱、断裂，形成地下水流向地表的通道，因而山区常有丰富的泉水；而平原地区由于地势平坦，地表切割作用微弱，故泉的分布不多（图 5.7）。

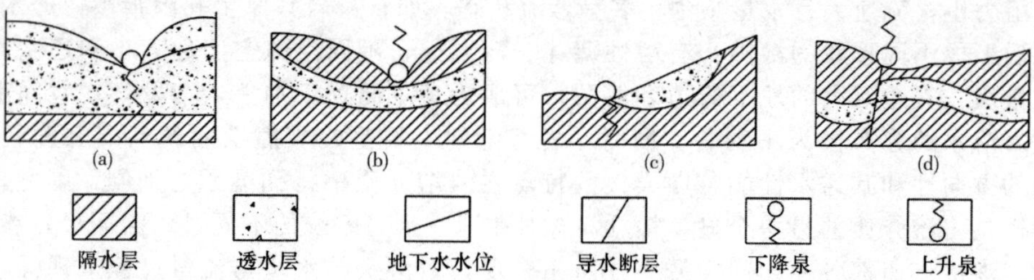

图 5.7　泉的形成

(a) 透水层上方下降泉；(b) 透水层上方上升泉；(c) 透水层下方下降泉；(d) 导水断层处上升泉

按补给源，泉可分为以下三类：

1) 包气带泉：主要是上层滞水补给，水量小，季节变化大，动态不稳定。

2) 潜水泉：又称下降泉，主要靠潜水补给，动态较稳定，有季节性变化规律，按出露条件可分为侵蚀泉、接触泉、溢出泉等。当河谷、冲沟向下切割含水层，地下水涌出地表便成泉，因主要和侵蚀作用有关，故称为侵蚀泉。有时地形切割含水层隔水底板时，地下水被迫从两层接触处出露成泉，称为接触泉。当岩石透水性变弱或由于隔水底板隆起，使地下水流动受阻，地下水便溢出地面成泉，即溢出泉。

3) 自流水泉：又称上升泉，主要靠承压水补给，动态稳定，年变化不大，主要分布在自流盆地及自流斜地的排泄区和构造断裂带上。当承压含水层被断层切割，而且断层是导水的，地下水便沿着断层上升，在地形低洼处出露成泉，称为断层泉。沿着断层上升的泉，常常成群分布，也称泉带。沿断层线可看到呈串珠状分布的断层泉。

泉多出露在山麓、河谷、冲沟等地形低洼的地方，平原地区出露较少。有些泉直接流入河水或湖水，水流清澈是泉出露的标志。在干旱季节，泉周围草木枯黄，但泉附近绿草如茵。

泉的实际用途很大，当水量丰富、动态稳定时，可用作供水水源。含有碘、硫等物质时，还可作医疗之用。同时，研究泉对了解地质构造及地下水都有很大意义。

(3) 向地表水体泄流。当地下水水位高于河水水位时，若河床下面没有不透水岩层阻隔，那么地下水可以直接流向河流补给河水。其补给量又通过对上、下游两断面河流流量的测定计算。

(4) 含水层之间的排泄。在前述的地下水补给内容中，曾提到含水层之间的补给，即一个含水层通过“天窗”、导水断层、越流等方式补给另一含水层。对后一个含水层来说是补给，但对前一含水层来说是排泄。

(5) 人工排泄。抽取地下水作为供水水源和基坑抽水降低地下水水位等，都是地下水的人工排泄方式。在一些地区人工抽水是地下水排泄的主要方式，如北京、西安等许多大中城市，地下水是主要供水水源。

3. 地下水径流

地下水由补给区流向排泄区的过程称为径流。地下水由补给区流经径流区，流向排泄区的整个过程构成水循环的全过程。地下水径流包括径流方向、径流速度与径流量。

地下水补给区与排泄区的相对位置与高差决定着地下水径流的方向与径流速度；含水层的补给条件与排泄条件越好、透水性越强，则径流条件越好。例如，山区的冲积物，岩石颗粒粗、透水性强，含水层的补给与排泄条件好，山区地势险峻，地下水的水力坡度大，因此山区的地下水径流条件好；平原区多堆积一些细颗粒物质，地形平缓，水力坡度小，因此径流条件较差。

径流条件好的含水层其水质较好。另外，地下水的埋藏条件也决定地下水径流类型，潜水属无压流动，承压水属有压流动。

5.4.2 岩土渗透系数测定

岩土的渗透系数是表示岩土透水性能的数量指标，也称水力传导度，可由达西定律求得

$$v=KI \tag{5-8}$$

式中 v——单位渗流量，也称渗透速度（m/d）；

K——渗透系数（m/d）；

I——水力坡度，无量纲。

可见，当 $I=1$ 时，$v=K$，表明渗透系数在数值上等于水力坡度为 1 时，通过单位面积的渗流量。岩土的渗透系数越大，透水性越强，反之越弱。

渗透系数的大小并不主要取决于岩土空隙度的值，而取决于空隙的大小、形状和连通性，也取决于水的黏滞性和容量。因此，温度变化，水中有机物、无机物的成分和含量多少，均对渗透系数有影响。

在均质含水层中，不同地点具有相同的渗透系数；在非均质含水层中，渗透系数与水流方向无关，而在各向异性含水层中，同一地点当水流方向不同时，具有不同的渗透系数值。一般来说，对于同一性质的地下水饱和带中一定地点的渗透系数是常数；而非饱和带的渗透系数随岩土含水率而变，含水率降低时渗透系数急剧减少。

渗透系数是含水层的一个重要参数，当计算水井出水量、水库渗漏量时都要用到渗透系数。渗透系数的测定方法很多，可以归纳为实验室测定和野外测定两类。实验室测定法主要是对从现场取来的试样进行渗透试验。野外现场测定法是依据稳定流和非稳定流理论，通过抽水试验（在水井中抽水，并观测抽水量和井水位）等方法，求得渗透系数。

1. 实验室测定法

目前在实验室中测定渗透系数 K 的仪器种类和试验方法很多，但从试验原理上大体可分为常水头法和变水头法两种。

(1) 常水头法。常水头试验法就是在整个试验过程中保持水头为一常数，从而水头差也为常数，如图 5.8 所示。

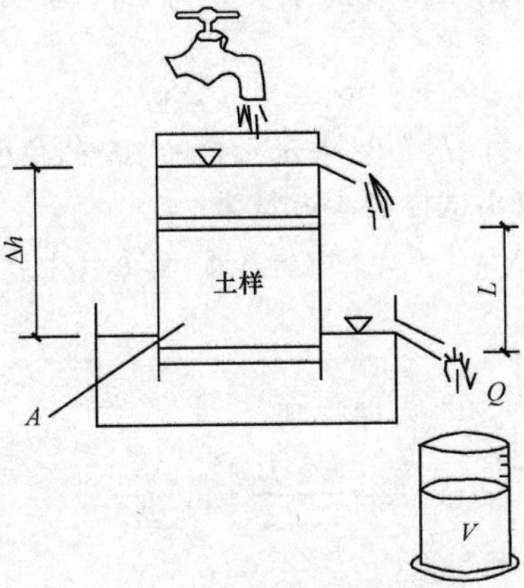

图 5.8 常水头法测渗透系数装置

试验时，在透明塑料筒中装填截面为 A、长度为 L 的饱和试样，打开水阀，使水自上而下流经试样，并自出水口处排出。待水头差 Δh 和渗出流量 Q 稳定后，量测经过一定时间 t 内流经试样的水量 V，则

$$V=Q\cdot t=v\cdot A\cdot t \tag{5-9}$$

根据达西定律 $v=K\cdot I$，则

$$V=K\cdot(\Delta h/L)\cdot A\cdot t \tag{5-10}$$

从而得出

$$K=\frac{V\cdot L}{A\cdot\Delta h\cdot t} \tag{5-11}$$

常水头试验法适用于测定透水性大的砂性土的渗透参数。黏性土由于渗透系数很小，渗透水量很少，所以用这种试验法不易准确测定，须改用变水头试验法。

(2) 变水头法。变水头试验法就是试验过程中水头差一直随时间而变化，其装置如图 5.9 所示。

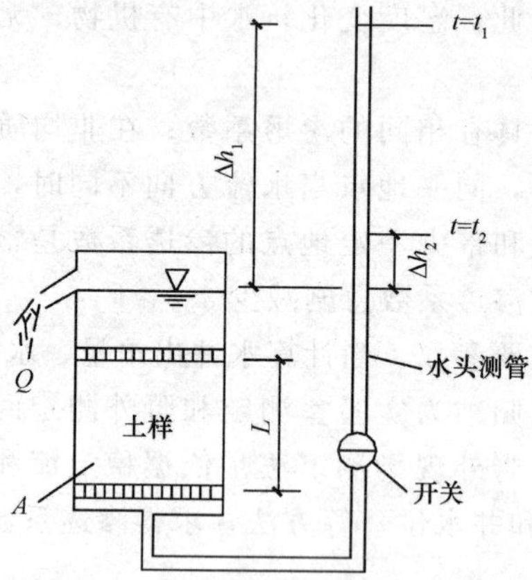

图 5.9　变水头法测渗透系数装置

水从一根直立的带有刻度的玻璃管和 U 形管自下而上流经土样。试验时，将玻璃管充水至需要的高度后，开动秒表，测记起始水头差 Δh_1，经时间 t 后，再测记终了水头差 Δh_2，通过建立瞬时达西定律，即可推出渗透系数 K 的表达式。

设试验过程中任意时刻 t 作用于两段的水头差为 Δh，经过时间 $\mathrm{d}t$ 后，管中水位下降 $\mathrm{d}h$，则 $\mathrm{d}t$ 时间内流入试样的水量为

$$\mathrm{d}V\mathrm{e}=-a\cdot\mathrm{d}h \tag{5-12}$$

式中　a——玻璃管断面面积；右端的负号表示水量随 Δh 的减少而增加。

根据达西定律，$\mathrm{d}t$ 时间内流出试样的渗流量为

$$\mathrm{d}V\mathrm{o}=K\cdot I\cdot A\cdot\mathrm{d}t=K\cdot(\Delta h/L)\cdot A\cdot\mathrm{d}t \tag{5-13}$$

式中　A——试样断面面积；

L——试样长度。

根据水流连续原理，有 $\mathrm{d}V\mathrm{e}=\mathrm{d}V\mathrm{o}$，即得到

$$K=\frac{a\cdot L}{A\cdot t}\cdot\ln\frac{\Delta h_1}{\Delta h_2} \tag{5-14}$$

或用常用对数表示，则上式可写为

$$K=2.3\times\frac{a\cdot L}{A\cdot t}\cdot\lg\frac{\Delta h_1}{\Delta h_2} \tag{5-15}$$

2. 野外现场测定法

渗水试验一般采用试坑渗水试验，是野外测定包气带松散层和岩层渗透系数的简易方法。试坑渗水试验常采用的是试坑法、单环法和双环法。

(1) 试坑法。试坑法是在表层干土中挖一个一定深度（30～50 cm）的方形或圆形试坑，坑底要离潜水位 3～5 m，坑底铺 2～3 cm 厚的反滤粗砂，向试坑内注水，必须使试坑中的水位始终高出坑底约 10 cm。为了便于观测坑内水位，在坑底要设置一个标尺。求出单位时间内从坑底渗入的水量 Q，除以坑底面积 F，即得出平均渗透速度 $v=Q/F$。当坑内水柱高度不大（等于 10 cm）时，可以认为水头梯度近 1，因而 $K=V$。这个方法适用于测定毛细压力影响不大的砂类土，如果用在黏性土中，则所测定的渗透系数偏高。

(2) 单环法。单环法是在试坑底嵌入一个高为 20 cm、直径为 35.75 cm 的铁环，该铁环圈定的面积为 1 000 cm^2。铁环压入坑底部 10 cm 深，环壁与土层要紧密接触，环内铺 2～3 cm 的反滤粗砂。在试验开始时，用马利奥特瓶控制环内水柱，保持在 10 cm 高度上。试验一直进行到渗入水量 Q 固定不变为止，就可以按下式计算渗透速度：$v=Q/F$，所得的渗透速度即该松散层、岩层的渗透系数值。

(3) 双环法。双环法是在试坑底嵌入两个铁环，增加一个内环，形成同心环，外环直径可取 0.5 m，内环直径可取 0.25 m。试验时往铁环内注水，用马利奥特瓶控制外环和内环的水柱都保持在同一高度上（如 10 cm）。根据内环取得的资料按上述方法确定松散层、岩层的渗透系数值。由于内环中的水只产生垂直方向的渗入，排除了侧向渗流带的误差，因此，比试坑法和单环法精确度高。内外环之间渗入的水，主要是侧向散流及毛细管吸收，内环则是松散层和岩层在垂直方向的实际渗透。

当渗水试验进行到渗入水量趋于稳定时，可按下式精确计算渗透系数（考虑了毛细压力的附加影响）：

$$K=\frac{Q\cdot L}{F\cdot\ (H+Z+L)} \tag{5-16}$$

式中　Q——稳定的渗入水量（cm^3/min）；

F——试坑内环的渗水面积（cm^2）；

Z——试坑内环中的水厚度（cm）；

H——毛细管压力（一般等于岩土毛细上升高度的一半）（cm）；

L——试验结束时水的渗入深度（试验后开挖确定）（cm）。

5.5　地下水与工程建设①

5.5.1　流砂与管涌

1. 流砂

流砂是地下水自下而上渗流时土产生流动的工程地质现象，它与地下水的动水压力有密切

① 课程素养：地下水与工程建设息息相关，地下水变化可能引起各类工程问题，在工程建设过程中应注意培养工程安全意识。培养学生的责任心及团队合作意识，树立正确的社会主义核心价值观。工程问题危机不是人生的终结，而是改变的开始，尽可能避免危机的存在，也是实现个人价值的机遇，树立危机意识，养成悲悯情怀；“我”之外发生的任何不利局面，“我”都应由人及己，与人共患难。

关系，当地下水的动水压力大于土粒的浮容积重度或地下水的水力坡度大于临界水力坡度时，就会产生流砂。这种情况的发生常是由于在地下水水位以下进行开挖基坑、埋设地下管道、打井等工程活动引起的，所以流砂是一种工程地质现象。

流砂易产生在细砂、粉砂、粉质黏土等土体中。流砂在工程施工中能造成大量的土体流动，致使地表塌陷或建筑物的地基破坏，能给施工带来很大困难，或直接影响建筑工程及附近建筑物的稳定，因此必须进行防治。

流砂土颗粒之间的有效应力等于零，土粒就处于悬浮状态，这种现象称为流砂。出现流砂时的水力坡度称为临界水力坡度，用 I_{cr} 表示：

$$I_{cr}=\frac{G-1}{1+e} \tag{5-17}$$

（1）流砂的分类。流砂是一种不良的工程地质现象，在建筑物深基础工程和地下建筑工程的施工中所遇到的流砂现象可分为以下三种：

1）轻微流砂：当基坑围护桩排间隙处隔水措施不当或施工质量欠缺时，或当地下连续墙接头的施工质量不佳时，有些细小的土颗粒会随着地下水渗漏一起穿过缝隙而流入基坑，增加坑底的泥泞程度。

2）中等流砂：在基坑底部，尤其是靠近围护桩墙的地方，常常会出现一堆粉细砂缓缓冒起，仔细观察，可以看到粉细砂堆中形成许多小小的排水沟，冒出的水挟带着细小土粒在慢慢地流动。

3）严重流砂：在基坑开挖时如发生上述现象而仍然继续往下开挖，流砂的冒出速度会迅速增加，有时会像开水煮沸时的翻泡，此时基坑底部成为流动状态，给施工带来很大困难，甚至影响邻近建筑物的安全。如果在沉井施工中发生严重流砂，那么沉井就可能突然下沉，无法用人力控制，以致沉井发生倾斜，甚至发生重大事故。

（2）流砂产生的土层条件。根据对上海软土地层的研究，得出易产生流砂的土层条件如下：

1）黏粒含量小于15%，粉粒含量大于65%；

2）颗粒级配不均匀系数 $Cu<5$；

3）土的孔隙比 $e>0.85$；

4）土的含水率大于30%；

5）地层中粉细砂或粉土层厚度大于25 cm。

（3）流砂处理方法。在可能产生流砂的地区，若其上面有一定厚度的土层，应尽量利用上面的土层作为天然地基，也可用桩基穿过流砂层，总之尽可能地避免开挖。如果必须开挖，可用以下方法处理流砂。

1）人工降低地下水水位：使地下水水位降至可能产生流砂的地层以下，然后开挖。

2）打板桩：在土中打入板桩，一方面可以加固坑壁，另一方面可以增长地下水的渗流路程以减小水力坡度。

3）冻结法：用冷冻方法使地下水结冰，然后开挖。

4）水下挖掘：基坑（或沉井）中用机械在水下挖掘，避免因排水而造成产生流砂的水头差，为了增加砂的稳定性，也可向基坑中注水并同时进行挖掘。

另外，处理流砂的方法还有化学加固法、爆炸法及加重法等。在基坑开挖的过程中局部地段出现流砂时，立即抛入大块石等，可以阻止流砂的活动。

2. 管涌

在渗流作用下，土中的细颗粒在粗颗粒形成的孔隙中移动以致流失；随着土的孔隙不断扩大，渗透速度不断增加，较粗颗粒也相继被水流逐渐带走，最终导致土体内形成贯通的渗流管道，造成土体塌陷，这种现象称为管涌。可见管涌破坏一般有一个时间发展过程，是一种渐进性质的破坏。

在自然界中，在一定条件下同样会发生上述渗透破坏作用，为了与人类工程活动所引起的管涌区别，通常称为潜蚀。潜蚀作用有机械潜蚀和化学潜蚀两种。机械潜蚀是指渗流的机械力将细土冲走而形成洞穴；化学潜蚀是指水流溶解了土中的易溶盐或胶结物使土变松散，细土粒被水冲走而形成洞穴，这两种作用往往是同时存在的。

土是否发生管涌，首先取决于土的性质，管涌多发生在砂性土中，其特征是颗粒大小差别大，往往缺少某种粒径，孔隙直径大且相互连通。

无黏性土产生管涌必须具备的两个条件如下：

(1) 几何条件：土中颗粒所构成的孔隙直径必须大于细颗粒的直径，这是必要条件，一般不均匀系数＞10 的土才会发生管涌。

(2) 水利条件：渗流力能够带动细颗粒在孔隙间滚动或移动是发生管涌的水力条件，可用管涌的水力梯度来表示。但管涌临界水力梯度的计算至今尚未成熟。对于重大工程，应尽量由试验确定。

防治管涌现象，一般可从下列两方面采取措施：一是改变几何条件，在渗流逸出部位铺设反滤层是防止管涌破坏的有效措施；二是改变水利条件，降低水力梯度，如打板桩。

5.5.2　地面沉降

地面沉降是指地层在各种因素的作用下，造成地层压密变形或下沉，从而引起区域性的地面标高下降。

1. 地面沉降产生的原因

(1) 自然因素：新构造运动及地震、火山活动引起的地面沉降；海平面上升导致地面的相对下降（沿海）；土层的天然固结（次固结土在自重压密下的固结作用）。自然因素所形成的地面沉降范围大，速率小。自然因素主要是构造升降运动及地震、火山活动等。一般情况下，把自然因素引起的地面沉降归属于地壳形变或构造运动的范畴，作为一种自然动力现象加以研究。

(2) 人为因素：抽取地下气、液体引起的地面沉降，抽取地下水而引起的地面沉降是地面沉降现象中发育最普通、危害性最严重的一类；大面积地面堆载引起的地面沉降；大范围密集建筑群天然地基或桩基持力层大面积整体性沉降——工程性地面沉降。人为因素引起的地面沉降一般范围较小，但速率和幅度比较大。人为因素主要是开采地下水和油气资源及局部性增加荷载。

2. 地面沉降与地下水过度开采

地面沉降与地下水过度开采紧密相关，只要地下水水位以下存在可压缩地层就会因过量开采地下水而出现地面沉降，而地面沉降一旦出现很难治理，因此地面沉降主要在于预防。地面沉降与地下水开采量和动态变化有着密切联系：

(1) 地面沉降中心与地下水开采漏斗中心区呈明显一致性。

(2) 地面沉降区与地下水集中开采区域大体相吻合。

(3) 地面沉降量等值线展布方向与地下水开采漏斗等值线展布方向基本一致，地面沉降的速率与地下液体的开采量和开采速率有良好的对应关系。

(4) 地面沉降量及各单层的压密量与承压水位的变化密切相关。

(5) 许多地区已经通过人工回灌或限制地下水的开采来恢复和抬高地下水水位的办法，控制了地面沉降的发展，有些地区还使地面有所回升。这就更进一步证实了地面沉降与开采地下液体引起水位或液体沉降之间的成因联系。

3. 地面沉降的危害

地面沉降是一种累进性地质灾害，会给滨海平原防洪排涝、土地利用、城市规划建设、航运交通等造成严重危害，其破坏和影响是多方面的。其中主要危害表现为地面标高损失，继而造成雨季地表积水，防泄洪能力下降；沿海城市低地面积扩大、海堤高度下降而引起海水倒灌；海港建筑物破坏，装卸能力降低；地面运输线和地下管线扭曲断裂；城市建筑物基础下沉脱空开裂；桥梁净空减小影响通航；深井井管上升，井台破坏，城市供水及排水系统失效；农村低洼地区洪涝积水使农作物减产等。

4. 地面沉降监测

地面沉降监测可以通过设置分层标、基岩标、孔隙水压力标、水准点、水动态监测网、水文观测点、海平面预测点等，定期进行水准测量和地下水开采量、地下水水位、地下水压力、地下水水质监测及地下水回灌监测，同时开展建筑物和其他设施因地面沉降而破坏的定期监测等。根据地面沉降的活动条件和发展趋势，预测地面沉降速度、幅度、范围及可能产生的危害。

5. 预防地面沉降的措施

目前，国内外预防地面沉降的主要技术措施大同小异，主要包括建立健全地面沉降监测网络，加强地下水动态和地面沉降监测工作；开辟新的替代水源；推广节水技术；调整地下水开采布局，控制地下水开采量；对地下水开采层位进行人工回灌；实行地下水开采总量控制、计划开采和目标管理。

5.5.3 地下水的浮托作用

当建筑物基础底面位于地下水水位以下时，地下水对基础底面产生静水压力，即产生浮托力。如果基础位于粉性土、砂性土、碎石土和节理裂隙发育的岩石地基上，则按地下水水位100%计算浮托力；如果基础位于节理裂隙不发育的岩石地基上，则按地下水水位50%计算浮托力；如果基础位于黏性土地基上，其浮托力较难确切地确定，应结合地区的实际经验考虑。地下水不仅对建筑物基础产生浮托力，同样对其水位以下的岩石、土体产生浮托力。

5.5.4 承压水的作用

近年来，随着我国城市高层建筑、地下铁道、人防工程等基础设施的迅速发展，深基坑工程日益增多。深基坑施工过程中，工程对空间、时间和周边环境的要求越来越高，深基坑工程开挖施工的地质条件和环境也日益复杂，其工程事故也日益增多，由此带来的损失也越来越大。地下水对基坑造成的事故中，由于底部承压水而产生的事故占很大一部分，承压水处理难度大，并且处理不当造成的后果严重，是基坑设计的重点、难点之一。同时，随着基坑开挖深度越来越大，基底下部不透水层厚度越来越薄，承压水更有可能顶破坑底而发生突涌、隆起，造成基坑围护结构失稳等，最终酿成工程中的危险事故。承压水作用对工程建设的影响主要体现为以下几个方面。

1. 基坑突涌

当基坑下伏有承压含水层时，开挖基坑减小了底部隔水层的厚度。当隔水层较薄经受不住承压水头压力作用时，承压水的水头压力会冲破基坑底板，这种工程地质现象称为基坑突涌。

为避免基坑突涌的发生，必须验算基坑底层的安全厚度 M。基坑底层厚度与承压水头压力的平衡关系式为

$$\gamma M=\gamma_w H \tag{5-18}$$

式中　γ、γ_w——黏性土的重度和地下水的重度；

H——相对于含水层顶板的承压水头值；

M——基坑开挖后黏土层的厚度。

所以，基坑底部黏性土层的厚度必须满足式（5-19），如图 5.10 所示。

$$M>\frac{\gamma_w}{\gamma}H \tag{5-19}$$

如果 $M<\frac{\gamma_w}{\gamma}H$，为防止基坑突涌，则必须对承压含水层进行预先排水，使其承压水头下降至基坑底能够承受的水头压力（图 5.11），而且，相对于含水层顶板的承压水头 H_w 必须满足式（5-20）：

$$H_w<\frac{\gamma}{\gamma_w}M \tag{5-20}$$

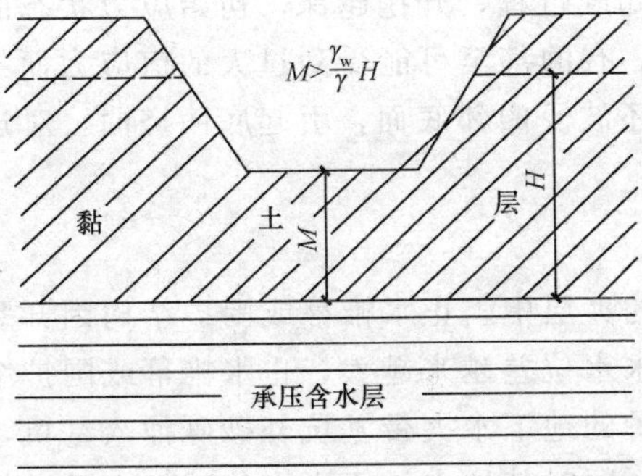

图 5.10　基坑底隔水层最小厚度

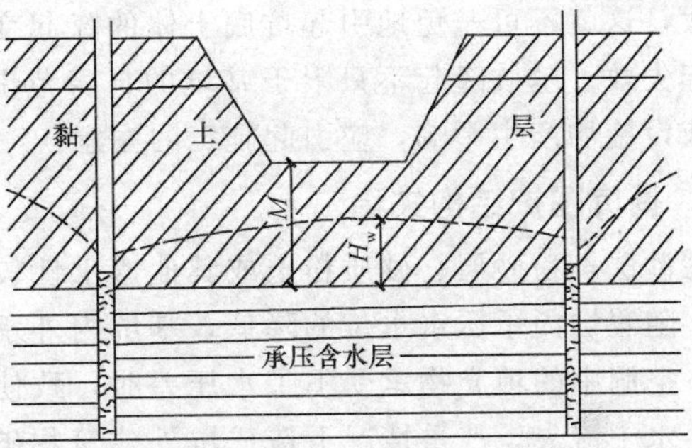

图 5.11　防止基坑突涌的排水降压

在具体工程实践中，防止基坑突涌的产生，常采用以下几种处理方法：

（1）明排水法。在基坑中，常在其开挖过程中，沿坑底周围或中央挖一定坡度的排水沟，并隔一定的距离设置一个集水坑，地下水通过排水沟流入集水坑，然后用水泵抽走。这种方法适用于面积较小、降水深度不大的基坑开挖工程，当软土或土中有细砂、粉砂或淤泥层时，不宜采用这种方法。在坡中主要有坡面排水和坡体排水，坡面排水主要是通过设置坡顶截水沟、平台截水沟、边沟、排水沟及跌水与急流槽来实现。坡体排水设施主要有渗沟、盲沟及斜孔等。

（2）注浆法。注浆法是将胶结材料配制成浆液并注入松散含砂或含水地层、含裂隙的岩层、溶洞、破碎带使其固化的施工方法。浆液凝结硬化后，起到胶结、堵塞作用，使地层稳固并隔断水源，减小岩土的渗透性，增加工程的强度及稳定性，达到岩土加固和堵水的目的。注浆技术既可应用于减少井筒涌水，加快凿井速度并对井筒全深范围内所有含水层除表土层外进行预注浆的打干井施工，也可对裂隙含水岩层、松散砂土层进行堵水、加固。注浆法作为一种对所有地下工程有效的施工技术，它治水的主要原理在于浆液在土体中的填充、扩散、凝固成有一定强度的基本不透水的注浆帷幕。

（3）井点降水法。井点降水法就是在巨大基坑开挖之前，在基坑周围埋设一定数量的滤水井，利用抽水设备抽水，使地下水降落至基坑以下，并在基坑开挖过程中不断抽水，使要开挖的土保持干燥。井点降水法采用的井点类型有轻型井点、电渗井点、喷射井点、管井井点等。

（4）冻结法。冻结法是在岩土工程开挖之前，用人工制冷的方法将开挖工程周围的岩土层冻结成封闭的冻结圈（壁），以临时加固地层、抵抗地压、隔绝地下水与地下工程的联系，然后在冻结壁的保护下进行正常施工的一种特殊施工法。它不仅是一种特殊的施工方法，而且能够有效地起到了隔水的作用。冻结法在施工中有效地阻隔了土体中的水向开挖土体中迁移，保证了施工的安全。冻结法广泛地应用于矿井建设、地基基础、水利工程、地下铁道及河底隧道等工程中，于地下土体中含有不稳定的地层或含水极丰富的裂隙层的施工，冻结法更加有效安全。

（5）地下连续墙法。地下连续墙就是用专用设备沿着深基础或地下构筑周边采用泥浆护壁开挖出一条具有一定宽度与深度的沟槽，在槽内设置钢筋笼，采用导管法在泥浆中浇筑混凝土，筑成一单元墙段，依次顺序施工，以某种接头方法连接成的一道连续的地下钢筋混凝土墙，以便基坑开挖时防渗、挡土，作为邻近建筑物基础的支护及直接成为承受直接荷载的基础结构的一部分。地下连续墙对地下工程的防渗及水利水电工程等具有重要的作用。

2. 基坑隆起

在基坑开挖时，由于坑底土体被挖出后，使地基的应力场和变形场发生变化，当开挖深度较大时，作用在坑外侧的坑底水平面上的荷载相应增大，如果坑底的承载力不足，将引起坑底隆起的现象，称为基坑隆起。由于基坑开挖是一种卸载过程，开挖越深，初始应力状态的改变就越大，这就不可避免地引起坑底土体的隆起变形，有的甚至可能受到过大的剪应力而导致坑底隆起失效。基坑隆起不只限于基坑的自身范围，还波及四邻底面，引起底面挠曲，对近邻建筑物或设施均产生影响，应引起施工的注意。

3. 基坑围护结构失稳

在砂层、粉砂层、砂质粉土或其他透水性较好的夹层中，止水帷幕或围护结构因开裂、空洞等，随着坑内承压水水位的降低，基坑内外承压水水位差越来越大，止水帷幕或围护结构的裂缝、空洞中的填充物承受不了水压差时，致使大量的地下水夹带基坑外砂砾涌入基坑，基坑外产生水土流失，严重情况下造成坑外建筑物破坏，同时基坑内承压水水位瞬间上升，超出基坑内原有降水井能力，会造成基坑围护结构的失稳。

5.6 地下水勘察

5.6.1 基本要求

岩土工程勘察应根据工程要求，通过收集资料和勘察工作，掌握以下水文地质条件：地下水的类型和赋存状态；主要含水层的分布规律；区域性气候资料，如年降水量、蒸发量及其变化和对地下水水位的影响；地下水的补给排泄条件、地表水与地下水水的补排关系及其对地下水水位的影响；勘察时的地下水水位、历史最高地下水水位、近 3～5 年最高地下水水位、水位变化趋势和主要影响因素；是否存在对地下水和地表水的污染源及其可能的污染程度。

对缺乏常年地下水水位监测资料的地区，在高层建筑或重大工程的初步勘察时，宜设置长期观测孔，对有关层位的地下水进行长期观测。当水文地质条件对高层建筑或重大工程的地基评价、基础抗浮和工程降水有重大影响时，宜进行专门的水文地质勘察。专门的水文地质勘察应符合下列要求：首先，查明含水层和隔水层的埋藏条件，地下水类型、流向、水位及其变化幅度，当场地有多层对工程有影响的地下水时，应分层量测地下水水位，并查明互相之间的补给关系；其次，查明场地地质条件对地下水赋存和渗流状态的影响，必要时应设置观测孔，或在不同深度处埋设孔隙水压力计，量测压力水头随深度的变化；最后，通过现场试验，测定地层渗透系数等水文地质参数。

另外，针对水试样的采取和试验应符合下列规定：首先，水试样应能代表天然条件下的水质情况；其次，水试样的采取和试验项目应符合《岩土工程勘察规范（2009 年版）》（GB 50021—2001）中关于水和土腐蚀性的评价相关要求；最后，水试样应及时试验，清洁水放置时间不宜超过 72 h，稍受污染的水不宜超过 48 h，受污染的水不宜超过 12 h。

5.6.2 水文地质参数的确定

水文地质参数是表征岩土储存、释出和输运水、溶质或热的特性的定量指标，是地下水资源模拟、评价、利用和保护管理的重要基础。水文地质参数通常包括给水度、渗透系数、导水系数、降水入渗补给系数、潜水蒸发系数、水动力弥散系数等。

1. 给水度

给水度（μ）是表征潜水含水层给水能力或蓄水能力的一个指标，给水度不仅和包气带的岩性有关，而且随排水时间、潜水埋深、水位变化幅度及水质的变化而变化。各种岩性给水度经验值见表 5.3。

表 5.3 各种岩性给水度经验值

岩性	给水度	岩性	给水度
黏土	0.02 ～ 0.035	细砂	0.08 ～ 0.11
亚黏土	0.03 ～ 0.045	中细砂	0.085 ～ 0.12
亚砂土	0.035 ～ 0.06	中砂	0.09 ～ 0.13
黄土状亚黏土	0.02 ～ 0.05	中粗砂	0.10 ～ 0.15
黄土状亚砂土	0.03 ～ 0.06	粗砂	0.11 ～ 0.15
粉砂	0.06 ～ 0.08	黏土胶结的砂岩	0.02 ～ 0.03
粉细砂	0.07 ～ 0.10	裂隙灰岩	0.008 ～ 0.10

2. 渗透系数和导水系数

渗透系数（K）又称水力传导系数，是描述介质渗透能力的重要水文地质参数，渗透系数的大小与介质的结构（颗粒大小、排列、空隙充填等）和水的物理性质（液体的黏滞性、容积重度等）有关，单位是 m/d 或 mm/s。

导水系数（T）是含水层的渗透系数与含水层厚度的乘积，常用单位是 m/d^2。导水系数只适用于平面二维流和一维流，而在三维流中无意义。野外含水层的渗透系数和导水系数一般采用抽水试验法和数值法反演计算求得。

3. 储水率和储水系数

储水率和储水系数是含水层的重要水文地质参数。

(1) 储水率。储水率（μ_s）表示当含水层水头变化一个单位时，在单位体积含水层中，因水体积膨胀（或压缩）及介质骨架的压缩（或伸长）而释放（或储存）的弹性水的量。储水率是描述地下水三维非稳定流或剖面二维流的水文地质参数。

(2) 储水系数。储水系数（S）表示当含水层水头变化一个单位时，以底面面积为一个单位、高等于含水层厚度的柱体中所释放（或储存）的水的量。潜水含水层的储水系数等于储水率与含水层的厚度之积再加上给水度，即潜水储水系数所释放（储存）的水量，具体包括两部分：一部分是含水层由于压力变化所释放（储存）的弹性水量；另一部分是水头变化一个单位时所疏干（储存）含水层的重力水量，这一部分水量正好等于含水层的给水度，由于潜水含水层的弹性变形很小，可用给水度近似代替储水系数。承压含水层的储水系数等于其储水率与含水层厚度之积，它所释放（或储存）的水量完全是弹性水量，承压含水层的储水系数也称为弹性储水系数。储水系数是没有量纲的参数，其确定方法是将野外非稳定流抽水试验获得的数据，用配线法或直线图解法等方法进行推求。

4. 越流系数和越流因素

表示越流特性的水文地质参数是越流系数（σ）和越流因素（B）。越流补给量的大小与弱透水层的渗透系数K'及厚度b'有关，即K'越大b'越小，则越流补给的能力就越大。当地下水的主要开采含水层底、顶板均为弱透水层时，开采层和相邻的其他含水层有水力联系。越流是开采层地下水的重要补给来源。

（1）越流系数。越流系数（σ）表示当抽水含水层和供给越流的非抽水含水层之间的水头差为一个单位时，单位时间内通过两含水层之间弱透水层单位面积的水量（$\sigma=K'/b'$）。显然，当其他条件相同时，越流系数越大，通过的水量就越多。

（2）越流因素。越流因素（B）或称阻越系数，其值为主含水层的导水系数和弱透水层的越流系数倒数乘积的平方根，可用式（5-21）表示：

$$B=\sqrt{\frac{Tb'}{K'}} \tag{5-21}$$

式中 T——抽水含水层的导水系数（m^2/d）；

b'——弱透水层的厚度（m）；

K'——弱透水层的渗透系数（m/d）；

B——越流因素（m）。

弱透水层的渗透性越小，厚度越大，则越流因素B越大，越流量越小。自然界越流因素的值变化很大，可以从数米到数千米。对于完全不透水的覆盖岩层来说，越流因素B为无穷大，而越流系数σ为零。越流因素和越流系数可通过野外抽水试验获得。

5. 降水入渗补给系数和潜水蒸发强度

（1）降水入渗补给系数。降水入渗补给系数（α）是指降水渗入量与降水总量的比值，α值的大小取决于地表土层的岩性和土层结构、地形坡度、植被覆盖、降水量的大小和降水形式等，一般情况下，地表土层的岩性对α值的影响最显著。降水入渗系数可分为次降水入渗补给系数、年降水入渗补给系数、多年平均降水入渗补给系数，它随着时间和空间的变化而变化。

降水入渗系数是一个无量纲系数，其值变化区间为0～1。不同岩性在不同降水量年份条件下的平均年降水入渗补给系数的取值范围见表5.4。

表5.4 不同岩性和降水量的平均年降水入渗补给系数值

年降水量 $P/(mm\cdot a^{-1})$	岩性				
	黏土	亚黏土	亚砂土	粉细砂	砂卵砾石
50	0～0.02	0.01～0.05	0.02～0.07	0.05～0.11	0.08～0.12
100	0.01～0.03	0.02～0.06	0.04～0.09	0.07～0.13	0.10～0.15
200	0.03～0.05	0.04～0.10	0.07～0.13	0.10～0.17	0.15～0.21
400	0.05～0.11	0.08～0.15	0.12～0.20	0.15～0.23	0.22～0.30

续表

年降水量 $P/(\mathrm{mm}\cdot\mathrm{a}^{-1})$	岩性				
	黏土	亚黏土	亚砂土	粉细砂	砂卵砾石
600	0.08 ～ 0.14	0.11 ～ 0.20	0.15 ～ 0.24	0.20 ～ 0.29	0.26 ～ 0.36
800	0.09 ～ 0.15	0.13 ～ 0.23	0.17 ～ 0.26	0.22 ～ 0.31	0.28 ～ 0.38
1 000	0.08 ～ 0.15	0.14 ～ 0.23	0.18 ～ 0.26	0.22 ～ 0.31	0.28 ～ 0.38
1 200	0.07 ～ 0.14	0.13 ～ 0.21	0.17 ～ 0.25	0.21 ～ 0.29	0.27 ～ 0.37
1 500	0.06 ～ 0.12	0.11 ～ 0.18	0.15 ～ 0.22		
1 800	0.05 ～ 0.10	0.09 ～ 0.15	0.13 ～ 0.19		

(2) 潜水蒸发强度。目前，国内外计算潜水蒸发量时，使用最广泛的经验公式是阿维里扬诺夫公式（1965 年），其形式为

$$\mu\frac{\mathrm{d}h}{\mathrm{d}t}=\varepsilon_0\left(1-\frac{h}{l}\right)\text{或}\ \varepsilon=\varepsilon_0\left(1-\frac{h}{l}\right)^n \tag{5-22}$$

式中 μ——潜水位变动带的给水度（m）；

h——潜水埋藏深度（m）；

l——极限蒸发深度（m）；

n——与包气带土质、气候有关的蒸发指数，一般取 1～3；

ε_0——水面蒸发强度（m/d）；

$\mathrm{d}h/\mathrm{d}t$——潜水面由蒸发造成的降速（m/d）；

ε——潜水蒸发强度（m/d）。

从分析式（5-22）可以看出，潜水的蒸发强度随水面蒸发强度的增加而增加，但公式右端括号项永远小于 1，即潜水的蒸发强度永远小于或近于水面蒸发强度。

(3) 水动力弥散系数。水动力弥散系数（D）是表征地下水中溶质迁移的重要水文地质参数，是表征在一定流速下，多孔介质对某种溶解物质弥散能力的参数。水动力弥散系数是一个与流速及多孔介质有关的张量，具有方向性，即使在各向同性介质中，沿水流方向的纵向水动力弥散系数（D_L）和垂直水流方向的横向水动力弥散系数（D_T）也不相同；但天然条件下，大多数地下水垂直向上的水流运动很小，弥散作用可忽略。

水动力弥散系数包括机械弥散系数（D'）与分子扩散系数（D''），当地下水流速较大时，分子扩散系数可以忽略。假设弥散系数与孔隙平均流速成线性关系，这样可先求出弥散系数再除以孔隙平均流速便可获取弥散度。

5.6.3 地下水作用评价

岩土工程勘察应评价地下水的作用和影响，并提出预防措施的建议。

1. 地下水力学作用的评价内容

(1) 对基础、地下结构物和挡土墙，应考虑在最不利组合情况下，地下水对结构物的上浮作用；对节理不发育的岩石和黏土且有地方经验或实测数据时，可根据经验确定；有渗流时，地下水的水头和作用宜通过渗流计算进行分析评价。

(2) 验算边坡稳定时，应考虑地下水对边坡稳定的不利影响。

(3) 在地下水水位下降的影响范围内，应考虑地面沉降及其对工程的影响；当地下水水位回升时，应考虑可能引起的回弹和附加的浮托力。

（4）当墙背填土为粉砂、粉土或黏性土，验算支挡结构物的稳定时，应根据不同排水条件评价地下水压力对支挡结构物的作用。

（5）因水头压差而产生自下向上的渗流时，应评价产生潜蚀、流土、管涌的可能性。

（6）在地下水水位下开挖基坑或地下工程时，应根据岩土的渗透性、地下水补给条件，分析评价降水或隔水措施的可行性及其对基坑稳定和邻近工程的影响。

2. 地下水的物理、化学作用的评价内容

（1）对地下水水位以下的工程结构，应评价地下水对混凝土、金属材料的腐蚀性。

（2）对软质岩石、强风化岩石、残积土、湿陷性土、膨胀岩土和盐渍岩土，应评价地下水的聚集和散失所产生的软化、崩解、湿陷、胀缩和潜蚀等有害作用。

（3）在冻土地区，应评价地下水对土的冻胀和融陷的影响。

另外，对地下水采取降低水位措施时，应注意施工中地下水水位应保持在基坑底面以下 0.5～1.5 m，降水过程中应采取有效措施防止土颗粒的流失，防止深层承压水引起的突涌，必要时应采取措施降低基坑下的承压水头。当需要进行工程降水时，应根据含水层渗透性和降深要求，选用适当的降低水位方法。当几种方法有互补性时，也可组合使用。

思考题

1. 简述岩土空隙的类型及地下水在岩土空隙中的存在状态。
2. 岩土的水利性质有哪几个？
3. 简述地下水的物理性质。
4. 简述地下水分别按埋藏条件、赋存介质的分类。
5. 简述基坑突涌产生的原因。
6. 简述地面沉降与地下水的关系。
7. 流砂与地下水的动水压力有什么关系？

计算题：

某基坑下伏有承压含水层，承压水地下水水位埋深为 3.0 m，自然地坪下土层类型、厚度及其重度如图 5.12 所示。为防止基坑突涌，该基坑的最大开挖深度是多少？（水的重度 $\gamma_w = 10.0\ kN/m^3$）

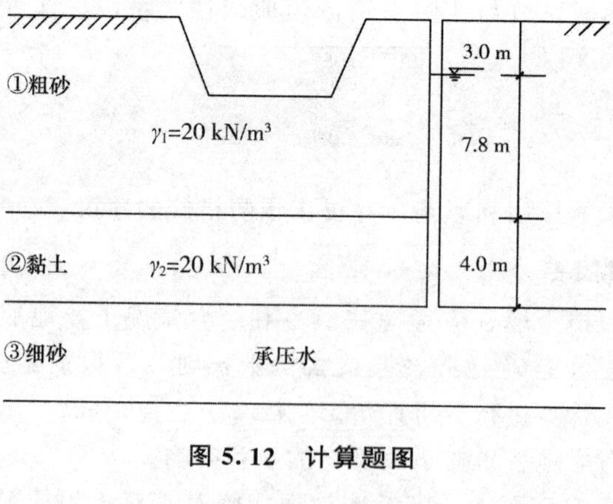

图 5.12　计算题图

第6章

地质作用

教学与学习目标

学习目标：通过本章的学习，学生应掌握风化作用的概念、类型、影响因素及防治措施，河流地质作用及治理，崩塌、滑坡、泥石流的形成条件及防治措施，岩溶、土洞的形成条件与治理措施，地震震级、烈度的概念，地震成因类型及特征，地震液化等；熟悉工程地质作用。

思维导图

重点：本章的重点是风化作用、河流地质作用的概念与防治措施，崩塌、滑坡、泥石流、岩溶的概念与治理措施，地震的基本知识与液化等级评级。

难点：本章的难点是认识工程建设中可能面临的工程地质问题、工程灾害的危害性和产生原因，以及基本工程地质问题的防治措施。

素质目标：培养学生生态文明的意识，树立践行“绿水青山就是金山银山”的理念，以及深入理解家国情怀的丰富内涵，树立民族自豪感、热爱专业及增强使命感。

6.1 风化作用

6.1.1 基本概念

无论怎样坚硬的岩石，一旦裸露地表，受太阳辐射作用并与水圈、大气圈和生物圈接触，为适应地表新的物理、化学环境，都必然会发生变化，这种变化虽然缓慢，但年深日久，就会逐渐崩解、分离为大小不等的岩屑或土层。岩石的这种物理、化学性质的变化称为风化；引起岩石这种变化的作用称为风化作用；被风化的岩石圈表层称为风化壳。在风化壳中，岩石经过风化作用后，形成松散的岩屑和土层，残留在原地的堆积物称为残积土；尚保留原岩结构和构造的风化岩石称为风化岩。

6.1.2 风化作用的类型

1. 物理风化

物理风化是指地表岩石因温度变化和孔隙中水的冻融及盐类的结晶而产生的机械崩解过程。

它使岩石从比较完整固结的状态变为松散破碎状态，使岩石的孔隙度和表面积增大。因此，物理风化又称机械风化。物理风化可分为热力风化和冻融风化。

（1）热力风化：地球表面所受太阳辐射有昼夜和季节的变化，因而气温与地表温度均有相应的变化。岩石是不良导热体，所以阳光影响的岩石昼夜温度变化仅限于很浅的表层；而由温度变化引起岩体膨胀所产生的压应力和收缩所产生的张应力也仅限于表层。这两种过程的频繁交替遂使岩石表层产生裂缝以至呈片状剥落。

（2）冻融风化：岩石孔隙或裂隙中的水在冻结成冰时，体积膨胀（约增大9%），因而对围限它的岩石裂隙壁施加很大的压应力（可达200 MPa），使岩石裂隙加宽加深。当冰融化时，水沿扩大了的裂隙渗入岩石更深的内部，并再次冻结成冰。这样冻结、融化过程频繁进行，不断使裂隙加深扩大，以致使岩石崩裂成为岩屑。这种作用又称冰劈作用。

2. 化学风化

化学风化是指岩石在水、水溶液和空气中的氧与二氧化碳等的作用下所发生的溶解、水化、水解、碳酸化及氧化等一系列复杂的化学变化。它使岩石中可溶的矿物逐步被溶蚀流失或渗到风化壳的下层，在新的环境下，又可能重新沉积。残留下来的或新形成的多是难溶的稳定矿物。化学风化使岩石中的裂隙加大、孔隙增多，这样就破坏了原来岩石的结构和成分，使岩层变成松散的土层。化学风化的方式主要有溶解作用、水化作用、水解作用、碳酸化作用和氧化作用。

（1）溶解作用：水是一种良好的溶剂。由于水分子的偶极性，它能与极性型或离子型的分子相互吸引。而矿物绝大部分是离子型分子所组成的，所以矿物遇水后，就会不同程度地被溶解，一些质点（离子或分子）逐步离开矿物表面，进入水中，形成水溶液而流失。

（2）水化作用：有些矿物（特别是极易溶解和易溶解盐类的矿物）和水接触后，其离子与水分子互相吸引结合得相当牢固，形成了新的含水矿物。在岩石中，大部分矿物不含水，其中某些矿物在地表与水接触后形成的新矿物，绝大多数含水。如硬石膏水化成为石膏。

$$CaSO_4 + 2H_2O \rightarrow CaSO_4 \cdot 2H_2O$$

硬石膏经水化成为石膏后，硬度降低，相对密度减小，体积增大60%，对围岩会产生巨大的压力，从而促进物理风化的进行。

（3）水解作用：岩石中大部分矿物属于硅酸盐和铝硅酸盐，它们是弱酸强碱化合物，因而水解作用较普遍，如正长石水解成为高岭土。

$$K_2O \cdot Al_2O_3 \cdot 6SiO_2 + nH_2O \rightarrow Al_2O_3 \cdot 2SiO_2 \cdot 2H_2O + 4SiO_2 \cdot (n-3)H_2O + 2KOH$$

（4）碳酸化作用：溶于水中的 CO_2 形成 CO_3^{2-} 和 HCO_3^- 离子，它们能夺取盐类矿物中的 K^+、Na^+、Ca^{2+} 等金属离子，结合成易溶的碳酸盐而随水迁移，使原有矿物分解，这种变化称为碳酸化作用。如正长石经过碳酸化变成高岭土。

$$K_2O \cdot Al_2O_3 \cdot 6SiO_2 + CO_2 + 2H_2O \rightarrow Al_2O_3 \cdot 2SiO_2 \cdot 2H_2O + K_2CO_3 + 4SiO_2$$

（5）氧化作用：大气中含有约21%的氧气，而溶在水里的空气含氧量达33%～35%，所以氧化作用是化学风化中最常见的一种，它经常是在水的参与下，通过空气和水中的游离氧而实现。氧化作用有两个方面的表现：矿物中的某种元素与氧结合形成新矿物；许多变价元素在缺氧条件下形成的低价矿物，在地表氧化环境下转变成高价化合物，原有矿物被解体。前一种情况的例子如黄铁矿经氧化后转化成褐铁矿；后一种情况的例子如含有低价铁的磁铁矿经氧化后转变成为褐铁矿。地表岩石风化后多呈黄褐色就是因为风化产物中含有褐铁矿的缘故。

3. 生物风化

生物风化是指生物在其生长和分解过程中，直接或间接地对岩石矿物所起的物理和化学的风化作用。

生物的物理风化如生长在岩石裂缝中的植物，在成长过程中，根系变粗、增长和加多，它像楔子一样对裂隙壁施以强大的压力（1～1.5 MPa），将岩石劈裂。其他如动物的挖掘和穿凿活动也会加速岩石的破碎。

生物的化学风化作用更为重要和活跃。生物在新陈代谢过程中，从土壤和岩石中吸取养分，同时也分泌出各种化合物，如硝酸、碳酸和各种有机酸等，它们都是很好的溶剂，可以溶解某些矿物，对岩石起着强烈的破坏作用。

4. 风化作用类型之间的相互关系

由上可知，岩石的风化作用，实质上只有物理风化和化学风化两种基本类型，它们彼此是紧密联系的。物理风化作用加大岩石的孔隙度，使岩石获得较好的渗透性，这样就更有利于水分、气体和微生物等的侵入。岩石崩解为较小的颗粒，使表面积增加，更有利于化学风化作用的进行。从这种意义上来说，物理风化是化学风化的前驱和必要条件。在化学风化过程中，不仅岩石的化学性质发生变化，而且也包含着岩石的物理性质的变化。物理风化只能使颗粒破碎到一定的粒径，大致在中、细砂粒之间，因为机械崩裂的粒径下限为 0.02 mm，在此粒径以下，作用于颗粒上的大多数应力可以被弹性应变所抵消而消除，然而化学风化能进一步使颗粒分解破碎到更细小的粒径（直到胶体溶液和真溶液）。从这种意义上说，化学风化是物理风化的继续和深入。实际上，物理风化和化学风化在自然界中往往是同时进行、互相影响、互相促进的。因此，风化作用是一个复杂的、统一的过程，只有在具体条件和阶段上，物理风化和化学风化才有主次之分。

6.1.3　影响风化作用的因素

1. 气候因素

气候对风化的影响主要是通过温度和降雨量变化及生物繁殖状况来实现的。昼夜温差或寒暑变化幅度较大的地区，有利于物理风化作用的进行。特别是温度变化的速率，比温度变化的幅度更为重要，因此昼夜温差大的地区，对岩石的破坏作用也大。炎夏的暴雨对岩石的破坏更剧烈。温度的高低，不仅影响热胀冷缩和水的物态，而且对矿物在水中的溶解度、生物的新陈代谢、各种水溶液的浓度和化学反应的速率等都有很大的影响。各地区降雨量的大小，在化学风化中有着非常重要的影响。雨水少的地区，某些易溶矿物也不能完全溶解，并且溶液容易达到饱和，发生沉淀和结晶，从而限制了元素迁移的可能性；而多雨地区就有利于各种化学风化作用的进行。化学风化的速度在很大程度上取决于淋溶的水量，而且雨水多又有利于生物的繁殖，从而也加速了生物风化。因此，气候基本上决定了风化作用的主要类型及其发育的程度。

2. 地形因素

在不同的地形条件（高度、坡度和切割程度）下，风化作用也有明显的差异，它影响着风化的强度、深度和保存风化物的厚度及分布情况。

在地形高差很大的山区，风化的深度和强度一般大于地表平缓的地区；但因斜坡上岩石破碎后很容易被剥落、冲刷而移离原地，所以风化层一般都很薄，颗粒较粗、黏粒很少。

在平原或低缓的丘陵地区，由于坡度缓，地表水和地下水流动都比较慢，风化层容易被保存下来，特别是平缓低凹的地区风化层更厚。

一般来说，在宽平的分水岭地区，潜水面离地表较河谷地区深，风化层厚度往往比河谷地区厚。强烈的剥蚀区和强烈的堆积区，都不利于化学风化作用的进行。沟谷密集的侵蚀切割地区，地表水和地下水循环条件虽好，风化作用也强烈；但因剥蚀强烈，所以风化层厚度不大。山地向阳坡的昼夜温差较阴坡大，故风化作用较强烈，风化层厚度也较厚。

3. 地质因素

岩石的矿物组成、结构和构造都直接影响风化的速度、深度及风化阶段。

岩石的抗风化能力，主要是由组成岩石的矿物成分决定的。造岩矿物对化学风化的抵抗能力是不同的，也就是说，它们在地表环境下的稳定性是有差异的。其相对稳定性见表6.1。

表6.1　化学风化时造岩矿物的相对稳定性

相对稳定性	造岩矿物
极稳定	石英
稳定	白云母、正长石、微斜长石、酸性斜长石
不太稳定	普通角闪石、辉石类
不稳定	基性斜长石、碱性角闪石、黑云母、普通辉石、橄榄石、海绿石、方解石、白云石、石膏

从岩石的结构上看，粗粒的岩石比细粒的岩石容易风化，多种矿物组成的岩石比单一矿物岩石容易风化，粒度相差大的和有斑晶的岩石比均粒的岩石容易风化。

就岩石的构造而言，断裂破碎带的裂隙、节理、层理与页理等都是便于风化应力侵入岩石内部的通道。因此，这些不连续面（也可称为岩石的软弱面）在岩石中的密度越大，岩石遭受风化就越强烈。风化作用会沿着某些张性的长大断裂深入地下很深的地方，形成所谓的风化囊袋。

6.1.4　岩石风化的勘察评价与防治

1. 风化作用的工程意义

岩石受风化作用后，改变了其物理化学性质，其变化的情况随着风化程度的轻重而不同。如岩石的裂隙度、孔隙度、透水性、亲水性、胀缩性和可塑性等都随风化程度加深而增加，岩石的抗压和抗剪强度等都随风化程度加深而降低，风化壳成分的不均匀性、产状和厚度的不规则性都随风化程度加深而增大。因此，岩石风化程度越深的地区，工程建筑物的地基承载力越低，岩石的边坡越不稳定。风化程度对工程设计和施工都有直接影响，如矿山建设、场址选择、水库坝基、大桥桥基和铁路路基等地基开挖深度、浇灌基础应到达的深度与厚度、边坡开挖的坡度及防护或加固的方法等，都将随岩石风化程度的不同而不同。因此，工程建设前必须对岩石的风化程度、速度、深度和分布情况进行调查与研究。

2. 岩石风化的勘察与评价

岩石风化的调查内容主要如下。

（1）查明风化程度。确定风化层的工程性质，以便考虑建筑物的结构和施工的方法。在野外一般根据岩石的颜色、结构和破碎程度等宏观地质特征及强度，将风化层分为五个带，见表6.2。

表 6.2　岩石风化程度的划分

按风化程度划分	鉴定标准				
	岩矿颜色	岩石结构	破碎程度	岩石强度	锤击声
全风化带	岩矿全部变色，黑云母不仅变色，而且变为蛭石	结构全被破坏，矿物晶体间失去胶结联系，大部分矿物变异，如长石变为高岭土、叶蜡石、绢云母，角闪石的绿泥石化，石英散成砂粒等	用手可压碎成砂或土状	很低	击土声
强风化带	岩石及大部分矿物变色，如黑云母成棕红色	结构大部分被破坏，矿物变质形成次生矿物，如斜长石风化成高岭土等	松散破碎，完整性差	单块为新鲜岩石的 1/3 或更小	发哑声
弱风化带	部分易风化矿物如长石、黄铁矿、橄榄石变色，黑云母成黄褐色，无弹性	结构部分被破坏，沿裂隙面部分矿物变质，可能形成风化夹层	风化裂隙发育，完整性较差	单块为新鲜岩石的 1/3～2/3	发哑声
微风化带	稍比新鲜岩石暗淡，只沿节理面附近部分矿物变色	结构未变，沿节理面稍有风化现象或有水锈	有少量风化裂隙，但不易和新鲜岩石区别	比新鲜岩石略低，不易区别	发清脆声
新鲜岩石	岩石无风化现象				

在野外工作基础上，还需对风化岩进行矿物组分、化学成分或声波测试等进一步研究，以便准确划分风化带。

(2) 查明风化厚度和分布，以便选择最适当的建筑地点、合理地确定风化层的清基和刷方的土石方量，确定加固处理的有效措施。

(3) 查明风化速度和引起风化的主要因素，对那些直接影响工程质量和风化速度快的岩层，必须制订预防风化的正确措施。

(4) 对风化层的划分，特别是黏土的含量和成分（蒙脱石、高岭石、水云母等）进行必要分析，因为它们直接影响地基的稳定性。

3. 岩石风化的防治

岩石风化的防治方法主要如下。

(1) 挖除法：适用于风化层较薄的情况，当厚度较大时通常只将严重影响建筑物稳定的部分剥除。

(2) 抹面法：用使水和空气不能透过的材料（如沥青、水泥、黏土层等）覆盖岩层。

(3) 胶结灌浆法：用水泥、黏土等浆液灌入岩层或裂隙，以加强岩层的强度，降低其透水性。

(4) 排水法：为了减少具有侵蚀性的地表水和地下水对岩石中可溶性矿物的溶解，适当做一些排水工程。

只有在进行详细调查研究以后，才能提出契合实际的防止岩石风化的处理措施。

6.2 河流地质作用

我国是多河流的国家，我国闻名于世的四大河流为长江、黄河、珠江和黑龙江，流域总面积近 $400\times10^4\ km^2$，占我国国土面积的 40%以上。由于我国幅员辽阔，地形高差大，各地自然环境条件相差悬殊，构成了我国河流的区域性特点及一条河流不同区段上的复杂性和多变性。

河流在地面上是沿着狭长的谷底流动的，这个谷底称作河谷。河谷在平面上呈线性分布，在横剖面上一般近似为 V 形。河谷通常由几个要素组成：常年有水流动的部分称为河床，又称河槽；河床两旁的平缓部分称为谷底；谷底一般地势比较平坦，其宽度为两侧谷坡坡麓之间的距离，谷底以上的斜坡称为谷坡；谷坡与谷底交接处称为坡麓，如图 6.1 所示。

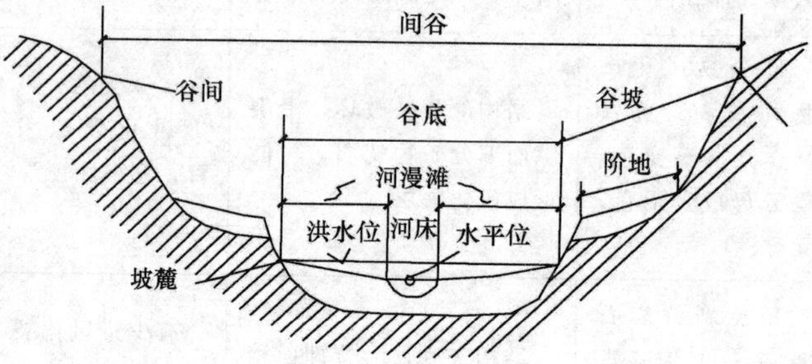

图 6.1　河流要素示意

6.2.1　流水的能量

河水沿着河床流动时，河水具有一定的动能 E：

$$E=\frac{1}{2}Qv^2 \tag{6-1}$$

式中　Q——河水的流量（m^3/s）；

v——河水的流速（m/s）。

可见动能的大小取决于河水的流量和河水的流速。

河水在流动的过程中，消耗的能量主要表现：克服阻碍流动的各种摩擦力，如河水与河床之间的摩擦力、河水水流本身的黏滞力等；搬运水流中所携带的泥沙等物质。假设这两部分所消耗的总能量为 E'：

(1) 当 $E>E'$ 时，多余的能量将会对河床产生侵蚀作用。

(2) 当 $E=E'$ 时，则河水仅起着维持本身运动和搬运水流中泥沙的作用。

(3) 当 $E<E'$ 时，河水中所携带的物质将有一部分沉积下来，即产生沉积作用。

河流的侵蚀作用、搬运作用和沉积作用在整条河流上同时进行，相互影响。在河流的不同段落上，三种作用进行的强度并不相同，以某一种作用为主。

6.2.2　河流的侵蚀、搬运和沉积作用

1. 河流的侵蚀作用

河水在流动的过程中不断加深和拓宽河床的作用称为河流的侵蚀作用。按其作用的方式，

侵蚀可分为化学溶蚀和机械侵蚀两种。化学溶蚀是指河水对组成河床的可溶性岩石不断进行化学溶解，使之逐渐随水流失的过程。河流的溶蚀作用在石灰岩、白云岩等可溶性岩类分布地区比较显著。另外，如河水对其他岩石中的可溶性矿物发生溶解，使岩石的结构松散破坏，则有利于机械侵蚀作用的进行。机械侵蚀作用包括流动的河水对河床组成物质的直接冲蚀和夹带的砂石等固体物质对河床的磨蚀。机械侵蚀在河流的侵蚀作用中具有普遍意义，它是山区河流的一种主要侵蚀方式。

河流的侵蚀作用，按照河床不断加深和拓宽的发展过程，可分为下蚀作用和侧蚀作用。下蚀作用和侧蚀作用是河流侵蚀统一过程中相互制约及相互影响的两个方面，不过在河流的不同发展阶段，或同一条河流的不同部分，由于河水动力条件的差异，不仅下蚀和侧蚀所显示的优势会有明显的差异，而且河流的侵蚀和沉积优势也会有显著的差别。

(1) 下蚀作用：河水在流动过程中使河床逐渐下切加深的作用，称为河水的下蚀作用。河水夹带的固体物质对河床的机械破坏，是使河流下蚀的主要因素。其作用强度取决于河水的流速和流量，同时，也与河床的岩性和地质构造有着密切的关系。河水的流速和流量越大时，则下蚀作用的能量越大，如果组成河床的岩石坚硬且无构造破坏现象，则会抑制河水对河床的下切速度。反之，如岩性松软或受到构造作用的破坏，则下蚀作用易于进行，河床下切过程加快。

下蚀作用使河床不断加深，切割成槽形凹地，形成河谷。在山区，河流下蚀作用强烈，可形成深而窄的峡谷。金沙江虎跳峡，谷深达 3 000 m。长江三峡的二三峡谷深达 1 500 m。滇西北的金沙江河谷平均每千年下蚀 60 cm。北美科罗拉多河谷平均每千年下蚀 40 cm。

河流的侵蚀过程总是从河的下游逐渐向河源方向发展的，这种溯源推进的侵蚀过程称为溯源侵蚀。分水岭不断遭到剥蚀切割，河流长度的不断增加，以及河流的袭夺现象都是河流溯源侵蚀造成的结果。

河流的下蚀作用并不是无止境地继续下去，而是有它自己基准面的。因为随着下蚀作用的发展，河流不断加深，河流的纵坡逐渐变缓，流速降低，侵蚀能量削弱，达到一定的基准面后，河流的侵蚀作用将趋于消失。河流下蚀作用消失的平面，称为侵蚀基准面。流入主流的支流，基本上以主流的水面为其侵蚀基准面；流入湖泊海洋的河流，则以湖面或海平面为其侵蚀基准面。大陆上的河流绝大部分流入海洋，而且海洋的水面也比较稳定，因此，又把海平面称为基本侵蚀基准面。

(2) 侧蚀作用：河流以携带的泥、砂、砾石为工具，并以自身的动能和溶解力对河床两岸的岩石进行侵蚀，使河谷加宽的作用称为侧蚀作用。河流的中、下游及平原区的河流，由于河床坡度较为平缓，侧蚀作用占主导地位。河水在运动过程中横向环流的作用，是促使河流产生侧蚀的经常性因素。另外，如河水受支流或支沟排泄的洪积物及其他重力堆积物的障碍顶托，致使主流流向发生改变，引起对河岸产生局部冲刷，这也是一种在特殊条件下产生的河流侧蚀现象。在天然河道上能形成横向环流的地方很多，但在河湾部分最为显著，如图 6.2 (a) 所示。当运动的河水进入河湾后，由于受离心力的作用，表层流束以很大的流速冲向凹岸，产生强烈冲刷，使凹岸岸壁不断坍塌后退，并将冲刷下来的碎屑物质由底层流束带向凸岸堆积下来，如图 6.2 (b) 所示。由于横向环流的作用，使凹岸不断受到强烈冲刷，凸岸不断发生堆积，结果使河湾的曲率增大，并受纵向流的影响，使河湾逐渐向下游移动，因而导致河床发生平面摆动。这样天长日久，整个河床就被河水的侧蚀作用逐渐地拓宽。

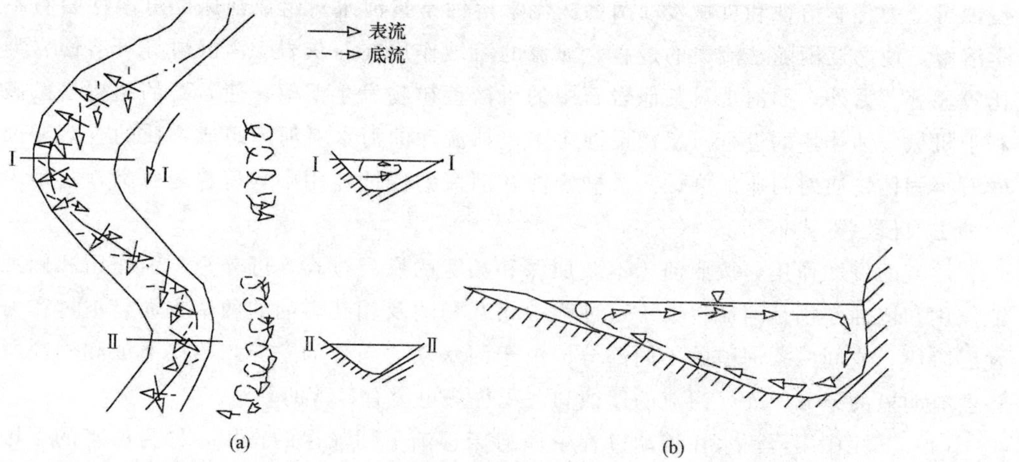

图 6.2　横向环流示意图

（a）河流横向环流；（b）河曲处横向环流断面图

沿河布设的公路，往往由于河流的水位变化及侧蚀，使路基发生水毁现象，特别是在河湾凹岸地段最为显著。因此，在确定路线具体位置时，必须加以注意。由于在河湾部分横向环流作用明显加强，容易发生坍岸，并产生局部剧烈冲刷和堆积作用，河床容易发生平面摆动，所以对于桥梁建筑，也是很不利的。

由于河流侧蚀的不断发展，致使河流一个河湾接着一个河湾，并使河湾的曲率越来越大，河流的长度越来越长，结果使河床的比降逐渐减小，流速不断降低，侵蚀能量逐渐削弱，直至常水位时已无能量继续发生侧蚀为止［图 6.3（a）］。这时河流所特有的平面形态，称为蛇曲［图 6.3（b）］。有些处于蛇曲形态的河湾，彼此之间十分靠近，一旦流量增大，会截弯取直，流入新开拓的局部河道，而残留的原河湾的两端因逐渐淤塞而与原河道隔离，形成状似牛轭的静水湖泊，称为牛轭湖［图 6.3（c）］。最后，由于主要承受淤积，致使牛轭湖逐渐成为沼泽，以至消失。

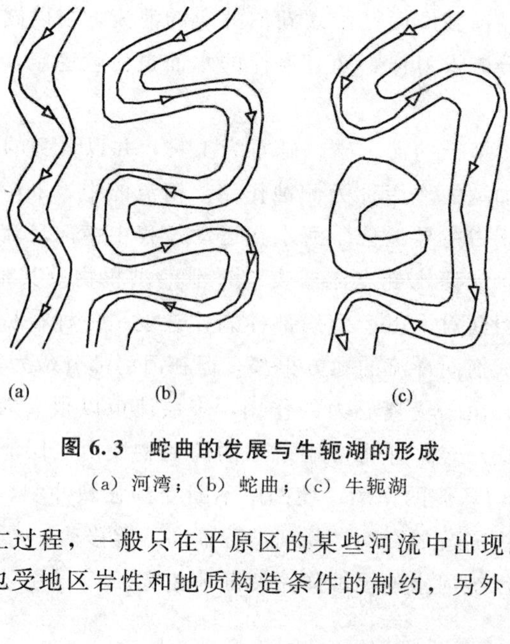

图 6.3　蛇曲的发展与牛轭湖的形成

（a）河湾；（b）蛇曲；（c）牛轭湖

上述河湾的发展和消亡过程，一般只在平原区的某些河流中出现。这是因为河流的发展既受河流动力特征的影响，也受地区岩性和地质构造条件的制约，另外，与河流夹沙量也有一定的关系。在山区，由于河床岩性以石质为主，所以河湾的发展过程极为缓慢。

下蚀和侧蚀是河流侵蚀作用的两个密切联系的方面，在河流下蚀与侧蚀的共同作用下，使河床不断地加深和拓宽。由于各地河床的纵坡、岩性、构造等不同，两种作用的强度也就不同，或以下蚀为主，或以侧蚀为主。如果河流只进行下蚀作用，或以下蚀作用为主，则河谷横断面呈 V 形。如果河流只进行侧蚀作用，或以侧蚀作用为主，则河谷横断面呈 U 形，谷底宽平。如果下蚀作用与侧蚀作用等量进行，则河谷横断面多不对称。由于河水流动具有紊流的性质，是由纵流与横向环流组合而成螺旋状流束流动的，流速大时，纵流占优势；流速小时，横向环流占优势。一般在河流的中下游、平原区河流或处于老年期的河流，由于河湾增多，纵坡变小，流速降低，横向环流的作用相对增强，从这个意义上说，以侧蚀作用为主；在河流的上游，由于河床纵坡大、流速大，纵流占主导地位，从总体上说，以下蚀作用为主。

2. 河流的搬运作用

河流在流动过程中夹带沿途冲刷侵蚀下来的物质（如泥沙、石块）离开原地的移动作用，称为搬运作用。河流的侵蚀和堆积作用，在一定意义上都是通过搬运过程来进行的。河水搬运能量的大小，取决于河水的流量和流速，在一定的流量条件下，流速是影响搬运能量的主要因素。河流搬运物的粒径 d 与水流流速 v 的平方成正比，即 $d \propto v^2$。

河流搬运的物质，主要来自谷坡洗刷、崩落、滑塌下来的产物和冲沟内洪流冲刷出来的产物，其次是河流侵蚀河床的产物。

流水搬运的方式可分为物理搬运和化学搬运两大类。物理搬运的物质主要是泥沙石块，化学搬运的物质则是可溶解的盐类和胶体物质。根据流速、流量和泥沙石块的大小不同，物理搬运又可分为悬浮式、跳跃式和滚动式三种方式。悬浮式搬运的主要是颗粒细小的砂和黏性土，悬浮于水中或水面，顺流而下。例如，黄河中大量黄土颗粒主要是悬浮式搬运。悬浮式搬运是河流搬运的重要方式之一，它搬运的物质数量最大，例如，黄河每年的悬浮搬运量可达 6.72×10^8 t，长江每年有 2.58×10^8 t。跳跃式搬运的物质一般为块石、卵石和粗砂，它们有时被急流、涡流卷入水中向前搬运，有时则被缓流推着沿河底滚动。滚动式搬运的主要是巨大的块石、砾石，它们只能在水流强烈冲击下，沿河底缓慢向下游滚动。

化学搬运的距离最远，水中各种离子和胶体颗粒多被搬运到湖、海盆地中，当条件适合时，在湖、海盆地中产生沉积。

河流在搬运过程中，随着流速逐渐减小，被携带物质按其大小和质量陆续沉积在河床中，上游河床中沉积物较粗大，越向下游沉积物颗粒越细小；从河床断面上看，流速逐渐减小时，粗大颗粒先沉积下来，细小颗粒后沉积、覆盖在粗大颗粒之上，从而在垂直方向上显示出层理。在河流平面上和断面上，沉积物颗粒大小的这种有规律的变化，称为河流的分选作用。另外，在搬运过程中，被搬运物质与河床之间、被搬运物质互相之间，都不断发生摩擦、碰撞，从而使原来有棱角的岩屑、碎石逐渐磨去棱角而成浑圆形状，成为在河床中常常见到的砾石、卵石和砂，它们都具有一定的磨圆度。这种作用称为河流的磨蚀作用。良好的分选性和磨圆度是河流沉积物区别于其他成因沉积物的重要特征。

3. 河流的沉积作用与冲积层（Q^{al}）

河流在运动过程中，能量不断受到损失，当河水夹带的泥沙、砾石等搬运物质超过了河水的搬运能力时。被搬运的物质便在重力作用下逐渐沉积下来，称为沉积作用，河流的沉积物称为冲积层。河流沉积物绝大多数是泥沙、砾石等机械碎屑物，而化学溶解的物质多在进入湖盆或海洋等特定的环境后才开始沉积。

冲积层的特点从河谷单元来看，可分为河床相与河漫滩相两大部分。河床相沉积物颗粒较粗。河漫滩相下部为河床沉积物、颗粒粗；表层为洪水期沉积物，颗粒细，以黏土、粉土为主。河谷这两种不同特点的沉积层称为“二元结构”。

从河流纵向延伸来看，由于不同地段流速降低的情况不同，各处形成的沉积层就具有不同特点，基本可分为以下四大类型段。

（1）在山区，河床纵坡陡、流速大，侵蚀能力较强，沉积作用较弱。河床冲积层多以巨砾、卵石和粗砂为主。

（2）当河流由山区进入平原时，流速骤然降低，大量物质沉积下来，形成冲积扇。冲积扇的形状和特征与洪积扇相似，但冲积扇规模较大，冲积层的分选性及磨圆度更高。例如，北京及其附近广大地区就位于永定河冲积扇上。冲积扇还常分布在大山的山麓地带，例如，祁连山北麓、天山北麓和燕山南麓的大量冲积扇。如果山麓地带几个大冲积扇相互连接起来，则形成山前倾斜平原。在山前，河流沉积常与山洪急流沉积共同进行，因此，山前倾斜平原也常称为冲洪积平原。

（3）在河流中、下游，则由细小颗粒的沉积物组成广大的冲积平原。例如，黄河下游、海河及淮河的冲积层构成的华北大平原。冲积平原也常分布有牛轭湖相沉积，如江汉平原。

（4）在河流入海的河口处，流速几乎降到零，河流携带的泥沙绝大部分都要沉积下来。若河流沉积下来的泥沙大量被海流卷走，或河口处地壳下降的速度超过河流泥沙量的沉积速度，则这些沉积物不能保留在河口或不能露出水面，这种河口则形成港湾。例如。我国南方钱塘江河口处，由于海流和潮汐作用强烈，使冲积层不能形成，而成为港湾。更多的情况是大河河口都能逐渐积累冲积层，它们在水面以下呈扇状分布，扇顶位于河口，扇缘则伸入海中，冲积层露出水面的部分形如一个其顶角指向河口的倒三角形，故称为河口冲积层为三角洲，如图6.4所示。三角洲的内部构造与洪积扇、冲积扇相似：下粗上细，即近河口处较粗，距河口越远则越细。不同的是，在河口外有一个比河床更陡的斜坡在水下伸向海洋，此斜坡远离海岸后渐趋平缓，三角洲就沉积在此斜坡上。随着河流不断带来沉积物，三角洲的范围也不断向海洋方面拓展，但各种条件不同，拓展速度也不同。例如，天津市在汉代是海河河口，元朝时附近为一片湿地，现如今则已成为距海岸约90 km的城市。长江下游自江阴以东地区，就是由大三角洲逐渐发展而成的。我国河流中携带泥沙量最多的黄河，其三角洲已向黄海伸进480 km，每年伸进300 m。

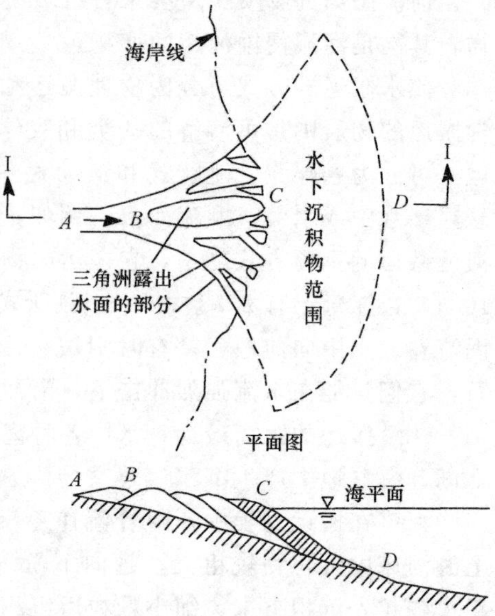

图6.4　三角洲示意

从冲积层的形成过程，可知它具有以下特征。

（1）冲积层分布在河床、冲积扇、冲积平原或三角洲中；冲积层的成分非常复杂，河流汇水面积内的所有岩石和土都能成为该河流冲积层的物质来源。

（2）山区河流沉积物较薄，颗粒较粗，承载力较高且易清除，地基条件较好。

(3) 由于冲积平原分布广，表面坡度比较平缓，多数大、中城市坐落在冲积层上；道路也多选择在冲积层上通过。作为工程建筑物的地基，砂、卵石的承载力较高，黏性土较低。在冲积平原特别应当注意冲积层中两种不良沉积物：一种是软弱土层，如牛轭湖、沼泽地中的淤泥、泥炭等；另一种是容易发生流砂现象的细、粉砂层。遇到它们应当采取专门的设计和施工措施。

(4) 三角洲沉积物含水率高，常呈饱和状态，承载力较低。但其最上层，因长期干燥，比较硬实，承载力较下面高，俗称硬壳层，可用作低层建筑物的天然地基。

(5) 冲积层中的砂、卵石、砾石常被选用为建筑材料。厚度稳定、延续性好的砂、卵石层是丰富的含水层，可作为良好的供水水源。

6.2.3　河流阶地

1. 按阶地延伸方向分类

河谷内河流侵蚀或沉积作用形成的阶梯状地形称为阶地或台地。

若阶地延伸方向与河流方向垂直称为横向阶地；若阶地延伸方向与河流方向平行称为纵向阶地。

(1) 横向阶地是由于河流经过各种悬崖、陡坎，或经过各种软硬不同的岩石，其下切程度不同而造成的。河流在经过横向阶地时常呈现为跌水或瀑布，故横向阶地上较难保存冲积物，并且随着强烈下蚀作用的继续进行，这些横向阶地将向河源方向不断后退。

(2) 纵向阶地（图 6.5）是地壳上升运动与河流地质作用的结果。地壳每一次剧烈上升，使河流侵蚀基准面相对下降，大大加速了下蚀的强度，河床底被迅速向下切割，河水面随之下降。以致再到洪水期时也淹没不到原来的河漫滩了。这样，原来的老河漫滩就变成了最新的Ⅰ级阶地，原来的Ⅰ级阶地变为Ⅱ级阶地……以此类推，在最下面则形成新的河漫滩。道路沿河流行进，通常都选择在纵向阶地上，故一般不加以说明时，阶地即指纵向阶地。

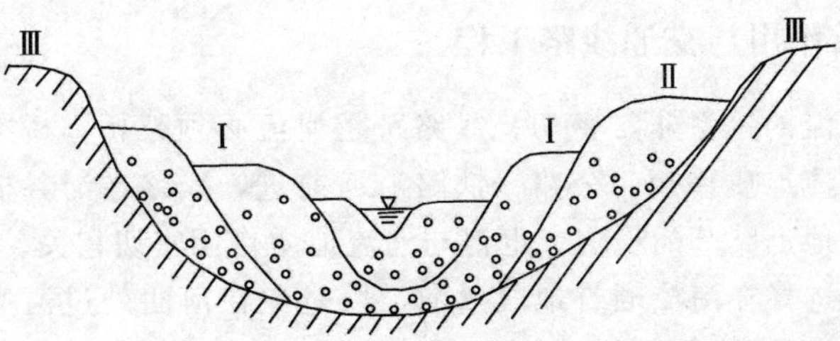

图 6.5　纵向阶地示意

一条河流有多少级阶地是由该地区地壳上升次数决定的，每剧烈上升一次就应当有相应的一级阶地，例如，兰州地区的黄河就有六级阶地。但是，由于河流地质作用的复杂性，河流两岸生成的阶地级数及同级阶地的大小范围并不完全对称相同，例如，左岸有Ⅰ、Ⅱ、Ⅲ共三级阶地，右岸可能只有Ⅱ、Ⅲ两级阶地；左岸的Ⅲ级阶地可能比较宽广、完整，右岸的Ⅲ级阶地则可能支离破碎、残余面积不大。阶地编号越大，生成年代越老，则可能被侵蚀破坏得越严重，越不易完整保存下来。

2. 按阶地组成物质分类

根据河流阶地组成物质的不同，阶地可分为三种基本类型，如图 6.6 所示。

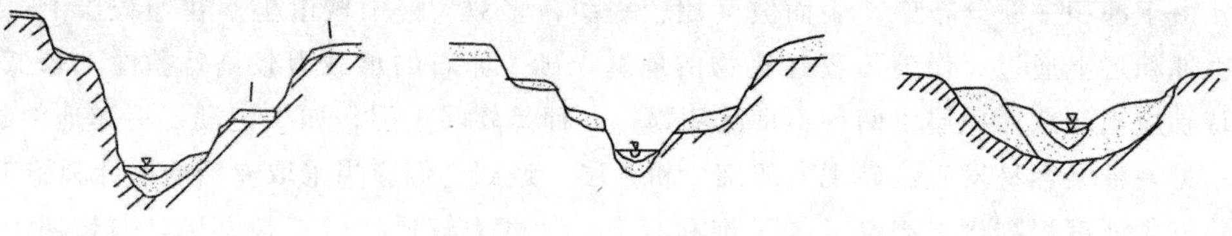

(a)　　　　(b)　　　　(c)

图 6.6　河流阶地的类型

(a) 侵蚀阶地；(b) 基座阶地；(c) 冲积阶地

(1) 侵蚀阶地：也称基岩阶地，是指阶地表面由河流侵蚀而成，表面只有很少的冲积物，主要由被侵蚀的岩石构成。侵蚀阶地多位于山区，是由于地壳上升很快、河流下切极强造成的。

(2) 基座阶地：是指阶地表面有较厚的冲积层，但地壳上升、河流下切较深，以致切透了冲积层，切入下部基岩以内一定深度，从阶地斜坡上明显地看出，阶地由上部冲积层和下部基岩两部分构成。

(3) 冲积阶地：也称堆积阶地或沉积阶地，是指整个阶地在阶地斜坡上出露的部分均由冲积层构成，表明该地区冲积层很厚，地壳上升引起的河流下切未能把冲积层切透。

根据阶地的形成过程，在野外辨认河流阶地时应注意下述两方面的特征：形态特征和物质组成特征。从形态上看，阶地表面一般较平缓，纵向微向下游倾斜，倾斜度与本段河床底坡接近，横向微向河中心倾斜。河床两侧同一级阶地，其阶地表面距河水面高差应当相近。某些较老的阶地，由于长时间受到地表水的侵蚀作用，平整的阶地表面破坏，形成高度大致相等的小山包。应当指出，不能只从形态上辨认阶地，以免与人工梯田、台坎混淆，还必须从物质组成上研究。由于阶地是由老的河漫滩形成的，它应由黏性土、砂、卵石等冲积层组成。就侵蚀阶地而言，在基岩表面上也应或多或少地保留冲积物。因此，冲积物是阶地物质组成中最重要的物质特征。

6.2.4　河流地质作用与交通线路工程

交通线路工程与河流的关系非常密切。线路跨越河流必须架桥，桥梁墩台基础、桥梁位置的选择都应充分考虑河流地质作用。公路、铁路沿河前进，线路在河谷横断面上所处位置的选择，河谷斜坡和河流阶地上路基的稳定，也都与河流地质作用密切相关。

对于桥梁，首先应选择在河流顺直地段过河，以避免在河曲处过河遭受侧蚀而危及一侧桥台安全，应尽量使桥梁中线与河流垂直，以免桥梁长度增大。其次，墩台基础位置应当选择在强度足够安全稳定的岩层上，对于岩性软弱的土层，地质构造不良地带不宜设置墩台。墩台位置确定之后，还必须准确地决定墩台基础的埋置深度，埋置太浅会由于河流冲刷河底使基础暴露甚至破坏，埋置过深将大大增加工程费用和工期。

对于沿河线路来说，一段线路位置的选择和路基在河谷断面上位置的选择，从工程地质观点要求，主要包括边坡和基底稳定两个方面。线路沿着峡谷行进，路基多置于高陡的河谷斜坡上，经常遇到崩塌、滑坡等边坡不良地质现象，是山区交通线路的主要病害。线路沿宽谷或山间盆地行进，路基多置于河流阶地或较缓的河谷斜坡上，经常遇到各种第四纪沉积层，线路在平原上行进也常把路基置于冲积层上，常见的病害是受河流冲刷或路基基底含有软弱土层等。

综上所述，沿河公路、铁路在选线设计及施工过程中：首先，必须经过认真细致地调查、勘探工作，查清河流地质作用的历史、现状及发展趋势；其次，根据工作的需求对线路和沿路各建筑物的位置、结构构造及施工方法做出正确的决定，应该力求避免天然的或由于修筑交通线路而引起的各种崩塌、滑坡、泥石流等不良地质现象；最后，当由于各种原因，局部线路不得不通过某些不良地质区时，则应在详细调查研究的基础上提出切实可行的预防和整治措施。

6.2.5　河流侵蚀、淤积作用的治理

1. 不同类型河床主流线与崩岸位置

河流的主流线靠近河岸时，河岸土层会发生崩塌。由于河床类型的不同，主流线靠岸位置不相同，崩岸的位置也不相同。在弯曲河床的上半段，主流线靠近凸岸上方，然后流入凹岸顶点；在弯曲河床的下半段，主流线靠向凹岸。因此，在弯曲河床的凸岸边滩的上方、凹岸顶点的下方，常常都是崩岸部位，如图 6.7 (a) 所示。在顺直河床上，深槽与边滩往往成犬牙交错地分布；在深槽处，主流线常常是靠近河岸的，成为顺直河床的崩岸部位。随着深槽的下移，崩岸的部位一般不固定。游荡河床，主流线也随着江心洲的变化在河床中动荡不定，崩塌部位也是不固定的，如图 6.7 (b) 所示。分汊河床，江心洲洲头常常处于主流顶冲的部位，如图 6.7 (c) 所示，常常都是护岸工程重点守护的地段。

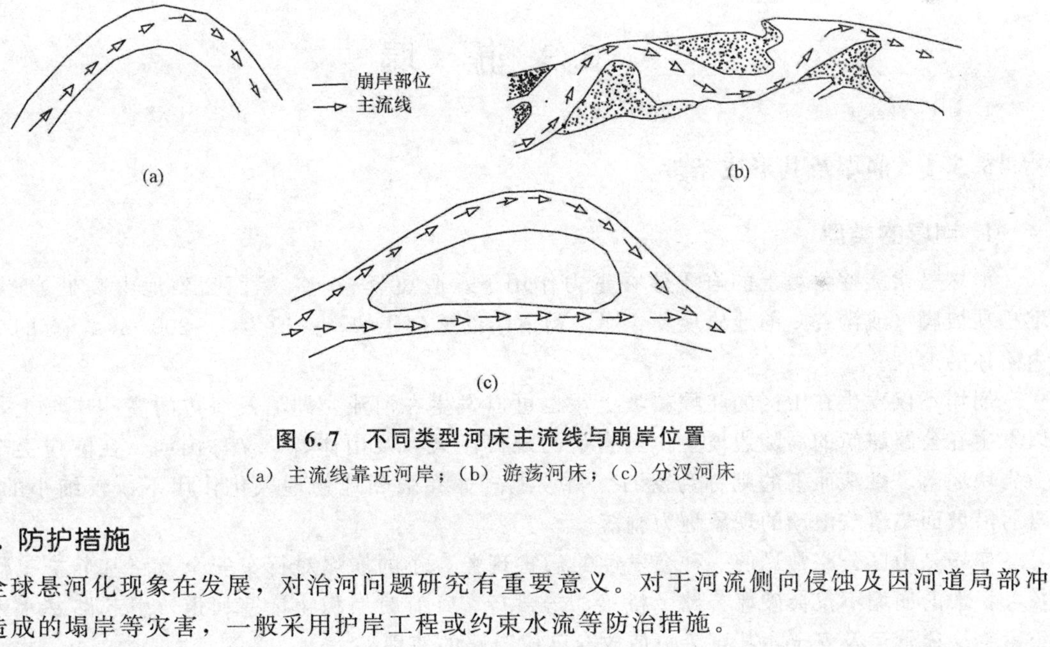

图 6.7　不同类型河床主流线与崩岸位置

(a) 主流线靠近河岸；(b) 游荡河床；(c) 分汊河床

2. 防护措施

全球悬河化现象在发展，对治河问题研究有重要意义。对于河流侧向侵蚀及因河道局部冲刷而造成的塌岸等灾害，一般采用护岸工程或约束水流等防治措施。

(1) 护岸工程。

1) 直接加固岸坡。常在岸坡或浅滩地段植树、种草。

2) 新修护岸设施。有抛石护岸和砌石护岸两种。即在岸坡砌筑石块或抛石，以消减水流能量，保护岸坡不受水流直接冲刷。石块的大小，应以不致被水流冲走为原则，可按下式确定

$$d \geqslant \frac{v^2}{25} \tag{6-2}$$

式中　d——石块平均直径 (cm)；

v——抛石体附近平均流速 (m/s)。

抛石体的水下边坡不宜超过 1∶1，当流速较大时，可放缓至 1∶3。石块应选择未风化、耐磨、遇水不崩解的岩石。

（2）约束水流。

1）用顺坝和丁坝约束水流。顺坝又称导流坝，丁坝又称半堤横坝。常将丁坝和顺坝布置在凹岸以约束水流，使主流线偏离受冲刷的凹岸。丁坝常斜向下游，夹角为60°～70°，它可使水流冲刷强度降低10%～15%，如图6.8所示。

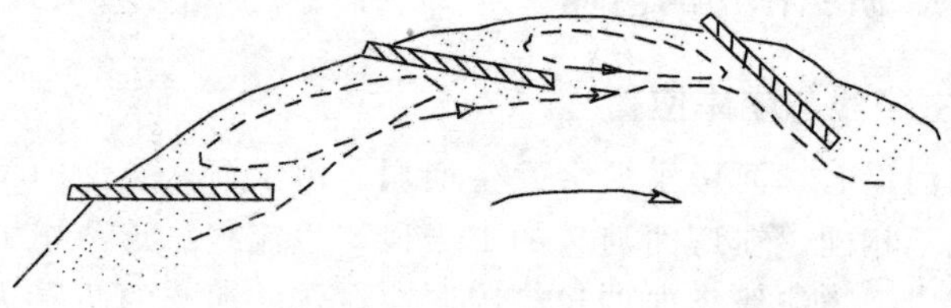

图6.8 丁坝

2）控制水流，防止淤积。束窄河道、封闭支流、截直河道、减少河道的输砂率等均可起到防止淤积的作用。也常采用顺坝、丁坝或两者组合使河道增加比降和冲刷力，达到防止淤积的目的。

6.3 崩塌

6.3.1 崩塌及其形成条件

1. 崩塌的类型

崩塌是指陡峻斜坡上的岩土体在重力作用下，脱离母岩，突然而猛烈地由高处崩落下来，堆积在坡脚（或沟谷）的地质现象。崩塌物下坠的速度很快，一般为5～200 m/s，有的可达自由落体的速度。

崩塌不仅发生在山区的陡峻斜坡上，也可以发生在河流、湖泊及海边的高陡岸坡上，还可以发生在公路路堑的高陡边坡上。当岩崩的规模巨大涉及山体者，又称山崩。在陡崖上个别较大岩块崩落、翻滚而下的则称为落石。斜坡上岩体在强烈地物理风化作用下，较细小的碎块、岩屑沿坡面坠落或滚动的现象称为剥落。

崩塌是山区公路常见的一种突发性的病害现象，小的崩塌对行车安全及路基养护工作影响较大；大的崩塌不仅会破坏公路、桥梁，击毁行车，有时崩积物堵塞河道，引起路基水毁，严重影响交通营运及安全，甚至会迫使放弃已成道路的使用。

2. 崩塌发生的条件

（1）坡面条件。江、河、湖（水库）、沟的岸坡及各种山坡，铁路、公路边坡等各类人工边坡都是易崩塌的地貌部位，一般在陡崖临空面高度大于30 m、坡度大于50°的高陡斜坡、孤立山嘴或凸形陡坡及阶梯形山坡均为崩塌形成的有利地形。

（2）岩性条件。通常岩性坚硬的岩浆岩、变质岩及沉积岩类中的石灰岩、石英砂岩等，具有较大的抗剪强度和抗风化能力，能形成高峻的斜坡，在外界因素影响下，一旦斜坡稳定性遭到破坏，即产生崩塌现象。因此，崩塌常发生在坚硬性脆的岩石构成的斜坡上。另外，在软硬互层的悬崖上，因差异风化硬质岩层常形成凸出的悬崖，软质岩层易风化形成凹崖坡，使其上部硬质岩失去支撑也容易引起较大的崩塌。

(3) 构造条件。如果斜坡岩层或岩体完整性好，就不容易发生崩塌。实际上，自然界的斜坡，经常是由性质不同的岩层以各种不同的构造和产状组合而成的，而且常常为各种结构面所切割，从而削弱了岩体内部的连接，为产生崩塌提供了条件。各种软弱结构面，如裂隙面、岩层层面、断层面、软弱夹层及软硬互层的坡面对坡体的切割、分离，为崩塌的形成提供脱离母体（山体）的边界条件。当其软弱结构面倾向于临空面且倾角较大时，易于发生崩塌。或者坡面上两组呈楔形相交的结构面，当其组合交线倾向临空面时，也会发生崩塌。

坡面条件、岩性条件、构造条件三者又统称地质条件，它是形成崩塌的基本条件。

3. 诱发崩塌的外界因素

(1) 地震。地震使土石松动，易引起大规模的崩塌，一般烈度在 7 度以上的地震都会诱发大量崩塌的发生。

(2) 大气降雨和地下水。大规模的崩塌多发生在暴雨或久雨之后。这是因为边坡和山坡中的地下水，往往可以直接得到大气降水的补给。充满裂隙中的地下水及其流动，对潜在崩塌体产生静水压力和动水压力；产生向上的浮托力；岩体和充填物由于水的浸泡，抗剪强度大大降低；充满裂隙的水使不稳定岩体和稳定岩体之间的侧向摩擦力减小。通过雨水和地下水的联合作用，斜坡的潜在崩塌体更易于失稳。

(3) 地表水的冲刷、浸泡。河流等地表水体不断地冲刷坡脚或浸泡坡脚，削弱坡体支撑或软化岩、土，降低坡体强度，也能诱发崩塌的发生。

(4) 风化作用。斜坡上的岩体在各种风化应力的长期作用下，其强度和稳定性不断降低，最后导致崩塌。例如，强烈的物理风化作用剥离、冻胀等都能促使斜坡上岩体发生崩塌。

(5) 人为因素的影响。如边坡设计过高过陡、公路路堑开挖过深、不适宜地采用大爆破施工等也会导致崩塌的发生。

4. 确定崩塌体的边界

崩塌体的边界特征决定崩塌体的规模大小。确定崩塌体边界的主要依据是坡体的地质结构。

(1) 应查明坡体中所发育的裂隙面、岩层面、断层面等结构面的延伸方向、倾向和倾角大小及规模、发育密度等，即构造面的发育特征。通常情况下，平行斜坡延伸方向的陡倾构造面，易构成崩塌体的后部边界；垂直坡体延伸方向的陡倾构造面或临空面常形成崩塌体的两侧边界；崩塌体的底界常由倾向坡外的构造层或软弱带组成，也可由岩、土体自身折断形成。

(2) 调查各种构造面的相互关系、组合形式、交切特点、贯通情况及它们能否将或已将坡体切割，并与母体（山体）分离。

(3) 综合分析调查结果，那些相互交切、组合可能或已经将坡体切割与其母体分离的构造面就是崩塌体的边界面。其中，靠外侧、贯通（水平及垂直方向上）性较好的构造面所围的崩塌体的危险性最大。

例如，1980 年 6 月 3 日发生在湖北省远安县盐池河磷矿区的大型岩石崩塌体，它的边界面就是由后部垂直裂缝、底部白云岩层理面及其他两个方向的临空面组成的。黄土高原地区常见的黄土崩塌体的边界面多由 90°交角的不同方向的垂直节理面、临空面及底面黄土与其他相异性的分界面组成。另外，明显地受断层面控制的崩塌体也是非常多见的。

6.3.2 崩塌的防治

1. 防治原则

由于崩塌发生得突然而猛烈，治理比较困难而且十分复杂，所以一般应采取以防为主的原则。

在选线时，应根据斜坡的具体条件，认真分析发生崩塌的可能性及其规模。对有可能发生大、中型崩塌的地段，应尽量避开。若完全避开有困难，可调整路线位置，离开崩塌影响范围一定距离，尽量减少防治工程；或考虑其他通过方案（如隧道、明洞等），以确保行车安全。对可能发生小型崩塌或落石的地段，应视地形条件，进行经济比较，确定绕避还是设置防护工程。

在设计和施工中，避免使用不合理的高陡边坡，避免大挖大切，以维持山体的平衡稳定。在岩体松散或构造破碎地段，不宜使用大爆破施工，避免因工程技术上的失误而引起崩塌。

2. 防治措施

（1）排水。在有水活动的地段，布置排水构筑物，以进行拦截疏导，防止水流渗入岩土体而加剧斜坡的失稳。排除地面水可修建截水沟、排水沟；排除地下水，可修建纵、横盲沟等。

（2）刷坡清除。山坡或边坡坡面崩塌岩块的体积及数量不大，岩石的破碎程度不严重，可采用全部清除并放缓边坡的措施。

（3）坡面加固。边坡或自然坡面比较平整、岩石表面风化易形成小块岩石呈零星坠落时，宜进行坡面防护，以阻止风化发展，防止零星坠落。可采用水泥砂浆封面、护面等措施，有时也可用支护墙，既可防护坡面，又起支撑作用。当坡面渗水或岩层节理发育，风化程度严重时，还需相应采用挂网喷射水泥砂浆、锚固等措施。

（4）拦截防御。岩体严重破碎，经常发生落石路段，宜采用柔性防护系统或拦石墙与落石槽等拦截构造物。拦石墙与落石槽宜配合使用，设置位置可根据地形合理布置，落石槽的槽深和底宽通过现场调查或试验确定。拦石墙墙背应设缓冲层，并按公路挡土墙设计，墙背压力应考虑崩塌冲击荷载的影响。

（5）危岩支顶。对在边坡上局部悬空的岩石，但是岩体仍较完整，有可能成为危岩，并且清除困难时，可视具体情况采用钢筋混凝土立柱、浆砌片石支顶或柔性防护系统。

（6）遮挡工程。当崩塌体较大、发生频繁且距离路线较近而设拦截构造物有困难时，可采用明洞、棚洞等遮挡构造物进行处理。

对于上述的各种防治措施如何结合使用，应根据地形、地质条件及有关技术标准运用，并于工程造价等方面进行全面的经济技术比较后再确定。

6.4 滑 坡

斜坡上岩体或土体在重力作用下沿一定的滑动面（或滑动带）整体地向下滑动的现象称为滑坡，俗称“走山”“垮山”“地滑”等。

滑坡是山区公路的重要病害之一。山坡或路基边坡发生滑坡，常使交通中断，影响公路的正常运输。大规模的滑坡能堵塞河道、摧毁公路、破坏厂矿、掩埋村庄，对山区建设和交通设施危害很大。西南地区为我国滑坡分布的主要地区，该地区滑坡类型多、规模大，发生频繁、分布广泛、危害严重，已经成为影响国民经济发展和人身安全的制约因素之一。西北黄土高原地区，以黄土滑坡广泛分布为其显著特征。东南、中南的山岭、丘陵地区滑坡、崩塌也较多。在青藏高原和兴安岭的多年冻土地区，也分布有不同类型的滑坡。

对滑坡的处理，一般是采用“以防为主，防治结合”的原则，所以应该重视滑坡的调查工作。首先要判定滑坡的稳定程度，以便确定路线通过的可能性。路线通过大、中型滑坡，又不易防止其滑坡时，一般均采取绕避；对一般比较容易处理的中、小型滑坡，则须查清产生的原因，分清主次，采取适当的处理措施。

为了正确地识别滑坡的存在，必须了解有关滑坡的形态特征、形成机理、类型，以利于制定防治措施。

6.4.1　滑坡的形态

发育完整的滑坡，一般都具有下列的基本组成部分，如图 6.9 所示。

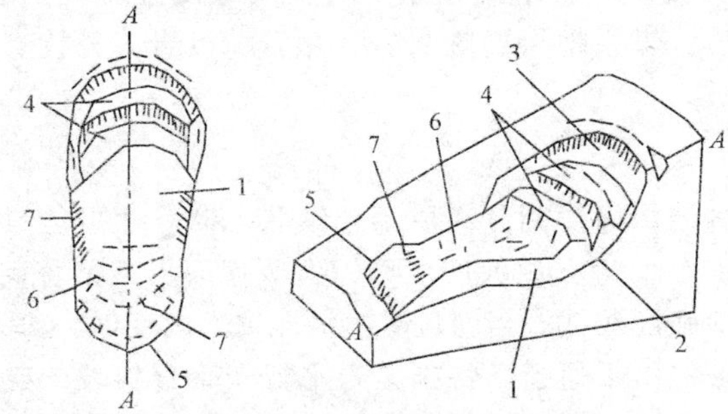

图 6.9　滑坡形态要素

1—滑坡体；2—滑动面；3—滑坡后壁；4—滑坡台阶；5—滑坡舌；6—滑坡鼓丘；7—滑坡裂隙

(1) 滑坡体。滑坡体是指滑坡的整个滑动部分，即依附于滑动面向下滑动的岩土体，简称滑体。滑坡体的规模大小不一，大者达几亿立方米到十几亿立方米。

(2) 滑动面。滑动面是指滑坡体沿着滑动的面。滑动带是指平行滑动面受揉皱及剪切的破碎地带，简称滑带；滑动面（带）是表征滑坡内部结构的主要标志，它的位置、数量、形状和滑动面（带）土石的物理力学性质，对滑坡的推力计算和工程治理有重要意义。滑动面的形状，因地质条件而异，一般来说，发生在均质黏性土和软质岩体中的滑坡面，一般多呈圆弧形；沿岩层层面或构造裂隙发育的滑坡，滑动面多呈直线形或折线形。滑坡床是指滑体滑动时所依附的下伏不动体，简称滑床。

(3) 滑坡后壁。滑坡后壁是指滑坡发生后，滑坡体后缘和斜坡未动部分脱开的陡壁。滑坡后壁有时可见擦痕，以此识别滑动方向。滑坡后壁在平面上多呈圈椅状，后壁高度自几厘米到几十米，陡坡坡度一般为 60°～80°。

(4) 滑坡台阶。滑坡体滑动时由于各段土体滑动速度的差异，在滑坡体表面形成台阶状的错台，称为滑坡台阶。

(5) 滑坡舌。滑坡舌是指滑坡体前缘形如舌状的凸出部分。

(6) 滑坡鼓丘。滑坡鼓丘是指滑坡舌后面的凸出部分。

(7) 滑坡裂隙。滑坡裂隙是指由于滑坡体各部分移动的速度不等，在其内部及表面所形成的一系列裂隙。位于滑坡体上（后）部多呈弧形展布者称为拉张裂隙，因受滑坡体向下滑动的拉力而产生。位于滑坡体中部两侧又常伴有羽毛状排列的裂隙称剪切裂隙；滑坡体前部因滑动受阻而隆起形成的张性裂隙称为鼓张裂隙；位于滑坡体中前部，尤其滑舌部呈放射状展布者称为扇状裂隙。

(8) 滑坡周界。滑坡周界是指滑坡体和周围不动体在平面上的分界线。

(9) 滑坡洼地。滑坡洼地是指滑动时滑坡体与滑坡后壁间拉开成的沟槽，或中间低四周高的封闭洼地。

较老的滑坡由于风化、水流冲刷、坡积物覆盖，使原来的构造、形态特征往往遭到破坏，不易被观察。但是一般情况下，必须尽可能地将其形态特征识别出来，以助于确定滑坡的性质和发展状况，为整治滑坡提供可靠的资料。

6.4.2　滑坡发生的条件

1. 岩土类型

岩、土体是产生滑坡的物质基础。通常，各类岩、土都有可能构成滑坡体，其中，结构松软、抗剪强度和抗风化能力较低，在水的作用下其性质易发生变化的岩、土，如松散覆盖层、黄土、红黏土、页岩、泥岩、煤系地层、凝灰岩、片岩、板岩、千枚岩等，以及软硬相间的岩层所构成的斜坡易发生滑坡。

2. 地质构造

斜坡岩、土只有被各种结构面切割分离成不连续状态时，才可能具备向下滑动的条件。无论是土层还是岩层，滑动面常发生在顺坡的层面、大节理面、不整合面、断层面（带）等软弱结构面上，这是因为其抗剪强度较低，当斜坡受力情况突然改变时，都可能成为滑动面。同时，结构面又为降雨等进入斜坡提供了通道，特别是当平行和垂直斜坡的陡倾构造面及顺坡缓倾的构造面发育时，易发生滑坡。

3. 水

水是滑坡产生的重要条件，绝大多数滑坡是沿饱含地下水的岩体软弱结构面产生的。它的作用主要表现在软化岩、土，降低岩、土体强度，潜蚀岩、土，增大岩、土重度，对透水岩石产生浮托力等。尤其是对滑坡（带）的软化作用和降低强度作用最突出。

诱发滑坡发生的因素还有地震；降雨和融雪；河流等地表水体对斜坡坡脚的不断冲刷；违反自然规律，破坏斜坡稳定条件的人类活动，如开挖坡脚、坡体堆载、爆破、水库蓄（泄）水、矿山开采等都可诱发滑坡。

6.4.3　滑坡的类型

按滑坡体的物质组成、滑坡体厚度、滑动面与层面的关系、滑坡体的规模、滑坡的力学条件，滑坡可划分出下列几种类型。

1. 按滑坡体的物质组成分类［图6.10（a）］

（1）黄土滑坡：发生于黄土地区，多属崩塌性滑坡，滑动速度快，变形急剧，规模及动能巨大，常成群出现。

（2）黏土滑坡：发生于第四系与第三系地层中未成岩或成岩不良及有不同风化程度以黏土层为主的地层中，滑坡地貌明显，滑床坡度较缓，规模较小，滑速较慢，多成群出现。

（3）堆积层滑坡：发生于斜坡或坡脚处的堆积体中，物质成分多为崩积、坡积土及碎块石，因堆积物成分、结构、厚度不同，滑坡的形状、大小不一，滑坡结构以土石混杂为主。

（4）岩层滑坡：发育在两种地区，一种是在软弱岩层或具有软弱夹层的岩层中；另一种是在硬质岩层的陡倾面或结构面上。

2. 按滑坡体厚度分类

（1）浅层滑坡，滑体厚度＜6 m；

（2）中层滑坡，滑体厚度为6～20 m；

（3）深层滑坡，滑体厚度＞20 m，规模较大，是典型的发育完全的滑坡地貌。

3. 按滑动面与层面的关系分类［图6.10（b）］

（1）均质层滑坡。均质层滑坡多发生在岩性均一的软弱岩层中（如强烈风化的岩浆岩体或土体中），其滑动面常呈圆弧形。

（2）顺层滑坡。滑体沿着岩层的层面发生滑动，岩层走向与斜坡走向一致。此类滑坡是自然界分布最广的滑坡。

（3）切层滑坡。切层滑坡是指滑坡面切过岩层面而发生的滑坡。此类滑坡多发生在逆向坡中，滑面很不规则。

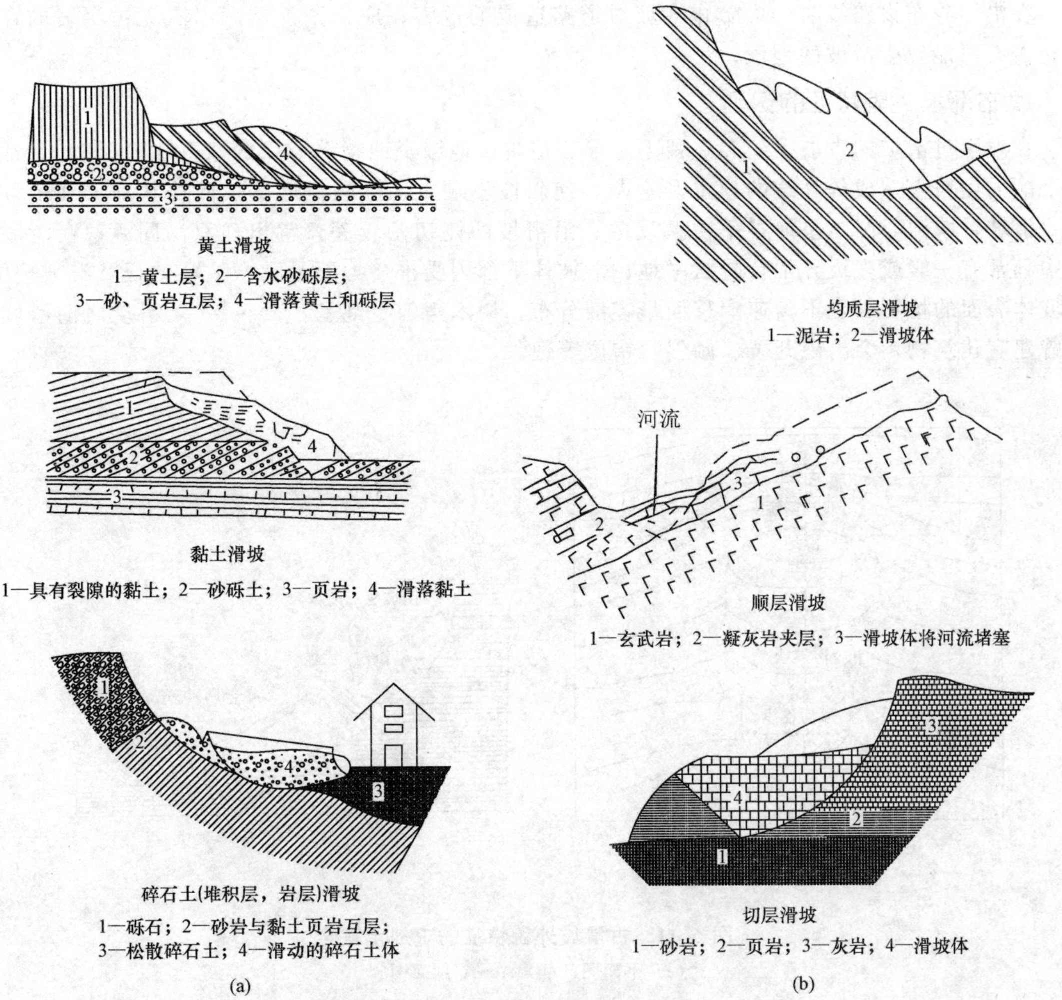

图 6.10　滑坡的类型

（a）按滑坡体的物质组成分类；（b）按滑动面与层面的关系分类

4. 按滑坡体的规模分类

（1）小型滑坡，滑坡体积小于 $3\times10^4\ m^3$；

（2）中型滑坡，滑坡体积为 $3\times10^4\sim50\times10^4\ m^3$；

（3）大型滑坡，滑坡体积为 $50\times10^4\sim300\times10^4\ m^3$；

（4）巨型滑坡，滑坡体积大于 $300\times10^4\ m^3$。

5. 按滑坡的力学条件分类

（1）牵引式滑坡：主要是由于斜坡坡脚处任意挖方、切坡或流水冲刷，下部失去原有岩土的支撑而丧失其平衡引起的滑坡。

（2）推移式滑坡：主要是由于斜坡上方给以不恰当的加载（修建建筑物、填方、堆放重物等）使上部先滑动，挤压下部，因而使斜坡丧失平衡引起的滑坡。

6.4.4 滑坡的野外识别

在沿河谷布设路线时，为防止滑坡对道路造成的危害，应识别河谷两岸有无古滑坡的存在和是否有可能发生滑坡的地段。

1. 古滑坡外貌特征的识别

在发生过滑坡的古坡上，必然留下地形、地貌、地层及地物等方面的标志（图 6.11），常在较平顺的山坡上造成等高线的异常和中断，使斜坡不顺直、不圆滑而造成圈椅状地形和槽谷地形；滑坡舌向河心凸出呈河谷不协调现象；沿滑坡两侧切割较深，常出现双沟同源；在滑坡体的中部常有一级或多级异常台阶状平地；滑坡体下部因受推挤力而呈现微波状鼓丘及滑坡裂缝；滑坡体表面的植物因受不匀速滑移而呈零散分布，树木歪斜零乱呈“醉树”；若滑动之前滑坡体上曾建有建筑物，会出现开裂、倾斜、错位等现象。

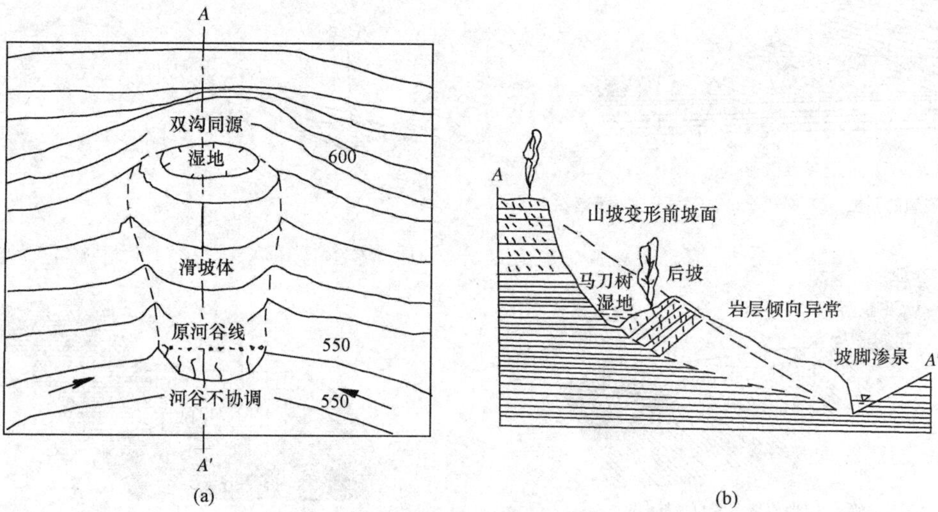

图 6.11 古滑坡外貌特征的识别示意

（a）平面图；（b）A—A′剖面图

岩质滑坡的地层产状与原生露头有明显的变化，其整体连续性遭到破坏，出现层位缺失或有升降、散乱的现象，构造不连续（如裂隙不连贯、发生错动）等。

2. 滑坡先兆现象的识别

不同类型、不同性质、不同特点的滑坡，在滑动之前，均会表现出各种不同的异常现象，显示出滑动的预兆（前兆），归纳起来常见的有以下几种。

（1）大滑动之前，在滑坡前缘坡脚处，有堵塞多年的泉水复活现象，或出现泉水（水井）突然干枯、井（钻孔）水位突变等类似的异常现象。

（2）在滑坡体前缘土石零星掉落，坡脚附近土石被挤紧，并出现大量鼓张裂缝。这是滑坡向前推挤的明显迹象。

（3）如果在滑坡体上有长期位移观测资料，那么大滑动之前，无论是水平位移量还是垂直位移量，均会出现加速变化的趋势，这是明显的临滑迹象。

(4) 坡面上树木逐渐倾斜，建筑物开始开裂变形，另外，还可发现山坡农田变形、水田漏水、动物惊恐异常等现象，这些均说明该处滑坡在缓慢滑动阶段。

6.4.5 判定滑坡体的稳定性

在野外，从宏观角度观察滑坡体，可以根据一些外表迹象和特征，粗略地判断它的稳定性。

1. 已稳定的堆积层老滑坡体的特征

(1) 后壁较高，长满了树木，找不到擦痕且十分稳定。

(2) 滑坡平台宽、大且已夷平，土体密实无沉陷现象。

(3) 滑坡前缘的斜坡较缓，土体密实，长满树木，无松散坍塌现象。前缘迎河部分有被河水冲刷过的迹象。

(4) 目前的河水已远离滑坡舌部，甚至在舌部外已有漫滩、阶地分布。

(5) 滑坡体两侧的自然冲刷沟切割很深，甚至已达基岩。

(6) 滑坡体较干燥，地表一般没有泉水或湿地，坡脚有清晰的泉水流出。

2. 不稳定的滑坡的迹象

(1) 滑坡后壁高、陡，未长草木常能找到擦痕和裂缝。

(2) 有滑坡平台，面积不大，且不向下缓倾，有未夷平现象。

(3) 滑坡表面有泉水、湿地，舌部泉水流量不稳定，且有新生冲沟。

(4) 滑坡前缘土石松散，小型坍塌时有发生，并面临河水冲刷的危险。

(5) 滑坡前缘正处在河水冲刷的条件下。

需要指出的是，以上标志只是一般迹象，较为准确的判断尚需做进一步的观察和研究。

6.4.6 防治滑坡的主要工程措施

滑坡的防治，贯彻“以防为主，整治为辅”的原则。在选择防治措施前，一定要查清滑坡的地形、地质和水文地质条件，认真研究和确定滑坡的性质及其所处的发展阶段，了解产生滑坡的原因，结合工程建筑的重要程度、施工条件及其他情况进行综合考虑。

1. 滑坡的防治原则

(1) 由于大型滑坡的整治工程量大，技术上也很复杂，因此，在勘测阶段应尽可能采用绕避方案。

(2) 对于中、小型滑坡的地段，一般情况下不必绕避，但是应注意调整路线平面位置，以求得工程量小、施工方便、经济合理的路线方案。

(3) 路线通过古滑坡时，应对滑坡体的结构、性质、规模、成因等做详细勘察后，再对路线的平、纵、横做出合理布设；对施工中开挖、切坡、弃方、填土等都要做通盘考虑，防止古滑坡的复活。

2. 滑坡的防治措施

整治滑坡的工程措施很多，归纳起来分为三类：一是消除或减轻水的危害；二是改变滑坡体外形、设置抗滑建筑物；三是改善滑动带土石性质。

(1) 消除或减轻水的危害——排水（图 6.12）。

1) 排除地表水。排除地表水是整治滑坡中不可缺少的辅助措施，而且应是首先采取并长期运用的措施。其目的在于拦截、旁引滑坡外的地表水，避免地表水流入滑坡区；或将滑坡范围内的雨水及泉水尽快排除，阻止雨水、泉水进入滑坡体。

排水的主要工程措施：在滑坡体周围修截水沟；滑坡体上设置干枝排水系统，汇集旁引坡面径流于滑坡体外排出；整平地表，填塞裂缝和夯实松动地面。筑隔渗层，减少地表水下渗并使其尽快汇入排水沟，防止沟渠渗漏和溢流于沟外。

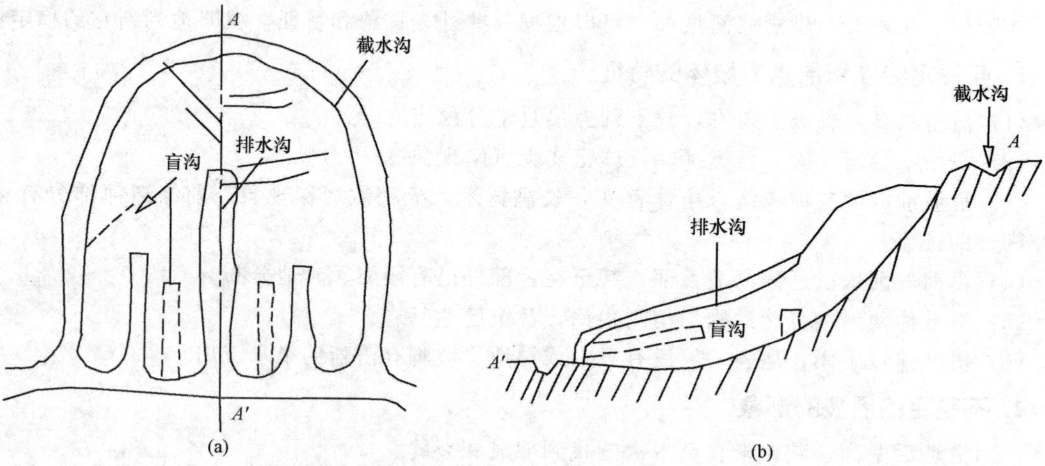

图 6.12　排除滑坡地表水和地下水示意

2）排除地下水。对于地下水，可疏而不可堵。其主要工程措施：截水盲沟用于拦截和旁引滑坡外围的地下水；支撑盲沟，兼具排水和支撑作用；仰斜孔群用近于水平的钻孔把地下水引出；另外，还有盲洞、渗管、渗井、垂直钻孔等用于排除滑体内地下水的工程措施。

3）防止河水、库水对滑坡体坡脚的冲刷。主要工程措施：设置护坡、护岸、护堤，在滑坡前缘抛石、铺设石笼等防护工程或导流构造物，以使坡脚的土体免受河水冲刷（图 6.13）。

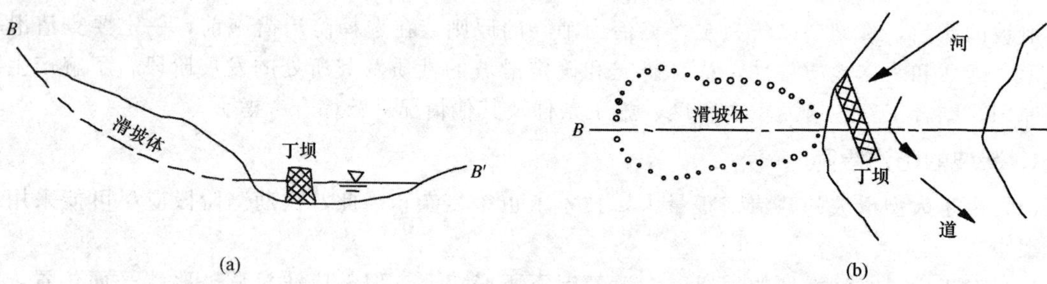

图 6.13　河岸防护堤示意

（a）剖面图；（b）平面图

（2）减重和反压。对推移式的滑坡，在上部主滑地段减重，常起到根治的效果。对其他性质的滑坡，在主滑地段减重也能起到减小下滑力的作用。减重一般适用于滑坡床为上陡下缓、滑坡后壁及两侧有稳定的岩土体，不至于因减重而引起滑坡向上和向两侧发展造成后患的情况。对于错落转变成的滑坡，采用减重使滑坡达到平衡，效果比较显著。对于有些滑坡的滑带土或滑坡体，具有卸荷膨胀的特点，减重后滑带土松弛膨胀，尤其是地下水浸湿后，其抗滑力减小，引起滑坡。因此，具有这种特点的滑坡，不能采用减重法。另外，减重后将增大暴露面，有利于地面水渗入坡体和使坡体岩石风化，这些不利因素应充分考虑。

在滑坡的抗滑段和滑坡体外前缘堆填土石加重，如做成堤、坝等，能增大抗滑力而稳定滑坡。但是必须注意只能在抗滑段加重反压，不能填于主滑地段。而且填方时，必须做好地下排水工程，不能因填土堵塞原有地下水出口，造成后患。

对于某些滑坡，根据设计计算后，确定需减少的下滑力大小，同时在其上部进行部分减重和下部反压。减重和反压后，应检验滑面从残存的滑体薄弱部位及反压体底面滑出的可能性。

(3) 修筑支挡工程。因失去支撑而引起滑动的滑坡，或滑坡床陡、滑动可能较快的滑坡，采用修筑支挡工程的办法，可增加滑坡的重力平衡性，使滑体迅速恢复稳定。

支挡建筑物有抗滑挡墙、抗滑桩和锚杆（索）挡墙等。

1) 抗滑挡墙。抗滑挡墙一般是指重力式挡墙，挡墙的设置位置一般位于滑体的前缘。如滑坡为多级滑动，推力太大，在坡脚一级支挡施工量较大时，可分级支挡。

2) 抗滑桩。抗滑桩适用于深层滑坡和各类非塑性流滑坡，对缺乏石料的地区和处理正在活动的滑坡更为适宜。

3) 锚杆（索）挡墙。这是近 20 年来发展起来的新型支挡结构，它可节约材料，成功地代替了庞大的混凝土挡墙。锚杆（索）挡墙由锚杆、肋柱和挡板三部分组成。滑坡推力作用在挡板上，由挡板将滑坡推力传于肋柱，再由肋柱传至锚杆上，最后通过锚杆（索）传到滑动面以下的稳定地层中，靠锚杆（索）的锚固来维持整个结构的稳定。

(4) 改善滑动带土石性质。一般采用焙烧法（>800 ℃）、压浆及化学加固等物理化学方法对滑坡进行整治。

由于滑坡成因复杂、影响因素多，所以常常需要上述几种方法同时使用、综合治理，方能达到目的。

6.5 泥石流

泥石流是山区特有的一种不良地质现象，是山洪水流挟带大量泥沙、石块等固体物质，突然以巨大的速度从沟谷上游奔腾直泻而下，来势凶猛，历时短暂，具有强大破坏力的一种特殊洪流。

泥石流的地理分布广泛，据不完全统计，泥石流灾害遍及世界 70 多个国家和地区，主要分布在亚洲、欧洲和南美洲、北美洲。我国的山地面积约占国土总面积的 2/3，自然地理和地质条件复杂，加上几千年人文活动的影响，目前是世界上泥石流灾害较为严重的国家之一。泥石流主要分布在西南、西北及华北地区，在东北西部和南部山区、华北部分山区及华南、台湾岛、海南岛等地山区也有零星分布。

通过大量调查观测，对统计资料分析发现，泥石流的发生具有一定的时空分布规律。泥石流在时间上多发生在降雨集中的雨季或高山冰雪消融的季节，空间上多分布在新构造活动强烈的陡峻山区。我国泥石流在时空分布上构成了“南强北弱、西多东少、南早北晚、东先西后”的独特格局。

6.5.1 泥石流的主要危害方式

泥石流是一种水、泥、石的混合物，泥石流中所含固体体积一般超过 15%，最高可达 80%，其重度可达 18 kN/m^3。泥石流在一个地段上往往突然爆发，能量巨大，来势凶猛，历时短暂，复发频繁。

泥石流的前锋是一股浓浊的洪流，固体含量很高，形成高达几米至十几米的“龙头”顺沟倾泻而下，冲刷、搬运、堆积十分迅速，可在很短的时间内运出几十万至数百万立方米的固体物质和成百上千吨巨石，摧毁前进途中的一切，掩埋村镇、农田，堵塞江河，造成巨大生命财产损失。

因此，“冲”和“淤”是泥石流的主要活动特征及主要危害方式。冲是以巨大的冲击力作用于建筑物而造成直接的破坏；淤是构造物被泥石流搬运停积下来的泥、沙、石淤埋。

“冲”的危害方式主要有冲刷、冲击、冲毁、磨蚀、直进性爬高等多种危害形式。

“淤”的危害方式主要有堵塞、淤埋、冲毁、堵河阻水、挤压河道，使河床剧烈淤高、冲刷对岸，从而使山体失稳，淤塞涵洞，淤堵道路，直接危害工程效益和使用寿命①。

6.5.2 泥石流形成基本条件

泥石流的形成必须同时具备以下一些条件。

1. 地形地貌条件

地形上具备沟深大、地势陡峻、沟床纵坡降大、流域形态有利于汇集周围山坡上的水流和固体物质的条件。在地貌上，泥石流的地貌一般可分为形成区、流通区和堆积区三部分。上游形成区的地形多为三面环山、一面出口的瓢状或漏斗状，山体破碎、植被生长不良，这样的地形有利于水和碎屑物质的集中；中游流通区的地形多为狭窄陡深的峡谷，谷床纵坡降大，使上游汇集到此的泥石流形成迅猛直泻之势；下游堆积区为地势开阔平坦的山前平原或河谷阶地，使倾泻下来的泥石流到此堆积起来。

2. 地质条件

泥石流常发生于地质构造复杂、断裂褶皱发育、新构造活动强烈、地震烈度较高的地区。地表片层破碎，滑坡、崩塌、错落等不良地质现象发育，为泥石流的形成提供了丰富的固体物质来源；另外，料层结构疏松软弱、易于风化、节理发育，或软硬相间成层地区，因易受破坏，也能为泥石流提供丰富的碎屑物来源。

3. 水文气象条件

水既是泥石流的重要组成部分，又是泥石流的重要激发条件和搬运介质（动力来源）。泥石流的水源有强度较大的暴雨、冰川积雪的强烈消融和水库突然溃决等。

4. 人为因素

滥伐乱垦会使植被消失、山坡失去保护、土体疏松、冲沟发育，大大加重水土流失，使山坡稳定性遭到破坏，滑坡、崩塌等不良地质现象发育，结果就很容易产生泥石流，甚至那些已退缩的泥石流又有重新发展的可能。

修建铁路、公路、水渠及其他建筑的不合理开挖，不合理的弃土、弃渣、采石等也可能形成泥石流。

---

① 课程素养：自然的力量是很强大的，例如，滑坡、泥石流等不良地质现象既影响场地稳定性，也对具体工程的安全和正常使用不利。工程事故案例也在警示人类过度地开发利用必将受到自然的反作用，造成危害。作为工程领域专业人才，提升个人责任心和安全意识，掌握完整的知识体系等显得尤为重要。

6.5.3　泥石流的类型

1. 泥石流按其物质成分分类

由大量黏性土和粒径不等的沙粒、石块组成的称为泥石流。西藏波密、四川西昌、云南东川和甘肃武都等地区的泥石流，均属于此类。

以黏性土为主，含少量沙粒、石块，黏度大，呈稠泥状的称为泥流。这种泥流主要分布在我国西北黄土高原地区。

由水和大小不等的沙粒、石块组成的称为水石流。它是石灰岩、大理岩、白云岩和玄武岩分布地区常见的类型，如华山、太行山、北京西山等地区分布这种类型的泥石流。

2. 泥石流按其物质状态分类

（1）黏性泥石流，含大量黏性土的泥石流或泥流。其特征是黏性大、密度高，有阵流现象。固体物质占40%～60%，最高达80%。水不是搬运介质，而是组成物质。稠度大，石块呈悬浮状态，爆发突然，持续时间短，不易分散，破坏力大。

（2）稀性泥石流，以水为主要成分，黏土、粉土含量一般小于5%，固体物质占10%～40%，有很大分散性。搬运介质为浑水或稀泥浆，沙粒、石块以滚动或跃移方式前进，具有强烈的下切作用。其堆积物在堆积区呈扇状散流，停积后似“石海”。

6.5.4　泥石流的防治原则及措施

1. 泥石流的防治原则

选线是泥石流地区公路设计的首要环节。选线恰当，可避免或减少泥石流危害；选线不当，可导致或增加泥石流危害。路线平面及纵面的布置，基本上决定了泥石流防治可能采取的措施，所以，防治泥石流首先要从选线考虑。

（1）高等级公路最好避开泥石流地区。在无法避开时，也应按避重就轻的原则，尽量避开规模大、危害严重、治理困难的泥石流沟，而走危害较轻的一岸，或在两岸迂回穿插。如过河绕避困难或不适合时，也可在沟底以隧道或明洞穿过。

（2）当大河的河谷很开阔，洪积扇未达到河边时，可将公路线路选在洪积扇淤积范围之外通过。这时路线线形一般比较舒顺，纵坡也比较平缓，但可能存在以下问题：洪积扇逐年向下延伸淤埋路基；大河摆动，使路基遭受水毁。

（3）路线跨越泥石流沟时，首先应考虑从流通区或沟床比较稳定、冲淤变化不大的堆积扇顶部用桥跨越。但应注意这里的泥石流搬运力及冲击力最强，还应注意这里有无转化为堆积区的趋势。因此，要预留足够的桥下排洪净空。

（4）如泥石流的流量不大，在全面考虑的基础上，路线也可以在堆积扇中部以桥隧或过水路面通过。采用桥隧时，应充分考虑两端路基的安全措施。这种方案往往很难克服排导沟的逐年淤积问题。

（5）通过散流发育并有相当固定沟槽的宽大堆积扇时，宜按天然沟床分散设桥，不宜改沟归并。如堆积扇比较窄小，散流不明显，则可集中设桥，一桥跨过。

2. 泥石流的防治措施

对泥石流病害，应进行调查，通过访问、测绘、观测等获得第一手资料，掌握其活动规律，有针对性地采取“预防为主，以避为宜，以治为辅，防、避、治相结合”的方针。

泥石流的治理要因势利导，顺其自然，就地论治，因害设防和就地取材，充分发挥排、挡、固防治技术的联合特殊作用。

（1）跨越工程。桥梁适用于跨越流通区的泥石流沟或洪积扇区的稳定自然沟槽；隧道适用于路线穿过规模大、危害严重的大型或多条泥石流沟，隧道方案应与其他方案做技术、经济比较后确定；泥石流地区不宜采用涵洞，在活跃的泥石流洪积扇上禁止使用涵洞。对于三、四级公路，当泥石流规模不大、固体物质含量低、不含有较大石块，并有顺直的沟槽时，方可采用涵洞；过水路面适用于穿过小型坡面泥石流沟的三、四级公路。

（2）防护工程。防护工程是指对泥石流地区的桥梁、隧道、路基及其他重要工程设施，修建一定的防护建筑物，用以抵御或消除泥石流对主体建筑物的冲刷、冲击、侧蚀和淤埋等危害。防护工程主要有护坡、挡墙、顺坝和丁坝等。

（3）排导工程。在泥石流下游设置排导措施，使泥石流顺利排除。其作用是改善泥石流流势、增大桥梁等建筑物的泄洪能力，使泥石流按设计意图顺利排泄。排导工程包括渡槽、排导沟、导流堤等。其中排导沟适用于有排沙地形条件的路段，其出口应与主河道衔接，出口标高应高出主河道 20 年一遇的洪水水位。渡槽适用于排泄量小于 30 m^3/s 的泥石流，且地形条件应能满足渡槽设计纵坡及行车净空要求。

（4）拦挡工程。拦挡工程是指在中游流通段，用以控制泥石流的固体物质和雨洪径流，用于改变沟床坡降，降低泥石流速度，以减少泥石流对下游工程的冲刷、撞击和淤埋等危害的工程设施。拦挡措施有拦挡坝、格栅坝、停淤场等。拦挡坝适用于沟谷的中上游或下游没有排沙或停淤的地形条件且必须控制上游产沙的河道，以及流域来沙量大、沟内崩塌、滑坡较多的河段。格栅坝适用于拦截流量较小、大石块含量少的小型泥石流。

对于防治泥石流，常采取多种措施相结合，这比用单一措施更为有效。

6.5.5 崩塌、滑坡与泥石流的关系及减轻危害的生物措施

崩塌、滑坡、泥石流三者常常具有相互联系、相互转化和不可分割的密切关系。

崩塌和滑坡常常相伴而生，产生于相同的地质构造环境中和相同的地层岩性构造条件下，且有着相同的触发因素，容易产生滑坡的地带也是崩塌的易发区。崩塌、滑坡在一定条件下可互相诱发、互相转化。

1. 崩塌、滑坡与泥石流的关系

崩塌、滑坡与泥石流的关系十分密切，易发生崩塌、滑坡的区域也易发生泥石流，并且崩塌和滑坡的物质经常是泥石流的重要固体物质来源。崩塌、滑坡还常常在运动过程中直接转化为泥石流等，即泥石流是崩塌和滑坡的次生灾害，泥石流与崩塌、滑坡有着许多相同的促发因素。

2. 减轻崩塌、滑坡、泥石流灾害的生物措施

生物措施是防治水土流失，减轻崩塌、滑坡、泥石流灾害的主要措施之一。乱砍滥伐、毁林开荒、过度放牧及人类不合理的生产生活活动所致的生态环境破坏，是水土流失的主要原因，许多崩塌、滑坡、泥石流灾害即水土流失恶性发展的直接结果。

减轻崩塌、滑坡、泥石流灾害的生物措施主要有植树造林、封山育草，改良耕作技术及改善对生态环境有重要影响的农、牧业管理方式等。其主要作用是保护坡面、减少坡面物质的流失量、固结土层、调节坡面水流、削减坡面径流量、增大坡体的抗冲蚀能力等。

6.6 岩溶

岩溶又称喀斯特（Karst，因它为南斯拉夫一个石灰岩高地的名称而得名），它是指可溶性岩层（主要包括石灰岩、大理岩和白云岩等碳酸盐类岩石，石膏等硫酸盐类岩石和岩盐等卤素类岩石）受地表和地下流水的化学和物理作用而产生的沟槽、裂隙及空洞，以及由于空洞顶板塌落而在地表产生陷穴和洼地等特殊地貌形态及水文地质现象的总称。

我国西南和中南地区岩溶现象分布比较普遍，其中粤北、桂、黔、滇、川东、鄂西、湘西连成一片，面积达 $56\times10^4\ km^2$。无论是建筑工程、道路工程、水电工程还是隧道工程和桥梁工程，岩溶对工程建设影响极大，不仅影响工程设计与施工，还影响工程建设的经济性。因此，掌握岩溶基本知识具有重要的工程现实意义。

6.6.1 岩溶的主要形态

岩溶主要包括地表和地下两种形态。如图 6.14 所示，地表岩溶形态主要有溶沟（槽）、石芽、石林、漏斗、溶蚀洼地、坡立谷和溶蚀平原等；地下岩溶形态主要有落水洞、溶洞、暗河和天生桥等。

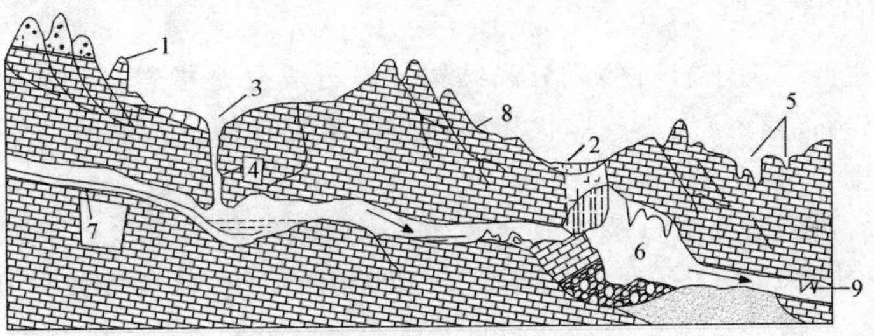

图 6.14 岩溶区岩层剖面示意图

1—石芽、石林；2—塌陷洼地；3—漏斗；4—落水洞；5—溶沟、溶槽；
6—溶洞；7—暗河；8—溶蚀裂隙；9—钟乳石

(1) 溶沟（槽）。溶沟（槽）是指地表水沿可溶性岩石的裂隙溶蚀和机械侵蚀所形成的沟槽系统。

(2) 石芽、石林。石芽、石林是指溶沟之间残留的脊和笋状的石柱，多沿节理规则排列。

(3) 漏斗。漏斗是指地表水溶蚀和冲刷并伴随塌陷作用而在地表形成的漏斗状形态。

(4) 溶蚀洼地。溶蚀洼地是由许多相邻漏斗不断扩大汇合而成，平面上多呈圆形或椭圆形，直径由数米到数百米甚至数千米。溶蚀洼地周围常有溶蚀残丘、峰丛和峰林，底部常有漏斗和落水洞。

(5) 坡立谷和溶蚀平原。坡立谷是一种大型的封闭洼地，也称溶蚀盆地。面积由几平方千米到数百平方千米，坡立谷再发展而成溶蚀平原。在坡立谷和溶蚀平原内经常有湖泊、沼泽及湿地等，底部经常有残积、洪积和冲积层覆盖。

(6) 落水洞和竖井。落水洞和竖井皆是地表通向地下深处的通道，其下部多与溶洞或暗河相连，它是岩层裂隙受流水溶蚀和冲刷扩大或塌陷而成的。落水洞和竖井常出现在漏斗、槽谷、溶蚀洼地和坡立谷的底部，或河床的边缘，呈串珠状分布。

（7）溶洞。溶洞是由地下水长期溶蚀、冲刷和塌陷作用而形成的近于水平方向发育的岩溶形态。它早期是岩溶水活动的通道，因而其延伸和形态多变，溶洞内常有支洞、钟乳石、石笋和石柱等岩溶产物，这与组成岩石的碳酸钙的溶解及其溶解之后的分解和沉淀直接相关。

（8）暗河。暗河是地下岩溶水汇集和排泄的主要通道。部分暗河常与地面的沟槽、漏斗和落水洞相同，暗河水源经常是通过地面岩溶沟槽和漏斗等经落水洞流入暗河，因此，可根据这些地表岩溶形态分布位置，初步判断暗河的延伸与发展。

（9）天生桥。天生桥是指溶洞或暗河等塌陷直达地表而局部洞道顶板不发生塌陷所形成的横跨水流的石桥。天生桥常为地表跨过槽谷或河流的通道。

6.6.2 岩溶作用的基本条件

在岩溶地区，水与岩石是构成岩溶作用的一对矛盾。就岩石而言，首先，必须是可溶的，否则水就不可能进行溶蚀，岩溶作用也就不会发生；其次，岩石必须是透水的，当岩石具有透水性时，地表水才能渗入地下井转化为地下水，这样地下水才能起主导作用，形成作为岩溶标志的地下洞穴。就水而言，首先，水必须具有溶蚀力，如果水没有溶蚀力，岩溶作用就很难进行；其次，水必须是流动的，因为停滞的水很快就会变成饱和溶液，因而失去溶蚀力，岩溶作用就会停止。因此，岩石的可溶性、透水性，水的溶蚀力、流动性，就成为岩溶作用的基本条件。

1. 岩石的可溶性

岩石的可溶性主要取决于岩石的成分和结构。岩石成分是指岩石的矿物成分和化学成分；岩石结构是指组成岩石的颗粒大小、形状和排列，以及岩石的胶结物的性质（胶结物质、胶结方式和胶结程度）等。

从岩石成分来看，可溶性岩石基本上分为三类：碳酸盐类岩石（石灰岩、白云岩、硅质灰岩和泥灰岩）；硫酸盐类岩石（石膏、芒硝）；卤盐类岩石（石盐和钾盐）。就溶解度而言，卤盐＞硫酸盐＞碳酸盐。但是，卤盐类岩石和硫酸盐类岩石分布不广，岩体较小，而碳酸盐类岩石分布很广，岩体一般都很大。所以发育在碳酸盐类岩石中的岩溶较之卤盐类和硫酸盐类岩石中的岩溶要普遍得多。

碳酸盐类岩石的矿物成分主要是方解石 $CaCO_3$ 或白云石（Ca，Mg）CO_3，其次是 SiO_2、Fe_2O_3、Al_2O_3，以及黏土物质。石灰岩的成分以方解石为主，白云岩的成分以白云石为主，硅质灰岩是含有燧石结核或条带的石灰岩，泥灰岩则为黏土物质与 $CaCO_3$ 的混合物。一般来说，石灰岩比白云岩易溶蚀，白云岩比硅质灰岩易溶蚀，硅质灰岩又比泥灰岩易溶蚀。

碳酸盐岩结构对岩溶发育的影响，主要是原生孔隙性的影响。一般来说，盆地或大陆架深水区沉积生成的碳酸盐岩孔隙小而少，不利于岩溶发育；而过渡性沉积区生成的碳酸盐岩多孔隙，有利于岩溶发育。

2. 岩石的透水性

岩石的透水性取决于岩石的裂隙度和孔隙度，对可溶岩的透水性来说，前者较后者更为重要。褶皱和断裂使岩石透水性加强，对岩溶发育具有一定的控制作用。可溶性岩层与非可溶性岩层的接触带及不整合面等有利于水的活动，岩溶易于发育。

岩层在褶皱的弯曲过程中，往往产生裂隙，尤其在褶皱轴部裂隙更加密集和开阔，使透水性增强更大，有利于碳酸盐岩的溶蚀和岩溶发育。背斜顶部有张裂隙，宽度较大，分布深，岩溶以漏斗和竖井等垂直形态为主；相对低洼的向斜轴部、下部也有张裂隙，且易积水，多发育地下河，由于洞顶坍塌，又产生漏斗和落水洞，所以向斜轴部垂直和水平通道都易发育。因此，在褶皱区，地表岩溶具有沿褶皱走向呈条带状分布的特点。

富水优势断裂常为较大的地表水和地下水汇集的地方，往往发育成管状水道或地下河，也是地面塌陷集中分布的地带。

3. 水的溶蚀力

纯水的溶蚀力是微弱的，只有当水中含有 CO_2 时，才有较强的溶蚀作用，将 $CaCO_3$ 溶解，把不能溶解的残余物质留下，或呈悬浮状态带走。

在含 CO_2 的水中，CO_2 与 H_2O 化合成碳酸，碳酸又离解为 H^+ 与 HCO_3^- 离子。水中 CO_2 含量越高，H^+ 也越高，而 H^+ 是很活跃的离子，当含多量 H^+ 的水对石灰岩作用时，H^+ 就会与 $CaCO_3$ 中的 CO_3^{2-} 结合成 HCO_3^-，分离出 Ca^{2+}，而使 $CaCO_3$ 溶解于水。上述化学反应是可逆的，正反应的速度取决于 CO_2 的浓度，逆反应的速度取决于 Ca^{2+} 的浓度。

4. 水的流动性

降水沿着碳酸盐岩的裂隙和孔隙向下渗透，在达到潜水面以前，已被 $CaCO_3$ 所饱和，丧失了溶蚀力。如果为 $CaCO_3$ 所饱和的水溶液一直处于流动状态，由于水量、水温、气压等条件的变化，或形成混合溶液，那么它就有可能随时变饱和溶液为不饱和溶液，重新获得溶蚀力，或者变饱和溶液为过饱和溶液，发生沉淀作用。

6.6.3 岩溶地区的工程地质问题与地质勘察

1. 岩溶地区的工程地质问题

在岩溶地区进行工程建设时，常常会遇到许多工程地质问题，给工程建设带来许多麻烦，甚至成为工程建设成败的关键，必须特别关注。岩溶地区工程地质问题主要表现在如下几个方面。

（1）地基承载能力下降。溶蚀作用使岩石出现空洞，岩石强度下降。当下伏岩溶溶洞顶板厚度较小时，地基承载能力大幅降低。

（2）地基不均匀沉降。当地表岩溶发育或地下溶洞塌陷时，地基岩土体表现为强烈的不均匀性，极易导致地基差异或不均匀沉降。

（3）基础不稳定。建筑物基础置于地下岩溶的倾斜面上，易产生滑动或倾倒。

（4）地面塌陷。地下溶洞突然塌陷，基础置于溶洞顶部使地下溶洞坍塌等，均严重影响基础的稳定性，应专门进行基础稳定性评价，具体内容见相关规范和手册，这里不再赘述。

（5）岩溶突水。地下岩溶常具有丰富的地下水，在地下工程施工时，如果贸然揭露岩溶，易引起岩溶突水，突水量大时会影响施工甚至产生事故。

（6）路基水毁。岩溶地区复杂的水文地质条件，加之暴雨影响，易造成路基水毁。

2. 岩溶地区的工程地质勘察

岩溶地区的工程地质勘察须在一般工程地质勘察的基础上，有针对性地掌握以下几个方面的情况：

（1）查明岩溶地区内可溶的地质年代和分布；

（2）查明岩溶地区内岩溶的形态和分布规律，以及溶洞的形状、大小、填充情况与埋深情况；

（3）查明地质构造，包括断裂与褶皱构造；

(4) 查明地表塌陷情况，包括塌陷范围及塌陷区岩土密实情况等；

(5) 查明岩溶地区水文地质情况，包括岩溶水与地表水的关系，岩溶水量，泉水与地下暗河的出露情况，地下水补给、径流和排泄情况等；

(6) 对岩溶地区工程建设的适宜性进行评价，并提出岩溶处治措施与建议。

6.6.4 岩溶的防治与处治措施

在岩溶地区进行工程建设时，应在工程地质勘察基础上，结合具体工程实际情况，采取综合防治措施。若工程建筑场址可以选择，应优先考虑避让，若无法避让时再考虑处治措施。常见的岩溶处治措施主要有以下几种思路。

(1) 防止地基不均匀或差异沉降。基础置于稳定岩土层、采用整体性较好的基础和软土地基处理（如复合地基和排水固结等）都可有效防止地基差异沉降。值得注意的是，上述方法一般只适用于溶蚀引起的基岩表面起伏而形成的地基和塌陷区地基的处理。

(2) 挖填。挖除岩溶中的软弱充填物、回填片石、碎石土或素混凝土等，以增强地基的承载能力；在压缩性地基上凿平局部凸出的基岩，铺盖可压缩的垫层或褥垫，以调整地基的变形量。值得注意的是，这种方法一般适用于浅层岩溶的处理。

(3) 跨盖。基础下有溶洞、溶槽、暗河、漏斗或小型溶洞时，可采用钢筋混凝土梁板或桥（包括地面下暗桥）跨越，或用刚性大的平板基础覆盖，但支承点必须放在较完整而稳定的基岩上。

(4) 注浆。对于埋深较大的溶沟、溶隙甚至溶洞，可采用注浆进行处理，以提高地基承载能力。

(5) 堵塞。对于较大的单个溶洞，可通过地面钻孔或竖井灌注片石、碎石、沙或素混凝土等以堵塞溶洞，有条件时也可采用洞内人工填塞的方法进行处理。

(6) 洞内支撑。对于单个有进出口的大溶洞，可采用洞内支顶方法加固溶洞顶板，以保证溶洞的稳定性。

(7) 排导。地下岩溶水一般宜疏不宜堵，否则会破坏地下水力系统，易引起地面洪灾。因此，一般对建筑物地基内或附近的地下水宜采用疏水钻孔、排水隧洞、排水管道等进行疏排，以防止地下水流通道堵塞而造成建筑场地和地基的季节性淹没。对于岩溶区地下工程施工，一般先采用疏水孔洞缓慢疏排水，以防止因贸然揭露大型溶洞而发生岩溶突水事故。

(8) 强夯。覆盖型岩溶区上覆松软土，通过强夯法，其压缩性降低，提高承载能力。对于地下浅层溶洞，也可通过强夯震垮溶洞，达到岩溶处理的目的，即使不能震垮也能确认溶洞具有足够的稳定性。

6.6.5 土洞与塌陷的分布与形成

土洞是指埋藏在岩溶地区可溶性岩层上覆土层内的空洞，主要由地表水或地下水流入地下土体，将颗粒间可溶成分溶滤，带走细小颗粒，使土体被掏空成洞穴而形成，这种地质作用过程称为潜蚀。土洞继续发展，易形成地表塌陷。

土洞可分为由地表水机械冲蚀作用形成的土洞和地下水潜蚀作用形成的土洞。土洞在形成过程中，沉积在洞底的塌落土体有时不能被水带走而堵塞通道，若潜蚀大于堵塞，土洞继续发展；反之，土洞就停止发展。因此，不是所有的土洞都能发展到地表塌陷。

1. 土洞与塌陷的分布

土洞与塌陷的分布受岩溶发育规律与程度的制约，同时与地质构造、地形地貌、土层厚度等都有关：

(1) 多分布在断裂带及褶皱构造轴部；

(2) 多分布在溶蚀洼地等地形低洼处；

(3) 多分布在河床两侧；

(4) 多分布在土层较薄且土颗粒较粗的地段。

2. 土洞塌陷与水力作用的关系

土洞塌陷与水力作用存在密切关系：

(1) 塌陷与水位降深的关系。当水位降深小，地表塌陷坑的数量少且规模小；当降深保持在基岩面以上且较稳定时，不易产生塌陷；降深增大，水动力条件急剧改变，水对土体的潜蚀能力增强，地表塌陷数量增多，规模增大。

(2) 塌陷与降落漏斗的关系。塌陷区的位置多居于降落漏斗之中，其范围小于降落漏斗区。

(3) 塌陷与水力坡度和流速的关系。研究资料显示，水力坡度小于 3%、流速小于 0.000 5 m/s 的地段，处于相对稳定状态；当水力坡度大于 3%、流速大于 0.000 5 m/s 时，地面开始产生变形；当水力坡度大于 5%，流速大于 0.000 5 m/s 时，地面产生塌陷。

(4) 塌陷与径流方向的关系。由于主要径流方向上地下水来源丰富，水的流速大，地下水对土体的潜蚀作用强，所以在径流方向上易产生塌陷。

6.6.6　土洞和塌陷的防治处理

在土洞和塌陷区进行工程建设时，如果有条件，建筑场地应尽量选择在地势较高的地段、地下水最高水位低于基岩面的地段和降落漏斗半径之外的地段，否则，应该采取防治措施。土洞和塌陷的常见防治处理方法如下。

1. 土洞防治

土洞防治方法与土洞形成原因有着密切关系，它包括地表水形成土洞的防治和地下水形成土洞的防治，具体情况如下。

(1) 地表水形成土洞的防治。在建筑场地和地基范围内，认真做好地表水的截流、防渗、堵漏等工作，杜绝地表水渗入土层，使土洞停止发展，再对土洞采取挖填及梁板跨越等措施进行处治。

(2) 地下水形成土洞的防治。当地质条件许可时，首先尽量对地下水采取截流与改道等措施，以阻止土洞继续发展，然后，采用下述方法进行防治：

1) 浅埋土洞。土洞埋深较浅时，可采用挖填和梁板跨越进行处治。

2) 小土洞。对较小的埋深土洞，其稳定性较好，危害性小，可不处理洞体，仅在洞顶上部采取梁板跨越进行防治既可。

3) 大土洞。对较大的深埋土洞，可采用顶部钻孔灌砂（砾）或灌碎石混凝土，以充填土洞。当地下水不能通过截流与改道等措施以阻止土洞发展时，可采用桩基（嵌入基岩）或其他措施进行防治。

2. 塌陷处理

对塌陷坑一般采用回填进行防治，回填方法如下：

(1) 对影响建筑设施或大量充水的塌陷坑，应根据具体情况进行特殊防治，一般是清理至基岩，封住溶洞口，再回填土石。

(2) 对不易积水地段的塌陷坑，当没有基岩出露时，采用黏土回填夯实，高出地面 0.3～

0.5 m；当有基岩出露并见溶洞口时，可先用大块石堵塞洞口，再用黏土压实。

（3）对河床地段的塌陷坑，若数量少，也可采用上述方法进行回填；若数量多时，应根据具体情况考虑对河流采取局部改道的方法进行防治。

6.7 地　震

6.7.1 地震的基本知识

地震属于内动力地质作用。它是接近地球表面岩层中的构造运动以弹性波形式释放应变能而引起地壳表层的快速振动的现象或作用。火山爆发、溶洞或采空区陷落等也可引起地震，但所占比例很小，而且强度低、影响范围小。

我国地处环太平洋地震带和地中海—喜马拉雅地震带两大地震带的交接地区，是世界上最大的一个大陆地震区，地震活动具有分布广、频度高、强度大、震源浅的特点。我国已有3 000多年较可靠的地震记载历史，也是世界上最早发明地震仪的国家①。

地壳内部因岩石破裂发生震动的地方称为震源。震源在地面的垂直投影称为震中（图 6.15）。震中可以看作地面上震动的中心，围绕震中一定范围的地区称为震中区，它表示一次地震时震害最严重的地区。强烈地震的震中常被称为极震区。

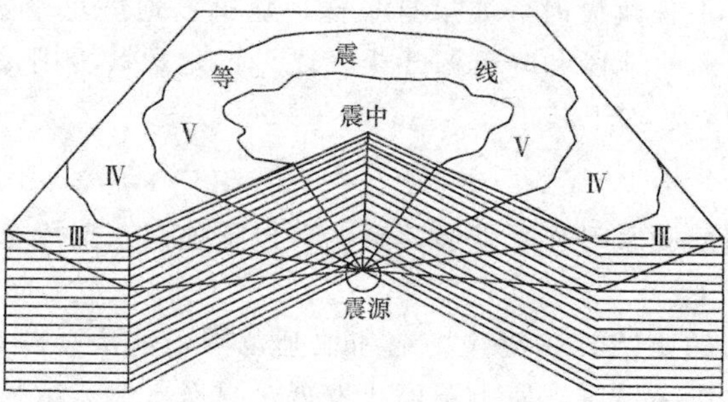

图 6.15　震源、震中、等震线示意（罗马数字表示地震烈度）

震源与震中之间的距离称为震源深度，通常，震源深度在 70 km 以内的地震称为浅源地震；震源深度为 70～300 km 的称为中源地震；震源深度在 300 km 以上的称为深源地震。震源深度超过 100 km 的地震，在地面上不会引起灾害，多数破坏性地震是浅源地震。

在同一次地震影响下，地面上破坏程度相同各点的连线称为等震线（图 6.15）。每次地震往往不是只震动一次，而是连续震动多次，其中最大的一次震动称为主震，主震之前发生的震动称为前震，主震之后发生的震动称为余震。

地震时从震源释放的能量以弹性波形式向四周传播，称为地震波。它具有振幅和周期（图 6.16），离震源越远，振动越小，在地面表现为距震中越远，震动强度越小，地面破坏程度

① 课程素养：唯一一次做出准确临震预报的大地震——1975 年海城地震。当时的地震研究人员对海城地区地震活动性展开研究，并且结合众多地震前兆信息，于 1975 年 2 月 4 日零时发出海城—营口即将发生强震的预测，19 时 36 分 7.3 级强震在海城发生，这是我国首次实现对 7 级以上大地震的成功预报。事后，联合国认定海城地震预报为人类第一次，也是迄今为止唯一一次对强震做出准确临震预报，这是中国人的骄傲。

越轻的等震线。地震波通过地球内部介质传播的称为体波。体波经过反射、折射而沿地面附近传播的波称为面波。

体波分为纵波（P 波）和横波（S 波）。纵波的质点振动方向与地震波传播方向一致，即由介质扩张及收缩而传播。纵波在固态、液态及气态物质中均能传播。纵波的传播速度是所有震波中最快的，平均传播速度为 7～13 km/s，是最先到达震中的波。横波的质点振动方向与地震波传播方向垂直（图 6.16），这种波的传播速度较小，平均传播速度为 4～7 km/s，为纵波速度的 50%～60%，横波只能在固体介质中传播。

面波，又分为瑞利波（R 波）和勒夫波（L 波），是体波到达地面后激发的次生波，它只在地表传播，向地面以下迅速消失。面波波长长、振幅大，传播的速度最慢。图 6.16 所示是仪器记录的地震波谱，最先到达的是纵波，其次是横波，最后是面波。当横波和面波到达时，地面振动最强烈，对建筑物破坏性最大。

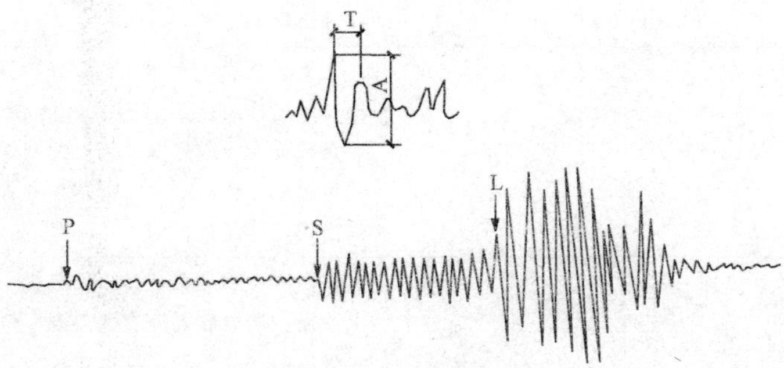

图 6.16 地震波记录

T—周期；A—全振幅；P—纵波；S—横波；L—面波

6.7.2 地震震级与地震烈度

地震震级是表示地震释放能量大小的指标，释放的能量（E）越大，震级（M）就越高。两者的关系为 $\lg E=11.8+1.5M$。5～6 级以上的地震称为破坏性地震，7 级以上的地震称为强烈地震。目前记录到的最大震级是 9.5 级（1960 年智利大地震）。

地震烈度是地震产生破坏程度的指标。它与距震中的距离密切相关。地震烈度不仅与震级有关，还和震源深度、距震中距离及地震波通过的介质条件（岩石性质、地质构造、地下水埋深）等多种因素有关。一次地震只有一个震级，但震中周围地区的破坏程度随距震中距离的加大而逐渐减小，形成多个不同的地震烈度区。

地震烈度鉴定表是根据地震发生后，地面的宏观破坏现象和大量的实际地震观测总结出的地震加速度与地震烈度的关系，根据我国的实际情况而编制的（表 6.3）。表中地震系数（K）是地震时地面最大加速度与重力加速度的比值。

表 6.3 中国地震烈度鉴定标准表

烈度	名称	加速度/（$cm \cdot s^{-2}$）	地震系数（K）	地震情况
Ⅰ	无震感	<0.25	$<\frac{1}{4\,000}$	人不能感觉，只有仪器可以记录
Ⅱ	微震	0.26～0.5	$\frac{1}{4\,000}\sim\frac{1}{2\,000}$	少数在休息中极宁静的人有感觉，住在楼上者更容易感觉

续表

烈度	名称	加速度/（cm·s^{-2}）	地震系数（K）	地震情况
Ⅲ	轻震	0.6～1.0	$\frac{1}{2\ 000}\sim\frac{1}{1\ 000}$	少数人感觉地动（如有轻车从旁经过），不能立即断定是地震。震动来自的方向或继续时间有时可定
Ⅳ	弱震	1.1～2.5	$\frac{1}{1\ 000}\sim\frac{1}{400}$	少数在室外的人和绝大多数在室内的人都有感觉。家具等物有些摇动，盘、碗及窗户玻璃震动有声，屋梁吊顶等有响声，缸里的水或敞口皿中的液体有些荡漾，个别情形惊醒了睡着的人
Ⅴ	次强震	2.6～5.0	$\frac{1}{400}\sim\frac{1}{200}$	差不多人人有感觉，树木摇晃，像有风吹动，房屋及室内物件全部震动，并有响声，悬吊物（如帘子、灯笼、电灯等）来回摆动，挂钟停摆或打乱，器皿中水满的溅出一些，窗户玻璃现出裂纹，睡着的人被惊醒，有些惊逃户外
Ⅵ	强震	5.1～10.0	$\frac{1}{200}\sim\frac{1}{100}$	人人有感觉，大多惊骇跑到户外，缸里的水剧烈地荡漾，墙上挂图、架上的书都会落下来，碗碟器皿打碎，家具移动位置或翻倒，墙上的灰泥发生裂缝。坚固的庙堂房屋也不免有些地方掉落了些泥灰，不好的房屋受相当损伤，但还是轻的
Ⅶ	损害震	10.1～25.0	$\frac{1}{100}\sim\frac{1}{40}$	室内陈设物品和家具损伤甚大，池塘里腾起波浪并翻出浊泥，河岸砂砾处有些崩滑，井泉水位改变，房屋有裂缝，灰泥及塑雕装饰大量脱落，烟囱破裂，骨架建筑的隔墙也有损伤，不好的房屋严重损伤
Ⅷ	破坏震	25.1～50.0	$\frac{1}{40}\sim\frac{1}{20}$	树木发生摇摆有时摧折，重的家具物件移动很远或抛翻，纪念碑或人像从座上扭转或倒下。建筑较坚固的房屋，如庙宇也被损坏，墙壁间起了缝或部分裂坏，骨架建筑隔墙倾脱，塔或工厂烟囱倒塌，建筑特别好的烟囱顶部也遭破坏。陡坡或潮湿的地方发生小小裂缝，有些地方涌出泥水
Ⅸ	毁坏震	50.1～100	$\frac{1}{20}\sim\frac{1}{10}$	坚固的建筑，如庙宇等损伤颇重，一般砖砌房屋严重破坏，有相当数量的倒塌，而致不能再住。骨架建筑根基移动，骨架歪斜，地上裂缝很多
Ⅹ	大毁坏震	100.1～250	$\frac{1}{10}\sim\frac{1}{4}$	大的庙宇、砖墙及骨架建筑连基础都遭受破坏，坚固的砖墙发生危险的裂缝，河堤、坝、桥梁、城垣均严重损伤，个别的被破坏，钢轨也挠曲。地下输送管被破坏，马路及柏油街道起了裂缝和皱纹，松散软湿之地开裂相当宽及深的长沟，且有局部崩滑，崖顶岩石有部分崩落，水边惊涛拍岸
Ⅺ	灾震	250.1～500	$\frac{1}{4}\sim\frac{1}{2}$	砖砌建筑全部坍塌，大的庙宇与骨架建筑也只部分保存。坚固的大桥破坏。桥柱崩裂，钢梁弯曲（弹性大的木桥损坏较轻），城墙开裂崩坏。路基堤坝断开，错离很远。钢轨弯曲且凸起。地下输送线完全破坏，不能使用。地面开裂甚大，沟道纵横错乱，到处土滑山崩，地下水夹泥沙，从地下涌出

续表

烈度	名称	加速度/（$cm \cdot s^{-2}$）	地震系数（K）	地震情况
Ⅻ	大灾震	500.1～1 000	$>\frac{1}{2}$	一切人工建筑物无不毁坏，物件抛掷空中。山川风景变异，范围广大。河流堵塞，造成瀑布，湖底升高，地崩山摧，水道改变等

注：1. Ⅶ类中所说的“不好的房屋”相当于西北的箍窑（地上砖拱而用土填充的窑及不规则形的石块垒成的窑），土坯墙托梁窑的房屋；用细木柱子的土墙房屋；砖砌而用土坯或砖填充或空斗砖的房屋。“正常的建筑物”相当于真材实料，结构合乎要求的普通瓦房，以及与之相称的一般庙宇。
2. Ⅸ类中所说“坚固的建筑”，即现代结构的坚固房屋。
3. 一般城墙垛口地震时倒塌的原因与房屋的烟囱倒塌原因相似

震级地震烈度是相互联系而又有区别的。一次地震，只有一个震级，但在不同地区烈度大小是不一样的。部分浅源地震（震源深度为10～30 km）中，震级和震中烈度（最大烈度）的关系根据经验大致见表6.4。

表6.4 震级与震中烈度关系表

震级/级	3以下	3	4	5	6	7	8	8以上
震中烈度/度	1～2	3	4～5	6～7	7～8	9～10	11	12

地震烈度可分为基本烈度、建筑场地烈度和设防烈度。

(1) 基本烈度是指一个地区在今后100年内，在一般场地条件下可能遇到的最大地震烈度。它是在研究了区域内毗邻地区的地震活动规律后，对地震危险性做出的综合性的平均估计和对未来地震破坏程度的预报。

(2) 建筑场地烈度又称小区域烈度，它是指建筑场地内因地质条件、地貌地形条件和水文地质条件的不同而引起基本烈度的降低或提高后的烈度。通常建筑场地烈度比基本烈度提高或降低半度至一度。

(3) 设防烈度又称设计烈度，它是指抗震设计所采用的烈度。它是考虑建筑物的重要性、永久性、抗震性及工程的经济性等条件对基本烈度的调整。调整后设计采用的烈度称为设防烈度。大多数建筑物不需调整，基本烈度即设防烈度。特别重要的工程建筑提高一度时，应按规定报请有关部门批准。对次要建筑，如仓库或辅助建筑，设防烈度可降低一度。但基本烈度为Ⅶ度时，不降。

6.7.3 地震效应

在地震作用下，地面出现各种震害称为地震效应，主要有地震力效应、地震破裂效应、地震液化与震陷和地震激发地质灾害等。

1. 地震力效应

地震力，即地震波传播时施加于建筑物的惯性力。假如建筑物所受重力为W，质量为$\frac{W}{g}$，g为重力加速度，则在地震波作用下，建筑物所受到的最大惯性力即地震力（P）为

$$P=W/g \cdot \alpha_{max}=W \cdot \alpha_{max}/g=WK \tag{6-3}$$

式中 α_{max}——地面最大加速度；

α_{max}/g——地震系数（K）。

地震时，地震的速度是方向性的，有水平分量与垂直分量。因而地震力也有水平方向和垂直方向。从震源发射出来的体波，传播到震中位置时，垂直方向的地震力最大。到达地表的振波传播越远，则垂直方向的地震力越小，直到距震中某一距离为零。另外，面波的质点在地平面内呈表面波动，其水平方向的分量相应地超过垂直分量。所以在地震区，离震中远，作用于建筑物的地震力就以水平方向为主。因此，一般抗震设计中，都必须考虑水平地震力的影响。而地震烈度表所示的加速度也是水平方向加速度值。

从震源发出的地震波，在土层中传播时，经过不同性质界面的多次反射，将出现不同周期的地震波，若某一周期的地震波与地基土层固有周期相接近，由于共振的作用，这种地震波的振幅将得到放大，此周期称为卓越周期。卓越周期是按地震记录统计的，即统计一定时间间隔内不同周期地震波的频数，以出现频数最多的振动周期为卓越周期。

根据地震记录统计，地基土随其软硬程度的不同，而有不同的卓越周期，可划分为四级：

(1) Ⅰ级——稳定岩层，卓越周期为0.1～0.2 s，平均为0.15 s；

(2) Ⅱ级——一般土层，卓越周期为0.21～0.4 s，平均为0.27 s；

(3) Ⅲ级——松软土层，卓越周期为Ⅱ～Ⅳ级；

(4) Ⅳ级——异常松软土层，卓越周期为0.3～0.7 s，平均为0.5 s。

地震时，由于地面运动的影响，建筑物发生自由振动。一般低层建筑物刚度较大，自由振动周期都较小，大多数小于0.5 s。高层建筑物刚度小，自由振动周期一般在0.5 s以上。经过实测，软土场地上的高层（柔性）建筑与坚硬场地上的刚性建筑的震害严重，这与上述土层的卓越周期与建筑物刚度不同的自振周期相近有关。因此，为了准确估计和防止这类震害发生，必须使工程设施的自振周期避开产地的卓越周期。

2. 地震破裂效应

地震引发岩石地层破裂位移形成地震断裂和地裂缝，对建筑物、道路造成极大危害。如1976年唐山7.8级大地震，震源深度为12～16 km（浅源地震），极震区最高烈度为11度。唐山市区形成地震断裂，其走向为北30°东，长为8 km，最大水平错距为3 m，垂直断距为0.7～1 m，错开了道路和各种建筑物。据我国300年来15次大地震统计，当震级$M \geqslant 7$的地震，则可能出现地震断裂。当$M \geqslant 8$时，地震断裂100%出现。

地裂缝的形成一个原因是与邻近活动断裂的变形有关；另一个原因就是地震时，地震力的作用使岩土层开裂。

3. 地震液化与震陷

饱和粉细砂土，在地震过程中，振动使饱和砂土中的孔隙水压力骤然上升，而在地震过程的短暂时间内，骤然上升的孔隙水压力来不及消散，这就使原来由砂粒通过其接触点传递的压力（有效压力）减小。当有效压力完全消失时，砂土层完全丧失抗剪强度和承载能力，呈现液态特征，这就是砂土液化现象。地震液化的宏观表现有喷水冒砂和地下砂层液化两种。这两种液化现象会导致地表沉陷和变形。

4. 地震激发地质灾害

地震作用下触发斜坡上岩土松动、失稳，发生崩塌、滑坡和泥石流。特别是震前久雨则地质灾害更易发生。例如，1933年四川迭溪7.4级地震引发崩塌和滑坡。在迭溪附近，岷江两岸山体滑坡形成三座高达100 m堆石坝，将岷江完全堵塞，积水成湖。后来堆石坝溃决形成高达40 m的水头顺河而下，造成两岸村镇农田严重灾害。

5. 地震引发的海啸

海底突然发生水下地震、火山爆发引起火山口塌陷及大规模的水下滑坡等，引起海水做大幅度升降而形成巨大的波浪，称为海啸。它常与地震相伴相随。海啸波浪传播速度快，每小时为 700～800 km，它的波长达 100 km 以上，但波高仅 1 m 左右。因此在开阔的海面上传播时不易被觉察，也不会在深水区造成灾害。当海啸到达浅水区域时，由于受到海底斜坡地形的阻挡和摩擦，波长显著缩短，波高迅速增加。当它冲击海岸时，波高可达 10～20 m，最高达 64 m，形成巨大波涛，能颠覆船只，摧毁港口设施，给海岸地带造成严重破坏。历史上，地震海啸屡有发生，如 1933 年日本海沟 8.5 级地震、1960 年智利发生 9.5 级地震等都引起海啸造成巨大损失。2004 年 12 月 26 日，印度尼西亚苏门答腊岛 8.7 级地震，引发了海啸，给印度尼西亚、斯里兰卡、印度、泰国等国造成了巨大损失，截至 2005 年 1 月 5 日共导致 15 万人丧生。

海啸威力巨大，预报工作十分重要，由于地震波传播速度比海啸波浪快，所以建立海啸监测网进行预警是可能的。一般在得到警报后，人员要离开海边及江河入海口，撤离到地势高的山坡上去；船只迅速离开海港，驶入开阔海面。

6.7.4 地震液化

国内外历史地震灾害调查结果表明，地震液化是地震灾害的主要形式之一，地震地基失效事故中约有 50%是由液化引起的。因为地震中，一定深度范围内饱和地基中超孔隙水压力显著增大来不及消散，导致土体有效应力下降为零，抗剪强度完全丧失，致使土体承载能力下降而处于悬浮状态，并伴随喷水冒砂、侧向扩展、震后地表塌陷、工程构筑物倾倒和上浮等宏观现象，这种现象称为地震液化。如唐山地震中，液化区喷水高度达 8 m、厂房沉降近 1 m。液化机理至今国内外尚未统一，当今主要有砂沸、流滑和循环流动性三种机理。地震液化受土性条件、初始应力条件、地震条件和排水条件等因素的影响。液化危害的类型有喷水冒砂（简称喷冒）、地基失效、地震上浮及侧向扩展与流滑等不同形式，最终导致建筑或结构的不均匀沉降、倾倒或丧失使用功能。

（1）喷水冒砂。地震中土体液化后，其有效应力降低为零，超孔隙水压力急剧上升，必然导致水体和液化状态土体向压力低的地表或相邻土层移动，从而在地表或土体形成喷水冒砂和流动现象。喷水冒砂会导致建于其中的工程构筑物不均匀下沉和农田破坏等灾害。

（2）地震上浮。地震中土体液化后地形结构会出现上浮现象，这对城市生命线工程的输油管线、工业或民用的地下管线和重要地下构筑物会造成大变形及破坏。

（3）液化侧向扩展与流滑。液化侧向扩展是造成公路桥梁震害的主要原因，常见于河流的两岸和海滨及古河道地区，因倾斜可液化场地在液化后或在液化前由于土体抗剪强度极度下降，上覆非液化土在其自重作用和地震水平力的综合作用下，可引发向临空面方向滑动，当滑动带的地面坡度小于 5%时，则称为侧向扩展；大于 5%时，一般称为流滑。如海城地震与唐山地震中众多桥梁因此造成墩台倾斜和不均匀沉降。对于坡度较大的自然边坡或人工边坡（如土坝、堤岸），由于液化导致的流滑，虽然比较少见，但其后果往往是毁灭性的，如 1920 年宁夏海原大地震时，黄土高坡的流滑造成公路被推移数百米，掩埋了沿途的一切。

随着城市建设工程规模及数量加大，高烈度区可液化场地土工抗震安全问题已日益突出。因此，准确可靠评价场地的地震液化势和危害等级对可液化场地土工工程的抗震稳定性分析具有重要意义，这也是工程勘察、抗震设计中的首要任务。然而，地震液化的发生、发展受诸多因素影响，地震液化评价是一项复杂的、非线性的不确定性系统课题。人们基于经验、试验研究和现场调查，提出了一系列地震液化的评价方法，其中被工程界广泛应用的方法有规范法、概率法和动剪应力法等。对可液化场地，应据建筑等级和场地液化等级采取相应的工程措施。对于无法避开的重要工程，应采取换土填层、改性和排水或采用深基础等方法，以避免液化灾害。

6.8 工程地质作用

工程地质作用是指由人类工程活动引起的地质环境变化和地质作用过程。这些作用不仅影响工程建设的稳定性和安全性，还直接关系到人类生产生活的安全和可持续发展。工程地质作用涵盖了人类工程活动对地质环境产生的各种影响，包括资源开采、兴修水利、植树与砍伐、人工取土等。这些活动直接或间接地改变了地表形态、地质结构、地下水系统及土壤环境等，进而引发了各种地质问题和地质灾害。

6.8.1 资源开采

资源开采作为人类获取自然资源的主要手段，对地质环境产生了深远的影响。随着工业化和城市化的加速发展，资源开采活动日益频繁，其对地质环境的破坏和改造也更加显著。

矿产资源的开采会破坏原有的地质结构和岩层稳定性。例如，在煤炭开采过程中，煤层的挖掘会导致上覆岩层的垮落和地面塌陷，严重时还会引发地震等地质灾害。另外，金属矿产的开采往往涉及地下巷道的挖掘，这不仅会破坏岩石的完整性，还可能引发岩爆、冒顶等安全事故。

资源开采还会对地下水系统产生显著影响。在开采过程中，大量的地下水被抽出，导致地下水水位下降，进而引发地面沉降、水体污染等问题。另外，一些开采活动还可能破坏隔水层，导致不同含水层之间的水力联系发生变化，影响地下水的流动和分布。

为了减少资源开采对地质环境的破坏，需要采取一系列措施。加强地质勘察和评估，了解开采区域的地质条件和潜在风险。制订合理的开采方案和计划，确保开采活动的安全性和可持续性。加强开采过程中的监测和预警，及时发现和处理地质灾害及安全事故。推动资源开采与环境保护的协调发展，实现经济效益和环境效益的双赢。

6.8.2 兴修水利

兴修水利是人类利用和改造水资源的重要手段，对地质环境也产生了深远的影响。水利工程的建设不仅改变了水流的方向和速度，还对河流、湖泊等水体的地质环境产生了显著影响。

水利工程的建设可能引发地质灾害。例如，水库的蓄水可能导致库岸再造，引发崩塌、滑坡等地质灾害。另外，水坝的建设还可能改变河流的侵蚀和堆积模式，导致河道形态的变化和河床的下切。

兴修水利还可能对地下水系统产生影响。水库的蓄水可能改变地下水的补给和排泄条件，导致地下水水位的变化和地下水水质的恶化。同时，水利工程的建设还可能破坏原有的隔水层，导致地下水与其他水体的水力联系发生变化。

为了减少兴修水利对地质环境的破坏，需要采取一系列措施。加强水利工程建设前的地质勘察和评估，了解地质条件和潜在风险。选择合适的工程方案和施工技术，确保工程的安全性和稳定性。同时，加强工程运行期间的监测和维护，及时发现和处理潜在的地质问题。推动水利工程与生态环境的协调发展，实现水资源的可持续利用和生态环境的保护。

水利工程对水文环境的影响主要体现在以下几个方面：

（1）水利工程会改变水流的流向和速度。修建大坝、水库等水利设施，可以控制河流的水流方向和速度，进而改变河流的水文特性。这种改变可能会影响河流的侵蚀和沉积过程，以及河道的形态变化。

（2）水利工程会改变水体的分布和储存。水库等蓄水设施的建设，使大量的水被储存起来，改变了原有的水体分布格局。这会导致下游河道的流量减少，甚至造成断流现象。同时，水库的蓄水也会改变水体的温度、溶解氧等物理化学性质，对水生生物产生影响。

（3）水利工程还会对水质产生影响。一方面，水利工程的修建和运行可能会改变水体的化学成分，如增加水体中的营养盐含量，导致水体富营养化。另一方面，水利工程可能会引入新的污染源，如施工过程中的废弃物、农药和化肥等，这些污染物会随水流进入水体，对水质造成污染。

另外，水利工程还会影响水循环和水量平衡。水利设施的修建和运行可能会改变水循环的过程，导致降水、蒸发等水文循环要素的变化。同时，水利工程还会影响水量的分配和调节，使不同地区的水量分配发生变化，可能引发水资源短缺或洪涝灾害等问题。

水利工程对水文环境的影响是多方面的，既包括水流、水体分布和水质等直接影响，也包括水循环和水量平衡等间接影响。因此，在水利工程建设和运行过程中，需要充分考虑其对水文环境的影响，并采取相应的措施进行保护和修复，以实现水资源的可持续利用和生态环境的协调发展。

6.8.3 植树与砍伐

植树与砍伐作为人类利用森林资源的主要方式，对地质环境产生了直接的影响。植树能够增加植被覆盖，改善土壤结构，减少水土流失；而砍伐可能导致地表裸露、土壤侵蚀等地质问题。

植树对地质环境的积极影响主要体现在以下几个方面：植被的根系能够固定土壤颗粒，增强土壤的抗冲蚀能力，减少水土流失。植被的覆盖能够减少雨水对地面的直接冲刷，降低地表径流的速度和流量。另外，植树还能够改善土壤结构，提高土壤的肥力和保水能力。

然而，砍伐森林对地质环境的破坏也不容忽视。砍伐会导致地表裸露，使土壤容易受到风雨的侵蚀。同时，砍伐还会破坏森林的生态系统，影响土壤的生物活性和养分循环。长期大规模的砍伐还可能引发山体滑坡、泥石流等地质灾害。

因此，在植树与砍伐活动中，需要平衡好资源利用与生态保护的关系。一方面，加强植树造林工作，提高森林覆盖率，改善地质环境；另一方面，合理控制砍伐强度和频率，避免对地质环境造成过大破坏。同时，加强森林保护和监管工作，打击非法砍伐行为，保护森林资源的可持续利用。

6.8.4 人工取土

人工取土作为人类工程活动中常见的一种行为，对地质环境产生了直接的影响。这种活动主要涉及土方开挖、基坑开挖等，对地表形态、土壤结构及地下水系统都可能产生显著影响。

（1）人工取土会改变地表形态。大规模的土方开挖会导致地面出现坑洞或凹陷，破坏了原有的地形地貌。这不仅影响了地表的稳定性，还可能对周边的建筑物和基础设施造成潜在威胁。

（2）人工取土会破坏土壤结构。在取土过程中，土壤被挖掘和运输，原有的土壤层次和结构被破坏。这可能导致土壤肥力的下降和土壤侵蚀的加剧，对农业生产和生态环境产生不利影响。

（3）人工取土还可能对地下水系统产生影响。取土活动可能改变地下水的补给和排泄条件，导致地下水水位的下降或上升。这不仅可能影响地下水的质量和数量，还可能引发地面沉降等地质灾害。

为了减少人工取土对地质环境的破坏，需要采取一系列措施。加强取土前的地质勘察和评估，了解地质条件和潜在风险。制订合理的取土方案和计划，确保取土活动的安全性和可持续性。加强取土过程中的监测和预警，及时发现和处理潜在的地质问题。

思考题

1. 什么是风化作用？它有哪几种类型？影响风化作用的因素有哪些？风化作用的工程意义如何？岩石风化的调查应注意哪些问题？如何防治岩石的风化？

2. 河流地质作用表现在哪些方面？河流侧蚀作用和公路建设有何关系？

3. 什么是崩塌？崩塌会给公路工程造成哪些危害？

4. 崩塌的形成必须具备哪些基本条件？

5. 简述崩塌的防治原则和整治措施。

6. 滑坡的发生必须具备哪些条件？其中最重要的条件是什么？试分析其原因。

7. 岩溶作用发生的基本条件有哪些？岩溶地区存在哪些地质现象？如何防治？

8. 岩溶发育与分布规律如何？影响因素有哪些？岩溶地区的主要工程地质问题有哪些？常用的防治措施是什么？

9. 什么是地震？震源、震源深度、震中、震中距、等震线的定义是什么？什么是地震震级？什么是地震烈度？地震烈度如何分类？

10. 地震效应有哪几种类型？各自的特点是什么？

11. 简述地震液化的含义及它对工程建设的影响。

第 7 章

岩土的工程性质

教学与学习目标

学习目标：通过本章学习，学生应掌握土的工程性质、土的工程分类、特殊类型土的特点，岩石的主要物理、水理、力学性质，以及掌握对岩体进行分级的方法。

思维导图

重点：本章的重点是土的工程性质、土的工程分类。

难点：本章的难点是如何对岩体进行分级。

素质目标：要求学生具备工程方面的创新思维和创造性思考的能力，以应对复杂多变的工程环境和问题，具备敢于探索、勇于创新的精神，不断拓展认识的广度和深度，敢于尝试前人未曾涉足的新领域和新技术，以推动工程科技的进步和发展。同时，强调提升学生在学习过程中的获得感，帮助他们树立正确的人生观、价值观。

7.1 土的工程性质

7.1.1 土的物质组成

1. 土的三相组成

不同成因的土，一般是由固体相、液体相、气体相三相组成的多相体系，有时由两相（固体相和液体相，或固体相和气体相）组成。固体相是由许许多多大小不等、形状不同的矿物颗粒按照各种不同的排列方式组合在一起，构成土的主要部分，称为“土粒”或“骨架”。在颗粒间的孔隙中，通常有液相的水溶液和气体形成“湿土”；有时全部孔隙被水溶液充满，称为“饱水土”；有时孔隙中只有空气，称为“干土”。干土、湿土和饱水土的性质差别很大。土粒、水溶液和气体三个基本组成部分不是彼此孤立地、机械地混合在一起，而是相互联系、相互作用，共同形成土的工程地质性质。

可见，各种土中三相物质组成的特性、它们之间的相对比例关系和相互作用，是决定土的工程地质性质的最本质的因素。三相物质组成是构成土的工程地质性质的物质基础。固相土粒是土的主要的物质组成，构成土的主体，是最稳定、变化最小的成分，在三相之间相互作用过程中，一般居主导地位。对于固相土粒部分，在进行土的工程地质性质研究时，从土粒大小的组合和土粒的矿物成分、化学成分三个方面来考虑。

土中不同大小颗粒的组合，也就是各种不同粒径的颗粒在土中的相对含量，称为“粒度成分”，它是反映土的固体组成部分的结构指标之一；组成土中各种土粒的矿物种类及其相对含量，称为土的“矿物成分”；组成土的固相和液相部分（有时也包括气体部分）的化学元素、化合物的种类及它们之间的相对含量，称作土的“化学成分”。

组成土的液体相部分，实际上是化学溶液而不是纯水。若将溶液作为纯水研究时，根据土粒对极性水分子吸引力的大小，分为强结合水、弱结合水、毛细水、重力水等。它们的特性各异，对土的工程地质性质也有很大的影响。气体也是土的组成部分之一，对土的性质也有一定影响。

2. 土的粒度成分及其分类

（1）粒组及粒度成分。土的粒度成分是指土中各种大小土粒的相对含量。自然界中组成土体骨架的土粒，大小悬殊、性质各异。为了便于研究土中各种大小土粒的相对含量及其与土的工程地质性质的关系，就有必要将工程地质性质相似的土粒归并成组，按其粒径的大小分为若干组别，这种组别称为粒组。每个粒组都以土粒直径的两个数值作为其上、下限，并且给予适当的名称，土粒直径以毫米为单位。

自然界中土粒直径变化幅度很大，从数米的漂石到万分之几毫米的胶粒，因而划分粒组是一件复杂的工作。从不同的研究目的出发，有不同的划分方法，但其划分原则基本是相近的，即服从量变到质变的辩证规律。

水利部会同国内有关单位，经过广泛调查研究，认真总结了我国土分类的实践经验，参考有关国际标准，并经过试验验证，制定了土的分类标准。其中土的粒组应根据表 7.1 规定的土颗粒粒径范围划分。

表 7.1　粒组划分

粒组统称	粒组名称	粒组粒径 d 的范围/mm
巨粒	漂石粒（块石粒）	$d>200$
	卵石粒（碎石粒）	$200\geqslant d>60$
粗粒	砾粒　粗砾	$60\geqslant d>20$
	细砾	$20\geqslant d>2$
	砂粒	$2\geqslant d>0.075$
细粒	粉粒	$0.075\geqslant d>0.005$
	黏粒	$0.005\geqslant d$

目前我国应用的粒组划分方案见表 7.1。将粒径由大至小依次划分为漂石或块石组、卵石或碎石组、砾粒组（粗砾、细砾）、砂粒组、粉粒组、黏粒组六个粒组。在实际工作中往往将漂石组、卵石组、砾石组合并为一个粒组进行研究，称为卵砾组。各粒组由于土粒大小、矿物成分、化学成分的不同，表现出的工程地质性质有很大的差异。

1）卵砾组（$d>2$ mm），多为岩石碎块，这种粒组形成的土，孔隙粗大，透水性极强，毛细上升高度微小，甚至没有；无论在潮湿或干燥状态下，均没有连接，既无可塑性，也无胀缩性，压缩性极低，强度较高。

2）砂粒组（$2\geqslant d>0.075$ mm）主要为原生矿物，大多是石英、长石、云母等，这种粒组组成的土，其孔隙较大、透水性强、毛细上升高度很小，湿时粒间具有弯液面力，能将细颗粒连接在一起；干时及饱水时，粒间没有连接呈松散状态，既无可塑性也无胀缩性，压缩性极弱，强度较高。

3）粉粒组（$0.075 \geqslant d > 0.005$ mm）是原生矿物与次生矿物的混合体，它的性质介于砂粒与黏粒之间。由该粒组形成的土，因孔隙小而透水性弱，毛细上升高度很大，湿润时略具黏性，因其比表面积较小，所以失去水分时连接力减弱，导致尘土飞扬，有一定的压缩性，强度较低。

4）黏粒组（$d \leqslant 0.005$ mm）主要由次生矿物组成。由该粒组组成的土，其孔隙很小，透水性极弱，毛细现象强，具有可塑性、胀缩性，失水时连接力增强使土变硬，湿时具有较高的压缩性，强度较低。

（2）粒度成分的测定方法。土的粒度成分通常以各粒组的质量百分率来表示。在工程实践中，将土粒度成分分类，用来大致判别土的工程地质性质。进行工程地质调查，确定土体成因类型，编制地质岩性图、剖面图时，也需粒度分析的资料。对土进行粒度分析时，分离出土中各个粒组，并测定其相对含量。对不同类型的土采用不同的方法，砾石类土与砂类土采用筛析法①；黏性土采用静水沉降分析法。静水沉降分析法首先应将土中集合体分散制备成悬液，然后根据不同粒径的土粒在静水中沉降速度不同的原理，分离<0.1 mm 的颗粒，而后测定各粒组的百分含量。目前测定黏性土的粒度成分的方法有虹吸比重瓶法、移液管法、比重计法。

（3）粒度成分的表示方法。根据试验测得的粒度成分资料，可用多种方法表示，以便找出工作地区粒度成分变化的规律性。常用的表示方法有列表法、累计曲线法、三角图法。

1）列表法：将粒度分析的成果用表格的形式表达。列表法可以很清楚地用数量说明土样各粒组的含量，但对大量土样之间对比时，比较困难，不能获得直观的概念。

2）累积曲线法：以粒径为横坐标，以该粒径的累积百分含量为纵坐标，在此直角坐标系中，表示两者的关系曲线称为累积曲线。累积曲线的坐标系有两种类型：一种是自然对数坐标系；另一种是半对数坐标系。由累积曲线可求得：任一粒径区段的百分含量、任一百分含量的最大粒径、土的有效粒径 d_{10}、土的不均匀系数和曲率系数。在工程地质工作中，往往用累计曲线求得土的不均匀系数 C_u 和曲率系数 C_q 来判别土的均一性：

$$C_u = \frac{d_{60}}{d_{10}};\ C_q = \frac{d_{30}^2}{d_{10} \cdot d_{60}} \tag{7-1}$$

式中　d_{60}——相应于累积百分含量 60%的粒径（mm）；

d_{30}——相应于累积百分含量 30%的粒径（mm）；

d_{10}——相应于累积百分含量 10%的粒径（mm）。

当 $C_u \leqslant 5$，而 $C_q = 1 \sim 3$ 时，为良好级配的土，即均粒土。表明土中各粒组的含量相差无几，大小颗粒混杂，累积曲线显得平缓；若不能同时满足上述两个条件，则为不良级配的土，即不均粒土，表明土中某一个或某几个粒组含量较多，颗粒不均一，累积曲线的中段显得陡直。在评价土层的机械潜蚀、流土等渗透变形的工程地质问题中，都需用不均匀系数的指标。在判别砂土的振动液化中，常用平均粒径 d_{50} 与不均匀系数两个指标。

用累积曲线表示土的粒度成分，可对一个地区的土样进行对比，比较直观醒目；但是土样多时，显得繁乱而不易分辨，在这种情况下，可用三角图法来表示。

---

① 课程素养：人类自身是支撑起自己生命高度的根本所在，想要自己的人生精彩多样，就需要在时光的沉淀中先精细自己。精细是每个人在自己现有生活的基础上，精细化每一个环节的过程。把每一个细微之处都条理化，让自己能够看到一种精致美丽的存在。这样我们才能够在有序的生活中，逐步看到自己更多的人生风采。让我们岁月里的记录，都可以诠释出我们的美好与魅力所在。

3）三角图法：在一等边三角形中，以一个点表示一个土样的粒度成分，这就有可能将大量土样的粒度成分表示在一张图上，克服了累积曲线法的不足。三角图法的原理：在等边三角形中，任意一点对三边的垂高之和恒等于等边三角形本身的垂高（图7.1）。三角形的高为H，三角形中任意一点到各边的垂高为h_a、h_b、h_c，将H分为100等分，即令$H=100$，则h_a、h_b、h_c就可以代表三大粒组的百分含量。任意一个土所含的三大粒组百分含量的总和必等于100%，这样三角图中的每一个点就可以代表某一个土样的粒度成分。在同一个三角图中就可以设上许多点，代表各土样的粒度成分。

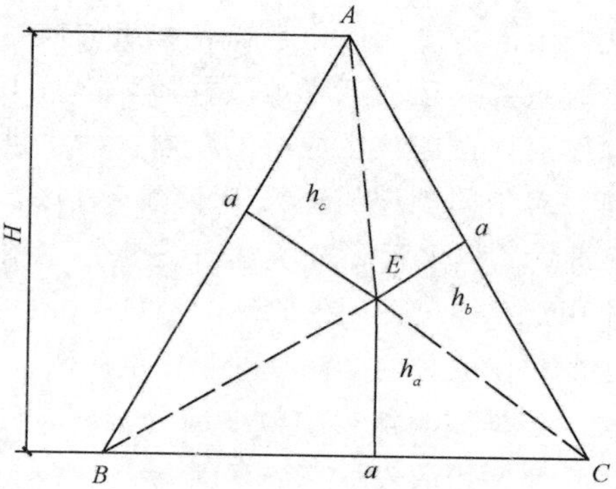

图7.1　三角图原理

（4）土按粒度成分的分类。土的粒度成分及颗粒形状，往往都与土的成因类型有密切关系，各种不同成因的土都具有一定的粒度特点。为了便于研究土的工程地质性质与土的成因之间的关系，需要按粒度成分对土进行分类。土按粒度成分的分类（简称土的粒度分类）是工程地质学中常用的一种分类方法。土的许多工程地质性质与粒度成分（特别是砾石类土及砂类土）有密切的关系。土的结构和矿物成分等与粒度成分间有一定的关系，也影响着土的性质。因此，土的粒度分类是研究土的工程地质性质及其形成的基础。因为土是由不同粒组的土粒组成的，其工程地质性质在某种程度上可以认为是各粒组性质的综合表现。实践证明，砂类土和砾石类土的工程地质性质，主要决定于含量占优势的那些粒组。但在黏性土中，黏粒组的含量起着主导作用。

因此，按粒度成分对土进行分类时，首先必须考虑这些对土的性质起主导作用的粒组，确定其含量变化过程中，使土的性质产生质变的分界值，作为土的划分大类的依据；再考虑其他粒组的含量变化，对土的性质的影响情况，进行更详细的分类。《岩土工程勘察规范（2009年版）》（GB 50021—2001）中，按照土按颗粒级配或塑性指数可划分为碎石土、砂土、粉土和黏性土。

1）碎石土：碎石土分类应符合表7.2的规定。

2）砂土：砂土分类应符合表7.3的规定。

3）粉土：粒径大于0.075 mm的颗粒不超过总质量50%，且塑性指数等于或小于10的土，应定为粉土。

4）黏性土：黏性土根据塑性指数可分为粉质黏土和黏土。

当塑性指数大于10，且小于或等于17时，定为粉质黏土。当塑性指数大于17时，定为黏土。确定塑性指数I_p时，液限以76 g圆锥仪入土深度10 mm为准。

表 7.2　碎石土分类

土的名称	颗粒形状	颗粒级配
漂石	圆形及亚圆形为主	粒径大于 200 mm 的颗粒超过总质量的 50%
块石	棱角形为主	
卵石	圆形及亚圆形为主	粒径大于 20 mm 的颗粒超过总质量的 50%
碎石	棱角形为主	
圆砾	圆形及亚圆形为主	粒径大于 2 mm 的颗粒超过总质量的 50%
角砾	棱角形为主	

表 7.3　砂土分类

土的名称	颗粒级配	土的名称	颗粒级配
砾砂	粒径大于 2 mm 的颗粒质量占总质量的 25%～50%	细砂	粒径大于 0.075 mm 的颗粒质量占总质量的 85%
粗砂	粒径大于 0.5 mm 的颗粒质量占总质量的 50%	粉砂	粒径大于 0.075 mm 的颗粒质量占总质量的 50%
中砂	粒径大于 0.25 mm 的颗粒质量占总质量的 50%		

(5) 土的矿物成分。

1) 土中矿物成分的类型。土的固体相部分，实质上是由矿物颗粒或岩屑、岩块组成，所以土也是一种多矿物体系。不同的矿物，其性质各不相同，它们在土中的相对含量和粒度成分一样，也是影响土的工程地质性质的重要因素。土的矿物成分可分为原生矿物、次生矿物和有机物。

①原生矿物：组成土的固体相部分的物质，主要来自岩石风化产物。岩石经物理风化作用后形成碎块，一般是棱角状的，以后经流水及风的搬运作用，由于搬运过程中相互磨蚀而变细，并呈浑圆状，但仍保留着受风化作用前存在于母岩中的矿物成分，这种矿物称为原生矿物。

土中原生矿物主要有硅酸盐类矿物、氧化物类矿物，另外，尚有硫化物类矿物及磷酸盐类矿物。硅酸盐类矿物中常见的有长石类、云母类及角闪石类等矿物；氧化物类矿物中，常见的有石英、赤铁矿、磁铁矿，它们相当稳定，不易风化，其中石英是土中分布最广的一种矿物；土中硫化物类矿物通常只有铁的硫化物，它们极易风化。磷酸盐类矿物主要是磷灰石。

②次生矿物：原生矿物在一定的气候条件下，经化学风化作用，原生矿物进一步分解，形成一种新的矿物，颗粒变得更细甚至变成胶体颗粒，这种矿物称为次生矿物。次生矿物有两种类型：一种是原生矿物中的一部分，可溶的物质被溶滤到别的地方沉淀下来，形成“可溶性的次生矿物”；另一种是原生矿物中可溶的部分被溶滤走后，残存的部分性质已改变，形成了新的“不可溶的次生矿物”。

可溶性的次生矿物主要是指各种矿物中化学性质活泼的 K、Na、Ca、Mg 及 Cl、S 等元素。这些元素呈阳离子及酸根离子，溶于水后，在迁移过程中，因蒸发浓缩作用形成可溶的卤化物、硫酸盐及碳酸盐；不可溶性的次生矿物有次生二氧化硅、倍半氧化物、黏土矿物。

③有机物：土层中的动、植物残骸，在微生物的作用下分解成有机物：一种是分解不完全的植物残骸，形成泥炭，疏松多孔；另一种则是完全分解的腐殖质。有机物的亲水性很强，对土性质的影响很大。

2) 矿物成分与粒组的关系。矿物成分与粒组有一定的关系：卵砾组与砂粒组中主要为原生矿物；粉粒组中以抗风化能力较强的石英为主，还有次生矿物；黏粒组中则主要为次生矿物，特别是黏土矿物。

3）黏土矿物的类型及其基本工程地质特性。黏土矿物是指具有片状或链状结晶格架的铝硅酸盐，它是由原生矿物长石及云母等硅酸盐矿物经化学风化而成。铝硅酸盐由两个主要部分组成，即硅氧四面体和铝氧八面体。由于两种基本单元组成的比例不同，可形成不同的黏土矿物。常见的黏土矿物有高岭石、蒙脱石、水云母三大类。

硅氧四面体是由 1 个硅原子和 4 个氧原子以相等的距离堆成四面体的形状，硅居其中央；铝氧八面体是由 6 个氢氧离子围着 1 个铝离子构成的八面体晶状。

①高岭石构造是由一层硅氧四面体晶片和一层铝氧八面体晶片结合成一个单位晶胞。高岭石矿物形成的黏粒较粗大，甚至可形成粉粒，其晶形一般呈一边伸长的六边形。高岭石颗粒平整的表面上带有负电荷，当与水作用时，吸附极性水分子形成水化膜，具有较大的可塑性。

②蒙脱石的晶格构造是由许多相互平行的单位晶胞组成的，其晶胞的上、下面都为硅氧四面体晶片，而中间夹着一片铝氧八面体晶片，属 2∶1 型矿物。蒙脱石晶格具有吸水膨胀的性能，使相邻晶包间的连接力很弱，以致可分散成极细小的鳞片状颗粒，晶体形状常呈不规则的圆形。因蒙脱石矿物具有强烈的膨胀性，所以，当黏土中蒙脱石含量多时，则黏土具有高度的亲水性，如斑脱土就是这种类型的土。

③水云母（伊利石）类矿物是含钾量高的原生矿物，是经化学风化后的初期产物。其结晶格架的特点与蒙脱石极相似，每个晶胞也是由两片硅氧四面体晶片中间夹一片铝氧八面体晶片构成的，也属 2∶1 型矿物。水云母相邻晶胞由层间钾离子连接，它的连接力较高岭石层间连接力弱，但比蒙脱石层间连接力强，所以它形成的片状颗粒的大小，处于蒙脱石和高岭石之间。

上述三种主要黏土矿物中，高岭石由于相邻晶胞之间具有较强的氢键连接，结合牢固，所以水分子不能自由渗入而形成较粗的黏粒，比表面积小，亲水性弱，压缩性较低，抗剪强度较大；而蒙脱石相邻晶胞之间距离较大，连接较弱，水分子易渗入而形成较细的黏粒，因此比表面积较大，亲水性较强，膨胀性显著，压缩性高，抗剪强度低；水云母的工程地质性质，则居于两者之间。

7.1.2　土的结构和构造

1. 土的结构

土粒或土粒集合体，以其不同的形态、大小、表面特征、相互排列形式及相互连接性质，组成土的基本单元，称为土的结构。由于土的工程地质性质差异与土的结构有很密切的关系，常将土的结构划分为单粒结构、蜂窝结构、絮状结构（图 7.2）、非均粒结构。

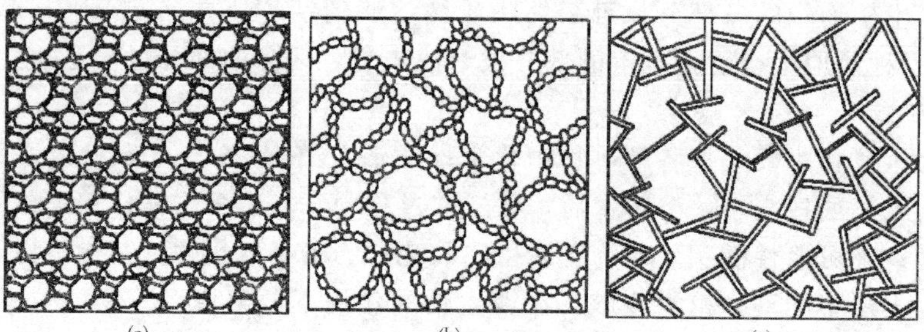

(a)　(b)　(c)

图 7.2　土的结构

(a) 单粒结构；(b) 蜂窝结构；(c) 絮状结构

(1) 单粒结构。土在沉积过程中，较粗的颗粒分别受重力作用下沉，沉积中的每一个颗粒都与相邻的颗粒互相接触、互相支承，形成单粒结构，又称为散粒结构。这种结构按其密实程度又可分为松散结构和紧密结构，如砾石、砂土和较粗的粉土，都属于这种单粒结构。

(2) 蜂窝结构。较细的土粒，在水中受重力作用下沉的速度较慢，由于受土粒间分子引力的影响，一些相互邻近的细土粒连接成小粒团下沉，堆积成具有很大孔隙的蜂窝状结构（又称一级海绵结构）。土粒团间形成的蜂窝状孔隙，远远大于土粒本身的尺寸。没有经过压密的蜂窝结构的土体，在外力作用（建筑物荷载）下，土中的孔隙会大大缩小，土体也会产生较大的沉陷。

(3) 絮状结构。粒径小于 0.002 mm 的土粒，在水中可以长时间处于悬浮状态，本身所受重力不足以使其下沉。如果在悬液中加入某种电解质，可使土粒间的排斥力减弱，土粒互相靠近，凝聚成絮状物体而在水中下沉，形成絮状结构（又称二级海绵结构）。

(4) 非均粒结构。土在沉积过程中，如果粗粒、细粒混合着下沉，就会形成粒径大小相差悬殊的土结构，称为非均粒结构，如黏粒与砂粒或粉粒所形成的非均粒结构。

2. 土的构造

土的构造大体可分为以下几种：

(1) 层状构造。层状构造也称为层理，是大部分细粒土的土层重要外观特征之一。土层表现为由不同粗细程度与不同颜色的颗粒构成的薄层交叠而成，薄层的厚度可由零点几毫米至几毫米，成分上有细砂与黏土交互层，或黏土交互层等。层状构造使土在垂直层理方向与平行层理方向的性质不一。平行于层理方向的压缩模量与渗透系数，往往要大于垂直方向的压缩模量与渗透系数。

(2) 分散构造。土层中各部分的土粒组合无明显差别，分布均匀，各部分的性质也相近。各种经过分选的砂、砾石、卵石形成较大的埋藏厚度，无明显层次，都属于分散构造。分散构造的土是比较接近理想的各向同性体。

(3) 裂隙状构造。土体为许多不连续的小裂隙所分割，裂隙中往往充填盐类的沉淀，不少坚硬与硬塑状态的黏土具有此种构造。裂隙破坏了土的整体性。裂隙面是土中的软弱结构面，沿裂隙面的抗剪强度很低，而渗透性很高，水侵以后裂隙张开，工程地质性质更差。

7.1.3 土的物理性质和水理性质

作为自然界中多相体系的土，它的性质是千变万化的。在工程实践中，具有意义的是其固体相、液体相和气体相的比例关系、相互作用及在外力作用下所表现出来的一系列性质，即土的工程地质性质。

土的工程地质性质包括物理性质和力学性质。物理性质又包括土的基本物理性质和黏性土的可塑性、胀缩性、崩解性及土的透水性和毛细性；土的力学性质主要是指土的变形和强度特性。

土中三相组成在质和量上的变化及相互作用，是影响土的工程地质性质的最本质因素。土的工程地质性质与工程建筑的稳定性和正常使用有着密切关系，其指标在工程计算和设计中常被直接运用。

1. 土的基本物理性质

土的基本物理性质主要研究土的密实程度和干湿状况，通常用三相的质量与体积相互比例关系表示。土中三相组成，实际上是混合分布的，为了阐述方便，假想将它们分别集中起来，标以质量和体积代号。

(1) 土粒密度（相对体积质量）。土粒密度是指固体颗粒的质量与其体积之比，即土粒的单位体积质量。

土粒密度仅与组成土粒的矿物密度有关，而与土的孔隙大小和含水多少无关。实质上是土中各种矿物密度的平均值。其值一般为 2.65～2.80 g/cm^3。土粒密度是可在实验室内直接测定的实测指标，可用来计算其他指标。土粒密度测定根据土的粒径不同，通常分别采用比重瓶法、浮称法和虹吸筒法。

(2) 土的天然密度和重度。土的天然密度是指土的总质量与总体积之比，即天然状态下土的单位体积质量。

土的重度是指土的总重量与总体积之比，即土的天然密度乘以重力加速度。

土的天然密度（重度）取决于土粒密度、孔隙体积的大小和孔隙中水的质量多少。它反映了土的三相组成的质量和体积的比例关系，常见值为 1.6～2.29 g/cm^3（16～22 N/cm^3）。土的天然密度可通过试验直接测定，为实测指标，可用来计算其他指标。室内测定方法可采用环刀法、蜡封法；现场实测可采用注砂法等。

工程中还常用到干密度、浮密度和饱和密度等指标，它们可通过计算求得，因此被称为导出指标（或计算指标）。

(3) 土的含水性。土的含水性是指土中含水情况，说明土的干湿程度，可用含水质量表示，也可用饱和度表示。含水率是指水的质量 m_w 与土粒质量 m_s 的百分比值，用 w 表示，即

$$w = (m_w/m_s) \times 100\% \tag{7-2}$$

饱和度是指土中水的体积 V_w 与孔隙体积 V_V 的百分比值，用 S_r 表示，即

$$S_r = (V_w/V_V) \times 100\% \tag{7-3}$$

天然状态下土的含水率称为土的天然含水率，它说明土的孔隙中含水的绝对数量，为实测指标；可用来计算其他指标，也是工程设计直接应用的一个重要参数。饱和度说明孔隙中充水程度，为计算指标。它是确定砂土承载力不可缺少的参数。

(4) 土的孔隙性。土的孔隙性主要是指土中孔隙的大小、形状、数量、连通情况及总体积等。孔隙大小、形状及连通情况，只能通过观测描述说明其特征。土的孔隙性主要取决于土的粒度成分和土粒排列的疏密程度。工程上，常用孔隙率和孔隙比表示土中孔隙体积数量。

孔隙率是指土的孔隙体积（V_V）与土的总体积（V）的百分比值，或单位体积中空隙的体积，用 n 表示，即

$$n = (V_V/V) \times 100\% \tag{7-4}$$

孔隙比是指土的孔隙体积（V_V）与土粒体积（V_s）之比，常用 e 表示，即

$$e = (V_V/V_s) \times 100\% \tag{7-5}$$

(5) 土的基本物理性质指标间的关系。土的各种基本物理性质指标反映了土的密实程度和干湿状态。土的密度和孔隙性指标表征了土的密实程度，其中天然密度还与土中水分有关；而土的干湿状态主要取决于水分的含量。由此可见，基本物理性质间存在内在的联系，因而各指标间可以互相换算。土的基本物理性质指标可依据表 7.4 给出的公式进行换算，换算公式可假设固体相部分的体积 $V_s=1$，依据三相图来推导。

表 7.4　土的基本物理性质指标

土的性质	指标名称	符号	定义	表达式	单位	常见值	求得方法及常用换算公式
土粒密度	土粒密度	ρ_s	土的固体颗粒的单位体积质量	$\rho_s=\frac{m_s}{V_s}$	g/cm³	2.65～2.75	测定
土的密度	天然重度	ρ	天然状态下土的单位体积重量	$\rho=\frac{mg}{V_s}$	N/m³	16～22	测定
	干重度	ρ_d	土的单位体积中固体颗粒的重量	$\rho_d=\frac{m_s g}{V}$ 或 $\rho_d=\frac{\rho}{1+w}$	N/m³	13～20	测定或换算
	饱和重度	ρ_{sat}	空隙中全部充满液态水时，土的单位体积重量	$\rho_{sat}=\frac{m_s g+V_V\cdot\rho_w\cdot g}{V}$ 或 $\rho_{sat}=n\cdot\rho_w+\rho_d$	N/m³	13～23	换算
含水性	天然含水率	w	天然状态下土中水分质量与固体颗粒质量之比	$w=\frac{m_w}{m_s}\times100\%$	%	10～50	测定
	饱和含水率	w_{sat}	土孔隙全部被水充满时的含水率	$w_{sat}=\frac{V_V\cdot\rho_w}{m_s}\times100\%$ 或 $w_{sat}=\frac{1}{\rho_d}-\frac{1}{\rho_s}$	%	—	测定或换算
	饱和度	S_r	土中水的体积与孔隙体积之比	$S_r=\frac{V_w}{V_V}\times100\%$ 或 $S_r=\frac{w}{w_{sat}}=\frac{w\cdot\rho_s}{e\cdot\rho_w}$	%	0～100	换算
孔隙性	孔隙率	n	土孔隙体积与土的总体积之比	$n=\frac{V_V}{V}\times100\%=1-\frac{\rho_d}{\rho_s}$	%	33～50	换算
	空隙比	e	土孔隙体积与固体颗粒体积之比	$e=\frac{V_V}{V_s}\times100\%=\frac{\rho_s}{\rho_d}-1$	—	0.5～1.0	换算

2. 黏性土的稠度和可塑性

（1）土的稠度。黏性土含水率不同，其物理性质和物理状态也不相同。如含水很少的黏性土处于比较坚硬固体状态；随着含水率的增大，土变得较软，若外力作用可任意改变形状，即处于可塑状态；当含水率很大时，土很软弱，不能维持一定形状，并在重力作用下会流动，即处于流动状态。

黏性土的这种因含水率变化而表现出来的各种不同物理状态，称为土的稠度。稠度表示黏性土的稀稠程度。稠度实质上反映了由于土的含水率变化，土粒相对活动的难易程度或土粒间的连接程度。

（2）土的可塑性。黏性土由一种稠度状态转变为另一种状态的分界含水率，称为界限含水率。在工程实践中，黏性土的稠度状态及相应的界限含水率中最有意义的是，由固态转变为稠塑状态的塑限 w_p 和由黏塑状态转变为黏流状态的液限 w_L。当黏性土的含水率在塑限和液限之间时，黏性土才具有可塑性。黏性土的稠度状态和界限含水率见表 7.5。

所谓可塑性，是指土在外力作用下可以改变自身形状而又不破坏其整体性，外力解除后，不恢复原来形状，仍然保持变形后所形成的新形状的特性。

只有黏性土才具有可塑性，而且只有当黏性土的含水率介于液限和塑限之间时，才表现出可塑性。故可塑性的强弱可由这两个界限含水率的差值大小来反映，其差值越大，说明该黏性土处于塑态的含水率变化范围大，保持水分能力强；反之差值越小，可塑性越弱。液限和塑限的差值，称为塑性指数 I_p。应用该指数时，通常省略百分率符号，即

$$I_p = w_L - w_p \tag{7-6}$$

土的天然含水率 w 虽然能表示天然状态下土的干湿状况，但不能说明其稠度状态。同一类黏性土，由于稠度状态不同，其物理性质和力学性质相差很大。为判断黏性土的天然稠度状态，引入液性指数 I_L 来判别黏性土的稠度状态，即

$$I_L = \frac{w - w_p}{w_L - w_p} = \frac{w - w_p}{I_p} \tag{7-7}$$

根据黏性土的液性指数 I_L，黏性土可分为下列状态：

$I_L \leqslant 0$	坚硬状态
$0 < I_L \leqslant 0.25$	硬塑状态
$0.25 < I_L \leqslant 0.75$	可塑状态
$0.75 < I_L \leqslant 1.0$	软塑状态
$I_L > 1.0$	流塑状态

表 7.5　黏性土的稠度状态和界限含水率

<table>
<tr><th colspan="2">稠度状态</th><th>特征</th><th>界限含水率</th><th>体积缩小方向</th><th>含水率减小方向</th></tr>
<tr><td rowspan="2">流态</td><td>液流状态</td><td>土呈液体状，薄层状流动</td><td rowspan="6">触变限：液限
黏着限：液限
缩限</td><td rowspan="6">↑</td><td rowspan="6">↓</td></tr>
<tr><td>黏流状态</td><td>土似黏滞液体，厚层状流动</td></tr>
<tr><td rowspan="2">塑态</td><td>黏塑状态</td><td>土具塑性体性质，可塑成任意形状，且能黏着于其他物体</td></tr>
<tr><td>稠塑状态</td><td>土具塑性体性质，可塑成任意形状，但不能黏着于其他物体</td></tr>
<tr><td rowspan="2">固态</td><td>半固态状态</td><td>土近似固体，力学强度较大，形状固定，不能揉搓变形</td></tr>
<tr><td>固体状态</td><td>土具固体性质，力学强度高，形状大小固定</td></tr>
</table>

塑限和液限与黏性土的天然含水率无关。可取黏性土的扰动样采用室内试验来测定塑限和液限。对于一般黏性土（指不含有大量有机质或可溶盐的黏性土），其塑性指数的大小，主要取决于其矿物成分和粒度成分。因此，塑性指数不仅可说明可塑性的强弱，而且还和粒度成分有一定的对应关系，可作为黏性土的分类依据。液性指数与黏性土的天然含水率有关，不仅可作为划分稠度状态的依据，还可作为确定地基承载力的依据之一。

（3）黏性土的胀缩性和崩解性。

1）黏性土的胀缩性。黏性土由于含水率增加而发生体积增大的性能，称为膨胀性；含水率减小引起体积缩小的性能，称为收缩性；两者统称为胀缩性。黏性土的胀缩性对基坑、边坡、坑道壁及地基土的稳定性有很重要的意义。

土体常常因膨胀或收缩导致强度降低和地基变形，从而引起建筑物的破坏。黏性土的胀缩也可引起土坡滑移、道路翻浆、水库及渠道的渗漏等的事故；但在另一方面，工程上却可利用黏性土的膨胀性，作为填料及灌浆材料来处理裂隙。

膨胀产生的根本原因是黏土矿物颗粒表面结合水膜的增厚。由于水膜的增厚，减弱了颗粒

间的连接力，拉大了颗粒间的距离，而引起土体膨胀；产生收缩的原因，则刚好相反。表征黏性土胀缩性的指标有自由膨胀率、膨胀率、线缩率、收缩系数、膨胀力等，这些指标将在膨胀土中专门讨论。

2）黏性土的崩解性。黏性土由于浸水而发生崩散解体的特性，称为崩解性。崩解的原因是由于土体没入水中后，水进入孔隙或裂隙中的情况不均衡，而引起粒间结合水膜增厚的速度也不平衡，以致粒间斥力超过吸力的情况也不平衡，这样就产生了不均匀应力，使外层土崩落。评价黏性土的崩解性，目前还没有定量指标，一般采用下列三个定性指标：

①崩解时间：一定体积的土样完全崩解所需要的时间。

②崩解特征：土样在崩解过程中的各种现象。

③崩解速度：单位时间内土样因崩解所减少的质量与原土样质量之比和时间的关系。

黏性土的崩解性在评价路堑、运河、渠道边坡、路堤、露天基坑和坝址等的稳定性时具有重要意义。

3. 土的透水性和毛细性

（1）土的透水性。土的透水性是指土体孔隙通过水的能力，故又称为土的渗透性。自然界中各种不同的土，具有不同的透水性能，例如，砾石土具有较大的透水性能，而黏土的透水性能就非常小。表示透水性大小的重要指标是土的渗透系数（K），有时也用渗透速度（v）表示。

在计算涌水量、水库或渠道渗漏、地下水回水浸没等问题时，都需要了解土的透水性。

土具有透水性的原因在于，土体本身具有相连通的孔隙，水只能沿这些相互连通的孔隙管路穿流而过。在自然界，土中地下水多以层流的形式在这些孔隙管路中流动，并服从于达西定律，即

$$Q=K\cdot F\frac{H}{L}=K\cdot F\cdot I \tag{7-8}$$

式（7-8）是土的渗透方程式的一般表达式，也可改写为

$$v=\frac{Q}{F}=K\cdot\frac{H}{L}=KI \tag{7-9}$$

式中　Q——渗透通过的水量（cm^3/s 或 m^3/d）；

K——渗透系数（cm/s 或 m/d）；

F——通过水流的总横断面面积（cm^2 或 m^2）；

L——水流动途径的长度（cm 或 m）；

H——在 L 长度上的水头差（cm 或 m）；

$I=\frac{H}{L}$——水力坡度或水力梯度（无量纲）；

v——渗透速度（cm/s 或 m/d）。

式（7-8）表明：渗透过土的水量与土的横截面面积和水力坡度或水头差成正比，与渗透途径的长度成反比。式（7-9）表明：渗透速度与水力坡度成正比。由式（7-9）可知：渗透系数是单位水力坡度时的渗透速度。需要指出的是：砂土和黏性土在渗透性上存在着显著的差别。图 7.3 所示为砂土和黏性土的渗透速度与水力坡度的关系曲线。对于砂土，其渗透规律符合达西定律；对于黏性土，由于土中的水以结合水的形式存在，因此，在通常的水力梯度下，不能使这些水在土中移动（渗透）。试验表明，黏性土中只有当水力坡度超过一定值时，才开始渗透，我们常把这个值称为起始水力梯度，用 I_0 表示。如图 7.3 所示，黏性土的 v—I 关系大致可分为三个阶段：点 1 为实际起始水力坡度（I_0），当水力梯度大于 I_0 后，渗透才会产生，点

1—2间，v—I为曲线关系，当I值大于点2所对应的水力梯度时，v—I关系才近似为直线即符合达西定律。由于点1位置不易测定，常用v—I直线段在横坐标上的截距I_k代之，故在实用上，起始水力坡度是指I_k。当I大于I_k时，黏性土的透水性规律可表达为$v=K(I-I_k)$。影响土的透水性的因素很多，但对于无黏性土，粒度成分影响最大；对于黏性土，除粒度成分外，矿物成分、土中水溶液的成分及浓度、土的结构和构造，对土的透水性也有很大影响。

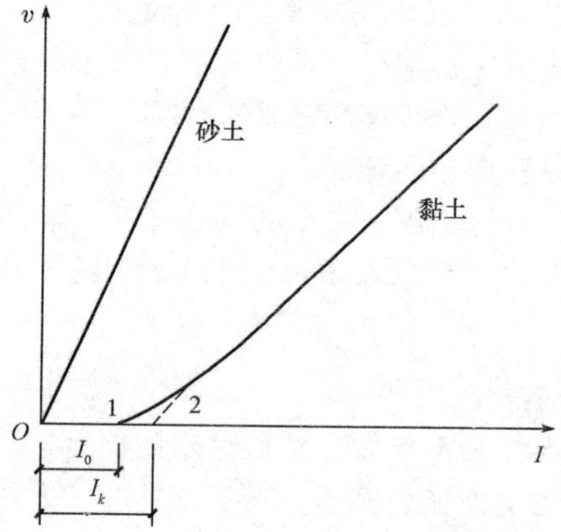

图7.3　渗透速度与水力坡度的关系曲线

(2) 土的毛细性。土的毛细性是指水通过土的毛细孔隙时受毛细压力作用向各方向运动的性能。所谓毛细压力，可以通过毛细管试验来说明：将一个微管放入水中，可以看到水沿微管上升一定的高度形成一个水柱，支承这一水柱重力的作用力，称为毛细压力，这种现象称为毛细现象。

产生毛细现象的根本原因，是物质分子间存在相互作用力。当把一个微管放入水中时，由于水与管壁的吸附力，水沿管壁上升，但是水的内聚力作用总是企图使水面缩小至最小面积(水面为平面时面积最小)，这种趋势使弯液面总是企图向水平发展。当弯液面的中心部分上升到一点时，水与管壁的吸附力，又将弯液面的边缘牵引了上去。这样的争斗直至毛细管水上升所形成水柱的重量与吸附力相平衡时才停止。此时，毛细水面与微管外部水面的高差，即为毛细高度。毛细水在微管中上升的速度，在毛细水上升过程中是不均匀的，一般先快后慢，越接近最大毛细高度时越慢，至最大毛细高度时上升速度为零。

在工程实践中，土中的毛细现象经常都能看到，随着毛细水的上升，可能引起一些不良后果：由于毛细水的上升会将水中盐分带到地表，会造成土地的沼泽化和盐渍化；建筑物地基受毛细水浸湿后，稳定性降低；毛细水的上升，引起地基或路面的冻胀性增大等。因此，必须对土的毛细性加以研究。

评价土的毛细性的指标有毛细上升高度和毛细上升速度。这两项指标既可采用理论公式计算，也可通过室内或现场试验测定。但由于土体的成分结构及土中水的成分均较复杂多变，采用理论公式计算的数值，往往和实测值有较大的偏差，故常以实测值为准。土的毛细性受到土的粒度成分、矿物成分、水溶液的化学成分和浓度及土的结构的影响，还受气温、蒸发状况的影响。

砂土的毛细性服从孔隙越细毛细上升高度越高的规律。黏性土则不服从此规律，因为黏性土虽然细小，但为结合水所充满，结合水膜增厚，毛细上升高度反而降低。

7.1.4　土的力学性质

土的力学性质是指土在外力作用下所表现出的性质，主要为变形和强度特性。土的力学性质主要取决于土的物质成分、结构和构造特点，还与受力条件有关。

土的变形和破坏特点随荷载性质的不同而异。一般在工程活动中所施加于土的荷载，分为静荷载和动荷载两类。在工程实践中，静荷载对土的作用比动荷载更重要。当土作为建筑物地基时，承受建筑物的荷载作用而产生压缩变形，引起建筑物基础下沉；当沉降量过大特别是产生过大不均匀沉降时，会影响建筑物的正常使用，甚至倾斜倒塌。当土中的剪应力超过土的抗剪强度时，建筑物滑移破坏。因此，在研究建筑物地基的变形与破坏，堤坝、渠道、路堤等土工建筑物边坡的滑动、挡土墙及地下结构的移动和破坏时，都必须研究土的压缩性和抗剪性。

1. 土的压缩性

土在压力作用下体积变小的性质，称为土的压缩性。研究土的压缩性的目的，就在于计算地基的变形值，并控制其在容许范围内而不至于影响建筑物的正常使用，甚至破坏。

(1) 土的压缩变形的特点和机理。由于土是松散的多相体系，所以土的压缩性比岩石、钢材、混凝土等其他材料要大得多，并具有下列特点：

1) 土体的压缩变形主要是由于土中水和气体被挤出，造成孔隙体积的减小而引起的。土是三相体，在压力作用下，引起土体产生压缩变形的原因可能有以下三种：土粒本身的压缩；孔隙中水和气体的压缩；孔隙中水和气体被挤出。在一般建筑物荷重作用下，土粒和水的压缩量极小，还不及土体总压缩量的 1/400，可以忽略不计。由于自然界中土是处于开启系统的，孔隙中的水和气体在压力作用下不是被压缩，而是被挤出。所以，土的压缩可以认为主要是由于土中水和气体被挤出，引起孔隙体积的减小而造成的。

2) 土的压缩变形需要一定时间才能完成。对于由土粒和水组成的饱和土，土的压缩变形主要是由于孔隙水被挤出而引起的，压缩过程也就相当于是排水过程。土中水从孔隙中被挤出而导致土体压缩的过程，叫作土的渗透固结。由于土的透水性差别较大，土的压缩过程完成的快慢不一。对于饱和的砂土，土颗粒较粗、孔隙较大、透水性强，在压力作用下孔隙水很快排出，压缩过程很快完成；而对于饱和的黏性土，因土颗粒较细、孔隙小、透水性弱，在压力作用下孔隙水不能很快挤出，压缩过程需要相当长的时间才能完成；对于非饱和的黏性土，在压力作用下，首先是气体排出，饱和度逐渐变化，当土的饱和度达到饱和后，其压缩情况便与饱和土一样。

为了计算地基的变形值，就必须研究压力与孔隙体积的变化关系，以及孔隙体积随时间的变化关系，即土的变形特点。研究土的变形特性，目前常借助于室内压缩试验和现场荷载试验两种方法。

(2) 压缩试验与压密定律。室内压缩试验常采用压缩仪（或固结仪）来进行。试验时用环刀切取原状土样，连同环刀将土样放入压缩仪，通过加荷装置和加压板逐级加压。每级压力下，待土样压缩相对稳定后，再施加下一级压力。土样压缩变形量，可通过测微表观测。由于土样在压缩过程中受环刀及护环等刚性护壁的限制，只能发生竖向压缩，不能发生侧向膨胀，所以该试验又称侧限压缩试验。

如图 7.4 所示，设土样的原始高度为 h_0，横截面面积为 A，原始孔隙比为 e_0。当压力 p_1 达到相对稳定后，土样的压缩变形量为 Δh_1，即土样高度 $h_1=h_0-\Delta h_1$，孔隙比由 e_0 减少为 e_1。

由于土样压缩时不可能发生侧向膨胀，故压缩前后土样的横截面面积 A 不变。同时，压缩过程中，土粒体积也是不变的，故通过式（7-11）可求得在各级压力 p_i 作用下，土样压缩至相对稳定后的孔隙比 e_i。根据不同压力 p_i 值及其相应 e_i 值，可以绘制孔隙比与压力的关系曲线，称为土的压缩曲线，如图 7.5 所示。

若压缩曲线较陡，说明压力增加时孔隙减小显著，则土的压缩性高；反之，土的压缩性低。因此，压缩曲线的坡度，可以形象地说明土压缩性的高低。如图 7.5 的压缩曲线所示，当压力由 p_1 至 p_2 的压力变化范围不大时，可将曲线上相应的一小段 M_1M_2 近似地用直线代替。若 p_1 压力下对应的孔隙比为 e_1；p_2 压力下对应的孔隙比为 e_2，则 M_1M_2 段的斜率 a 可用下式表示：

$$a=\Delta e/\Delta p=(e_1-e_2)/(p_2-p_1) \tag{7-10}$$

式（7-10）为土的力学性质的基本定律之一，称为压密定律。它表明：在压力范围变化不大时，孔隙比的变化（减小值）与压力的变化（增加值）成正比，其比例系数称为压缩系数，用符号 a 表示，单位是 MPa^{-1}。同一种土的压缩系数 a 并不是常数，是随所取压力变化范围的不同而改变的。因此，在工程实际中，常以 $p_1=0.1$ MPa 至 $p_2=0.2$ MPa 的压缩系数即 a_{1-2} 作为评定不同种类和状态的土压缩性高低的标准：

$a_{1-2}<0.1\ MPa^{-1}$ 表示低压缩性土；

$0.1\ MPa^{-1}\leqslant a_{1-2}<0.5\ MPa^{-1}$ 表示中压缩性土；

$a_{1-2}>0.5\ MPa^{-1}$ 表示高压缩性土。

同时，压缩过程中，土粒体积也是不变的，故压缩前土粒体积 $Ah_0/(1+e_0)$ 等于加压后土粒体积 $Ah_1/(1+e_1)$，即 $\frac{Ah_0}{1+e_0}=\frac{A(h_0-\Delta h_1)}{1+e_1}$

经整理得

$$\Delta h_1=\frac{e_0-e_1}{1+e_0}h_0$$

则

$$e_1=e_0-\frac{\Delta h_1}{h_0}(1+e_0) \tag{7-11}$$

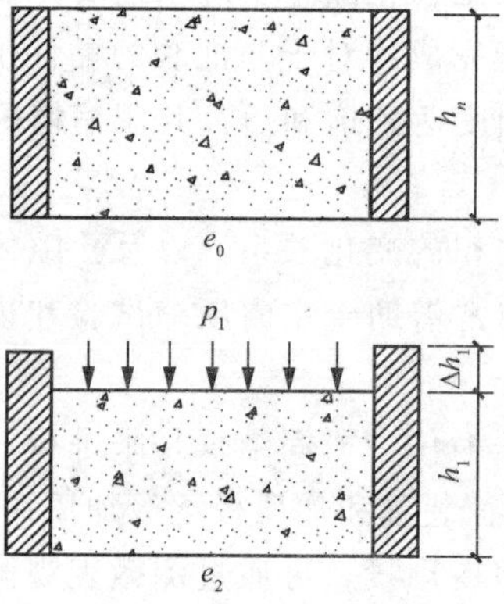

图 7.4　在侧限条件下的压缩

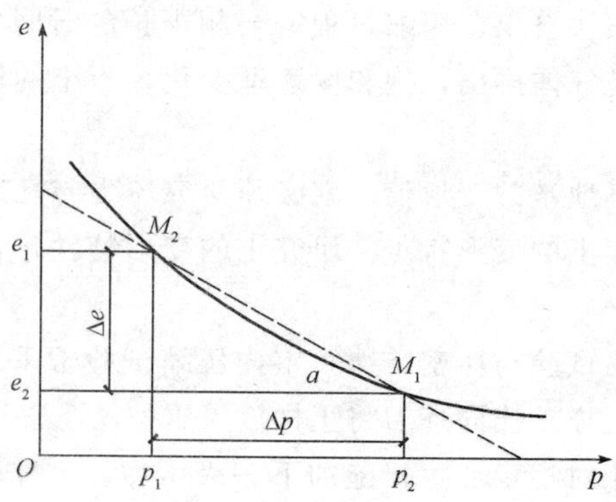

图 7.5　压缩曲线

利用压缩试验的结果，还可以求得另外两个常用的压缩性指标——压缩指数（C_c）和压缩模量（E_s）。

若将压缩曲线的横坐标用对数坐标表示（图 7.6），则得到 $e—\lg p$ 曲线，$e—\lg p$ 曲线上直线段上的斜率，称为土的压缩指数 C_c：

$$C_c=\frac{e_1-e_2}{\lg p_2-\lg p_1} \tag{7-12}$$

对于同一个试样，压缩指数是一个定量，不像压缩系数 a 随不同压力变化范围而变化。

压缩模量 E_s 是指在侧限条件下压缩时，竖向应力增量 $\Delta\sigma_z$ 与相应应变增量 $\Delta\varepsilon_z$ 的比值，即

$$E_s=\frac{\Delta\sigma_z}{\Delta\varepsilon_z} \tag{7-13}$$

因为 $\Delta\sigma_z=p_2-p_1$，$\Delta\varepsilon_z=\frac{\Delta h}{h}=\frac{e_1-e_2}{1+e_1}$；将其代入式（7-13）得

$$E_s=\frac{p_2-p_1}{e_1-e_2}(1+e_1) \tag{7-14}$$

由式（7-10）知：$a=\frac{e_1-e_2}{p_2-p_1}$，于是代入式（7-14），便得

$$E_s=\frac{1+e_1}{a} \tag{7-15}$$

式中　e_1——对应于压力 p_1 时土的孔隙比；

e_2——对应于压力 p_2 时土的孔隙比；

h——孔隙比为 e_1 时的土样高度；

Δh——土的孔隙比由 e_1 变到 e_2 时土样的竖向压缩量。

（3）土的变形模量。土的变形模量（E_0）是指土在单轴受压且无侧限的条件下，压应力与相应应变的比值。土的变形模量一般根据荷载试验求得，荷载试验是现场试验的一种，一般在试坑内进行。其主要装置包括荷载板（面积为 0.25～0.5 m^2 的圆形板或方形刚性板）、加荷装置（千斤顶或重块）、变形观测设备等几部分。试验时，逐级加荷，每级荷载下按时观测土的变形量，直到变形相对稳定再加下一级荷载。如此逐级加荷，直至地基达到极限状态（荷载板周围土被挤出或出现明显裂纹，变形急剧增大或变形过大）。荷载试验结果，可以绘制压力 p 和变形量 s 的关系曲线及变形量 s 与时间 t 的关系曲线（图 7.7），从 $s—p$ 曲线中可以看出，其初始段呈近似直线。按弹性理论得

$$E_0=(1-\mu^2)\frac{p}{s\cdot d} \tag{7-16}$$

式中　E_0——土的变形模量（MPa）；

μ——土的泊松比；碎石土取 0.25；砂土、粉土取 0.3；粉质黏土取 0.35；黏性土取 0.42；

p——承压板上的总荷载（N）；

s——与荷载相应的沉降量（cm）；

d——承压板直径（cm）。

根据材料力学原理，假定土为弹性材料，中心荷载条件下，可求得土的变形模量 E_0 与压缩模量 E_s 之间的关系：

$$E_0=10\left(1-\frac{2\mu^2}{1-\mu}\right)E_s \tag{7-17}$$

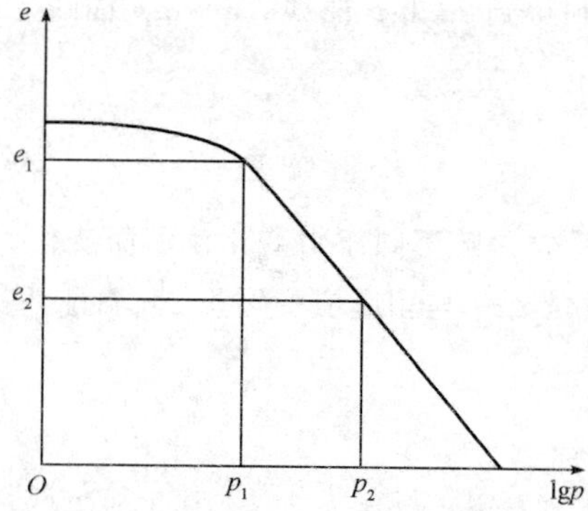

图 7.6　e—lg$p$ 曲线

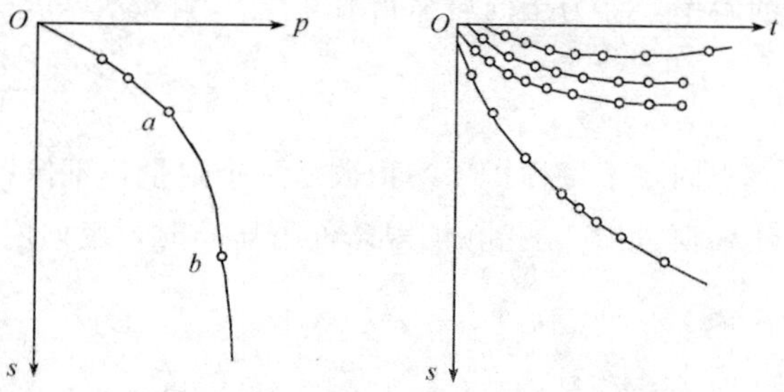

图 7.7　荷载试验结果

（4）土的前期固结压力。在压缩试验时，如果逐级加到某级荷载后再逐级卸荷，可以得到卸荷过程中各级压力和对应的土样孔隙比的数据，由此可得到卸荷（膨胀）曲线，如图 7.8 所示。这两条曲线并不重合，说明卸荷后，土的变形虽有部分恢复，但并不能全部恢复。土不是理想弹性体，土在压力作用下同时发生弹性变形和残余变形。土的弹性变形是指土在压力除去后，可以恢复的那部分变形，如土粒的弹性变形、结合水膜的变形和封闭气体的压缩等。土的残余变形是指土在压力除去后，不能恢复的那部分变形，例如，由土粒的相互位移，孔隙水和气体被从孔隙中挤出所引起的变形等。一般来说，土的残余变形要比弹性变形大得多。经过一次加荷、卸荷过程的土，它的密实度将有较大的提高。如果多次重复加荷、卸荷，最后在所加压力段范围内，土的压缩曲线与膨胀曲线将趋于重合，而且趋于平缓，如图 7.9 所示。这样将使土的压缩性降低且具有弹性变形的性质。自然界中天然沉积的土，在漫长的地质历史年代中，多次经受了沉积、冲刷、侵蚀，又重新沉积等自然地质作用，实际上相当于经受了多次加荷、卸荷的压密作用。为了考虑受荷历史对地基土压缩变形的影响，需要知道土的前期固结压力。前期固结压力（p_c）是指该土层在地质历史上所曾经承受过的上覆土层最大自重压力或其他作用力，并在该力作用下已固结稳定的最大压力。

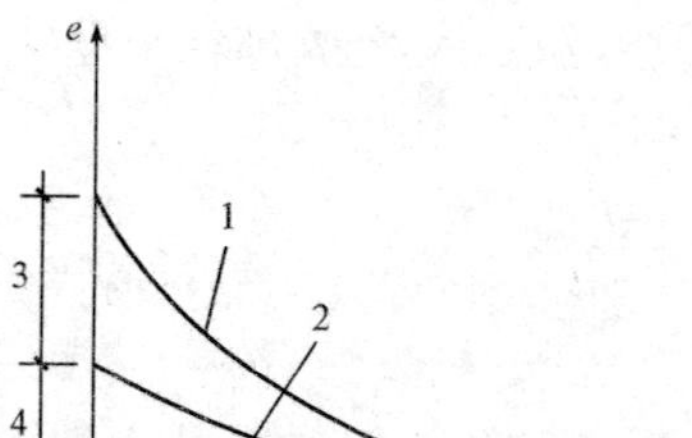

图 7.8　土的弹性变形和残余变形

1—压缩曲线；2—膨胀曲线；3—弹性变形；4—残余变形

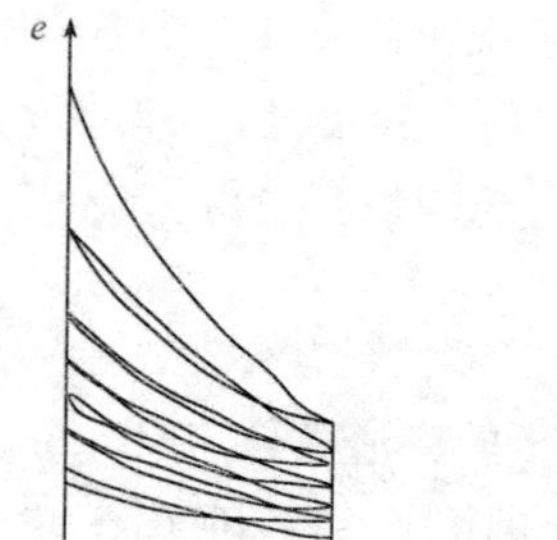

图 7.9　重复荷载作用下的压缩曲线

确定前期固结压力，目前常采用作图法，如图 7.10 所示。其步骤是在 e—lg$p$ 曲线转折点处选取曲率半径最小的点 O，自 O 点作切线 OD 及横轴平行线 OC。作$\angle COD$ 的平分线 OE，延长 e—lg$p$ 曲线后段的直线段，交 OE 与 F，则点 F 所对应力的压力即前期固结压力。土的前期固结压力 p_c 与目前上覆土的自重压力 p_0 进行比较，可把天然土层分为三种不同的固结状态：

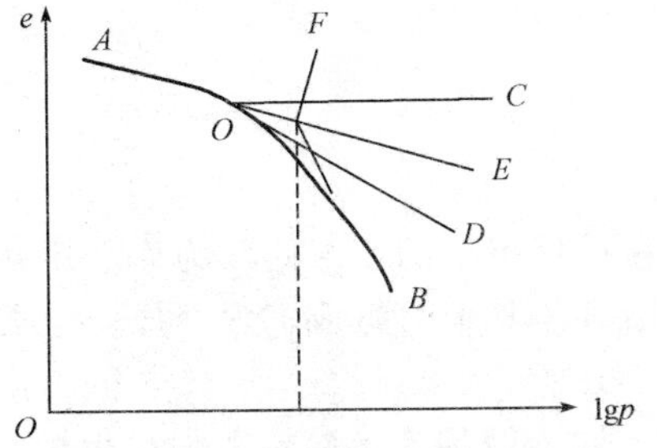

图 7.10　前期固结压力的确定

1) $p_c = p_0$，称为正常固结土，表明该土层在自然界沉积过程中所发生的固结作用一直随着土层的不断沉积而相应发生，在固结过程中没有受过剥蚀或其他卸荷作用。

2) $p_c > p_0$，称为超固结土，表明该土层在自然沉积过程中曾经在较大压力下压密稳定，但以后可能因剥蚀、冲刷等原因而卸荷，使土层具有的密度超过了现有的自重压力所对应的密度，而形成超压密状态。

3) $p_c < p_0$，称为欠固结土，即该土层在自重压力作用下尚未完成固结。新近沉积的土层（如淤泥、冲填土等）就处于欠压密状态。

由此可见，前期固结压力是反映土层的原始应力状态的一个指标。当土层所受荷载小于或等于前期固结压力时，则土层的压缩变形量将很小甚至可以忽略不计；反之，则土层的压缩变形量将较大。当其他条件相同时，超固结土的压缩变形量常小于正常固结土的压缩量，而欠固结土的压缩变形量大于正常固结土。因此，有必要弄清土层的受荷历史，以便在计算地基变形量时，分别考虑三种不同固结状态的影响。

2. 土的抗剪性

土体的破坏（如路基边坡丧失稳定，挡土墙的倾覆、滑动，建筑物失去稳定等），其根本原因是土体的强度不足，而引起的一部分土体相对于另一部分土体的滑动，即发生了剪切破坏。土体抵抗剪切破坏的极限能力，称为土的抗剪强度。大量试验研究表明：土体的破坏主要是剪切破坏，研究土的强度特性，主要是研究土的抗剪强度特性，简称抗剪性。不同类型和状态的土，具有不同的抗剪性。无黏性土一般无连接，其抗剪程度主要是由颗粒间的摩擦力和咬合力组成，其抗剪强度的大小主要取决于粒度、颗粒形状、密实度和含水情况。黏性土颗粒间的连接比较复杂，连接强度主要构成土的抗剪强度，因此，黏性土的抗剪强度主要是通过剪切试验来研究。

(1) 土的直剪试验与库仑定律。直剪试验是确定土的抗剪强度的最早的方法。试验时，将土样装在直剪仪上、下盒中部，土样顶面与底部各有一块透水石。垂直荷载 p 通过金属传压板施加到土样上。剪切时上盒固定，下盒底部有滚珠可以移动。水平剪力由等速转动手轮，推动下盒，施加在土样上。剪应力大小根据测微表测得弹性量力环的变形换算确定。上、下盒发生相对错动至土样剪坏，此时，作用于土样上的剪力，即土的抗剪强度 τ_f。制备 3～5 个试样，重复上述步骤，可得到在不同法向应力 $\sigma_i = \dfrac{p_i}{A}$ 下的抗剪强度 $\tau_{fi} = \dfrac{\tau_i}{A}$。若以抗剪强度 τ_f 为纵坐标，以法向应力 σ 为横坐标，可以绘制出该土样的 τ_f—σ 关系曲线。

试验表明，在法向应力变化不大时，τ_f—σ 关系为一条近似直线，可用直线方程表示。

$$\text{无黏性土}\ \tau_f = \sigma \tan \varphi \tag{7-18}$$

$$\text{黏性土}\ \tau_f = \sigma \tan \varphi + c \tag{7-19}$$

式中　τ_f——土的抗剪强度（MPa）；

σ——剪切面上的法向应力（MPa）；

tan φ——土的内摩擦系数；

φ——土的内摩擦角；

c——土的黏聚力（MPa）。

上述公式是由法国学者库仑最早提出的，因此称为库仑定律，也称为土的剪切定律。它说明：土的抗剪强度由土的内摩擦力和黏聚力组成，内摩擦力与剪切面上的法向应力成正比，其比值为土的内摩擦系数。

土的内摩擦角 φ 和黏聚力 c 通常被称为土的抗剪强度指标。但是同一种土的抗剪强度并不是定值，还取决于剪切面的法向应力，因此，实际上 c、φ 值仅是表示在各种不同情况下的抗剪强度参数。

黏性土的 c、φ 值变化范围较大，且受各种因素的影响，如土的结构破坏、固结程度、剪切速率等对其影响要比对砂土大得多。

(2) 三轴剪切试验。根据试样处于极限状态时，最大主应力 σ_1 与最小主应力 σ_3 和土的指标 c、φ 之间的关系，可采用三轴剪切试验来测定。

与直剪试验相比，三轴剪切试验具有以下优点：试验中能严格控制试样的排水条件及测定孔隙水压力的变化；不硬性规定剪切面；试样中应力情况简单明确。三轴剪切试验的缺点是仪器构造与试验操作较复杂；所需试样尺寸较大，因此，只在重大工程或科学研究中应用。

试验时，将圆柱形试样装在橡皮膜内，并置于密闭容器中，通过液体加压，试样在各个方向受到相同的围压 σ_3（此时土样内三个轴向的主应力相等，因而土样内部无剪应力）；然后，通过活塞杆逐渐施加轴向应力 σ_V，土样产生剪应力；逐渐加大 σ_V，直到土样剪裂为止。此时根据作用于试样最大的主应力 $\sigma_1=\sigma_3+\sigma_V$ 和最小主应力 σ_3，可做出一个极限应力圆。同一种土可取 3～4 个试样，在不同围压 σ_3 下进行剪切，得到各土样剪坏时的不同 σ_1，并画出几个大小不同的极限应力圆。这些应力圆的公切线就是土的抗剪强度曲线，如图 7.11 所示。由此可确定抗剪强度指标 c 和 φ 的值。

考虑到工程特点、土的性质和排水条件等，无论是做直剪试验，还是三轴剪切试验，都可采用不排水剪（快剪）、排水剪（慢剪）及固结不排水剪（固结快剪）三种试验方法。对同一种土因不同剪切方式，将得到不同的试验结果。选择试验方法一般是按工程的施工速度（加荷速度）和地基土的性质来确定的。

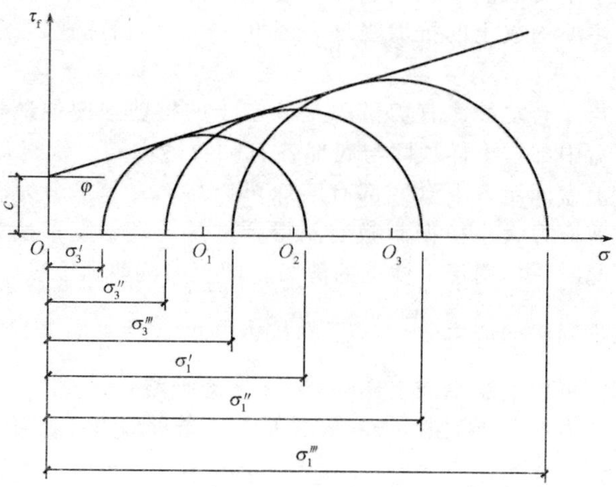

图 7.11　三轴剪切试验成果

3. 土的击实性

土的击实性是指在冲击荷载的反复作用下，土的体积减小、密实度提高的性质。在工程实践中，经常遇到填土压实的问题，如修筑道路、堤坝、飞机场、运动场、挡土墙、埋设管道、建筑物地基的换填土等。未经压实的填土，其孔隙、空洞较多，强度较低，压缩量极大且不均匀，遇水很不稳定，常给各类建筑物（或构筑物）带来很多问题。为解决此类问题，需要采用重锤夯实、机械碾压或振动等方法以增大土的密实度，从而使土的压缩性、透水性降低，强度得以提高。

工程上，在铺填土料时要求做尽量少的夯实、碾压和振动工作，并获得最大的密实度。因此，就必须研究土的击实性。土的压密程度一般用干密度表示，它与土的含水率和击实功关系密切。

研究击实性的目的：了解击实作用下土的干密度、含水率和击实功三者之间的关系及基本规律，从而选定适合工程需要的填土的干密度及与之相宜的含水率，以及为达到相应击实标准所需的最小击实功。为研究土的击实性，常做击实试验。试验时把某一含水率的土料填入击实筒内，用击锤按规定落距对土锤击一定的次数，则击实功等于击锤重、落距和锤击次数三者的乘积，测定土样的含水率和干密度。若采用一定的击实功，对同一种土用多个不同含水率的土样做试验，则可得到对应于不同含水率的干密度值。根据这些数据，绘出含水率与干密度的关系曲线，此曲线称为击实曲线，如图 7.12 所示。

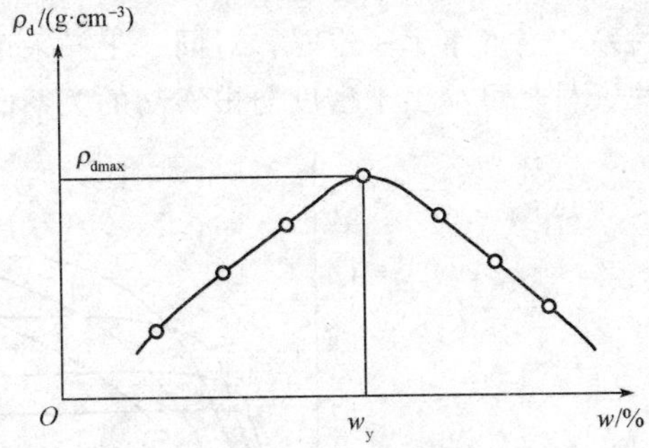

图 7.12　击实曲线

不同情况下击实试验结果，可以用来分析干密度、含水率和击实功三者间的关系：

(1) 干密度和含水率的关系。当击实功一定时，可以通过击实试验绘出击实曲线。从击实曲线上可以看出：当含水率较小时，土的干密度随着含水率的增加而增大；当含水率较大时，土的干密度随着含水率的增加而减小，只有在某特定的含水率时，才能使土达到最大干密度。击实曲线上峰点所对应的干密度，称为最大干密度，以 ρ_{dmax} 表示。与最大干密度相对应的含水率，称为最优含水率，以 w_y 表示。这就是说，在一定的击实功下，只有当土样含水率为最优含水率时，才能得到最大干密度，达到最佳击实效果。土的最大干密度和最优含水率参考值见表 7.6。

表 7.6　土的最大干密度和最优含水率参考值

土的塑性指数	最大干密度/（$g\cdot cm^{-3}$）	最优含水率/%
＜10	＞1.85	＜13
10～14	1.75～1.85	13～15

续表

土的塑性指数	最大干密度/（$g\cdot cm^{-3}$）	最优含水率/%
14～17	1.70～1.75	15～17
17～20	1.65～1.70	17～19
20～22	1.60～1.65	19～21

为什么含水率会影响土的密实度呢？原来土的击实是由于土粒在冲击荷载作用下互相挤拢，并把大部分气体从孔隙中排出的结果。当含水率较小时，土粒的结合水膜较薄，土粒间连接较强，土粒移动时阻力较大，在冲击荷载作用下土粒移动困难，所以土的干密度较小。当含水率增加时，土粒的结合水膜加厚，连接强度变弱，土粒移动时阻力变小，而易于挤密，所以土的干密度逐渐增大。而当含水率大于最优含水率时，土中除结合水外还有自由水，这些自由水不易排出，填充在孔隙中阻止了土粒的挤密，因而使土的干密度随着含水率的增加而减小。只有在最优含水率时，结合水膜厚度适中，土粒连接较弱又不存在多余的水分，使易于击实而达到最佳击实效果。

对同一种土，以不同的击实功（只需改变击实功锤击次数）进行试验时，得出的击实曲线将有不同的位置，但其几何形状一般是相似的（图 7.13）。击实功越大，击实曲线在 ρ_d—w 坐标系中的位置越高，其峰点的位置越偏左。这说明土的最大干密度和最优含水率不是常数，是随着击实功增大、土的最大干密度增加，而最优含水率减小。

（2）干密度与击实功的关系。当含水率一定时，对同一土样采用不同的击实功做击实试验，得到不同的干密度。根据这些资料，可绘出干密度与击实功的关系曲线（图 7.14）。

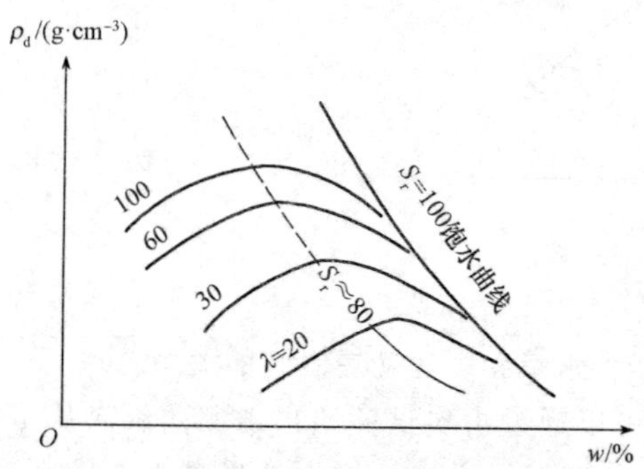

图 7.13 不同击实功的击实曲线

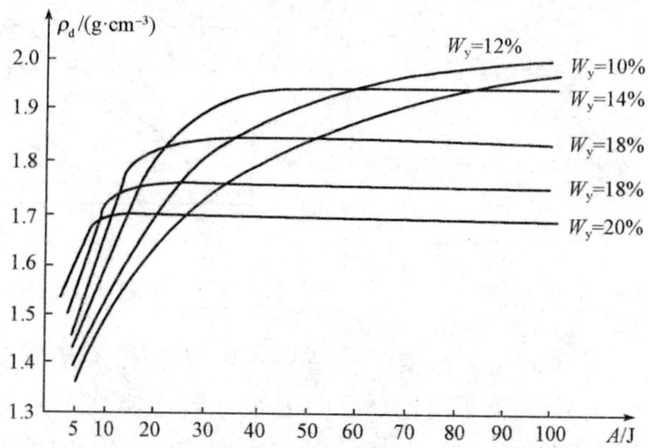

图 7.14 干密度与击实功关系曲线

从曲线看出，在一定含水率的情况下击实功越大，最大干密度越大，即击实效果越好。

但在击实功较小时，随着击实功增大，干密度增加较快，以后就逐渐缓慢。这是因为，达到一定的击实效果后，土粒移动到了新的位置，增加了土的抵抗力，继续击实效果便不佳。在一定含水率情况下，最大干密度从增涨较快到增涨缓慢的转折点的击实功，称为临界功。用此功击实土能得到较好的击实效果。用大于临界功的击实功去击实土，击实效果增加不明显。相当于土的天然含水率的临界功，称为合理功。在工程实践中，当土料水分较少时，为得到较大的干密度，必须加大击实功；或适当增加土料的水分，在较小的击实功作用下获得一定的最大干密度。

7.1.5　特殊类型土[1]（特殊土）

特殊土是具有特殊的成分、状态、结构特征而且具有特殊工程性质的土，如黄土具湿陷性，软土具触变性，膨胀土具胀缩性。这种特殊土的特有工程性质往往与它们特定的成因环境、区域自然地理、地质条件的不同密切相关，在它们的分布上也有区域性特点。如黄土主要分布在黄河中游一带，冻土则分布在高纬度和高山地区。在工程建设中，若不能对这些特殊土的工程性质有足够的了解和分析，并采用相应的设计、施工和改良措施，将给建筑物带来严重的后果。本节对在我国分布区域较广，工程建设中经常遇到的几种特殊土进行讨论研究。

1. 黄土

（1）黄土的特征及分布。黄土是在干旱、半干旱气候条件下形成的一种特殊土，是第四纪的一种特殊的陆相疏松堆积物。黄土在世界上分布很广，欧洲、北美、中亚均有分布。黄土在我国特别发育，地层全、厚度大、分布广，主要分布于黑龙江、吉林、辽宁、内蒙古、山东、河北、河南、山西、陕西、甘肃、青海、新疆，江苏和四川等地也有分布。总计面积约 63 万多平方千米，约占我国陆地面积为 6.6%。分布在我国范围内的黄土，根据其中所含脊椎动物化石确定，从早更新世开始堆积，经历了整个第四纪，目前还未结束。形成于下（早）更新世的午城黄土和中更新世的离石黄土，称为老黄土。上（晚）更新世的马兰黄土及全新世下部的次生黄土，称为新黄土。而近几十年至近几百年形成的最近堆积物，称为新近堆积黄土。

（2）黄土的成因。黄土按生成过程及特征可划分为风积、坡积、残积、洪积、冲积等成因类型。

1）风积黄土：分布在黄土高原平坦的顶部和山坡上，厚度大，质地均匀，无层理。

2）坡积黄土：多分布在山坡坡脚及斜坡上，厚度不均，基岩出露区常夹有基岩碎屑。

3）残积黄土：多分布在基岩山地上部，由表层黄土及基岩风化而成。

4）洪积黄土：主要分布在山前沟口地带，一般有不规则的层理，厚度不大。

5）冲积黄土：主要分布在大河的阶地上，如黄河及其支流的阶地上。阶地越高，黄土厚度越大，有明显层理，常夹有粉砂、黏土、砂卵石等，大河阶地下部常有厚数米，甚至数十米的砂卵石层。

（3）黄土的一般物理力学性质。

1）黄土的密度：一般为 2.54～2.84 g/cm^3，平均为 2.67 g/cm^3；干容积密度为 1.12～1.79 g/cm^3。在天然含水量相同的情况下，黄土天然容重越高，强度也越高。干容积密度是评价黄土湿陷性的指标之一，干容积密度小于 1.45 g/cm^3 的一般为湿陷性黄土，大于 1.5 g/cm^3 的为非湿陷性黄土。

2）黄土的孔隙：孔隙大，孔隙度也大是黄土的重要特征之一。孔隙在黄土中的大小及分布都是不均匀的，形状也可分为孔隙及裂隙两种。大孔隙的数量是决定黄土湿陷性的重要依据。

3）黄土的含水率：黄土的天然含水率较低，一般为 1%～38%，某些干旱地区为 1%～12%。天然含水率较低的黄土，经常是湿陷性较强。黄土的透水性一般比黏性土大，属中等透水性土，主要是因为其垂直节理及大孔隙较发育，故垂直方向透水性大于水平方向，有时可达

---

① 课程素养：紧跟时代步伐，顺应实践发展，以满腔热忱对待一切新生事物，不断拓展认识的广度和深度，敢于说前人没有说过的新话，敢于干前人没有干过的事情，以新的理论指导新的实践。特殊土的工程治理需要有创新的思维，以创造力和创新思维为核心的大学生教育，不仅能够为学生的个人发展提供保障，也能为社会进步和创新能力的提升做出贡献。

10 余倍。

4）黄土的塑性：黄土塑性较弱，塑限一般为 16%～20%，液限常为 26%～34%，塑性指数为 8～14。黄土一般无膨胀性，崩解性很强，黄土易于崩解是黄土边坡浸水后造成大规模崩塌的重要原因。一块黄土试样在水中崩解的速度受各种因素影响，可以在十几秒到数天内崩解。黄土易受流水冲刷则是黄土地区容易形成冲沟的重要原因。

5）黄土的压缩性：黄土在干燥状态下压缩性中等，但湿度增高（尤其饱和）的黄土，压缩性急剧增大。新近堆积的黄土，土质松软，强度低，压缩性高，老黄土压缩性较低。

6）黄土的抗剪强度：黄土的抗剪强度较高，一般内摩擦角 $\varphi=15°\sim25°$，黏聚力 $c=3\sim6$ kPa。当黄土的含水率低于塑限时，水分变化对强度的影响最大，随着含水率的增加，土的内摩擦角和黏聚力都降低较多；但当含水率大于塑限时，含水率对抗剪强度的影响减小；而超过饱和含水量时，抗剪强度的变化就不大。另外，在浸水过程中，黄土湿陷处于发展中，此时土的抗剪强度降低最多。当黄土的湿陷压密过程已基本结束时，土的含水率虽然很高，但抗剪强度高于湿陷过程。因此，湿陷性黄土处于地下水水位变动带时，其抗剪强度最低；而处于地下水水位以下的黄土，抗剪强度反而高些。

（4）黄土的工程地质问题及处理。在黄土地区修筑铁路或构造其他工程建筑，经常遇到的工程地质问题有黄土湿陷，黄土潜蚀和陷穴，黄土冲沟发展及黄土泥流，黄土路堑边坡的冲刷防护，边坡稳定性及边坡设计等。通过多年实践和研究，对于这些问题的解决已积累了不少经验和较为有效的措施。这里仅对黄土湿陷及陷穴问题进行讨论。

1）黄土的湿陷性。天然黄土在一定压力作用下，受水浸湿后结构遭到破坏发生突然下沉的现象，称为黄土湿陷。黄土湿陷又分为在自重压力下发生的自重湿陷和在外荷载作用下产生的非自重湿陷。非自重湿陷比较普遍，对工程建筑的重要性也较大。并非所有黄土都具有湿陷性，一般老黄土（午城黄土及离石黄土的大部分）无湿陷性，而新黄土（马兰黄土及新近堆积黄土）及离石黄土上部有湿陷性。因此，湿陷性黄土多位于地表以下数米至十余米，很少超过 20 m 厚。黄土的湿陷性强弱与许多因素有关，通常，黄土的天然含水率越小，所含可溶盐特别是易溶盐越多，孔隙比越大，干容积密度越小，则湿陷性越强。

湿陷性黄土作为路堤填料或作为建筑物地基，严重影响工程建筑物的正常使用和安全，它能使建筑物开裂甚至破坏。因此，必须查清建筑地区黄土是否具有湿陷性及湿陷性的强弱，以便有针对性地采取相应措施。

除了用上述各种地质特征和工程性质指标定性地评价黄土湿陷性，通常采用浸水压缩试验方法定量地评价黄土湿陷性。采取黄土原状土样放入固结仪，进行压缩试验。按规范规定：对桥涵、路基加压到 0.3 MPa；对站场、房屋加压到 0.2 MPa，对坡积、崩积、人工填筑等压缩性较高的黄土，5 m 以内土层加压到 0.15 MPa，然后测出天然湿度下变形稳定后的试样高度 h_1 及浸水条件下变形稳定后的试样高度 h_2，即可按下式求出相对湿陷系数 δ_s：

$$\delta_s=\frac{h_2-h_1}{h_1} \tag{7-20}$$

当 $\delta_s<0.015$ 时，为非湿陷性黄土；当 $0.015\leqslant\delta_s\leqslant0.03$ 时，为轻微湿陷性黄土；当 $0.03<\delta_s\leqslant0.07$ 时，为中等湿陷性黄土；当 $\delta_s>0.07$ 时，为强烈湿陷性黄土。

在不同的压力作用下，湿陷系数是不一样的。当压力较小时，湿陷量较小，随着压力的增大，湿陷量逐渐增加；当压力超过某值时，湿陷量急剧增大，结构迅速的、明显的破坏。这个开始出现明显湿陷的压力，称为湿陷起始压力，这是一个很有实用价值的指标，在工程设计中如能控制黄土所受的各种荷载不超过起始压力，则可避免湿陷。

关于黄土发生湿陷的原因，国内外资料说法不一。有人认为是黄土内易溶盐被溶解造成的结果，有人认为黄土中所含黏土矿物成分不同是主要原因，若含胶岭石是非湿陷性的，含高岭石则是湿陷性的，还有人认为黄土中 Fe_2O_3 含量大于 10%时黄土结构是稳定的。更多的人认为黄土湿陷性与其孔隙比有密切关系，试验证明：相对湿陷系数与孔隙比之间存在着直线正比关系，相对湿陷系数是压力与湿度的连续函数，压力越大，湿度越大，湿陷量越大，而且认为湿陷原因是黄土颗粒与水相互作用形成水胶连接，即黄土浸水后，胶体颗粒间水膜厚度增加，使颗粒间连接力减弱，加强了黄土的压缩性的结果。

天然条件下，黄土被浸湿有两种情况：一是地表水下渗；二是地下水水位升高。一般前者引起的湿陷性要强些。

2）黄土陷穴。黄土地区地下常有各种洞穴，有黄土自重湿陷和地下水潜蚀作用造成的天然洞穴，也有人工洞穴。这些洞穴容易使上覆土层陷落，故称为黄土陷穴。黄土陷穴能对黄土地区工程建筑造成严重影响。例如，黄土地区某铁路线，由于黄土陷穴造成路基塌陷，甚至使列车颠覆。因此，必须研究黄土陷穴的成因、分布规律、探测方法及防治措施。

对于埋藏不深、尺寸较小、分布区较小的陷穴，一般用简易勘探方法，如洛阳铲、小螺纹钻等探测。对于大面积普查地下较深范围内较大洞穴的分布，可采用地质雷达等物探方法结合钻探方法进行探测。

3）黄土地基的处理。黄土颗粒之间存在团絮状胶结物质，颗粒呈镶嵌分布，镶嵌的颗粒以点接触为主，架空孔隙十分明显，而架空孔隙是造成黄土高压缩性、湿陷性和低强度等不良工程特性的主要原因。因此，对黄土地基进行改性处理的内在机制包括通过掺加外部改性材料与黄土内在物质的化学反应增加颗粒之间的接触面积和胶结强度，减小孔隙比，以及从物理角度改变黄土的内部孔隙大小及颗粒组分与排布形式，同时阻碍黄土内部形成贯通的渗流通道，从而使地基土达到工程使用要求。

黄土地基化学改性技术着重采用水泥、石灰、粉煤灰及水玻璃等固化剂，通过固化剂与水的作用及其与黄土中可溶性盐类的化学反应，产生具有显著胶结作用的物质，这些物质附着在黄土颗粒表面并填充于颗粒间的孔隙之中，增强了土颗粒之间的粘结强度，使土体的强度和稳定性增大。

黄土地基物理改性包括对黄土本身的结构和性能进行改性及掺加外部改性材料对黄土进行改良。工程中常用强夯法及挤密桩法处理湿陷性黄土地基，外界荷载作用使黄土原有的大孔隙结构发生改变，架空孔隙坍塌和颗粒重新排布使土体结构趋于密实，颗粒间的接触面积显著增加，从而提高地基土的强度，降低其压缩性。

近年来，学者们还尝试在天然黄土中掺加改性材料，利用改性材料本身所具有的物理性质改变黄土颗粒的组成和物理结构，进而改善地基土的工程性能，如橡胶颗粒、膨润土等。其中，橡胶颗粒具有密度低、变形能力强、阻尼高、耐磨性好、渗透力强、减震等特点，由其形成的混合土作为一种新型土木材料，具有质量轻、强度高、变形协调性好及废物二次利用等优点，学者们对掺橡胶颗粒黄土动力特性进行了重点研究，已被广泛应用于土木工程。

2. 软土

（1）软土及其特征。软土一般是指天然含水率大、压缩性高、承载力低和抗剪强度很低的呈软塑—流塑状态的黏性土。软土是一类土的总称，还可以细分为软黏性土、淤泥质土、淤泥、泥炭质土和泥炭等，性质大体与上述概念相近的土都可以归为软土。

软土主要是在静水或缓慢流水环境中沉积的以细颗粒为主的第四纪沉积物。通常在软土形成过程中有一定的生物化学作用的参与，这是因为在软土沉积环境中，往往生长一些喜湿的植物，这些植物死亡后遗体埋在沉积物中，在缺氧条件下分解，参与了软土的形成。

我国各地区的软土一般有下列特征。

1）软土的颜色多为灰绿色、灰黑色，手摸有滑腻感，能染指，有机质含量高时有腥臭味。

2）软土的粒度成分主要为黏粒及粉粒，黏粒含量达60%～70%。

3）软土的矿物成分，除粉粒中的石英、长石、云母外，黏粒中的黏土矿物主要是伊利石，高岭石次之。

4）软土具有典型的海绵状或蜂窝状结构，这是造成软土孔隙比大、含水率大、透水性小、压缩性大、强度低的主要原因。

5）软土常具有层理构造，软土和薄层的粉砂、泥炭层等相互交替沉积，或呈透镜体相间形成性质复杂的土体。

（2）软土的成因及分布。我国沿海地区、平原地带、内陆湖盆和洼地、河流两岸地区及山前谷地，广泛地分布有各种软土。沿海、平原地带软土多位于大河下游入海三角洲或冲积平原处，如长江、珠江三角洲地带，塘沽、温州、闽江口平原等地带；内陆湖盆、洼地则以洞庭湖、洪泽湖、太湖、滇池等地为有代表性的软土发育地区；山间盆地及河流中下游两岸漫滩、阶地、废弃河道等处也常有软土分布；沼泽地带则分布着富含有机质的软土和泥炭。我国的软土成因主要有下列几种。

1）沿海沉积型：软土分布广、厚度大，土质疏松软弱，按沉积部位可分为以下四种成因类型。

①潟湖相沉积：软土颗粒微细，孔隙比大，强度低，分布范围广，常形成海滨平原，主要分布于浙江温州、宁波等地。

②溺谷相沉积：结构疏松，孔隙比大，强度很低，分布呈窄带状，范围小于潟湖相，主要分布于福州市闽江口地区。

③滨海相沉积：常与波浪及潮汐的水动力作用形成较粗的颗粒相掺杂，有机质较少，结构疏松，透水性强，主要分布于天津的塘沽新港和江苏连云港等地区。

④三角洲相沉积：受河流和海潮的复杂交替作用，分选程度较差，多交错斜层理或不规则透镜体夹层，主要分布于长江三角洲、珠江三角洲等地区。

2）内陆湖盆沉积型：软土分布零星，厚度较小，性质变化大，主要有以下三类。

①湖相沉积：主要分布于滇池、洞庭湖、洪泽湖、太湖等地区。颗粒微细均匀，富含有机质，层较厚（一般为10～20 m，个别超过20 m），不夹或很少夹砂层，常有厚度不等的泥炭夹层或透镜体。

② 河流漫滩相沉积：主要分布于长江、松花江中下游河谷附近。淤泥类土常夹于上层亚砂土、亚黏土之中，呈袋状或透镜体，产状厚度变化大，一般厚度小于10 m，下层常为砂层。这种淤泥类土为局部淤积，成分、厚度和性质变化较大。

③牛轭湖相沉积。与湖相沉积相近，但分布范围较小，且常有泥炭夹层，一般呈透镜体埋藏于一般冲积层之下。

3）沼泽沉积型：沼泽软土颜色深，多为黄褐色、褐色至黑色，主要成分为泥炭，并含有一定数量的机械沉积物和化学沉积物。

4）山前谷地沉积：其分布、厚度及性质等变化均很大。它主要由当地泥灰岩、页岩、泥岩风化产物和地表有机物质，由水流搬运沉积于原始地形低洼处，经长期水泡软化及微生物作用而成。成因类型以坡洪积、湖积和冲积为主，主要分布于冲沟、谷地、河流阶地和各种洼地里，分布面积不大，厚度相差悬殊。通常，冲积相土层很薄，土质较好；湖积相土层中常有较厚的泥炭层，土质常比平原湖积相还差；坡洪积最常见，性质介于前两者之间。

(3) 软土的物理力学性质。软土是在特定的环境中形成的，具有某些特殊的成分、结构和构造，这便决定了它某些特殊的工程地质性质。

1) 软土的孔隙比和含水率。软土多在静水或缓慢流水中沉积，颗粒分散性高，连接弱，具有较大的孔隙比和高含水率，孔隙比一般大于 1.0，高的可达 5.8，含水率大于液限达 50%～70%，最大可达 300%。但随沉积年代的久远和深度的加大，孔隙比和含水率降低。原状土常处于软塑状态，扰动土则呈流动状态。

2) 软土的透水性和压缩性。软土孔隙比大，但孔隙小，黏粒的吸水、亲水性强，土中有机质多，分解出的气体封闭在孔隙中，使土的透水性变差，渗透系数 K 一般为 $1\times10^{-8}\sim1\times10^{-6}$ cm/s，且因层状结构而具方向性。因此，软土在荷载作用下排水不畅，固结慢，压缩性高，压缩系数为 0.7～2.0 $\mathrm{MPa^{-1}}$，压缩模量 E_s 为 1～6 MPa，压缩过程长，开始时压缩快，以后逐渐变慢。总之，软土在建筑物荷载作用下容易发生不均匀下沉和大量下沉，而且压缩下沉很慢，完成下沉的时间很长。

3) 软土的强度。软土强度低，无侧限抗压强度为 10～40 kPa。软土的抗剪强度很低，且与加荷速度和排水固结条件有关，抗剪强度随固结程度增加而增大。不排水直剪试验的 $\varphi=2°\sim5°$，C=10～15 kPa；排水条件下，$\varphi=10°\sim15°$，C=20 kPa。所以评价软土抗剪强度时，应根据建筑物加荷情况选用不同的试验方法，而且在工程施工中应注意加荷速度。

4) 软土的触变性。软土受到振动，海绵状结构破坏，土体强度降低，甚至呈现流动状态，称为触变。触变使地基土大面积失效，对建筑物破坏极大。一般认为，触变是由于吸附在土颗粒周围的水分子的定向排列受扰动破坏，土粒好像悬浮在水中，出现流动状态，因而强度降低，静置一段时间，土粒与水分子相互作用，重新恢复定向排列，结构恢复，土的强度又逐渐提高。软土触变灵敏度用 S_t 表示：

$$S_t=q_u/q_0 \tag{7-21}$$

式中　q_u——原状土的无侧限抗压强度；

q_0——具有与原状土相同密度和含水率并彻底破坏其结构的重塑土的无侧限抗压强度。

一般情况下，S_t 为 3～4，个别达 8～9，灵敏度越大，强度降低越明显，造成的危害也越大。

5) 软土的流变性。软土在长期荷载作用下，变形可以延续很长时间，最终引起破坏，这种性质称为流变性。破坏时软土的强度远低于常规试验测得的标准强度，一些软土的长期强度只有标准强度的 40%～80%。但是，软土的流变发生在一定的荷载下，小于该荷载，不产生流变，不同的软土产生流变的荷载值也不同。

(4) 软土常见的工程地质问题及处理。

1) 软土常见的工程地质问题。

①软土地基承载力很低，抗剪强度也很低，长期强度更低。容许承载力一般低于 0.1 MPa，有时低至 0.04 MPa 以下，往往由于地基丧失强度而破坏。

②软土压缩性很高，沉降量大，常出现由于地基下沉引起的基础变形或开裂，直至建筑物不能使用。

③由于软土含水率大，多接近或超过其液限而成为软塑或流塑状态，且因其持水性强、透水性差，对地基的固结排水不利，强度增长缓慢，沉降延续时间很长，影响了工期和工程质量。

④软土成分及结构复杂，平面分布及垂直分布均具有不均匀性，易使建筑物产生不均匀沉降。

⑤当软土受到某种振动时，很容易破坏其海绵状结构连接强度，使软土产生稀释液化而丧

失强度，在建筑物施工及使用过程中要防止软土发生触变。

2）软土地基的处理。一般认为，在软土地区不宜建筑重型建筑物。对一般建筑物和路基基底应采取相应的处理，处理的原则如下。

①控制路堤高度，减轻建筑物自重或加大承载面积，以减小软土单位面积所受压力。

②若软土埋藏不深，厚度较小时，可采用开挖换填砂卵石、碎石，或抛石排淤、爆破排淤的方法，使建筑物基础置于软土下面的坚实土层上。

③排水固结提高软土强度。根据不同要求及条件，可分别采用预压固结，分期分层填筑路堤、路堤底部设排水砂垫层，在软土地基中设置排水砂井、石灰砂桩等方法加速排除软土中水分，完成预期沉陷，提高软土承载力。

④为防止软土地基溯流，可采用反压护道法，在软土地基周围打板桩围墙的方法，有时也可采用电化学加固法，防止软土被挤出。

常见的软土地基的加固措施有堆载预压法、强夯法、砂垫层、砂井、石灰桩、旋喷注浆法、加筋土等。

3. 膨胀土

（1）膨胀土的特征及分布。膨胀土是一种黏性土，具有明显的膨胀、收缩特性。它的粒度成分以黏粒为主，黏粒的主要矿物是蒙脱石、伊利石，这两类矿物具有强烈的亲水性，吸收水分后强烈膨胀，失水后收缩，多次膨胀、收缩后，强度迅速衰减，导致修建在膨胀土上的工程建筑物开裂、下沉、失稳破坏。过去对这种土的性质认识不清，有许多不同的叫法，如裂隙黏土、膨胀黏土、胀缩土或超固结黏土等；也有许多以地区命名的叫法，如成都黏土、合肥黏土等。经过多年的工程实践和研究，目前趋向于统一称为膨胀土。它具有以下特征：

1）颜色有灰白、棕、红、黄、褐及黑色。

2）粒度成分中以黏土颗粒为主，一般在50%以上，最少也超过30%，粉粒其次，砂粒最少。

3）矿物成分中黏土矿物占优势，多以伊利石为主，少量以蒙脱石为主，高岭石含量普遍较低。

4）以片状或扁平状黏土颗粒相互聚集形成的结构基本单元体，决定着膨胀土的胀缩性及强度，微孔隙、微裂隙的普遍发育，为水分的进出迁移创造了条件。

5）胀缩强烈，膨胀时产生膨胀压力，收缩时形成收缩裂缝，长期反复胀缩使土体强度产生衰减。

6）各种大、小成因的裂隙非常发育。

7）早期（第四纪以前或第四纪早期）生成的膨胀土具有超固结性。

膨胀土分布广泛，分布范围遍及六大洲约40个国家和地区。中国是世界上膨胀土分布最广、面积最大的国家之一。目前已在20多个省、自治区、直辖市发现膨胀土及其对工程建筑的危害，以云南、广西、贵州和湖北等省分布较多，且有代表性。膨胀土一般位于盆地内垄岗、山前丘陵地带和二、三级阶地上，多数是晚更新世及其以前的残坡积、冲积、洪积物，也有晚第三纪至第四纪的湖相沉积及其风化层，个别埋藏在全新世的冲积层中。我国范围内的膨胀土，按其成因及特征基本分为三类：第一类为湖相沉积及其风化层，黏土矿物中以蒙脱石为主，自由膨胀率、液限、塑性指数都较大，土的膨胀、收缩性最显著。第二类为冲积、冲洪积及坡积物。黏土矿物中以伊利石为主，自由膨胀率和液限较大，土的膨胀、收缩性也显著。第三类为碳酸盐类岩石的残积、坡积及洪积的红黏土。液限高，但自由膨胀率常小于40%，故常被定为非膨胀性土，但其收缩性很显著。

(2) 膨胀土的胀缩性指标。一般来讲，黏性土都有一定的膨胀性，只是膨胀量小，没有达到危害程度。为了正确评价膨胀土的工程性质，必须测定其膨胀收缩指标，表示膨胀土的胀缩性指标有下列几种。

1) 自由膨胀率（δ_{ef}）：是指人工制备的烘干土，在水中吸水后体积增量（$V-V_0$）与原体积（V_0）之比，$\delta_{ef}\geqslant 40\%$为膨胀土。

$$\delta_{ef}=\frac{V-V_0}{V_0} \tag{7-22}$$

2) 膨胀率（δ_{ep}）：人工制备的烘干土，在一定的压力下，侧向受限浸水膨胀稳定后，试样增加的高度（$h-h_0$）与原高度（h_0）之比。

$$\delta_{ep}=\frac{h-h_0}{h_0} \tag{7-23}$$

3) 线缩率（δ_{si}）：为土样收缩后高度减小量（$h-h_0$）与原高度（h_0）之比。

$$\delta_{si}=\frac{h_0-h}{h_0} \tag{7-24}$$

(3) 膨胀土的工程性质。

1) 强亲水性。膨胀土的粒度成分以黏粒含量为主，黏粒粒径很小，比表面积大，颗粒表面由具有游离价的原子或粒子组成，即具有表面能，在水溶液中吸引极性水分子和水中离子，呈现出强亲水性。

2) 多裂隙性。膨胀土中裂隙十分发育，是区别于其他土的明显标志。膨胀土的裂隙按成因有原生和次生之别。原生裂隙多闭合，裂面光滑，常有蜡状光泽，暴露在地表后受风化影响裂面张开；次生裂隙多以风化裂隙为主，在水的淋滤作用下，裂面附近蒙脱石含量显著增高，呈白色，构成膨胀土的软弱面，这种灰白色裂面是引起膨胀土边坡失稳滑动的主要原因。

3) 强度衰减性。在天然状态下，膨胀土结构紧密、孔隙比小，干密度为 1.6～1.8 g/cm^3，塑性指数为 18～23，天然含水率与塑限比较接近，一般为 18%～26%，这时膨胀土的剪切强度、弹性模量都比较高，土体处于坚硬或硬塑状态，常被误认为是良好的天然地基。当膨胀土遇水浸湿后，强度很快衰减，黏聚力小于 100 kPa，内摩擦角小于 10°，有的甚至接近饱和淤泥的强度。

4) 超固结性。膨胀土的超固结性是指在膨胀土受到的应力历史中，曾受到比现在土的上覆自重压力更大的压力，因而孔隙比小，压缩性低。但是一旦开挖，土遇水膨胀，强度降低，造成破坏。

5) 弱抗风化性。膨胀土极易产生风化破坏作用，土体开挖后，在风化营力的作用下，很快会产生破裂、剥落和泥化等现象，使土体结构破坏，强度降低。

(4) 膨胀土的工程地质问题及防治措施。

1) 膨胀土地区的路基。膨胀土地区的路基，无论是路堑还是路堤，极普遍且严重的病害就是边坡变形和基床变形。随着行车密度与速度的提高，由于膨胀土体抗剪强度的衰减及基床土承载力的降低，造成边坡溜塌，路基长期不均匀下沉，翻浆冒泥等病害更加突出，造成路基失稳，影响行车安全。

在膨胀土地区进行建筑施工，首先必须掌握该地区膨胀土的地质特征与工程地质条件判定它们是强膨胀土，还是中等膨胀土或弱膨胀土。然后根据这些资料进行正确的路基设计，确定其边坡形式、高度及坡度，并采取必要的防护措施。

边坡防护措施主要包括天沟、边坡平台排水沟、侧沟及支撑渗沟等排水系统；采用植被防护、骨架护坡、片石护坡等坡面防护措施；采用挡土墙、抗滑桩、片石垛等支挡工程；对于路堤还可采用换填土或土质改良等措施。

2）膨胀土地区的地基。在膨胀土地基上修筑的桥涵及房屋等建筑物，随地基土的胀缩变形而发生不均匀变形。因此，膨胀土地基问题既有地基承载力问题，又有引起建筑物变形问题。其特殊性在于：地基承载力较低，还要考虑强度衰减；不仅有土的压缩变形，还有湿胀干缩变形。

常用的防治措施有防水保湿措施，即注意建筑物周围的防水排水，并尽量避免挖填方改变土层自然埋藏条件；地基土改良措施，即建筑物基础应适当加深，相应减小膨胀土的厚度，或采用换土、土垫层、桩基等方法。

4. 冻土

在高纬度和海拔较高的高原、高山地区，一年中有相当长一段时间气温低于零度，这时土中的水分冻结成固态的冰，这种温度低于0 ℃并含有冰的特殊土就称为冻土。

冻土根据冻结时间可分为季节冻土和多年冻土两大类。季节冻土是指冬季冻结、夏季融化的土。在年平均气温低于0 ℃的地区，冬季长，夏季很短，冬季冻结的土层在夏季结束前还未全部融化，又随气温降低开始冻结了，这样地面以下一定深度的土层常年处于冻结状态，就是多年冻土。通常认为，持续三年以上处于冻结不融化的土称为多年冻土。

土冻结时发生冻胀，强度增高，融化时发生沉陷，强度降低，甚至出现软塑或流塑状态。修建在冻土地区的工程建筑物，常常由于反复冻融，土体冻胀、融沉，导致工程建筑物被破坏。

（1）季节冻土及其冻融现象。

1）季节冻土及其分布。季节冻土在我国分布广泛，东北、华北，西北及华东、华中部分地区都有分布。自长江流域以北向东北、西北方向，随着纬度及地面高度的增加，冬季气温越来越低，冬季时间延续越来越长，因此季节冻土厚度自南向北越来越大。石家庄以南季节冻土厚度小于0.5 m，北京地区一般为1 m左右，辽源、海拉尔一带则为2～3 m。

2）季节冻土的工程性质及其冻胀融沉现象。季节冻土的主要工程地质问题是冻结时膨胀，融化时下沉。冻胀融沉的程度首先取决于土的颗粒组成及含水率。按土的颗粒组成，土的冻胀可分为不冻胀土、稍冻胀土、中等冻胀土和极冻胀土四类；按土中含水率大小，土的冻胀可分为不冻胀、弱冻胀、冻胀和强冻胀四级。

粉黏粒越多，含水率越大，冻胀越严重。土层冻胀主要因土中水分结冰膨胀造成，水冻结为冰，体积增大1/11左右。以1 m厚冻土层为例，当含水率占土总体积的30%时，则冻胀量为100 cm×30%×1/11=2.7 cm。实际上，1 m冻土层冻胀量比2.7 cm大得多，这是因为当地下水埋藏较浅时，有地下水源源不断地向冻结区转移补充，引起局部地区冻胀隆起，形成冻胀土丘，简称冰丘（冰丘多呈椭圆形）。若地下水沿冻土裂隙冲出地表冻结成冰，则形成冰锥。

季节冻土冬季冻胀使路基隆起，春季融化使路基下沉，甚至发生翻浆冒泥。如果冻土中水主要是由地表下渗补给的，冻胀隆起一般高30～40 mm。如果冻土中水主要来自地下水，则冻胀隆起更高，可达100 mm以上。这种冻胀融沉严重影响了行车安全，特别是每年一次冻融循环，如不采取根本措施，则后患无穷。

（2）多年冻土及其特征。

1）多年冻土及其分布。多年冻土多在地面以下一定深度存在着，其上部至地表部分常有一季节冻土层，故多年冻土区常伴有季节性冻结现象存在。

我国的多年冻土按地区分布不同分为两类：一类是高原型多年冻土，主要分布在青藏高原及西部高山地区。这类冻土主要受海拔高度控制；另一类是高纬度型多年冻土，主要分布在东北大小兴安岭地区，自满洲里—牙克石—黑河一线以北广大地区都有多年冻土分布。多年冻土根据冻土内冻结水（冰）的分布状况（位置、形状及大小），可分为以下三种结构类型：

①整体结构：温度骤然下降，冻结很快，水分来不及迁移、集聚，土中冰晶均匀分布于原有孔隙中，冰与土成整体状态。这种结构使冻土有较高的冻结强度，融化后土的原有结构未遭破坏，一般不发生融沉。故在整体结构上冻土工程性质较好。

②网状结构：一般发生在含水率较大的黏性土中。土在冻结过程中产生水分转移和集聚，在土中形成交错网状冰晶，使原有土体结构受到严重破坏。这种结构的冻土不仅发生冻胀，更严重的是融化后含水率大，呈软塑或流塑状态，发生强烈融沉，工程性质不良。

③层状结构：土粒与冰透镜体和薄冰层相互间层，冰层厚变可为数毫米至数厘米。土在冻结过程中发生大量水分转移，有充分水源补给。而且经过多次冻结—融沉—冻结后形成层状结构，原有的结构完全被冰层分割而破坏。这种结构的冻土冻胀显著，融沉严重，工程性质不良。

2）多年冻土的构造是指季节冻土层与多年冻土层之间的接触关系，包括以下两种构造：

①衔接型构造：季节冻土的最大冻结深度达到或超过多年冻土层上限。此种构造的冻土属于稳定型或发展型多年冻土。

②非衔接型构造：在季节冻土所能达到的最大冻结深度与多年冻土层上限之间有一层不冻土或称融土层。这种构造的冻土多为退化型多年冻土。

（3）多年冻土的工程性质。

1）物理及水理性质。冻结的土体应视为土的颗粒、未冻水、冰及气体四相组成的复杂综合体。纯水在 0 ℃时开始结冰。土中水由于矿物颗粒表面能的作用和水中含有一定盐分的原因，其开始冻结温度均低于 0 ℃。土中水分的冻结是从孔隙中的重力自由水开始的，土温继续下降时，土粒表面结合水才逐渐冻结。即使在土温降到－78 ℃时，结合水中仍有部分未冻结。在一定负温下仍未冻结的水可称为未冻水，未冻水的数量随土中黏粒的增多而增多。同样的负温和土质，外荷载压力大，水溶液浓度大，未冻水量就多。可见，未冻水含量的多少取决于土的粒度成分、负温度、外部压力及水中含盐量，未冻水量直接影响冻土的工程性质。因此，在评价冻土工程性质时，必须测定天然冻土结构下的容积重度、固体矿物颗粒密度、冻土总含水率（包括冰及未冻水含量）及相对含冰量（土中冰重与总含水率之比）四项指标。

2）力学性质。由于冰是一种黏滞性物体，所以冻土的抗剪强度和抗压强度都与荷载作用时间有密切关系，即冻土具有明显的流变性。长期荷载作用下冻土的持久强度大大低于瞬时加荷的强度。冻土具有冻结时体积膨胀，融化时迅速下沉的特性。应当指出，只有土中含水率超过某个界限值时，冻结过程中才出现冻胀现象，这个界限含水率称为起始冻胀含水率，它与土的塑限有密切关系。

冻土融化下沉由两部分组成：一部分是在外力作用下的压缩变形；另一部分是在负温变为正温时的自身融化下沉。根据冻土的融沉情况进行分类，多年冻土的融沉是指由于人类在多年冻土区的活动，不仅使表层季节冻土层融化，而且使多年冻土层上限下移，原来的冻土产生融沉。例如，采暖房屋的修建，使地基多年冻土融沉。

（4）多年冻土的工程地质问题及处理原则。

1）多年冻土地区路基基底稳定问题。由于在地表修筑路堤，使多年冻土上限上升，在路堤内形成冻土结核，产生冻胀，夏季融化后可能引起沿上限局部滑塌。在多年冻土地区开挖路堑，则使多年冻土上限下降，若此多年冻土为融沉或强融沉性的，则可能造成严重下沉，路堑边坡滑动。因此，在路基基底表面设置保温层，尽量防止多年冻土上限上下波动，是一项重要措施。保温材料最好就地取材，例如，泥炭层、塔头草或其他草皮、炉渣等都是增强稳定的有效材料。

2）多年冻土区的冰丘和冰锥。它们的形成与季节冻土区相似，只是规模更大，有的冰冻延续时间很长，可达几年以上。例如，青藏高原昆仑山口洪积扇前缘有一多年生大冰丘，高20 m，长40～50 m，宽20多米。多年冻土区的舌形冰锥，一般长数百米至数千米。冰丘和冰锥对路基及其他铁路建筑物危害严重，特别是对路堑工程危害更大，容易发生大量地下水涌进路堑，掩埋线路。因此，在选线时应尽量避开这些不良地质现象。

3）多年冻土地区的建筑物地基问题。多年冻土作为建筑物地基，应从土的年平均地温的稳定性、冻土组成及冻胶结作用、融化后的下沉性和冻土的不良地质现象作为冻土地基评价的依据。冻土具有瞬时的高强度，但更重要的是确定外压力长期作用下冻土的流变性及人为活动下热流作用造成的冻土下沉性。因此，选择建筑物场地时，应尽量避开冰丘、冰锥发育地区，选择坚硬岩石或粗碎屑颗粒土分布地段，地下水埋藏较深，冰融时工程性质变化较小的地基。

4）对于冻土地区病害处理的基本原则。

①排水。水是冻胀融沉的决定性因素，必须严格控制土中的水分。在地面修建一系列排水沟、管，拦截地表周围流来的水；聚集、排除建筑物地面及内部的水，不得使这些地表水渗入地下。在地下修建盲沟、渗沟、管等拦截周围流来的地下水；降低地下水水位，不使地下水向地基土中积聚。

②保温。应用各种保温隔热材料，将地温受地表工程建筑的影响降至最小，从而最大限度地防止冻胀融沉。在基坑或路堑的底部和边坡上或在填土路堤底面上，铺设一定厚度的草皮、泥炭、苔藓、炉渣或黏土，都有保温隔热作用，使多年冻土上限相对稳定。

③改善地基土性质。用粗砂、卵石或砾石等不冻胀土置换天然地基的细颗粒冻胀土，是广泛采用的防止冻害的有效措施。一般及底砂垫层厚度为0.8～1.5 m，基侧面为0.2～0.5 m。在铁路路基下常用这种砂垫层填土，但在换填土层上要设置0.2～0.3 m隔水层，以免地表水渗入基地。另一种改善地基土的方法是物理化学法，即在土中加入某种物质，改变土粒与水的相互作用，使土体中水的冰点降低，水分转移受到影响，从而削弱和防止土的冻胀。

5. 人工填土

（1）人工填土的分类及工程性质。

1）填土的分类。填土是指由人类活动而堆填且未经压实的土。填土根据其物质组成和堆填方式分为素填土、杂填土和冲填土三类。

①素填土：由天然土经人工扰动和搬运堆填而成，不含杂质或含杂质很少，一般由碎石、砂或粉土、黏性土等一种或几种材料组成。素填土按主要组成物质分为碎石素填土、砂性素填土、粉性素填土、黏性素填土等，可在素填土的前面冠以其主要组成物质的定名，对素填土进一步分类。

②杂填土：含有大量建筑垃圾、工业废料或生活垃圾等杂质的填土。其按组成物质成分和特征，可分为建筑垃圾土，主要由碎砖、瓦砾、朽木、混凝土块、建筑垃圾和土组成，有机物含量较少；工业废料土，由现代工业生产的废渣、废料堆积而成，如矿渣、炉渣、电石渣等及其他工业废料和少量土类组成；生活垃圾土，填土中由大量从居民生活中抛弃的废物，如炉灰、布片、菜皮、陶瓷片等杂物和土类组成，一般含有机质和未分解的腐殖质较多。

③冲填土：冲填土又称吹填土，是由水力冲填泥沙形成的填土。冲填土是我国沿海一带常见的人工填土之一，主要是由于整治或疏通江河航道，或因工农业生产需要填平或填高江河附近某些地段时，用高压泥浆泵将挖泥船挖出的泥沙，通过输泥管排送到需要加高地段及泥沙堆积区，前者为有计划、有目的的填高，而后者为无目的的堆填，经沉淀排水后形成大片冲填土

层。上海的黄浦江、天津的海河、广州的珠江等河流两岸及天津塘沽等滨海地段不同程度地分布着这类土。

2）另外，因为填土的性质与堆填年代有关，所以可以按堆填时间的长短划分为古填土（堆填时间在 50 年以上）、老填土（堆填时间为 15～50 年）和新填土（堆填时间不满 15 年）。填土按堆填方式可分为有计划填土和无计划填土。某些因矿床开采而形成的填土又可按原岩的软化性质划分为非软化填土、软化填土和极易软化填土。北京地区将填土中的炉灰单独进行分类，并根据堆积年代进一步细分为炉灰和变质炉灰。

(2) 填土的工程性质。一般来说，填土具有不均匀性、湿陷性、自重压密性及低强度、高压缩性。

1）素填土的工程性质。素填土的工程性质取决于它的均匀性和密实度。在堆填过程中，未经人工压实者，一般密实度较差，但堆积时间较长，由于土的自重压密作用，也能达到一定密实度。如堆积时间超过 10 年的黏性素填土、超过 5 年的砂性素填土，均具有一定的密实度和强度，经检验后，可以作为一般建筑物的天然地基。

2）杂填土的工程性质。

①性质不均，厚度和密度变化大。由于杂填土的堆积条件、堆积时间，特别是物质来源和组成成分的复杂及差异，造成杂填土的性质很不均匀，密度变化大，分布范围和厚度的变化均缺乏规律性，带有极大的人为随意性，往往在很小范围内变化很大。当杂填土的堆积时间越长，物质组成越均匀，有机物含量越少，则作为天然地基的可能性越大。

②变形大，并有湿陷性。就其变形特性而言，杂填土往往是一种欠压密土，一般具有较高的压缩性。对于部分新的杂填土，除正常荷载作用下的沉降外，还存在自重压力下沉降及湿陷变形的特点；对于生活垃圾土还存在因进一步分解腐殖质而引起的变形。在干旱和半干旱地区，干或稍湿的杂填土，往往具有湿陷性。堆积时间短、结构疏松，是杂填土浸水湿陷和变形大的主要原因。

③压缩性大，强度低。杂填土的物质成分异常复杂，不同物质成分直接影响土的工程性质。当建筑垃圾土的组成物以砖块为主时，则优于以瓦片为主的土。建筑垃圾土和工业废料土，在一般情况下优于生活垃圾土。因生活垃圾土物质成分杂乱，含大量有机质和未分解的腐殖质，具有很大的压缩性和很低的强度。即使堆积时间较长，但仍较松软。

④孔隙大，且渗透性不均匀。杂填土由于其组成物质的复杂多样性，造成杂填土中孔隙大并且其渗透性不均匀，因此在地下水水位较低的地区，地下水水位以上的杂填土中经常存在鸡窝状上层滞水。

3）冲填土的工程性质。

①不均匀性。冲填土的颗粒组成随泥沙的来源而变化，有砂粒、黏土粒和粉土粒。在吹泥的出口处，沉积的土粒较粗，甚至有石块，顺着出口向外围则逐渐变细。在冲填过程中，由于泥沙来源的变化，造成冲填土在纵横方向上的不均匀性，故上层多呈透镜体状或薄层状出现。当有计划、有目的的预先采取一些措施后而冲填的土，则土层的均匀性较好，类似冲积地层。

②透水性能弱、排水固结差。冲填土的含水率大，一般大于液限，是软塑或流塑状态，当黏粒含量多时，水分不易排出，土体形成初期呈流塑状态，后来虽土层表面经蒸发干缩龟裂，但下面土层由于水分不易排出仍处于流塑状态，稍加触动即发生触变现象。因此，冲填土多属未完成自重固结的高压缩性的软土。土的结构需要有一定时间进行再组合，土的有效应力要在排水固结条件下才能提高。

土的排水固结条件也决定于原地面的形态，如原地面高低不平或局部低洼，冲填后土内水分排不出去，长时间仍处于饱和状态；如冲填于易排水的地段或采取了排水措施时，则固结进程加快。

(3) 填土地基的评价。填土地基的评价主要内容应包括阐明填土的成分、分布和堆积年代，判定地基的均匀性、压缩性和密实度；必要时应按厚度、强度和变形特性分层或分区评价。

1）填土的均匀性和密实度。这与填土的组成物质、分布特征和堆积年代有密切关系。

对于堆积年限较长的素填土、冲填土，以及由建筑垃圾和性能稳定的工业废料组成的杂填土，当较均匀和较密实时，可考虑作为天然地基。由有机质含量较多的生活垃圾和对基础有腐蚀的工业废料组成的杂填土，不宜作为天然地基。

2）填土地基承载力的确定。填土地基的承载力可按《建筑地基基础设计规范》（GB 50007—2011）的要求，由荷载试验或其他原位测试、公式计算，并结合工程实践经验等方法综合确定。

3）填土地基的稳定性。当填土底面的天然坡度大于20%时，应验算其沿坡面的稳定性，并应判定原有斜坡受填土影响引起滑动的可能性。

(4) 填土地基的利用、处理、检验。

1）填土地基的利用。利用填土作为地基时，宜采取一定的建筑和结构措施，以提高和改善建筑物对填土地基不均匀沉降的适应能力。具体来说，可采取以下建筑和结构措施：

①建筑体形尽量简单，以适应不均匀沉降。

②因填土地基的表层往往有一层硬壳层，浅埋基础应充分利用硬壳层。

③建筑物应选择面积大、整体刚度较好的基础形式，如筏形基础、十字交叉梁基础等。

④适当加强上部结构的刚度和强度。

⑤当填土作为地基持力层时，基坑开挖后应加强施工验槽工作。

2）填土地基的处理。其方法的选择，应从加固效果、经济费用、工程周期、环境影响及地区经验等方面综合比较，并参照下列条件确定：

①换土—垫层适用于地下水水位以上，可减少和调整地基的不均匀沉降。

②机械碾压、重锤夯实和强夯主要适用于加固浅埋的松散低塑性或无黏性填土。

③挤密土桩、灰土桩适用于地下水水位以上，砂、碎石桩适用于地下水水位以下，处理深度一般可达6～8 m。

另外，还可采用CFG桩法、柱锤冲扩桩法等地基处理方法，以提高填土地基承载力和减少地基变形。

3）填土地基的检验。处理后的填土地基应进行质量检验。检验工作应按《建筑地基基础设计规范》（GB 50007—2011）和有关规定进行，常用的检验手段有轻型动力触探、微型贯入仪、动力和静力触探，以及取样分析等；另外，探地雷达、面波测试、剪切波速测试是进行处理前后定性评价的较好手段。对于复合地基，宜采用大面积的荷载试验。

6. 盐渍土

(1) 盐渍土的成因及分布。对于易溶盐含量大于0.3%，且具有溶陷、盐胀、腐蚀等特性的土称为盐渍土。

1）盐渍土的形成条件。盐渍土是当地下水沿土层的毛细管升高至地表或接近地表，经蒸发作用，水中盐分被析出并聚集于地表或地下土层中形成的。

盐渍土一般形成于下列地区：

①干旱半干旱地区：因蒸发量大，降水量小，毛细作用强，极利于盐分在地表聚集。

②内陆盆地：因地势低洼，周围封闭，排水不畅，地下水水位高，利于水分蒸发、盐分聚集。

③农田、渠道：农田洗盐、压盐，灌溉退水，渠道渗漏等，也会使土地盐渍化。

2）盐渍土的分布。盐渍土主要分布在西北干旱地区的青海、新疆、甘肃、宁夏、内蒙古等地区；在华北平原、松辽平原、大同盆地和青藏高原的一些湖盆洼地也有分布。由于气候干燥，内陆湖泊较多，在盆地或高山地区，多形成盐渍土。滨海地区，由于海水侵袭也常形成盐渍土。在平原地带，由于河床淤积或灌溉等原因也常使土地盐渍化，形成盐渍土。

盐渍土的厚度一般不大。平原和滨海地区，一般在地表向下 2～4 m，其厚度与地下水的埋深、土的毛细作用上升高度和蒸发强度有关，内陆盆地盐渍土的厚度有的可达几十米，如柴达木盆地中盐湖区的盐渍土厚度可达 30 m 以上。

绝大多数盐渍土分布地区，地表有一层白色盐霜或盐壳，厚数厘米至数十厘米。盐渍土中盐分的分布随季节、气候和水文地质条件而变化，在干旱季节地面蒸发量大，盐分向地表聚集，这时地表土层的含盐量可超过 10%。随着深度的增加，含盐量逐渐减少，雨季地表盐分被地面水冲淋溶解，并随水渗入地下，表层含盐量减少，地表白色盐霜或盐壳甚至消失。所以，在盐渍土地区，经常发生盐类被淋溶和盐类聚集的周期性的发展过程。

3）盐渍土的分类。

①按分布区域分类。

a. 滨海盐渍土：滨海一带受海水侵袭后，经过蒸发作用，水中盐分聚集于地表或地表下不深的土层中，即形成滨海盐渍土。

b. 内陆盐渍土：易溶盐类随水流从高处带到洼地，经蒸发作用盐分聚集而成。一般因洼地周围地形坡度大、堆积物颗粒较粗，所以，盐渍化的发展，向洼地中心越严重。这类盐渍土分布于我国的甘肃、青海、宁夏、新疆、内蒙古等地区。

c. 冲积平原盐渍土：主要由于河床淤积或兴修水利等，使地下水水位局部升高，导致局部地区盐渍化。这类盐渍土分布于我国东北的松辽平原和山西、河南等地区。

②按含盐类的性质分类。按含盐类的性质，盐渍土可分为氯盐渍土（$NaCl$、KCl、$CaCl_2$、$MgCl_2$）、硫酸盐渍土（Na_2SO_4、$MgSO_4$）和碳酸盐渍土（Na_2CO_3、$NaHCO_3$）三类。

③按含盐量分类。当土中含盐量超过一定值时，对土的工程性质就有一定影响，所以按含盐量（%）分类是对含盐性质分类的补充（表 7.7）。

表 7.7　盐渍土按含盐量分类

盐渍土名称	平均含盐量/%		
	氯盐及亚氯盐	硫酸盐及亚硫酸盐	碱性盐
弱盐渍土	0.3～1.0	—	—
中盐渍土	1.0～5.0	0.3～2.0	0.3～1.0
强盐渍土	5.0～8.0	2.0～5.0	1.0～2.0
超盐渍土	>8.0	>5.0	>2.0

（2）盐渍土的工程性质。

1）盐渍土的溶陷性。盐渍土中的可溶盐经水浸泡后溶解、流失，致使土体结构松散，在土的饱和自重压力下出现溶陷；有的盐渍土浸水后，需在一定压力作用下，才会产生溶陷。盐渍土溶陷性的大小，与易溶盐的性质、含量、赋存状态和水的径流条件及浸水时间的长短等有关。盐渍土按溶陷系数可分为两类：当溶陷系数 δ 值小于 0.01 时，称为非溶陷性土；当溶陷系数 δ 值等于或大于 0.01 时，称为溶陷性土。

2）盐渍土的盐胀性。硫酸（亚硫酸）盐渍土中的无水芒硝（Na_2SO_4）的含量较多，无水芒硝（Na_2SO_4）在32.4 ℃以上时为无水晶体，体积较小；当温度下降至32.4 ℃时，吸收10个水分子的结晶水，成为芒硝（$Na_2SO_4 \cdot 10H_2O$）晶体，使体积增大，如此不断地循环反复作用，使土体变松。盐胀作用是盐渍土由于昼夜温差大引起的，多出现在地表下不太深的地方，一般约为0.3 m。碳酸盐渍土中含有大量吸附性阳离子，遇水时与胶体颗粒作用，在胶体颗粒和黏土颗粒周围形成结合水薄膜，减少了各颗粒间的黏聚力，使其互相分离，引起土体盐胀。资料证明，当土中的Na_2CO_3含量超过0.5%时，其盐胀量即显著增大。

3）盐渍土的腐蚀性。盐渍土均具有腐蚀性。硫酸盐渍土具有较强的腐蚀性，当硫酸盐含量超过1%时，对混凝土产生有害影响，对其他建筑材料也有不同程度的腐蚀作用。氯盐渍土具有一定的腐蚀性，当氯盐含量大于4%时，对混凝土产生不良影响，对钢铁、木材、砖等建筑材料也具有不同程度的腐蚀性。碳酸盐渍土对各种建筑材料也具有不同程度的腐蚀性。腐蚀的程度除与盐类的成分有关外，还与建筑结构所处的环境条件有关。

4）盐渍土的吸湿性。氯盐渍土含有较多的一价钠离子，由于其水解半径大，水化胀力强，故在其周围形成较厚的水化薄膜，因此，使氯盐渍土具有较强的吸湿性和保水性。这种性质，使氯盐渍土在潮湿地区土体极易吸湿软化，强度降低；而在干旱地区，使土体容易压实。氯盐渍土吸湿的深度，一般只限于地表，深度约为10 cm。

5）盐渍土的有害毛细作用。盐渍土有害毛细水上升能引起地基土的浸湿软化和造成次生盐渍土，并使地基土强度降低，产生盐胀、冻胀等不良作用。影响毛细水上升高度和上升速度的因素，主要有土的矿物成分、粒度成分、土颗粒的排列、孔隙的大小和水溶液的成分、浓度、温度等。

6）盐渍土的起始冻结温度和冻结深度。

①盐渍土的起始冻结温度是指土中毛细水和重力水溶解土中盐分后形成的溶液开始冻结的温度。起始冻结温度随溶液浓度的增大而降低，且与盐的类型有关。根据试验资料，当水溶液浓度大于10%后，氯盐渍土的起始冻结温度比亚硫酸盐渍土低得多。当土中含盐量达到5%以上时，土的起始冻结温度下降到−20 ℃以下。

②盐渍土的冻结深度，可以根据不同深度的地温资料和不同深度盐渍土中水溶液的起始冻结温度判定；也可在现场直接测定。

（3）盐渍土含盐类型和含盐量对土的物理力学性质的影响。

1）对土的物理性质的影响。氯盐渍土的含氯量越高，液限、塑限和塑性指数越低，可塑性越低。资料表明，氯盐渍土的液限要比非盐渍土低2%～3%，塑限小1%～2%。

氯盐渍土由于氯盐晶粒充填了土颗粒间的空隙，一般能使土的孔隙比降低，土的密度、干密度提高。但硫酸盐渍土中Na_2SO_4的含量较多，Na_2SO_4在32.4 ℃以上时，为无水芒硝，体积较小；当温度下降到32.4 ℃时，吸水后变成芒硝（$Na_2SO_4 \cdot 10H_2O$），使体积变大；经反复作用后使土体变松，孔隙比增大，密度减小。

2）对土的力学性质的影响。盐渍土的含盐量对抗剪强度影响较大，当土中含有少量盐分、在一定含水率时，黏聚力减小，内摩擦角降低；但当盐分增加到一定程度后，由于盐分结晶，黏聚力和内摩擦角增大。所以，当盐渍土的含水率较低且含盐量较高时，土的抗剪强度就较高，反之就较低。三轴试验表明，盐渍土土样的垂直应变达到5%的破坏标准和达到10%的破坏标准时的抗剪强度相差较大：10%破坏标准的抗剪强度要比5%破坏标准小20%左右。浸水对黏聚力影响较大，而对内摩擦角影响不大。

由于盐渍土具有较高的结构强度，当压力小于结构强度时，盐渍土基本不产生变形；但浸水后，盐类等胶结物软化或溶解，模量有显著降低，强度也随之降低。

氯盐渍土的力学强度与总含盐量有关，总的趋势是总含盐量增大，强度随之增大。当总含盐量在10%范围内时，荷载试验比例界限（p_0）变化不大，超过10%后 p_0 有明显提高。原因是土中氯盐含量超过临界溶解含盐量时，以晶体状态析出，同时对土粒产生胶结作用，使土的强度提高；相反，氯盐含量小于临界溶解含盐量时，则以离子状态存在于土中，此时对土的强度影响不太明显。

硫酸盐渍土的总含盐量对强度的影响与氯盐渍土相反，即盐渍土的强度随总含盐量增加而减小。原因是硫酸盐渍土具有盐胀性和膨胀性。资料表明，当总含盐量为1.0%～2.0%时，即对荷载试验比例界限（p_0）产生较明显的影响，且 p_0 随总含盐量的增加而很快降低；当总含盐量超过2.5%时，其降低速度逐渐变慢；当总含盐量等于12%时，可使 p_0 降低到非盐渍土的一半左右。

（4）盐渍土的地基处理。盐渍土地基处理，应根据盐渍土的性质、含盐类型、含盐量等，针对盐渍土的不同性状、溶陷性、盐胀性、腐蚀性，采用不同的地基处理方法。处理以硫酸盐为主的盐渍土地基时，应采用抗硫酸盐水泥，不宜采用石灰材料；处理以氯盐为主的盐渍土地基时，不宜直接采用钢筋增强材料。

1）以溶陷性为主的盐渍土的地基处理。这类盐渍土的地基处理，主要是减小地基的溶陷性，可通过现场试验后，按表7.8选用不同方法。

表7.8　盐渍土的地基处理方法

处理方法	适用条件	注意事项
浸水预溶	厚度不大或渗透性较好的盐渍土	需要经现场试验确定浸水时间和预溶深度
强夯	地下水水位以上，孔隙比较大的低塑性土	需要经现场试验，选择最佳夯击能量和夯击参数
浸水预溶＋强夯	厚度较大、渗透性较好的盐渍土，处理深度取决于预溶深度和夯击能量	需要经试验选择最佳夯击能量和夯击参数
浸水预溶＋预压	土质条件同上，处理深度取决于预溶深度和预压深度	需要经现场试验，检验压实效果
换土	溶陷性较大且厚度不大的盐渍土	宜用灰土或易夯实的非盐渍土回填
振冲	粉土和粉细砂层，地下水水位较高	振冲所用的水应采用场地内地下水或卤水，切忌一般淡水
物理化学处理（盐化处理）	含盐量很高，土层较厚，其他方法难以处理，且地下水水位较深	需要经现场试验，检验处理效果

2）以盐胀性为主的盐渍土的地基处理。这类盐渍土的地基处理，主要是减小或消除盐渍土的盐胀性，可采用下列方法：

①换土垫层法，即使硫酸盐渍土很厚，也无须全部挖除，只要将有效盐胀范围内的盐渍土挖除即可。

②设地面隔热层，使盐渍土层的浓度变化减小，从而减小或完全消除盐胀，不破坏地坪。

③设变形缓冲层，即在地坪下设一层20 cm左右厚的大粒径卵石，使下面土层的盐胀变形得到缓冲。

④化学处理方法，即将氯盐渗入硫酸盐渍土，抑制其盐胀，当Cl^-/SO_4^{2-}大于6时，效果显著，因硫酸钠在氯盐溶液中的溶解度随浓度增加而减少。

⑤隔断层法，可隔断盐分和水分的迁移，隔断层法可采用土工布（膜）、沥青砂、油毛毡、砂砾石和水泥土等材料。

3）以腐蚀性为主的盐渍土的防腐蚀措施。盐渍土的腐蚀，主要是盐溶液对建筑材料的侵入造成的，所以采取隔断盐溶液的侵入或增加建筑材料的密度等措施，可以防护或减小盐渍土对建筑材料的腐蚀性。

7. 红黏土

（1）红黏土的成因及分布。红黏土分为原生红黏土和次生红黏土。颜色为棕红色或褐黄色，覆盖于碳酸盐系上，其液限大于或等于50%的高塑性黏土，应判定为原生红黏土。原生红黏土经搬运、沉积后仍保留其基本特征，且其液限大于45%的黏土，可判定为次生红黏土。

1）红黏土的形成条件。

①岩性条件：在碳酸盐类岩石分布区内，经常夹杂着一些非碳酸盐类岩石，它们的风化物与碳酸盐类岩石的风化物混杂在一起，构成了这些地段红黏土成土的物质来源，故红黏土的母岩是包括夹在其间的非碳酸盐类岩石的碳酸盐岩系。

②气候条件：红黏土是红土的一个亚类。红土化作用是在炎热湿润气候条件下进行的一种特定的化学风化成土作用，在这种气候条件下，年降水量大于蒸发量，形成酸性介质环境。红土化过程是一系列由岩变土和成土之后新生黏土矿物再演变的过程；我国南方更新世以来，曾存在过较长期的湿热气候条件，有利于红黏土的形成。

2）红黏土的分布规律。

①分布的地域性：我国红黏土主要分布在西南、中南和华东地区，以贵州、云南及广西最为典型和广泛；其次，在四川盆地南缘和东部、鄂西、湘西、湘南、粤北、皖南和浙西等地也有分布。在西部，其主要分布在较低的溶蚀夷平面及岩溶洼地、谷地；在中部，主要分布在峰林谷地、孤峰准平原及丘陵洼地；在东部，主要分布在高阶地以上的丘陵区。

我国北方红黏土零星分布在一些较温湿的岩溶盆地，如陕南、鲁南和辽东等地，多为受到后期营力的侵蚀和其他沉积物覆盖的早期红黏土。

②土性变化规律：各地区红黏土在外观颜色、土性上都有一定的变化规律，一般具有自西向东土的塑性和黏粒含量逐渐降低、土中粉粒和砂粒含量逐渐增高的趋势。

有的地区基岩之上全部为原生红黏土所覆盖；有的地区则常见到红黏土被泥砾堆积物及更新世后期各类堆积物所覆盖。在河流冲击区低洼处，常见有经过迁移和再搬运的次生红黏土覆盖于基岩或其他沉积物之上；在岩溶洼地、谷地、准平原及丘陵斜坡地带，当受片状及间歇性水流冲蚀时，红黏土的土粒被带到低洼处堆积成新的土层——次生红黏土。其颜色浅于未搬运者，常含粗颗粒，但总体上仍保持红黏土的基本特征，而明显有别于一般黏性土。

③厚度变化规律：各地区红黏土厚度不尽相同：贵州地区为3～6 m，超过10 m者较少；云南地区一般为7～8 m，个别地段可达10～20 m；湘西、鄂西和广西等地一般为10 m左右。

红黏土的厚度变化与原始地形和下伏基岩面的起伏变化关系密切。分布在盆地或洼地中的红黏土大多是边缘较薄、中间增厚；分布在基岩面或风化面上的红黏土厚度取决于基岩面起伏和风化层深度。当下伏基岩的溶沟、溶槽、石芽等发育时，上覆红黏土的厚度变化极大，常出现厚度相差10 m之多的现象。

（2）红黏土的分类

1）状态分类。红黏土状态的划分可采用一般黏性土的液性指数划分法，也可采用红黏土特有的含水比划分法，划分标准见表7.9。

表7.9 红黏土的状态分类

状态	含水比α_w	液性指数I_L
坚硬	$\alpha_w \leqslant 0.55$	$I_L \leqslant 0$
硬塑	$0.55 < \alpha_w \leqslant 0.70$	$0 < I_L \leqslant 0.33$
可塑	$0.70 < \alpha_w \leqslant 0.85$	$0.33 < I_L \leqslant 0.67$
软塑	$0.85 < \alpha_w \leqslant 1.00$	$0.67 < I_L \leqslant 1.00$
流塑	$\alpha_w > 1.00$	$I_L > 1.00$

2）结构分类。红黏土的结构可根据其裂隙发育特征按表7.10进行分类，其主要依据为野外观测的裂隙密度。红黏土网状裂隙分布与地貌有一定联系，如坡度、朝向等，且呈由浅而深递减之势。裂隙会影响土的整体强度，降低其承载力，是土体稳定的不利因素。

表7.10 红黏土的结构分类

土体结构	裂隙发育特征	S_t
致密状结构	偶见裂隙（<1条/m）	>1.2
巨块状结构	较多裂隙（1～5条/m）	0.8～1.2
碎块状结构	富裂隙（>5条/m）	<0.8

3）复浸水特性分类。红黏土在天然状态下膨胀率仅为0.1%～2.0%，其膨胀性主要表现为收缩，线缩率一般为2.5%～8.0%，最大达14%；但在收缩后复浸水时，不同土却有不同表现。根据统计分析提出了经验方程，$I'_r \approx 1.4 + 0.0066\omega_L$，以此对红黏土进行复浸水特性分类，见表7.11。

表7.11 红黏土的复浸水特性分类

类别	I_r与I'_r关系	复浸水特性
Ⅰ	$I_r \geqslant I'_r$	收缩后复浸水膨胀，能恢复到原位
Ⅱ	$I_r < I'_r$	收缩后复浸水膨胀，不能恢复到原位

划属Ⅰ类者，复水后随含水率增大而解体，胀缩循环呈现胀势，缩后土样高度大于原始高度，胀量逐次积累，以崩解告终；风干复水，土的分散性和塑性恢复，表现出凝聚与胶溶的可逆性。划属Ⅱ类者，复水后含水率增量微小，外形完好，胀缩循环呈现缩势，缩量逐次积累，缩后土样高度小于原始高度；风干复水，干缩后形成的团粒不完全分离，土的分散性、塑性和液塑比I_r降低，表现出胶体的不可逆性。这两类红黏土表现出不同的水稳性和工程性能。

4）地基均匀性分类。红黏土的地基均匀性可按表7.12分类。

表7.12 红黏土的地基均匀性分类

地基均匀性	地基压缩层范围内岩土组成
均匀地基	全部由红黏土组成
不均匀地基	由红黏土和岩石组成

红黏土地区地基的均匀性差别很大。当地基压缩层范围内均为红黏土时，为均匀地基；当为红黏土和岩石组成土岩组合地基时，为不均匀地基。在不均匀地基中，红黏土沿水平方向的土层厚度和状态分布很不均匀。土层较厚地段其下部，较高压缩性土往往也较厚；土层较薄地段，则往往基岩埋藏浅，与土层较厚地段较高压缩性土层标高相当。当建筑物跨越布置在这种地段时，就会置于不均匀地基上。

(3) 红黏土的工程性质。

1) 物理力学性质。红黏土的物理力学性质指标与一般黏性土有很大区别，主要表现如下：

①粒度组成的高分散性。红黏土中小于 0.005 mm 的黏粒含量为 60%～80%；其中，小于 0.002 mm 的胶粒含量占 40%～70%，使红黏土具有高分散性。

②天然含水率 w、饱和度 S_r、塑性界限（液限 w_L、塑限 w_p、塑性指数 I_p）和天然孔隙比 e 都很高，但具有较高的力学强度和较低的压缩性，这与具有类似指标的一般黏性土力学强度低、压缩性高的规律完全不同。

③很多指标变化幅度都很大，如天然含水率、液限、塑限、天然孔隙比等，与其相关的力学指标的变化幅度也比较大。

④土中裂隙的存在，使土体与土块的力学参数（尤其是抗剪强度指标）相差很大。

2) 矿物成分。红黏土的矿物成分主要为高岭石、伊利石和绿泥石，见表 7.13。黏土矿物具有稳定的结晶格架、细粒组结成稳固的团粒结构、土体近于两相体且土中水又多为结合水，这三者是使红黏土具有良好力学性能的基本因素。

表 7.13 红黏土的矿物成分

粒组	成分（以常见顺序排列）	鉴定方法
碎屑	针铁矿、石英	目测、偏光显微镜
小于 2 μm 的颗粒	高岭石、伊利石、绿泥石。部分土中还有蒙脱石、云母、多水高岭石、三水铝矿	X光衍射、电子显微镜、差热分析

3) 胀缩性。红黏土的组成矿物亲水性不强，交换容量不高，交换阳离子以钙离子、镁离子为主，天然含水率接近缩限，孔隙呈饱和水状态，以致表现在胀缩性能上以收缩为主，在天然状态下膨胀量很小，收缩性很高；红黏土的膨胀势能主要表现在失水收缩后复浸水的过程中，一部分可表现在缩后膨胀，另一部分则无此现象。因此，不宜把红黏土与膨胀土混同。

4) 裂隙性。红黏土在自然状态下呈致密状，无层理，表部呈坚硬、硬塑状态，失水后含水率低于缩限，土中即开始出现裂缝，近地表处呈竖向开口状，向深处渐弱，呈网状闭合微裂隙。裂隙破坏土的整体性，降低土的总体强度；裂隙使失水通道向深部土体延伸，促使深部土体收缩，加深加宽原有裂隙。严重时甚至形成深长地裂。

土中裂隙发育深度一般为 2～4 m，已见最深者可达 8 m。裂面中可见光滑镜面、擦痕、铁锰质浸染等现象。

(4) 红黏土的工程地质问题及处理。

1) 红黏土地区的建筑物地基处理。对于石芽密布并有出露的地基，当石芽间距小于 2 m，其间为硬塑或坚硬状态的红黏土时，对于房屋为六层和六层以下的砌体承重结构、三层和三层以下的框架结构或具有 150 kN 和 150 kN 以下吊车的单层排架结构，其基底压力小于 200 kPa 时，可不做地基处理。如不能满足上述要求时，可利用经检验证明稳定性可靠的石芽做支墩式基础，也可在石芽出露部位做褥垫。当石芽间有较厚的软弱土层时，可用碎石、土夹石等进行置换。

在石芽密布地段，当不宽的溶槽中分布有红黏土，且其厚度对于独立基础小于 1.1 m、条形基础小于 1.2 m 时，可不处理；当厚度大于该值时，可全部或部分挖除溶槽的土，使之小于规定值。当槽宽较大时，可将基底做成台阶状，使相邻段上可压缩土层厚度呈渐变过渡，也可在槽中设置若干短桩（墩）。

当基础底面下有一定厚度，但厚度变化较大的红黏土地基时，可调整各段地基的沉降差，如挖除土层较厚地段的部分土层，把基底做成阶梯状；当遇到挖除一定厚度土层后，使下部可塑土更接近基底，承载力和变形检验都难以满足要求时，可在挖除后做换填处理，换填材料可选用压缩性低的材料，如碎石、粗砂、砾石等。

当红黏土地基承载力或变形不满足设计要求时，可采用水泥粉煤灰碎石桩（CFG 桩）复合地基进行地基处理。

2）防止地基土收缩和缩后膨胀的方法。在基础主要部分浅埋的同时，可适当局部加大建筑物中失水界面较大部位（如角端、转角等处）基础的埋置深度，一般应大于大气影响急剧层；对基底下土层较薄、基岩浅埋的失水后不易补充地段，对场地横剖面上起始含水率较高而易失水的挖方地段，都可采用加大基础埋深或基底下做一定厚度砂垫层等措施，以减少地基土收缩。

①改善排水措施，加宽散水坡，以代替明沟排水，防止水的下渗。

②对热工构筑物、工业窑炉，在基底下设置一定厚度隔热层。

③加快开挖作业进度，减少土体表面暴露时间。

④做好边坡坡面土体保护工作。

⑤遇土洞必须查明其分布，予以处理。

8. 污染土

（1）污染土的定义及危害。

1）污染土的定义。由于致污物质的侵入，使土的成分、结构和性质发生了显著变异的土，应判定为污染土。污染土的定名可在原分类名称前冠以“污染”二字。致污物质主要有酸、碱、煤焦油、石灰渣等。污染源主要有制造酸碱的工厂、石油化纤厂、煤气工厂、污水处理厂，以及燃料库和某些行业，如印染、造纸、制革、冶炼、铸造等行业。

2）地基土受污染作用的过程。当地基土被污染时，首先是土颗粒间的胶结盐类被溶蚀，胶结强度被破坏，盐类在水的作用下溶解流失，土的孔隙比和压缩性增大，抗剪强度降低。

土颗粒被污染后，形成的新物质在土的孔隙中产生相变结晶而膨胀，并逐渐溶蚀或分裂成小颗粒，新生成含结晶水的盐类，在干燥条件下，体积减小，浸水后体积膨胀，经反复作用，土的结构受到破坏。

地基土遇酸碱等腐蚀性物质，与土中的盐类形成离子交换，从而改变土的性质。

3）污染土的危害。地基土受污染后发生两种变形特征：

①由于污染使地基土的结构破坏而造成沉陷变形。例如，福建某造纸厂由于地下管道断裂，废碱液渗入地下，使地基土由原来硬塑状的杏红色、红褐色黏土因受污染变成软塑和流塑状的黑褐色土，强度大幅度降低，导致建筑物不均匀沉降。又如，昆明某厂硫铵工段建成后由于地坪封闭不严，生产中大量的硫酸和硫铵浸入残坡积的红黏土地基，仅两年时间，使基础产生不均匀下沉，墙体和地坪开裂，屋面板拉裂，行车轨道扭曲。

②由于污染使地基土膨胀，造成基础和墙体开裂、破坏。例如，甘肃某冶炼厂的几个车间建在戈壁土上，由于硫酸等废液浸入地基土，使戈壁土中的碳酸钙等与硫酸反应，生成硫酸钙等盐类，体积增大，土体膨胀，造成地坪、墙体开裂。又如，太原某厂的苯酸厂房碱液部的框架柱、梁因地基受碱液腐蚀而膨胀，引起基础上升而开裂。该厂的电解车间碱液槽边的排架柱，

也因地基腐蚀而膨胀，使基础抬起，造成吊车梁不平和屋面排水反向。

（2）污染土和水的试验。污染土和水的室内试验，应根据污染情况和任务要求进行下列试验：污染土和水的化学成分；污染土的物理力学性质；对建筑材料腐蚀性的评价指标；对环境影响的评价指标；力学试验项目和试验方法应充分考虑污染土的特殊性质，进行相应的试验，如膨胀、湿化、湿陷性试验等；必要时进行专门的试验研究。

有条件时可进行土污染前后土质变化的研究，或通过同一土层在未污染与被污染场地分别取样进行对比试验。对比试验的内容如下：

1）土的物理力学性质的对比试验项目，应根据土在污染后可能引起的性质改变，确定相应的特殊试验项目，如膨胀试验、湿化试验、湿陷试验等。

2）土的化学对比分析可包括全量分析，易溶盐含量、pH值试验，土对金属和混凝土腐蚀性分析，有机质含量分析及矿物、物相分析等。

3）必要时应进行土的显微结构对比分析。

4）分析还可包括水中污染物含量对比分析，水对金属和混凝土的腐蚀性分析及其他项目。

5）测定土胶粒表面吸附阳离子交换量和成分，离子基（如易溶硫酸盐）的成分和含量。黏性土的颗粒分析，应包括粗粒组（粒径>0.002 mm）和黏粒组（0.002 mm<粒径<0.005 mm）。

6）进行污染与未污染，污染程度不同的对比试验。

7）为预测地基土受某溶液污染的后果时，可事先取样进行模拟试验，如将土试样夹在两块透水石之间，投入废酸、碱液，浸泡不同时间后，取出观察其变化。还可进行压缩试验、抗剪强度试验，判定其强度和变形与正常土的区别。以便得到废液浸湿对地基土的影响并提出采取预防措施的建议。

（3）污染土的识别和评价。

1）污染土的识别。

①地基土受污染、腐蚀后，往往会变色、变软，状态由硬塑或可塑变为软塑，甚至变为流塑。污染土的颜色也与一般土不同，呈黑色、黑褐色、灰色、棕红色和杏红色等，有铁锈斑点。

②建筑物地基内的土层变成具有蜂窝状结构，颗粒分散，表面粗糙，甚至出现局部空洞，建筑物也逐渐出现不均匀沉降。

③地下水水质呈黑色或其他不正常颜色，有特殊气味。

2）污染土的评价。污染土的评价应根据任务要求进行，对场地和建筑物地基的评价应符合下列要求：

①污染源的位置、成分、性质、污染史及对周边的影响。

②污染土分布的平面范围和深度、污染程度、地下水受污染的空间范围，对于已受污染场地，应进行污染分级和分区，评价污染土的工程特性和腐蚀性，提出治理措施，预测发展趋势。

污染土场地的划分可根据土污染的程度和对建筑物的危害程度确定，一般可划分为严重污染土场地、中等污染土场地和轻微污染土场地。严重污染土应是土的物理力学性质有较大幅度的变化；中等污染土则是土的性质有明显的变化；轻微污染土是从土的化学分析中检测出有污染物，但其物理力学性质无变化或只有轻微的变化。

作为污染等级的划分标志，应具备下列条件：与土和污染物相互作用有明显的相关性；与土的物理力学指标变化有明显的相关性；测定该参数有较简易、快速、经济的方法。

符合这些条件的有易溶盐含量、氢离子指数（pH值），或某一元素、某一化合物、某一物理力学指标，甚至颜色、嗅味、状态等。在定量划分有困难时，也可采用半定量的标准。

③污染土的物理力学性质、污染对土的工程特性指标的影响程度。污染对土的工程特性的

影响程度可按表 7.14 划分。根据工程具体情况，可采用强度、变形、渗透等工程特性指标进行综合评价。

表 7.14 污染对土的工程特性的影响程度

影响程度	轻微	中等	大
工程特性指标变化率/%	<10	10～30	>30

工程需要时，提供地基承载力和变形参数，预测地基变形特征：污染土的承载力和变形参数应由荷载试验确定；污染土的强度指标应由现场剪切试验获得，并宜进行污染与未污染和不同程度的对比试验。

④污染土和水对建筑材料的腐蚀性。污染土对金属和混凝土具有腐蚀性，腐蚀性的评价也应按污染等级分区给出。污染土的腐蚀性评价可按《岩土工程勘察规范（2009 年版）》（GB 50021—2001）执行。

⑤污染土和水对环境的影响。污染土和水对环境影响的评价应结合工程具体要求进行，无明确要求时可按《土壤环境质量　农用地土壤污染风险管控标准（试行）》（GB 15618—2018）、《地下水质量标准》（GB/T 14848—2017）和《地表水环境质量标准》（GB 3838—2002）进行评价。

⑥分析污染发展趋势。对已建项目的危害性或拟建项目适宜性进行综合评价。

（4）污染土的防治和处理措施。

1）污染土的防治。

①对于可能受污染的场地，当土与污染物相互作用将产生有害结果时，应采取防止污染物侵入场地的措施，如隔离污染源、消除污染物等。

②对于已污染场地，当污染土的强度降低，或对基础和建筑物相邻构件具有腐蚀性等其他有害影响时，应按污染等级分别进行处理。

③对污染土进行处理时，应考虑污染作用的发展趋势。

④污染土场地完成建设或整治后，应定期监测污染源的污染扩散，场地内的土和污染物相互作用发展等情况，污染土的监测宜与环境监测配合进行。

2）污染土的地基处理。污染土的处理应在污染土分级的基础上，对不同污染程度区别对待，一般情况下，严重污染和中等污染土是必须处理的，但对轻微污染土可不处理。污染土的地基的处理，可采用下列措施：

①局部或全部挖除污染土、换填未污染土，但对挖出的污染土应及时妥善处理，不能随意弃置。

②采用砂桩或碎石柱加固污染土层。

③采用预制钢筋混凝土桩基础穿越污染土层，桩身应进行防护处理：在 pH 值小于 4.5 的腐蚀条件下，桩宜采用涂料防护；在SO_4^{2-}腐蚀条件下，混凝土桩宜采用抗硫酸盐水泥或铝酸三钙含量不大于 5%的普通硅酸盐水泥制作；当受条件限制不用上述材料制作时，可采用表面涂料防护；在氯离子（Cl^-）腐蚀条件下，混凝土桩宜掺入钢筋阻锈剂。

选择地基处理方法时应符合下列要求：在酸或硫酸盐介质作用下不应采用灰土垫层、石灰桩和灰土桩；地下水 pH 值小于 4.5 或地面上有大量酸性介质作用时，不宜采用含碳酸盐的砂桩或碎石桩；污染土或地下水对素混凝土的腐蚀性等级为强腐蚀、中等腐蚀时，不宜采用以水泥作固化剂的深层搅拌桩；污染土或地下水的 pH 值大于 9 时，不宜采用硅化加固法；污染土或地下水的 pH 值小于 7 或地面上有大量酸性介质作用时，不宜采用碱液加固法。

7.2 岩石的工程性质

7.2.1 岩石的主要物理性质

岩石的物理性质包括的内容很多，与工程建筑密切相关的有岩石的密度、空隙性和吸水性、软化性、抗冻性、透水性等。

1. 岩石的密度

岩石的密度指标有颗粒密度和岩石密度，其定义和基本概念与土相同。它是选择建筑材料、研究岩石风化、评价边坡稳定和确定围岩压力等必需的计算指标。

岩石的颗粒密度是指岩石的固相质量与固体相体积之比。其主要取决于组成岩石的矿物的密度，及其在岩石中的相对含量，与岩石孔隙、裂隙发育程度和含水情况无关。其值可由比重法测定。一般岩石的颗粒密度均为 2.65 g/cm^3，大的可达 3.1～3.4 g/cm^3。

岩石的密度是指岩石单位体积的质量，除与岩石的矿物成分及其相对含量有关外，还与岩石的孔隙、裂隙发育程度和含水情况密切相关。致密的岩石，其密度与颗粒密度相近，随着孔隙、裂隙的增加，岩石的密度相应减小。因此，测定出岩石的密度可以判断岩石空隙发育程度，以间接评价同类岩石的致密程度和坚固性。

岩石的密度可分为天然密度、干密度和饱和密度，分别指天然含水、绝对干燥和饱和水状态下岩石单位体积的质量。因大多数岩石的孔隙率不大，三者相差甚小，在未加说明含水状态时即指干密度。

测定岩石密度的方法有尺量法（规则试样）、液量法（不规则试样）、蜡封法（易碎试样）三种。其原理与测定土的密度一样。常见岩石的密度见表 7.15。

表 7.15 常见岩石的物理性质指标

岩石类型	颗粒密度/（$g\cdot cm^{-3}$）	岩石密度/（$g\cdot cm^{-3}$）	空隙率/%	吸水率/%	软化系数
花岗岩	2.50～2.84	2.30～2.80	0.5～4.0	0.1～4.0	0.72～0.97
闪长岩	2.60～3.10	2.52～2.96	0.2～5.0	0.3～5.0	0.60～0.80
辉长岩	2.70～3.20	2.55～2.98	0.3～4.0	0.5～4.0	—
辉绿岩	2.60～3.10	2.53～2.97	0.3～5.0	0.8～5.0	0.33～0.90
安山岩	2.40～2.80	2.30～2.70	1.1～4.5	0.3～4.5	0.81～10.91
玢岩	2.64～2.84	2.40～2.80	2.1～5.0	0.4～1.7	0.78～0.81
玄武岩	2.60～3.30	2.50～3.10	0.5～7.2	0.3～2.8	0.30～0.95
凝灰岩	2.56～2.78	2.29～2.50	1.5～7.5	0.5～7.5	0.52～0.86
砾岩	2.67～2.71	2.40～2.66	0.8～10.0	0.3～2.4	0.50～0.96
砂岩	2.60～2.75	2.20～2.71	1.6～28.0	0.2～9.0	0.65～0.97
页岩	2.57～2.77	2.30～2.62	0.4～10.0	0.5～3.2	0.24～0.74
石灰岩	2.48～2.85	2.30～2.77	0.5～27.0	0.1～4.5	0.70～0.94

续表

岩石类型	颗粒密度/（$g \cdot cm^{-3}$）	岩石密度/（$g \cdot cm^{-3}$）	空隙率/%	吸水率/%	软化系数
泥灰岩	2.70～2.80	2.30～2.70	1.0～10.0	0.5～3.0	0.44～0.54
白云岩	2.60～2.90	2.10～2.70	0.3～25.0	0.1～3.0	—
片麻岩	2.63～3.01	2.30～3.00	0.7～2.2	0.1～0.7	0.75～0.97
石英片岩	2.60～2.80	2.10～2.70	0.7～3.0	0.1～0.3	0.44～0.84
辉绿石片岩	2.80～2.90	2.10～2.85	0.8～2.1	0.1～0.6	0.53～0.69
千枚岩	—	—	0.4～3.6	0.5～1.8	0.67～0.96
泥质板岩	2.70～2.85	2.30～2.80	0.1～0.5	0.1～0.3	0.39～0.52
大理岩	2.80～2.85	2.60～2.70	0.1～6.0	0.1～1.0	—
石英岩	2.53～2.84	2.40～2.80	0.1～8.7	0.1～1.5	0.94～0.96

2. 岩石的空隙性

岩石具有孔隙和裂隙的特性，统称为岩石的空隙性，仍用空隙率表示。由于岩石和土的颗粒连接方式不同，岩石中的孔隙、裂隙情况要比土复杂得多，除相互连通者外，还有互不连通且与大气隔绝的封闭空隙。与大气相通的空隙，称为开口孔隙，且有大小之分。各类空隙对岩石工程地质性质有着不同的影响，应予区分。

岩石空隙率是指岩石空隙体积（V_V）与岩石总体积（V）之比，以百分数表示，可用岩石的颗粒密度（ρ_s）和干密度（ρ_d）求算：

$$n=\frac{V_V}{V}\times 100\%=\left(1-\frac{\rho_d}{\rho_s}\right)\times 100\% \tag{7-25}$$

岩石的空隙率变化很大，从小于 1%直至 10%。新鲜的结晶岩类其空隙率很低，很少大于 3%；沉积岩空隙率稍高，一般小于 10%，但部分胶结差的砾岩，空隙率达 10%～20%；风化程度加剧，其空隙率也相应增加。常见岩石的空隙率见表 7.15。

7.2.2　岩石的水理性质指标

岩石的水理性质是指岩石与水作用时所表现的性质，主要有岩石的吸水性、透水性、溶解性、软化性、抗冻性等。

1. 岩石的吸水性

岩石的吸水性是指岩石吸收水分的性能。岩石吸水性取决于本身所含孔隙和裂隙的数量、大小、开闭程度及分布情况。表征岩石吸水性的指标有吸水率和饱水率。

（1）岩石的吸水率（w_a）。岩石的吸水率是指岩石试件在大气压下吸收水的质量（m_w）与其干燥时质量的比值。

$$w_a=\frac{m_w}{m_s}\times 100\% \tag{7-26}$$

（2）岩石的饱水率（w_{sat}）。岩石的饱水率是指岩石在 150 个大气压或真空条件下吸入水的质量与其干燥时的质量的比值。

（3）岩石的饱水系数（K_S）。岩石的饱水系数是指岩石吸水率与饱水率的比值。

$$K_S=\frac{w_a}{w_{sat}} \tag{7-27}$$

岩石的吸水率和饱水率分别说明了岩石大开口空隙和总开口空隙的发育程度，两者在数值上的差别反映了岩石中微细裂隙的发育情况。而饱水系数反映了岩石中大开口空隙与小开口空隙的相对含量。饱水系数越大，说明岩石中的大开口空隙越多，而微小开口空隙越少。

一般岩石的饱水系数为0.5～0.8。因此，了解岩石的吸水性，对判断岩石的抗冻性、抗风化能力及评价岩体地基或边坡稳定性都有很大意义。常见岩石的吸水率见表7.15。

2. 岩石的透水性

岩石被水透过的性能，称为透水性。岩石的透水性可用渗透系数（K）表示。它的大小主要取决于岩石中空隙的大小、数量、方向性及连通情况。

3. 岩石的溶解性

岩石的溶解性是指岩石溶解于水的性质，常用溶解度或溶解速度来表示。岩石的溶解性主要取决于岩石的化学成分，但和水的性质也有密切的关系，如富含 CO_2 的水，则具有较大的溶解能力。常见的可溶性岩石有石灰岩、白云岩、石膏、岩盐等。

4. 岩石的软化性

岩石的软化性是指岩石在水的作用下，强度和稳定性降低的性质。岩石的软化性常以软化系数来表示。软化系数为岩石饱水状态的抗压强度与岩石干燥状态的抗压强度之比，用小数表示，即

$$K_R=\frac{R_w}{R_d} \tag{7-28}$$

式中 K_R——岩石的软化系数；

R_w——岩石饱水状态的抗压强度（kPa）；

R_d——岩石干燥状态的抗压强度（kPa）。

显然，软化系数越小，岩石的软化性越强。一般岩石的饱和抗压强度都低于正常含水率时的抗压强度。也就是说，岩石都不同程度地具有软化性。岩石软化性的强弱主要与岩石的矿物成分、结构、构造等特征有关。岩石中黏土矿物的含量越高、孔隙率越大、吸水率越高，则遇水后越容易被软化，岩石浸水后的强度和稳定性损失越大，其软化系数越小。

由于岩石的软化系数较易测定，所以软化系数在生产实践中，特别是在水工建筑勘察中的应用较为广泛，常用来间接评价岩石的抗风化性和抗冻性。一般来讲，软化系数 $K_R>0.75$ 的岩石被认为是软化性弱、抗水、抗风化和抗冻性强的岩石；而 $K_R<0.75$ 的岩石被认为是软化性强、抗水、抗风化和抗冻性弱的岩石。其值越小，表示岩石在水作用下的强度和稳定性越差，岩石的工程地质性质也越差。常见岩石的软化系数见表7.15。

5. 岩石的抗冻性

岩石抵抗冰冻作用的能力，称为岩石的抗冻性。由于岩石中存在孔隙和裂隙，受高寒冰冻作用，其中的水结冰后，体积将膨胀，产生较大的应力，使岩石的强度和稳定性遭破坏。因此，抗冻性是评价高寒冰冻地区岩石工程地质性质的一个重要指标。

岩石的抗冻性有不同的表示方法，一般用岩石在抗冻试验前后抗压强度的降低率表示。抗压强度降低率小于20%～25%的岩石，认为是抗冻的；大于25%的岩石，认为是非抗冻的。

岩石的抗冻性与岩石的饱水系数、软化系数和气候条件有关。一般是饱水系数、软化系数越小，岩石的抗冻性越强。温度变化剧烈，岩石反复冻融，其抗冻能力会降低。

7.2.3　岩石的主要力学性质

岩石的力学性质是指岩石抵抗外力作用的性能。由于岩石由矿物颗粒或岩屑及肉眼难以觉察的微裂隙共同构成，所以岩石是非均质、各向异性的固体材料。又由于岩石的结构、构造极为复杂，所以即使是同一类岩石，在不同的环境条件下所表现出来的力学性质也有较大的差异。岩石在外力作用下，首先发生变形，当外力增加到某一数值时，岩石便开始破坏。因此，岩石的力学特征包括岩石的变形特征和破坏特征。

1. 岩石的变形

岩石在外力作用下，由于其内部各质点的位置发生改变而引起的岩石的形状和尺寸的变化，称为岩石的变形。

(1) 岩石在单向加荷条件下的变形。岩石的变形规律可用应力—应变曲线来表示。岩石在不同的受力状态下具有不同的应力—应变关系，如单向受压状态下应力—应变关系、三向受压状态下应力—应变关系和流变曲线等，其中最能代表岩石工程性质特点的是岩石在单向压力作用下的应力—应变曲线。完整的岩石在单向压力作用下的应力—应变曲线如图 7.15 所示。图中各曲线段的物理过程如下：

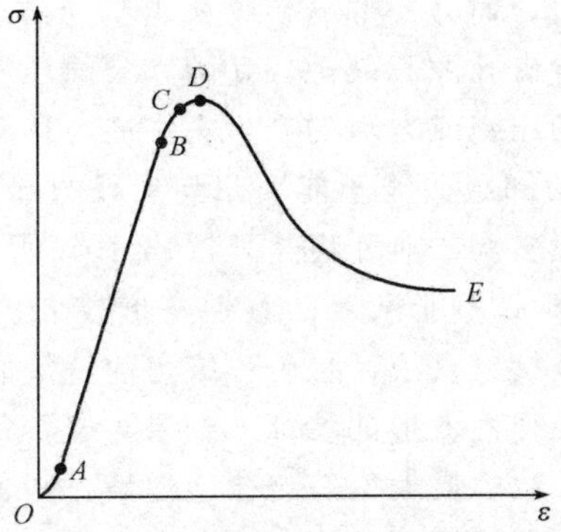

图 7.15　岩石的应力—应变曲线

1) 压密阶段（*OA* 段）：在给岩石施加外力的开始阶段，岩石内的微裂隙在外力的作用下被压密，岩石体积缩小。该阶段岩石的应力—应变曲线一般呈上凹型，对应于 *A* 点的应力称为岩石的压密极限。

2) 弹性变形阶段（*AB* 段）：该阶段岩石的应力—应变曲线近似为上升的直线，岩石呈线弹性变形，试件的轴向被压缩，横向应变有所增大，但体积仍在缩小。对应于 *B* 点的应力称为岩石的弹性极限。

3) 屈服破坏阶段（*BC* 段）：该阶段岩石的应力—应变曲线一般呈上凸型。即随着轴向压力的增加，岩石内原有的微裂隙开始扩展，试件开始发生破裂，体积由缩小转为增大（膨胀），即发生“扩容”。同扩容起始点所对应的应力称为岩石的临界应力，它是断定岩石是否发生破坏的一个重要依据。同 *C* 点对应的应力称为岩石的屈服极限。岩石的临界应力位于弹性极限与屈服极限之间，在应力—应变曲线上的特征不是很明显。

4) 加速破坏阶段（*CD* 段）：该阶段岩石的应力—应变曲线呈平缓的上凸型。即随着试件轴向压力的进一步增加，岩石中的裂隙加速扩展，并显示出宏观破坏的迹象，体积膨胀加剧，岩石的承载能力达到极限。对应于 D 点的应力值称为岩石的强度极限，也称岩石的峰值强度。

5）全面破坏阶段（DE 段）：试件的轴向压力达到岩石的强度极限后，岩石中的破裂逐渐发展为贯通的破裂面，岩石全面破坏，承载能力逐渐降低，岩石内的应力随应变的增大而下降。岩石的应力—应变曲线由平缓的上凸型逐渐过渡为平缓的上凹型，再过渡为陡降的上凹型，最终演变为平缓的或下降的直线。

需要指出的是，岩石全面破坏后的承载能力虽然在降低，但并不是全部立即丧失，而是仍然具有一定的承载能力。工程中常将岩石的这种尚存的承载能力称为岩石的残余强度。

图 7.15 的应力—应变曲线为理想的应力—应变曲线。实际岩石的应力—应变曲线会因岩石的硬度及致密程度的不同而表现出较大的差异性。对于致密而坚硬的岩石，内部的孔隙或裂隙极其有限，压密阶段常不出现或很不明显，应力—应变曲线的 OA 段很难被测到；而对于软弱而疏松的岩石，则残余强度极低或没有，应力—应变曲线的 DE 段为陡降的直线。

由以上描述不难看出，岩石的变形和破坏过程与一般的固体材料有显著的区别：一般固体材料的变形有一个明显的“屈服点”，在屈服点以前表现为弹性变形，在屈服点以后才出现塑性变形；而岩石在产生弹性变形的初期，甚至在开始出现弹性变形的同时便出现塑性变形，即在外力作用的一开始便同时具有弹性和塑性。其原因是岩石由多种矿物组成，且矿物之间还具有胶结物成分，不同矿物具有不同的弹性限度，因而岩石在荷载的作用下，当一部分矿物还处在弹性限度以内，处于弹性变形时，而另一部分矿物所承受的荷载已超出了其弹性限度，发生了塑性变形。另外，岩石中还包含有孔隙和裂隙，孔隙和裂隙压密，也是岩石的初始塑性变形的主要来源之一。由岩石内孔隙的压密或裂隙的产生、扩展与移动等产生的塑性变形卸载后不能完全恢复，因而岩石抗压试验的卸载曲线不能回归到加载的起始点，也不会与加载曲线重合。如果对岩石重复等量加载、卸载多次，则可获得图 7.16（a）所示的应力—应变曲线，即最初应力—应变曲线很弯曲，且在卸载后不能恢复的塑性变形较大；往后则塑性变形逐渐变小，应力—应变曲线逐渐变陡，越来越接近直线，且后一级与前一级曲线分别近似平行，说明岩石经多次加载、卸载后，将逐渐呈现弹性变形的特征。如果对岩石每次卸载后，再一次加载的荷载逐级加大，且最大值和前一次加载的最大值有规律地递增，则各级峰值应力连线基本呈一有规律的直线或曲线，并且其形态与前述逐级等量加载下的应力—应变曲线相似，最初应力—应变曲线很弯曲，越靠近末端越近似直线；各级相邻加载、卸载的应力—应变曲线，分别近于平行［图 7.16（b）］。

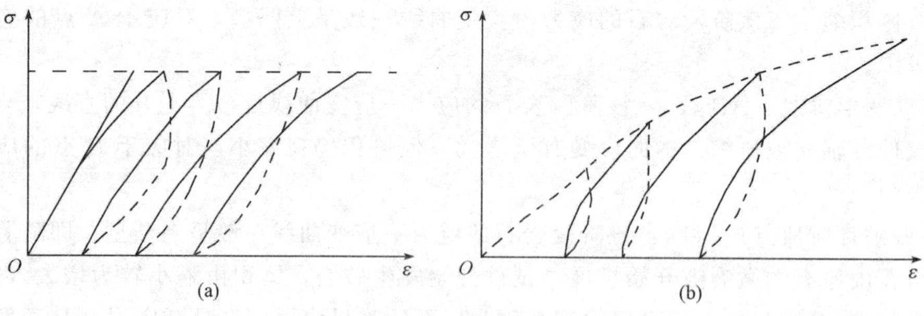

图 7.16　反复加载与卸载时的试验曲线

（a）等量加载、卸载；（b）逐级加大加载、卸载

（2）岩石在三向压力作用下的变形。大量的岩石力学试验表明，岩石在三向受力状态下的应力—应变关系与单向受力状态下的应力—应变关系有很大的区别。最典型的特征可以用大理

岩在三向压缩条件下的应力—应变曲线（图 7.17）来表示：

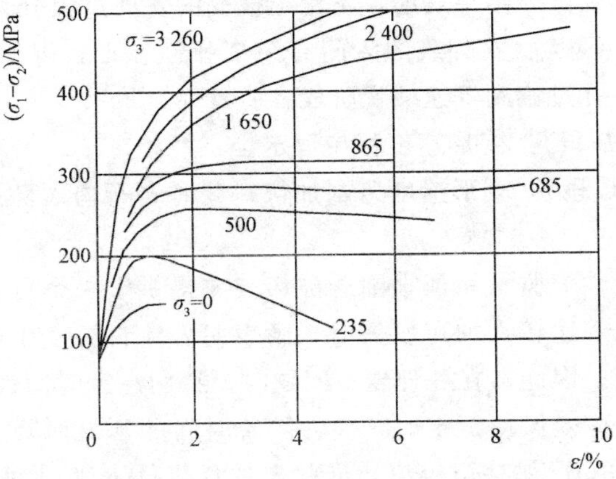

图 7.17　大理岩在三向压缩条件下的应力—应变曲线

1）在单向应力状态下（$\sigma_3=0$），大理岩试件在变形不大的情况下就产生破坏，且表现为脆性破坏。

2）随着 σ_3 的增大，岩石在破坏以前的总变形量也随之增大，而且主要是塑性变形的变形量增大。当 σ_3 增大到一定范围以后，岩石变形就成为典型的塑性变形。这说明了岩石的变形和破坏的性质会随着应力状态的变化而变化。

3）无论 $\sigma_3=0$ 还是 $\sigma_3>0$，在岩石的应力—应变曲线的初始阶段都表现为近似直线关系，说明了当 $\sigma_1-\sigma_2$ 的数值在一定范围内，岩石的变形特征还是符合弹性阶段特征；而当 $\sigma_1-\sigma_2$ 超出了某一范围后，岩石的变形才出现塑性变形的特征。由此可见，岩石的应力—应变关系与围压的大小有关。

（3）岩石的蠕变。岩石在恒定应力或恒定应力差的作用下，变形随时间而增长的现象称为蠕变。岩石的蠕变特性可以通过在岩石试件上加一恒定荷载，观测其变形随时间的发展状况，即蠕变试验来研究。大量的蠕变试验结果表明，岩石的蠕变可分为稳定蠕变与不稳定蠕变两类，其典型的蠕变试验曲线如图 7.18 所示。

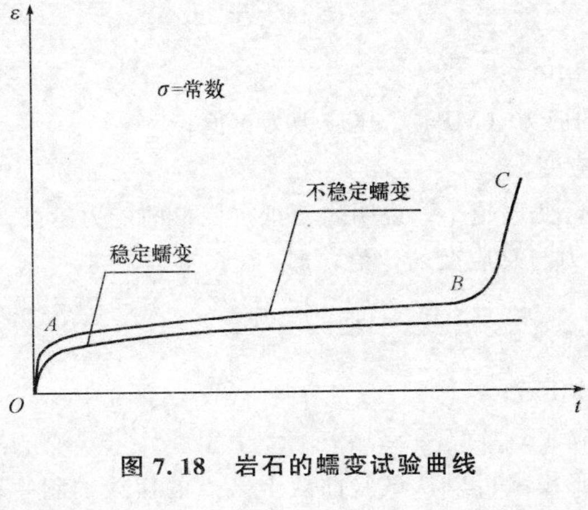

图 7.18　岩石的蠕变试验曲线

1）稳定蠕变是指当作用在岩石上的恒定荷载较小时，初始阶段的蠕变速度较快，但随着时间的延长，岩石的变形趋近一稳定的极限值而不再增长的蠕变。

2）不稳定蠕变是指当荷载超过某一临界值时，蠕变的发展将导致岩石的变形不断增长，直到破坏的蠕变。大量的蠕变试验结果表明，不稳定蠕变的发展过程分为以下三个阶段：

①过渡蠕变阶段（OA 段）：在加载的瞬间有一个弹性变形，继而变形以较快的速度增长；随后蠕变速度逐渐降低，并过渡到等速蠕变阶段。

②等速蠕变阶段（AB 段）：变形速度保持恒定。

③加速蠕变阶段（BC 段）：变形速度急剧加快，此时岩石内裂隙迅速发展，促使变形加剧直至破坏。

岩石蠕变发展的阶段性为监测和预报围岩破坏现象提供了一个可靠的判据。如果发现某部分岩体的位移速度开始由等速转入加速发展时，则表明岩体将要发生破坏，应立即采取安全措施保证施工或生产的安全。因此，在处理岩石问题时要特别注重时间性，尽可能加快工程进度。

（4）岩石的松弛。当应变保持恒定时，应力随着时间的延长而降低的现象称为松弛。松弛试验的条件就是使试件的变形保持恒定值，借此来观察荷载 p 随时间 t 的变化。试验所得的荷载—时间曲线称为松弛试验曲线，如图 7.19 所示。

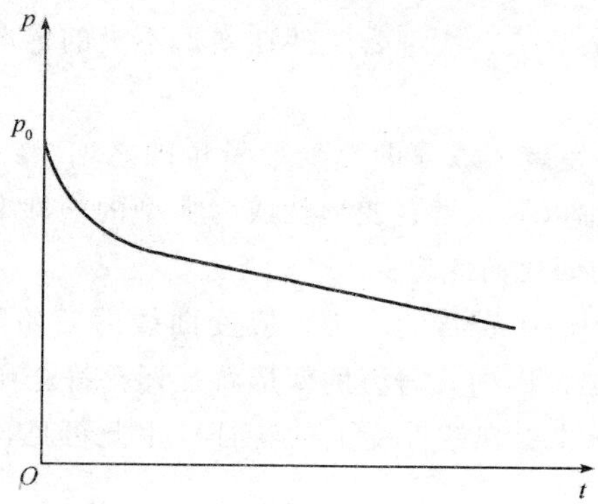

图 7.19 松弛试验曲线（p_0 为初始荷载）

（5）岩石的变形指标。岩石的变形指标主要有弹性模量、变形模量和泊松比。

1）弹性模量是应力与弹性应变的比值，即

$$E_e=\frac{\sigma}{\varepsilon_e} \tag{7-29}$$

式中 E_e——弹性模量（MPa）；

σ——岩石试件中的应力（MPa），压应力为正值；

ε_e——岩石的弹性应变。

岩石的弹性模量越大，变形越小，说明岩石抵抗变形的能力越高。

2）变形模量 E_p 是应力与总应变的比值，即

$$E_p=\frac{\sigma}{\varepsilon_e+\varepsilon_p} \tag{7-30}$$

式中 E_p——变形模量（MPa）；

ε_p——岩石的塑性应变。

岩石的弹性模量和变形模量可以从试验曲线上某点的切线的斜率获得，也可从曲线上某点（通常在强度极限的一半处取点）与原点间所做直线的斜率获得。前者称为切线模量，后者称为割线模量。

3）泊松比 μ 是横向应变 ε_d 与纵向应变 ε_1 的比值，即

$$\mu=\frac{\varepsilon_d}{\varepsilon_1} \tag{7-31}$$

2. 岩石的强度

岩石的强度是指岩石试样抵抗外力时保持自身不被破坏时所能承受的极限应力。它是用来表示岩石抗破坏能力大小的重要参数。根据岩石试样所抵抗外力种类的不同，岩石的强度可分为抗压强度、抗拉强度、抗剪强度等。

（1）岩石的抗压强度。岩石的抗压强度一般是指岩石的单向抗压强度，其定义为岩石试样抵抗单轴压力时保持自身不被破坏的所能承受的极限应力。岩石的抗压强度可以通过将岩石试件置于压力机上进行轴向加载，直至试件破坏来测定。一般认为，岩石试件在临破坏前的平均应力状态为

$$R_C=\frac{p_c}{A} \tag{7-32}$$

式中　R_C——岩石的单向抗压强度（MPa）；

p_c——试件破坏时的荷载（N）；

A——试件的横截面面积（mm^2）。

岩石的单向抗压强度通常采用横断面尺寸分别为 50 mm×50 mm（或 70 mm ×70 mm）的正方柱状试件或直径 d＝50 mm（或 70 mm）的圆柱状试件测定。试件高度如下：

1）正方柱状时，$h=(2\sim2.5)A$；

2）圆柱状时，$h=(2\sim3)d$。

（2）岩石的抗拉强度。岩石试件抵抗增大的单轴拉伸时，保持自身不被破坏的极限应力值就是岩石的抗拉强度，以 R_t 表示。即

$$R_t=\frac{p_t}{A} \tag{7-33}$$

式中　R_t——岩石的抗拉强度（MPa）；

p_t——试件被拉断时的拉力（N）。

岩石的抗拉强度相比抗压强度是很小的。不少岩石的抗拉强度 R_t 小于 20 MPa。在实际应用中，当缺乏实际试验资料时，常取岩石的抗拉强度为抗压强度的 1/50～1/10。由于采用直接将岩石试件置于试验机上进行轴向拉伸的方法来测定岩石的抗拉强度，在试件制作及试验技术方面都存在一定的困难，所以目前大多数采用间接拉伸法来测定，其中以劈裂法最为常用。劈裂法是把一个经过加工的圆板状（或正方形板状）岩石试件，横置在压力机的承压板上，并在试件与上下承压板之间放置一根硬质钢丝作为垫条，然后加压，使试件受力后，沿直径轴面方向发生裂开破坏，以求其抗拉强度。加置垫条的目的，是把所施加的压力变为上下一对线布荷载，并使试件中产生垂直于上下荷载作用的张应力。因此，上下垫条必须严格位于通过试件垂直的对称轴面内。由弹性理论得知，岩石的抗拉强度由以下公式确定：

$$R_t=\frac{2p}{\pi Dt} \tag{7-34}$$

式中　R_t——岩石的抗拉强度（MPa）；

p——试件破坏时的竖向总压力（N）；

D——圆板状试件的直径（mm）；

t——试件厚度（mm）。

（3）岩石的抗剪强度。岩石的抗剪强度有抗剪断强度、抗切强度及弱面抗剪强度（包括摩擦试验）三种。这三种试验的受力条件不同，如图 7.20 所示。

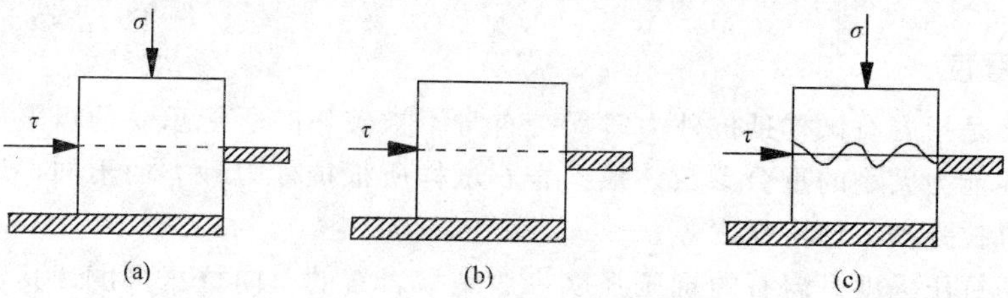

图 7.20　岩石的三种受剪方式示意

（a）抗剪断试验；（b）抗切试验；（c）弱面抗剪试验

室内的岩石抗剪强度测定，最常用的是测定岩石的抗剪断强度。把岩石试件置于楔形剪切仪中，并放在压力机上进行加压试验，则作用于剪切平面上的法向压力 N 与切向力 Q 可按下式计算：

$$
\begin{aligned}
N &= p\ (\cos\alpha + f\sin\alpha) \\
Q &= p\ (\sin\alpha - f\cos\alpha)
\end{aligned}
\tag{7-35}
$$

式中　p——压力机施加的总压力（kN）；

α——试件倾角（°）；

f——圆柱形滚子与上下盘压板的摩擦系数。

以试件剪切面面积 A 除以上式，即可得到受剪面上的法向应力和剪应力：

$$
\begin{aligned}
\sigma &= \frac{N}{A} = \frac{p}{A}\ (\cos\alpha + f\sin\alpha) \\
\tau &= \frac{Q}{A} = \frac{p}{A}\ (\sin\alpha - f\cos\alpha)
\end{aligned}
\tag{7-36}
$$

以不同的 α 值的夹具进行试验（一般采用 α 为 30°～70°，且以采用较大的角度为好），然后分别按上式求出试件受剪切破坏时受剪面上的法向应力 σ 和剪应力 τ 值，再根据库仑—莫尔强度理论即可求得岩石的抗剪断强度。

（4）岩石的三轴抗压强度。工程岩体通常都是处于双向或三向应力状态下，单向应力状态比较少见。因此，单轴抗压强度不便于应用。为了研究岩石在三向应力状态下的强度特征，20 世纪初卡曼（Karman）试制出三轴等围压试验机，即 $\sigma_1 > \sigma_2 = \sigma_3$，试验围压通过高压油加荷（最高围压可达 147 MPa），垂直压力的施加与普通单轴压力机相同，压力可达 4.9 MN。岩石三轴抗压强度比单轴及双轴强度更高，岩石的三轴与单轴抗压强度之间的关系可用下式表示：

$$
R = R_C + \frac{1+\sin\varphi}{1-\sin\varphi}\sigma_a \tag{7-37}
$$

式中　R——岩石三轴抗压强度（MPa）；

R_C——岩石单轴抗压强度（MPa）；

φ——岩石内摩擦角；

σ_a——试验施加的围压（MPa）。

三轴应力试验标准的岩石试件为圆柱体，直径为 9 cm，高为 20 cm。

卡曼型三轴岩石应力试验机的缺点是围压相等，不能根据实际情况调整 σ_2 及 σ_3。为了克服这一缺点，国内外都在研制不等压的真正三轴应力试验机，葛洲坝工程局设计院试制的真三轴应力试验机，将液压加荷改为刚性加荷，σ_2 及 σ_3 由独立的液压系统控制。三轴应力关系应该是 $\sigma_1>\sigma_2>\sigma_3$。通过刚性加荷方式实现真正三轴应力的条件，但试件表面与加压板之间的摩擦是影响试验结果的一个问题。因表面有摩擦力，即试件表面不仅受轴向荷载，而且有剪应力存在，因而此受力面不再是主平面，原来所施加的轴向力，也将不是主应力。该问题的解决办法是减少试验过程中的摩擦力，使它的影响减少到可以忽略不计的程度，或是准确地计算出试件表面的剪应力，再通过坐标变换求出等效主应力的方向及大小。

(5) 岩石强度特征。试验资料表明，同一种岩石，由于受力状态不同，强度值相差悬殊(表 7.16)。另外，岩石在荷载长期作用下的抗破坏能力，要比短时间加载下的抗破坏能力小。对于坚固岩石，前者为后者的 70%～80%；对于软质与中等坚固岩石，长时强度为短时强度的 40%～60%。

表 7.16　几种岩石的力学参数

岩石种类	抗压强度/MPa	抗拉强度/MPa	弹性模量/GPa	泊松比	内摩擦角/(°)	黏聚力/MPa
花岗岩	100～250	7～25	50～100	0.2～0.3	45～60	1 450
流纹岩	180～300	15～30	50～100	0.1～0.25	45～60	1 050
安山岩	100～250	10～20	50～120	0.2～0.3	45～50	1 040
辉长岩	180～300	15～35	70～150	0.1～0.2	50～55	1 050
玄武岩	150～300	10～30	60～120	0.1～0.35	48～55	2 060
砂岩	20～200	4～25	10～100	0.2～0.3	35～50	840
页岩	10～100	2～10	20～80	0.2～0.4	15～30	320
石灰岩	50～200	5～20	50～100	0.2～0.35	35～50	1 050
白云岩	80～250	15～25	40～80	0.2～0.35	30～50	2 050
片麻岩	50～200	5～20	10～100	0.2～0.35	30～50	35
大理岩	100～250	7～20	10～90	0.2～0.35	35～50	1 530
板岩	60～200	7～15	20～80	0.2～0.3	45～60	220
石英岩	150～350	10～30	60～200	0.1～0.25	50～60	2 060

3. 岩石的破坏机理

从材料力学可知，物体受外力作用后，在其内部将同时产生正应力、剪应力、线应变和剪应变等。那么岩石受力后这些可能导致岩石破坏的因素中的哪一个因素或哪一些因素会引起岩石的破坏呢？这虽然是岩石力学中最基本的问题，但到目前为止，岩石力学对此尚存在分歧，归纳起来有以下几种解释。

(1) 最大正应力强度理论。最大正应力强度理论也称朗肯（Rankine）理论，是最早提出而现如今有时仍然采用的一种强度理论。这种强度理论认为材料破坏取决于绝对值最大的正应力。因此，对于作用于岩石的三个主应力（σ_1、σ_2、σ_3），只要有一个主应力达到岩石的单轴抗压强度 R_C 或单轴抗拉强度 R_t 时，岩石便被破坏。据此，岩石强度条件可以表示为

$$\begin{aligned}\sigma_1 &\leqslant R_C \\ \sigma_3 &\leqslant -R_t\end{aligned} \tag{7-38}$$

或者写成以下解析式形式：

$$(\sigma_1^2-R^2)(\sigma_2^2-R^2)(\sigma_3^2-R^2)=0 \tag{7-39}$$

式中　R——岩石单轴抗压强度及单轴抗拉强度的泛称。

满足式（7-38）或式（7-39），岩石将处于受力极限平衡状态或接近破坏。应当指出，这种强度理论只适用于岩石单向受力状态或脆性岩石在二维应力条件下的受拉状态，所以对处于复杂的应力状态中的岩石不宜采用这种强度理论。

（2）最大正应变强度理论。试验表明，某些材料受压时在平行于受力方向产生张性破裂。据此，提出最大正应变强度理论，认为材料破坏取决于最大正应变，材料发生张性破裂的原因是其最大正应变达到或超过一定的极限应变（确保材料不破坏所能承受的最大应变）所致。只要变形岩石中任一方向的最大正应变 ε_{max} 达到其单轴压缩或单轴拉伸破坏时的应变值（极限应变）ε_m 时，岩石便被破坏。因此，岩石强度条件可以表示为

$$\varepsilon_{max}\leqslant\varepsilon_m \tag{7-40}$$

式中，ε_{max} 根据广义胡克定律求出；ε_m 由岩石单轴压缩或单轴拉伸试验确定。

由广义胡克定律，岩石强度条件也能够写成以下解析式形式：

$$\begin{gathered}\{[\sigma_1-\mu(\sigma_2+\sigma_3)^2]-R^2]\}\{[\sigma_2-\mu(\sigma_1+\sigma_3)^2]-R^2]\}\\ \{[\sigma_3-\mu(\sigma_2+\sigma_1)^2]-R^2]\}=0\end{gathered} \tag{7-41}$$

满足式（7-40）或式（7-41），岩石将处于受力极限平衡状态或接近破坏。应当指出，这种强度理论只适用于无围压或低围压条件下的脆性岩石，而不宜用于岩石的塑性变形。

（3）最大剪应力强度理论。最大剪应力强度理论也称为特雷斯卡（H. Tresca）破坏条件或屈服条件，是研究塑性材料破坏而获得的强度理论。试验表明，当材料屈服时，试件表面便出现大致与轴线成 45°的斜破裂面。由于最大剪应力正是出现在与试件轴线成 45°的斜面上，所以这些斜破裂面即材料沿着该斜面发生剪切滑移的结果，而这种剪切滑移又是材料塑性变形的根本原因。据此，提出最大剪应力强度理论，认为材料破坏取决于最大剪应力。所以，当岩石承受的最大剪应力 τ_{max} 达到其剪应力 τ_m 时，岩石便被剪切破坏。因此，岩石强度条件可以表示为

$$\tau_{max}\leqslant\tau_m \tag{7-42}$$

在复杂的应力状态中，最大剪应力为 $\tau_{max}\leqslant(\sigma_1-\sigma_3)/2$，在单轴压缩或单轴拉伸条件下，极限剪应力为 $\tau_m=R/2$。将两者代入式（7-42），便得到岩石强度条件又一形式：

$$\sigma_1-\sigma_3\leqslant R \tag{7-43}$$

或者写成以下解析式形式：

$$[(\sigma_1-\sigma_3)^2-R^2][(\sigma_3-\sigma_2)^2-R^2][(\sigma_2-\sigma_1)^2-R^2]=0 \tag{7-44}$$

当满足式（7-42）～式（7-44）时，岩石处于受力极限平衡状态或接近破坏。应当指出，这种强度理论对于塑性岩石会得出满意的结果，但是不适用于脆性岩石。另外，这种强度理论没有考虑中间主应力（σ_2）的影响。在进行岩石弹塑性分析时，需要用到这种强度理论。

（4）最大剪应变能强度理论。剪应变能强度理论从能量角度出发研究材料强度条件。这种强度理论认为，当剪应变能达到一定值时，便引起材料屈服或破坏。具体来说，在三向应力（σ_1、σ_2、σ_3）状态下，当材料单位体积形变能（剪应变能）与其单轴压缩或单轴拉伸破坏的形变能相等时，材料便发生屈服。因此，应首先获得材料在三向应力状态下的形变能，再求出材料单向受力至破坏时的形变能，然后将这两种形变能联系起来，便可以建立剪应变能强度条件或破坏准则。

（5）最大拉应力强度理论。该理论认为，岩石无论是受压、弯曲、扭转，还是在受拉作用

条件下，其最终的破坏形式均表现为拉断破坏。拉断破坏可直接由拉伸作用引起，也可由等承载状态衍生的拉伸作用引起。岩石强度条件可以表示为

$$\sigma \leqslant \sigma_t \tag{7-45}$$

此种破坏的特点：破坏时沿断裂面发生拉开运动，出现张开的裂缝，因此又称为张性破坏。关于这种破坏形式的发生和发展（破坏机理），有两种推理及解释意见。一种解释意见认为，岩石的拉断破坏是由于受力后的拉伸变形达到某种极限值（最大线应变）而导致断裂，这就是经典的第二强度理论。另一种解释认为岩石的拉断破坏是由于受外力作用后，内部原本存在着许多微细裂缝或孔隙出现局部拉应力集中，拉应力达到抗拉极限值便会导致微裂隙扩展，导致试块破坏，这就是格里菲斯强度理论。正是由于上述多种多样的解释，使岩石力学性质的评价变得非常复杂，实际工程中往往采用试验实测强度指标来描述。

7.2.4　影响岩石工程性质的因素

影响岩石工程性质的因素很多，其主要有两个：一是岩石的地质特征，如岩石的矿物成分、结构、构造及成因等；二是岩石形成后所受外部因素的影响，如水的作用及风化作用等。

1. 矿物成分

岩石是由矿物组成的，岩石的矿物成分对岩石的物理力学性质产生直接的影响，例如，辉长岩的密度较花岗岩大，因为辉长岩的主要矿物成分——辉石和角闪石的密度比石英和正长石大；又如，石英岩的抗压强度比大理岩要高得多，这是因为石英的强度比方解石高。这说明岩类相同，结构和构造也相同，如果矿物成分不同，岩石的物理力学性质会有明显的差别。但也不能简单地认为，含有高强度矿物的岩石，其强度一定就高。因为当岩石受力作用后，内部应力是通过矿物颗粒的直接接触来传递的，如果强度较高的矿物在岩石中互不接触，则应力的传递必然会受到中间低强度矿物的影响，岩石不一定就能显示出高的强度。因此，只有在矿物分布均匀，高强度矿物在岩石的结构中形成牢固的骨架时，才能起到增高岩石强度的作用。

在对岩石的工程性质进行分析和评价时，更应注意那些可能降低岩石强度的因素。如花岗岩中的黑云母含量是否过高，石灰岩、砂岩中黏土类矿物的含量是否过高等。因为黑云母是硅酸盐类矿物中硬度低、解理发育的矿物之一，其容易遭受风化而剥落，也易于发生次生变化，而成为强度较低的铁的氧化物和黏土类矿物。石灰岩和砂岩的黏土矿物含量大于 20%时，就会直接降低岩石的强度和稳定性。

2. 岩石结构

岩石的结构特征是影响岩石物理力学性质的一个重要因素。根据岩石的结构特征，岩石可分为两类：一类是结晶连接的岩石，如大部分的岩浆岩、变质岩和一部分沉积岩；另一类是由胶结物连接的岩石，如沉积岩中的碎屑岩等。

（1）结晶连接是由岩浆或溶液中结晶或重结晶形成的。矿物的结晶颗粒靠直接接触产生的力牢固地固结在一起，结合力强、孔隙度小、结构致密、容积重度大、吸水率变化范围小，比胶结的岩石具有较高的强度和稳定性。但是，结晶颗粒的大小对岩石的强度有明显的影响。

（2）胶结物连接是矿物碎屑由胶结物连接在一起的。胶结物连接的岩石，其强度和稳定性主要取决于胶结物的成分及胶结形式，同时也受碎屑成分的影响，变化很大。一般硅质物胶结的强度和稳定性高，泥质物胶结的强度及稳定性低，钙质物和铁质物胶结的强度及稳定性介于两者之间。

3. 岩石的构造

构造对岩石物理力学性质的影响，主要是由矿物成分在岩石中分布的不均匀性和岩石结构的不连续性所决定的，如岩石所具有的片状构造、板状构造、千枚状构造、片麻构造及流纹构造等。岩石的这些构造，致使矿物成分在岩石中的分布极不均匀。一些强度低、易风化的矿物，一般沿一定方向富集，或呈条带状分布，或者成为局部的聚集体，从而使岩石的物理力学性质在局部发生很大变化。不同的矿物成分虽然在岩石中的分布是均匀的，但由于存在着层理、裂隙和各种成因的孔隙，致使岩石结构的连续性与整体性受到一定程度的影响，从而使岩石的强度和透水性在不同的方向上发生明显的差异。一般情况下，垂直层理的抗压强度大于平行层理的抗压强度，平行层理的透水性大于垂直层理的透水性，将使岩石的强度和稳定性降低。

4. 地下水

岩石被水饱和后会使岩石的强度降低。当岩石受到水的作用时，水就沿着岩石中可见和不可见的孔隙、裂隙侵入，侵湿岩石全部自由表面上的矿物颗粒，并继续沿着矿物颗粒间的接触面向深部侵入，削弱矿物颗粒间的连接，使岩石的强度受到影响。如石灰岩和砂岩被水饱和后其极限抗压强度会降低25%～45%。像花岗岩、闪长岩及石英岩等一类的岩石，被水饱和后，其强度也均有一定程度的降低。降低程度在很大限度上取决于岩石的孔隙度。当其他条件相同时，孔隙度大的岩石，被水饱和后其强度降低的幅度也大。

与上述的几种影响因素相比，水对岩石强度的影响，在一定程度内是可逆的，当岩石干燥后其强度仍然可以得到恢复。如果发生干湿循环，化学溶解可能使岩石的结构状态发生改变，则岩石强度的降低，即不可逆的过程。

5. 风化作用

风化是在温度、水、气体及生物等综合因素影响下，改变岩石状态、性质的物理化学过程。它是自然界最普遍的一种地质现象。风化作用促使岩石的原有裂隙进一步扩大，并产生新的风化裂隙，使岩石矿物颗粒间的连接松散和使矿物颗粒沿解理面崩解。风化作用的这种物理过程，能促使岩石的结构、构造和整体性遭到破坏，孔隙度增大，重度减小，吸水性和透水性显著增高，强度和稳定性大为降低。随着化学过程的加强，会引起岩石中的某些矿物发生次生变化，从而改变了岩石原有的工程特性。

7.2.5 岩体分级BQ计算调整

影响工程岩体稳定的因素是多种多样的，但只有岩体的物理力学性质和构造发育情况是独立于各种工程类型的，反映了岩体的基本特性。而在岩体的各项物理力学性质中，与稳定性关系最大的是岩石的坚硬程度。岩体的构造发育状况体现了岩体是地质体的基本属性；岩体的不连续性及不完整性是这一属性的集中反映。这两者是各种类型岩石工程的共性，对各种类型工程岩体的稳定性都是重要的，是控制性的。因此，岩体基本质量分级的因素应是岩石坚硬程度和岩体完整程度。但它们远不是影响岩体稳定的全部重要因素，地下水状态、初始应力状态、工程轴线或走向线的方位与主要软弱结构面产状的组合关系等，也都是影响岩体稳定的重要因素。为此，《工程岩体分级标准》（GB/T 50218—2014）提出了对工程岩体进行初步分级和详细分级的两类分级方法。

1. 工程岩体质量的初步分级

工程岩体质量的初步分级是通过对岩体坚硬程度和岩体完整程度两项指标进行定性及定量

分析的基础上确定的。

(1) 岩石坚硬程度的确定。

1) 定性划分。岩石坚硬程度的定性划分方法见表 7.17。

表 7.17　岩石坚硬程度的定性划分

名称		定性鉴定	代表性岩石
硬质岩	坚硬岩	锤击声清脆，有回弹，振手，难击碎；浸水后大多无吸水反应	未风化—微风化的花岗岩、正长石、闪长岩、辉绿岩、玄武岩、安山岩、片麻岩、石英片岩、硅质板岩、石英岩、硅质胶结的砾岩、石英砂岩、硅质石灰岩等
	较坚硬岩	锤击声清脆，有轻微回弹，稍振手，较难击碎；浸水后有轻微吸水反应	(1) 弱风化的坚硬岩； (2) 未风化—微风化的熔结凝灰岩、大理岩、板岩、白云岩、行石灰岩、钙质胶结的砂岩等
软质岩	较软岩	锤击声不清脆，无回弹，较易击碎；浸水后指甲可刻出印痕	(1) 强风化的坚硬岩； (2) 弱风化的较坚硬岩； (3) 未风化—微风化的凝灰岩、千枚岩、砂质泥岩、泥灰岩、泥质砂岩、粉砂岩、贝岩等
	软岩	锤击声哑，无回弹，有凹痕，易击碎；浸水后手可掰开	(1) 强风化的坚硬岩； (2) 弱风化—强风化的较坚硬岩； (3) 弱风化的较软岩； (4) 未风化的泥岩等
	极软岩	锤击声哑，无回弹，有较深凹痕，手可捏碎；浸水后可捏成团	(1) 全风化的各种岩石； (2) 各种半成岩

2) 定量确定。定量指标采用岩石单轴饱和抗压强度（R_C）的实测值。当无条件取得实测值时，也可采用实测的岩石点荷载强度指数［$I_{s(50)}$］的换算值，并按下式换算：

$$R_C = 22.82 I_{s(50)}^{0.75} \tag{7-46}$$

式中，点荷载强度指数［$I_{s(50)}$］是指直径 50 mm 圆柱形试件径向加压时的点荷载强度。

岩石单轴饱和抗压强度（R_C）与定性划分的岩石坚硬程度的对应关系见表 7.18。

表 7.18　R_C 与定性划分的岩石坚硬程度的对应关系

R_C/MPa	>60	60～30	30～15	15～5	<5
坚硬程度	坚硬岩	较坚硬岩	较软岩	软岩	极软岩

(2) 岩体完整程度的确定。

1) 定性划分。岩体完整程度的定性划分见表 7.19。其中，结构面的结合程度按表 7.20 确定。

表 7.19　岩体完整程度的定性划分

名称	结构面发育程度		主要结构面的结合程度	主要结构面类型	相应结构类型
	组数	平均间距/m			
完整	1～2	1.0	结合较好或一般	节理、裂隙、层面	整体状或巨厚层状结构

续表

名称	结构面发育程度		主要结构面的结合程度	主要结构面类型	相应结构类型
	组数	平均间距/m			
较完整	1~2	1.0	结合差	节理、裂隙、层面	块状或厚层状结构
	2~3	1.0~0.4	结合好或一般		块状结构
较破碎	2~3	1.0~0.4	结合差	节理、裂隙、层面、小断层	裂隙块状或中厚层状结构
	3	0.4~0.2	结合好		镶嵌碎裂结构
			结合一般		中、薄层状结构
破碎	3	0.4~0.2	结合差	各种类型结构面	裂隙块状结构
		0.2	结合一般或差		碎裂状结构
极破碎	无序		结合很差		散体状结构

表 7.20　结构面的结合程度的划分

名称	结构面特征
结合好	张开度小于1 mm，无填充物；张开度为1~3 mm，为硅质或铁质胶结；张开度大于3 mm，结构面粗糙，为硅质胶结
结合一般	张开度为1~3 mm，为钙质或泥质胶结；张开度大于3 mm，结构面粗糙，为铁质或钙质胶结
结合差	张开度为1~3 mm，结构面平直，为钙质或泥质和钙质胶结；张开度大于3 mm，结构面粗糙，多为泥质或岩屑充填
结合很差	泥质充填或泥夹岩屑充填，充填物厚度大于起伏差

2）定量确定。岩体完整程度的定量指标采用岩体完整性指数（K_V）的实测值。当无条件取得实测值时，也可采用岩体体积节理数（J_V）按表7.21确定。岩体完整性指数（K_V）与定性划分的岩体完整程度的对应关系按表7.22确定。

表 7.21　J_V 与 K_V 对照表

J_V/（条·m^{-3}）	<3	3~10	10~20	20~35	>35
K_V	>0.75	0.75~0.55	0.55~0.35	0.35~0.15	<0.15

表 7.22　K_V 与定性划分的岩体完整程度的对应关系

K_V	>0.75	0.75~0.55	0.55~0.35	0.35~0.15	<0.15
完整宽度	完整	较完整	较破碎	破碎	极破碎

(3) 岩体基本质量分级。在上述岩体质量定量评价的基础上，可据下式确定岩体基本质量指标（BQ）：

$$BQ=100+3R_C+250K_V \tag{7-47}$$

使用公式（7-47）计算时，应符合下列规定：

当 $R_C>90K_V+30$ 时，应以 $R_C=90K_V+30$ 和 K_V 代入计算 BQ 值；

当 $K_V>0.04R_C+0.4$ 时，应以 $K_V=0.04R_C+0.4$ 和 R_C 代入计算 BQ 值。

根据岩体基本质量的定性特征和岩体基本质量指标两方面的特征，按表 7.23 对岩体质量进行初步分级。

表 7.23　岩体基本质量分级

基本质量级别	岩体基本质量的定性特征	岩体基本质量指标（BQ）
Ⅰ	坚硬岩，岩体完整	>550
Ⅱ	坚硬岩，岩体较完整； 较坚硬岩，岩体完整	550～451
Ⅲ	坚硬岩，岩体较破碎； 较坚硬岩，岩体较完整； 较软岩，岩体完整	450～351
Ⅳ	坚硬岩，岩体破碎； 较坚硬岩，岩体较破碎～破碎； 较软岩，岩体较完整～较破碎； 软岩，岩体完整～较完整	350～251
Ⅴ	较软岩，岩体破碎； 软岩，岩体较破碎～破碎； 全部极软岩及全部极破碎岩	≤250

2. 工程岩体质量的详细分级

当遇有地下水、岩体稳定性受结构面影响且由一组起控制作用或存在表 7.24 所列的高初始应力现象时，应用岩体基本质量指标修正值（[BQ]），按表 7.23 对岩体质量进行详细分级。岩体基本质量指标修正值的计算式如下：

$$[BQ]=BQ-100(K_1+K_2+K_3) \tag{7-48}$$

式中　K_1——地下水影响修正系数；

K_2——主要软弱结构面产状影响修正系数；

K_3——初始应力状态影响正系数。

K_1、K_2、K_3 值分别按表 7.25～表 7.27 确定。无表中所列情况时，修正系数取 0。[BQ] 出现负值时，应按特殊情况处理。

表 7.24　高初始应力地区岩体在开挖过程中出现的主要现象

应力情况	主要现象	R_C/σ_{max}
高应力	(1) 硬质岩：岩心常有饼化现象，开挖过程时有岩爆发生，有岩块弹出，洞壁岩体发生剥离，新生裂缝多，围岩易失稳；基坑有剥离现象，成形性差。 (2) 软质岩：开挖过程中洞壁岩体有剥离，位移极为显著，甚至发生大位移，持续时间长，不易成洞；基坑发生显著隆起或剥离，不易成形	<4
	(1) 硬质岩：岩心时有饼化现象，开挖过程中偶有岩爆发生，洞壁岩体有剥离或掉块现象，新生裂缝较多；基坑时有剥离现象，成形性一般尚好。 (2) 软质岩：开挖过程中洞壁岩体位移显著，持续时间较长，围岩易失稳；基坑有隆起现象，成形性较差	4～7

表 7.25　地下水影响修正系数 K_1

BQ	>550	550～451	450～351	350～251	≤250
潮湿或点滴状出水，$p<0.1$ 或 $Q\leqslant 25$	0	0	0～0.1	0.2～0.3	0.4～0.6
淋雨状或线流状出水，$0.1<p\leqslant 0.5$ 或 $25<Q\leqslant 125$	0～0.1	0.1～0.2	0.2～0.3	0.4～0.6	0.7～0.9
涌流状出水，$p>0.5$ 或 $Q>125$	0.1～0.2	0.2～0.3	0.4～0.6	0.7～0.9	1.0
注：p 为地下工程围岩裂隙水压（MPa）；Q 为每 10 m 洞长出水量（L/min・10 m）					

表 7.26　主要软弱结构面产状影响修正系数

结构面产状及其与洞轴线的组合关系	结构面走向与洞轴线夹角<30°，结构面倾角为 30°～75°	结构面走向与洞轴线夹角>60°，结构面倾角>75°	其他情况
K_2	0.4～0.6	0～0.2	0.2～0.4

表 7.27　初始应力状态影响修正系数 K_3

R_C/σ_{max}	BQ				
	>550	550～451	450～351	350～251	≤250
<4	1.0	1.0	1.0～1.5	1.0～1.5	1.0
4～7	0.5	0.5	0.5	0.5～1.0	0.5～1.0

【例 7-1】　某岩体中岩石的单轴饱和抗压强度 $R_C=5$ MPa，岩体的压缩波波速 $v_1=3\,600$ m/s，岩块的压缩波波速 $v_2=4\,000$ m/s，地下水影响修正系数 $K_1=0.8$，主要软弱结构面产状影响修正系数 $K_2=0.3$，初始应力状态影响修正系数 $K_3=0.9$，试计算岩体基本质量指标修正值 [BQ]，并确定岩体基本质量级别。

解：(1) 完整性系数。

$k_v=(v_1/v_2)^2=0.81$

$k_v>0.04R_C+0.4=0.6$

(2) 岩体基本质量指标。

$\mathrm{BQ}=100+3\times R_C+250\times k_v=100+3\times 5+250\times 0.6=265$

(3) 岩体基本质量指标修正值。

$[\mathrm{BQ}]=\mathrm{BQ}-(K_1+K_2+K_3)=265-100\times(0.8+0.3+0.9)=65$

(4) 岩体基本质量级别。

因为 $[\mathrm{BQ}]=65<250$

所以该岩体的基本质量级别为Ⅴ级。

思考题

1. 土的三相中起主导地位和变化大的相是什么？为什么？
2. 土的矿物成分主要有哪几类？对土的工程地质性质的影响如何？
3. 土的粒径、粒度、粒组和粒度成分的含意是什么？对土类划分起什么作用？
4. 土中的矿物成分可分为哪些类型？什么是原生矿物和次生矿物？什么是非溶性的次生矿

物和可溶性的次生矿物？它们各包括哪些主要矿物类型？

5. 什么是土的工程地质性质？包括哪些方面的内容？

6. 土的基本物理性质是什么？说明土的基本物理性质指标的物理意义及影响因素。

7. 什么是稠度和可塑性？产生稠度状态改变的根本原因是什么？

8. 什么是塑性指数？液限和塑限及塑性指数是怎样确定的？

9. 什么是液性指数？它有什么用途？

10. 黏性土的膨胀性、收缩性、崩解性产生的原因及影响因素有哪些？

11. 土的透水性指标是什么？黏性土和砂类土的透水性有什么区别？

12. 什么是土的压缩性？土为什么会发生压缩变形？

13. 黏性土和砂土压缩变形的特点是什么？

14. 什么是土的前期固结压力？如何确定？有什么实际意义？

15. 什么是土的抗剪强度？它的组成因素有哪些？

16. 试述土的库仑定律。砂土和黏性土的抗剪性有什么区别？为什么？

17. 影响土抗剪强度的因素有哪些？

18. 什么是最优含水率？什么是临界功和合理功？如何确定？

19. 砾类土、砂类土、粉土和黏性土有哪些工程地质特征？

20. 什么是软土？有哪些特征？

21. 什么是黄土及黄土类土？黄土有哪些主要特征？

22. 什么是湿陷性？黄土产生湿陷的主要原因是什么？如何评价？

23. 什么是膨胀土？有哪些特征？其有胀缩性的原因是什么？

24. 评价膨胀土的常用指标有哪些？如何评价？

25. 什么是红黏土？有哪些特征？

26. 什么是人工填土？可分为哪几类？各有什么特征？

27. 什么是岩石的工程地质性质？有什么研究意义？

28. 岩石的物理性质包括哪些方面？各用什么指标表示？含义是什么？

29. 什么是岩石的力学性质？包括哪些方面？各有哪些评价指标？如何确定？

计算题（答案请扫描下方二维码）：

某岩体中岩石的单轴饱和抗压强度 $R_C=68$ MPa，完整性指数 $k_v=0.3$，地下水影响修正系数 $K_1=0.3$，主要软弱结构面产状影响修正系数 $K_2=0.4$，初始应力状态影响修正系数 $K_3=0.5$，试计算岩体基本质量指标修正值［BQ］。

第8章

工程地质勘察

教学与学习目标

学习目标：通过本章的学习，学生应了解工程地质勘察的目的与任务，掌握工程勘察等级划分、工程地质勘察的方法；掌握常用的原位测试的成果应用；熟悉地基抗震稳定性评价方法及岩土工程勘察报告的内容；熟悉公路工程、桥梁工程、地下洞室工程、房屋建筑物工程、边坡工程、基坑工程与废弃物处理工程的主要工程地质问题及勘察基本要求。

思维导图

重点：本章的重点是工程勘察等级划分，工程地质勘察方法，荷载试验、静力触探及标准贯入试验等原位测试的成果应用，场地类别划分，地基承载力及地震液化评价，岩土工程勘察报告的内容。

难点：本章的难点是原位测试的试验设备及基本应用，场地类别划分、地基承载力及地震液化评价，公路工程、桥梁工程、地下洞室工程、房屋建筑物工程、边坡工程与基坑工程的主要工程地质问题及勘察基本要求。

素质目标：培养创新意识和创新思维，明确工程质量发展新模式，塑造挺膺担当、积极进取的精神。

8.1 概 述

工程建设必须经历勘察、设计和施工三个阶段，而且这三个阶段顺序不能颠倒。在工程开工之前，必须了解建筑场地的工程地质条件，以便确定该场地是否适宜进行建设开发。要了解场地的工程地质条件，就要进行工程地质勘察。工程地质勘察是运用工程地质理论和各种勘察测试技术手段及方法，为解决工程建设中的地质问题而进行的调查工作。

8.1.1 勘察目的

工程地质勘察的目的是查明工程建筑地区的工程地质条件，分析评价可能出现的工程地质问题，对建筑地区做出工程地质评价，为工程建设规划、设计、施工提供可靠的地质依据，以充分利用有利的自然地质条件，避开或改造不利的地质因素，保证工程建筑物的安全稳定、经济合理和正常使用。

8.1.2　勘察任务

工程地质勘察的基本任务是按照各类工程不同勘察阶段的要求，为工程的设计、施工及岩土体治理加固等工程提供地质资料和必要的技术参数，对有关的工程地质问题做出论证和评价。其具体任务归纳如下：

(1) 阐述建筑场地或线路的工程地质条件，指出场地或线路内不良地质现象的发育情况及其对工程建设的影响，对场地稳定性和适宜性做出评价。

(2) 查明工程范围内岩土体的分布、性状和地下水活动条件，提供设计、施工和整治所需的地质资料及岩土技术参数。

(3) 分析研究与工程建筑有关的工程地质问题，并做出评价结论。

(4) 对场地内建筑总平面布置、各类岩土工程设计、岩土体加固处理、不良地质现象整治等具体方案做出论证和建议。

(5) 预测工程施工和运行过程中对地质环境及周围建筑物的影响，并提出保护措施的建议。

在这些任务中，对大多数工程都应完成，但对其内容的增减及研究的详细程度有所不同，将视不同的行业（如工业与民用建筑或公路工程）、工程类型大小及重要性、地质条件的复杂程度及不同的设计阶段而有所不同。例如，对公路工程还应调查沿线路筑路材料的质量、数量等。

8.1.3　勘察分级

划分岩土工程勘察等级的目的是突出重点、区别对待，以利于管理。工程地质勘察需要考虑工程重要性等级、场地复杂程度等级及地基复杂程度等级三个要素。

根据工程的规模和特征，以及由于岩土工程问题造成工程破坏或影响正常使用的后果，工程重要性可按表 8.1 划分为三个等级。

表 8.1　工程重要性等级

工程重要性等级	破坏后果	工程类别
一级	很严重	重要工程
二级	严重	一般工程
三级	不严重	次要工程

根据场地的复杂程度，可按表 8.2 划分为三个场地等级。

表 8.2　场地复杂程度等级

场地等级	对建筑抗震	不良地质作用	地质环境	地形地貌	地下水
一级	符合下列条件之一				
	危险地段	强烈发育	已经或可能受到强烈破坏	复杂	有影响工程的多层地下水、岩溶裂隙水，或其他水文地质条件复杂，需专门研究的场地
二级	符合下列条件之一				
	不利地段	一般发育	已经或可能受到一般破坏	较复杂	基础位于地下水水位以上

续表

场地等级	对建筑抗震	不良地质作用	地质环境	地形地貌	地下水
三级	符合下列条件				
	有利地段	不发育	基本未受到破坏	简单	地下水对工程无影响

注：(1) 从一级开始，向二级、三级推定，以最先满足的为准。
(2) 对建筑抗震有利、一般、不利或危险的划分，应按表8.3执行。
(3) 不良地质作用是指泥石流、崩塌、滑坡、土洞、塌陷、沟谷、岸边冲刷、地下水潜蚀等。
(4) 地质环境是指地下采空、地面沉降、地裂缝、化学污染、地下水水位上升等

表8.3　有利、一般、不利和危险地段的划分

地段类别	地质、地形、地貌
有利地段	稳定基岩，坚硬土，开阔、平坦、密实、均匀的中硬土
一般地段	不属于有利、不利和威胁的地段
不利地段	软弱土，液化土，条状凸出的山嘴，高耸孤立的山丘，陡坡，陡坎，河岸和边坡的边缘，平面分布上成因、岩性、状态明显不均匀的土层（含古河道、疏松的断层破碎带，暗埋的塘浜沟谷和半填半挖地基），高含水量的可塑黄土，地表存在结构性裂缝等
危险地段	地震时可能发生滑坡、崩塌、地陷、地裂、泥石流等及发震断裂带上可能发生地表位错的部位

根据地基复杂程度，地基可按表8.4划分为三个等级。

表8.4　地基复杂程度等级

地基等级	岩土条件	特殊性岩土
一级	符合下列条件之一	
	岩土种类多，很不均匀，性质变化大，需特殊处理	严重湿陷、膨胀、盐渍、污染的特殊性岩土，以及其他情况复杂，需做专门处理的土
二级	符合下列条件之一	
	岩土种类较多，不均匀，性质变化较大	除上述规定外的特殊性岩土
三级	符合下列条件	
	岩土种类单一，均匀，性质变化不大	无特殊性岩土

注：(1) 从一级开始，向二级、三级推定，以最先满足的为准。
(2) 多年冻土情况特殊，勘察经验不多，应列为一级地基。
根据工程重要性等级、场地复杂程度等级和地基复杂程度等级，岩土工程勘察可按表8.5划分为三个等级

表8.5　岩土工程勘察等级

勘察等级	评定标准
甲级	工程重要性等级、场地复杂程度等级、地基复杂程度等级有一项或多项为一级
乙级	除勘察等级为甲级和丙级外的勘察等级
丙级	工程重要性等级、场地复杂程度等级、地基复杂程度等级均为三级

注：建筑在岩质地基上的一级工程，当场地复杂程度和地基复杂程度等级均为三级时，岩土工程勘察等级可定为乙级

8.1.4　勘察阶段

勘察阶段的划分取决于不同设计阶段对工程勘察工作的不同要求。由于勘察对象不同，设计对勘察工作的要求也不尽相同，所以勘察阶段的划分和所采用的规范也不尽相同。

勘察阶段的划分及采用的规范见表 8.6。

表 8.6　勘察阶段的划分

勘察对象	勘察阶段					采用的勘察规范
房屋建筑和构筑物	可行性研究勘察		初步勘察	详细勘察	施工勘察（不是固定阶段）	GB 50021—2010
地下洞室	可行性研究勘察		初步勘察	详细勘察	施工勘察	
岸边工程	可行性研究勘察		初步设计阶段勘察	施工图设计阶段勘察	—	
管道工程	选线勘察		初步勘察	详细勘察	—	
核电厂	初步可行性研究勘察	可行性研究勘察	初步设计勘察	施工图设计勘察	工程建造勘察	
边坡	—		初步勘察	详细勘察	施工勘察	
公路	可行性研究勘察		初步工程地质勘察	详细工程地质勘察	—	JTG C20—2011
	预可勘察	工可勘察				
铁路	踏勘	加深地质工作	初测	定测	补充定测	TB 10012—2019
水利、水电	规划阶段工程地质勘察	可行性研究阶段工程地质勘察	初步设计阶段工程地质勘察	技施设计阶段工程地质勘察		GB 50287—2016
港口	可行性研究阶段勘察		初步设计阶段勘察	施工图设计阶段勘察	施工期中的勘察	JTS 133—2013

虽然不同勘察对象阶段的划分有所不同，但总体上可归纳为可行性研究勘察、初步设计阶段勘察（初勘）、施工图设计阶段勘察（详勘）和施工勘察四个阶段。各阶段的勘察目的、要求和主要方法见表 8.7。

表 8.7　各勘察阶段的勘察目的、要求和主要方法

勘察阶段	可行性研究勘察	初步设计阶段勘察（初勘）	施工图设计阶段勘察（详勘）	施工勘察
设计要求	满足确定厂址方案	满足初步设计	满足施工图设计	满足施工中具体问题的设计，随勘察对象不同而不同
勘察目的	对拟选厂址的稳定性和适宜性做出评价	初步查明场地岩土条件，进一步评价场地的稳定性	查明场地岩土条件，提出设计、施工所需参数，对设计、施工和不良地质作用的防治等提出建议	解决施工过程中出现的岩土工程问题

续表

勘察阶段	可行性研究勘察	初步设计阶段勘察（初勘）	施工图设计阶段勘察（详勘）	施工勘察
主要工作方法	收集分析已有资料，进行场地踏勘，必要时进行一些勘探和工程地质测绘工作	调查、测绘、物探、钻探、试验，目的不同，侧重点也不同	根据不同勘察对象和要求确定，一般以勘探和室内外测试、试验为主	施工验槽、钻探和原位测试

8.2 工程地质勘察方法

8.2.1 坑探

坑探是用人工或机械掘进的方式探明地表以下浅部的工程地质条件，主要有探槽、试坑、探井和平硐等。各种坑探工程的特点及适用条件见表8.8。

表8.8 各种坑探工程的特点及适用条件

类型	特点	适用条件
试坑	深不超过1 m的圆形或方形小坑	多用于基岩埋深较浅的地区，揭露基岩
浅井	从地表垂直向下，深度为5～15 m	确定覆盖层风化层的厚度及岩性，取原状土样，进行荷载试验、渗水试验等
探槽	在地表垂直岩层走向或构造线方向，深度小于3 m的长方形槽子	追索断层，探查残坡积层及风化岩层的厚度和岩性
竖井	形状类似浅井，深度一般大于15 m	探查风化壳厚度，断层裂隙、软弱夹层滑坡滑动面及岩溶发育情况
平硐	在地面有出口的水平坑道	查明软弱夹层、断层破碎带的分布和岩体节理的发育情况，取样或原位测试

探槽的挖掘深度较浅，一般在覆盖层小于3 m时使用，其长度可根据所了解的地质条件和需要决定，宽度和深度则根据覆盖层的性质及厚度确定。当覆盖层较厚，土层较软易塌时，挖掘宽度需适当加大，甚至侧壁需挖成斜坡形；当覆盖层较薄，土质密实时，宽度相应减小至便于工作即可。探槽一般用锹、镐挖掘，当遇大块碎石、坚硬土层或风化基岩时，也可采用爆破或动力机械。

探井能直接观察地质情况，并予以详细描述和分层，利用探井能取出接近实际的原状结构的土试样，因此，在地质条件复杂地区和黄土地区经常采用。但探井存在探测速度慢、劳动强度大和不安全等缺点。探井根据规模可分为浅井和竖井，根据开口的形状可分为圆形、椭圆形、方形和长方形等。圆形探井在水平方向上能承受较大的侧向力，比其他形状的探井安全。

探槽编录、探井编录除进行岩土描述外，应以剖面图、展开图等形式全面反映井壁、底部的岩性、地层分界线、构造特征、取样或原位测试位置，并辅以代表性部位的彩色照片。展示图是按一定的方法将坑壁展开的断面图。探井一般采用四壁平行展开法绘制，探槽一般只画出底面和侧壁。某探井展开如图8.1所示。

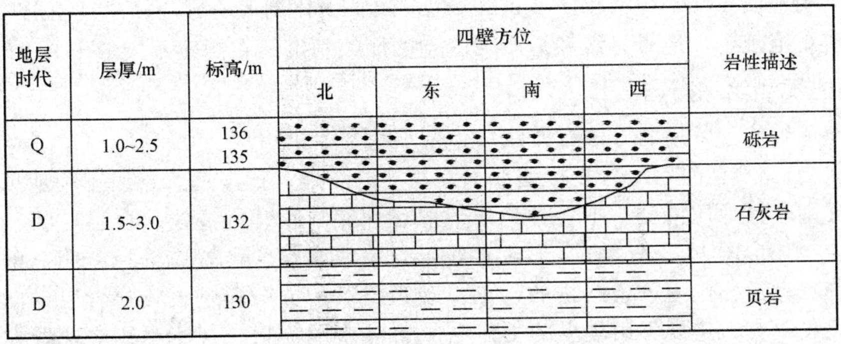

图 8.1　四壁平行展开法绘制的探井展示

8.2.2　工程地质测绘

工程地质测绘是工程地质勘察过程中的基础工作，是勘察中最先进行的项目，即采用收集资料、调查访问、地质测量、遥感解译等方法，查明场地的工程地质要素，并绘制相应的工程地质图件，为确定勘探、测试工作及对场地的工程地质分析与评价提供依据。其特点是经济、快速、有效。为了使测绘工作取得较全面的资料，除高质量的地表地质调查外，还应进行适当的物探、轻型触探及轻便的野外试验和室内试验工作。

工程地质测绘一般在可行性研究或初勘阶段进行，其基本原则：在可行性研究阶段收集地质资料时，宜包括航空像片、卫星像片的解译结果；在岩石出露或地貌、地质条件较复杂的场地应进行工程地质测绘；对地质条件简单的场地，可用调查代替工程地质测绘；对经初勘测绘与调查仍未解决的某些专门地质问题（如滑坡、断裂等），应在详细勘察阶段做必要调查。

1. 工程地质测绘范围、比例尺和精度要求

（1）测绘范围的确定。工程地质测绘的范围应包括建设场地及其附近地段，以解决实际问题为前提。具体可考虑：工程建设引起的工程地质现象可能影响的范围；影响工程建设的不良地质作用的发育阶段及其分布范围；对查明场地的地层岩性、地质构造、地貌单元等问题有重要意义的临近地段；地质条件复杂时可适当扩大范围。

（2）比例尺的选择。测绘的比例尺取决于勘察阶段和要求，勘察初期用的比例尺较小，待确定建筑场址后，研究的范围随之缩小，而其研究的详细程度也随之提高，比例尺就应随之加大。同一勘察阶段的比例尺选择又取决于建筑物的类型、规模、工程地质条件的复杂程度。合理选用比例尺，既可满足工作要求，又可节省测绘工作量。工程地质测绘的比例尺一般分为以下三种：

1）小比例尺测绘：比例尺为 1：5 000～1：50 000，一般在可行性研究勘察（选址勘察）时采用。

2）中比例尺测绘：比例尺为 1：2 000～1：5 000，一般在初步勘察时采用。

3）大比例尺测绘：比例尺为 1：500～1：2 000，适用于详细勘察阶段。当地质条件复杂或建筑物重要时，比例尺可适当放大。

（3）精度要求。测绘的精度要求主要是指图幅的精确度。精确度包括测绘填图时所划分单元的最小尺寸及实际单元的界线在图上标定时的误差大小两个方面。测绘填图时所划分单元的最小尺寸一般为 2 mm，即大于 2 mm 者均应标示在图上。根据这一要求，各种单元体标示在图上的容许误差为 2 mm 乘上图幅比例尺分母。在实际工作中还应结合工程的要求，对建筑工程

具有重要影响的地质单元，即使小于 2 mm，也应用扩大比例尺的方法标示在图上，并注明其实际数据。勘察规范规定，地质界线和地质观测点的测绘精度，在图上不应低于 3 mm。

2. 工程地质测绘的方法

（1）实地测绘法。常用的方法有路线法、布点法和追索法。

1）路线法。路线法是沿着一定的路线，穿越测绘场地，把走过的路线正确地填绘在地形图上，并沿途详细观察地质情况，把各种地质界线、地貌界线、构造线、岩层产状和各种不良地质作用等标绘在地形图上。路线有 S 形或直线形。路线起点的位置应选择有明显的地物，如村庄、桥梁或特殊地形，作为每条路线的起点。观察路线的方向，应大致与岩层走向、构造线方向和地貌单元相垂直，这样可用较少的工作量获得较多的成果。观测路线应选择在露头及覆盖层较薄的地方。

2）布点法。布点法是工程地质测绘的基本方法，是在地形图上预先布置一定数量的观测点（地质点），广泛观测地质现象。

3）追索法。追索法是沿地层走向或某一构造线方向布点追索，以便查明某些局部的复杂构造。

（2）像片成图法。像片成图法是利用地面摄影或航空（卫星）摄影像片，先在室内进行解译，划分地层岩性、地质构造、地貌、水系和不良地质作用等，并在像片上选择若干点和路线，然后去实地进行校对修正，绘成底图，再转绘成图，并将调查得到的资料，转绘在地形图上绘成工程地质图。像片成图法一般要求收集航空像片和卫星像片的数量，同一地区应有 2～3 套，一套制作镶嵌略图，一套用于野外调绘，一套用于室内清绘，并且现场检验的地质观测点数宜为工程地质测绘点数的 30%～50%。借助航测技术解译一些地质现象，对于提高测绘精度和加快工作进度，将会收到良好的效果。

3. 工程地质测绘的内容

工程地质测绘内容，应注重岩土工程实际问题，紧密结合岩土工程，主要包括下列内容：

（1）查明地形、地貌特征及其与地层、构造、不良地质作用的关系，划分地貌单元。

（2）岩土的年代、成因、性质、厚度和分布；对岩层应鉴定其风化程度，对土层应区分新近沉积土、各种特殊土。

（3）查明岩体结构类型，各类结构面（尤其是软弱结构面）的产状和性质，岩、土接触面和软弱夹层的特性等，新构造活动的形迹及其与地震活动的关系。

（4）查明地下水的类型、补给来源、排泄条件，井泉位置，含水层的岩性特征、埋藏深度、水位变化、污染情况及其与地表水体的关系。

（5）收集气象、水文、植被、土的标准冻结深度等资料；调查最高洪水位及其发生时裂缝、岸边冲刷等不良地质作用的形成、分布、形态、规模、发育程度及其对工程建设的影响。

（6）查明岩溶、土洞、崩塌、滑坡、泥石流、冲沟、地面沉降。断裂、地震震害、地裂缝、岸边冲刷等不良地质作用的形成、分布、形态、规模、发育程度及其对工程建设的影响。

（7）调查人类活动对场地稳定性的影响，包括人工洞穴、地下采空、大挖大填、抽水排水和水库诱发地震等。

（8）建筑物的变形和工程经验。

8.2.3 工程地质物探

组成地壳的不同岩土介质往往在导电性、弹性、磁性、密度、放射性等方面存在着差异，从而引起相应地球物理场的局部变化。以专门的仪器探测这些地球物理场的分布及变化特征，然后结合已知地质资料，推断地下岩土层的埋藏深度、厚度、性质，判定其地质构造、水文地质条件及各种物理地质现象等的勘探方法，叫作地球物理勘探法，简称物探。由于物探可以根据地面上地球物理场的观测结果推断地下介质变化，所以，它比钻探等直接勘探手段具有更快速、经济的优点。但物探技术的应用也具有一定的条件性和局限性，解释成果有时具多解性，需用少量坑探或钻探适当配合，才能收到较好的效果。物探一般应用于工程地质勘察的初期阶段。

物探方法有很多种，这里仅简要介绍公路工程中常用的电阻率法和地震勘探法。

1. 电阻率法

（1）基本原理。电阻率法基本原理是根据不同的地质体具有不同的电阻率，对地质体以人工形成电场，通过电测仪测定地质体视电阻率的大小及变化，从而推断地下一定范围地质体的分布和变化。它可以用作划分地层岩性、地质构造、覆盖层或风化层的厚度、含水层分布和深度、古河道及天然建筑材料分布范围和储量。部分岩土的电阻率参考值见表 8.9。

表 8.9　部分岩土的电阻率参考值

物质种类	电阻率/（Ω·m）	物质种类	电阻率/（Ω·m）
黏土	$n\times0.1\sim n\times10$	辉长岩	$n\times10^2\sim n\times10^5$
白云岩	$n\times10\sim n\times10^2$	片麻岩	$n\times10^2\sim n\times10^4$
石灰岩	$n\times10\sim n\times10^3$	花岗岩	$n\times10^2\sim n\times10^5$
砾岩	$n\times10\sim n\times10^3$	河水	$n\times10\sim n\times10^2$
砂岩	$n\times0.1\sim n\times10^3$	海水	$n\times0.1\sim n\times1$
泥质页岩	$n\times10\sim n\times10^3$	潜水	<100
玄武岩	$n\times10^2\sim n\times10^5$	矿井水	$n\times1$

电阻率是岩土的一个重要电学参数，它表示岩土的导电特性。电阻率在数值上等于电流在材料里均匀分布时该种材料单位立方体所呈现的电阻，单位一般采用欧姆·米，记作Ω·m。影响岩土电阻率大小的因素很多，主要是岩石成分、结构、构造、空隙、含水性等。如第四系的松散土层中，干的砂砾石电阻率高达几百至几千欧姆·米，饱水的砂砾石电阻率只有几十欧姆·米，电阻率显著降低。在同样的饱水条件下，粗颗粒的砂砾石电阻率比细颗粒的细砂、粉砂高。潜水位以下的高阻层位反映粗颗粒含水层的存在，作为隔水层的黏土电阻率远比含水层低。正是因为存在电阻率的差异，才能采用电阻率法来勘探砂砾石层与黏土层的分布。

勘探时的设备布置如图 8.2 所示，供电极 A、B 与电源及安培表连接，测定电流 I。电极 M、N 与电位计连接，测量电位差 ΔU_{MN}。四个电极（铜棒）以测点 O 为中心对称地打入地表地层，在地表勘探线上的各个点进行测量，即得到不同岩层的电阻率值。

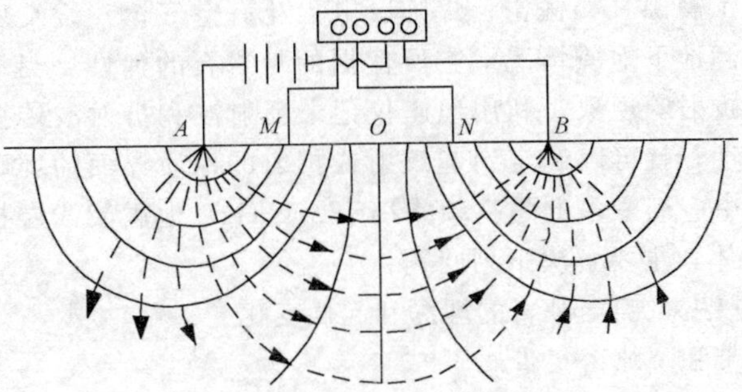

图 8.2　电阻率法勘探原理

岩层的电阻率可按下式计算：

$$\rho = K\Delta U_{MN}/I \tag{8-1}$$

式中　ρ——岩层的电阻率（Ω·m）；

ΔU_{MN}——测量电极间的电位差（mV）；

I——供电回路的电流强度（mA）；

K——装置系数（m），与供电和测量电极间距有关。

按照图 8.2 所示的对称测深和对称剖面，K 可按下式计算：

$$K = \pi\frac{AM \cdot AN}{MN} \tag{8-2}$$

根据电阻率值，绘制电测剖面曲线或电阻变化表进行分析，即得电测结果。应该指出，在各向同性的均质岩层中测量时，无论电极装置如何，所得的电阻率应当相等，即地层的真电阻率。但实际工作中所遇到的地层既不同性，又不均质，所得电阻率并非真电阻率，而是非均质体的综合反映，所以称这个所得的电阻率为视电阻率。

（2）电阻率法勘探的分类。由于电极布置的方法不同，所反映的地质情况也不同，电阻率法可分为电测深法、电剖面法及中间梯度法等。

1）电测深法。电测深法是指在地表以某一点（此点称为常测点）为中心，用不同供电极距测量不同深度岩层的视电阻率值，以获取该点处的地质断面的方法。

以图 8.2 为例，选定中心点 O 的位置后，逐渐加大 A、B 的间距和相应加大 M、N 的间距来测定中心点 O 下不同深度处的电阻率值。A、B 间的距离越大，输送电流的入地深度越深，因而测量深度越大。连续测量后，用得到的资料绘制测深曲线，将测深曲线和理论曲线（量板）进行对比，就能推断出岩土层的深度、厚度或有无地下水存在。

2）电剖面法。电剖面法是指测量电极和供电电极的装置不变，而测点沿某一方向移动，用于探测一定深度处岩层视电阻率值的水平变化规律的方法。

在图 8.2 中，将具有固定供电极距和测量极距的 $AMNB$ 装置，沿规定的测绘线方向移动，每变换一个测点，量测一次电阻率，从而得到某深度处岩土层电阻率值在平面上的分布情况。当需要了解岩土层的不均匀程度时，水平面上应测量若干剖面。

3）中间梯度法。中间梯度法是指将供电电极 A、B 的间距固定不变，电极 M、N 在其中部约 1/3 的地段沿 AB 线或平行于 AB 线测量，这样的电场被认为是均匀的。若测量范围内有高低电阻不均匀地质体时，则电阻率反映出极大或极小值。一般用来探测陡倾角高阻的带状构造，测线应垂直带状构造布置。

2. 地震勘探法

地震勘探是根据人工震源（如锤击、爆炸、电火花有空气枪）激发所产生的地震波在岩土介质中的传播规律来探测地下地质情况。它所依据的是岩石的弹性。当地震波通过不同岩石的分界面时将产生反射、折射等现象，利用地震仪记录反射波和折射波传播到地面各接收点的时间，并研究振动波的特性，就可以确定引起反射或折射的地质界面的埋藏深度、产状及岩石性质等。在工程地质勘察中应用最多的是高频（小于 300 Hz）地震波浅层折射法。它可以研究深度在 100 m 以内的地质体，主要解决下列问题：

（1）测定覆盖层的厚度，确定基岩的埋深和起伏变化。

（2）追索断层破碎带和裂隙密集带。

（3）研究岩石的弹性性质，测定岩石的动弹性模量和动泊松比。

（4）划分岩体的风化带，测定风化壳厚度和新鲜基岩的起伏变化。

地震勘探的使用条件：地形起伏较小；地质界面较平坦和断层破碎带少，且界面以上岩石较均一，无明显高阻层屏蔽；界面上下或两侧地质体有较明显的波速差异。

8.2.4　钻探

钻探是利用钻探机械和工具在岩土层中钻孔的一种勘探方法。它可以直接探明地层岩性、地质构造（断层、节理、破碎带等）、地下水埋深、含水层类型和厚度、滑坡滑动面的位置及岩溶发育情况等。它还可取出岩芯作为试样或在钻孔中进行抽压水试验、声波测试、触探试验或长期监测等，有条件时，还可采用钻孔摄影、井下电视等技术手段。与坑探相比，钻探的深度大，且选位一般不受地形、地质条件的限制；与物探相比，钻探是直接的勘探手段、精度高、准确可靠，因此在工业与民用建筑勘察中不同的勘察阶段中都广泛采用，钻探是工程地质勘察中应用最为广泛的一种勘察手段。在公路工程地质勘察中，经常采用简易钻探方法，而钻探主要用于桥梁、隧道及大型滑坡等不良地质现象的勘探。

1. 钻探目的

钻探是用钻机在地层中钻孔，以鉴别和划分地层及查明地下水的埋藏分布特征，并可以沿孔深取样以进行岩土的室内物理力学性质试验或直接在钻孔中进行原位试验或观测。其目的如下：

（1）通过钻探所采取的岩芯标本、钻进速度及回水情况，可了解不同深度处岩石性质、地层构造、裂隙构造、断层破碎带及风化破碎情况。

（2）可对在钻孔中所取的保持原状结构的试样进行岩土的物理力学性质试验。

（3）在钻孔中可以观察地下水的水位及其动态变化，还可以在孔中进行所需的水文地质试验。

（4）随着科技的发展，可以在钻孔中进行孔壁摄影与钻孔电视，以帮助勘察工作者直接观察地层情况。在钻孔中还可以采用电测井等地球物理勘探工作，由该处岩层的电学性质推断出它的物理力学性质。

（5）每个钻孔最后得到一个钻孔柱状图，可以反映出钻孔点各深度处的岩石性质、岩层界线、风化程度界线、基岩面高程、断层等构造线高度、软弱结构面的产状等。如在一条勘探线上布置若干个钻孔，然后将各钻孔柱状图的相同岩层、地层及构造线连接起来，即构成一个二维的工程地质剖面图。若在场地布置相互平行的数条钻孔勘探线，就可得出地质剖面图，再将垂直于此剖面方向的各勘探线上的钻孔柱状图的地质界线相连，构成在该方向的地质剖面图。由这两个方向的地质剖面就可以综合成一个三维的立体地质构造。

2. 钻进方法

根据破碎岩土的方法不同，钻探可分为冲击钻进、回转钻进、振动钻进和冲击—回转钻进四种方法。

（1）冲击钻进。钻具的重力和下冲击力使钻头冲击孔底以破碎岩土。破碎后的岩屑等由循环液冲出地面或由带活门的提筒提出地面。

（2）回转钻进。钻具回转使钻头的切削刃或研磨材料消磨岩土使之破碎。回转钻进可分为孔底全面钻进和岩芯钻进。钻头可采用硬质合金、金刚石等。

（3）振动钻进。振动钻进是将机械振动所产生的振动力，通过连接杆及钻具传到圆筒形钻头周围土中，由于振动器高速振动的结果，使土的抗剪力急剧降低，这时圆筒钻头依靠钻具和振动器的重力切削土层进行钻进。钻进速度较快，但主要适用于粉土、黏性土层和粒径较小的碎石层。

（4）冲击—回转钻进。冲击—回转钻进也称综合钻进。岩石的破碎是在冲击、回转综合作用下发生的。

3. 钻进设备及过程

（1）钻进设备。钻进设备主要包括钻架、动力设备、钻具、泵和采取岩芯设备等，如图8.3所示。各组成部分及功能如下：

1）钻架：用于钻具和取芯设备的吊装。

2）动力设备：提供钻进、泵、钻具与取芯设备的吊装的动力。

3）钻具：切割或破碎岩土，包括钻杆和钻头。

4）泵：提供泥浆、水泥浆、冲洗液和压缩空气。

5）采取岩芯设备：通过专用设备采取岩芯。

（2）钻进过程。钻进过程主要包括破碎岩土、采取岩土、护壁和封孔四个环节：

1）破碎岩土：通过钻具切割或破碎岩土。

2）采取岩土：通过冲洗液或压缩空气将破碎岩土带到地面，或通过采取岩芯设备取出岩芯。

3）护壁：钻进过程中或钻孔完成后，孔壁可能出现坍塌破坏，因此需要进行孔壁保护。一般采用泥浆或套管护壁。

4）封孔：钻探结束后，需要封闭钻孔。

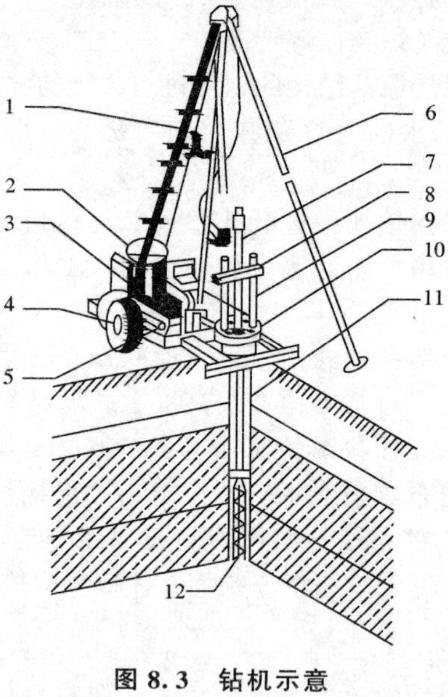

图8.3 钻机示意

1—钢丝绳；2—汽油机；3—卷扬机；4—车轮；5—变速箱及操作把手；6—支架；7—钻杆；8—钻杆夹；9—拔棍；10—转盘；11—钻孔；12—螺旋钻头

4. 试样选取

岩土的工程特性与其所处的天然状态有关，要使土工试验得到的土性指标比较可靠，在取样过程中应该是保留天然结构的原状试样。若试样的天然结构遭到破坏，则称为扰动样。

对于岩芯试样，由于其坚硬性，它的天然结构难以破坏，而土样相对容易受到扰动，并由于采样时取土器的切入，采样过程中土体应力状态的改变等原因，使土样受到不同程度的扰动。因此在实际工程地质钻探中，不可能取得完全不受扰动的原状土样。为此，在取土样过程中，应该力求使试样的扰动程度降至尽可能小的程度。按照取样的方法和试验目的，岩土工程勘察规范将土样的扰动程度分成四个等级，各级试样可进行的试验见表 8.10。

表 8.10　土样质量等级划分

级别	扰动程度	试验内容
Ⅰ	不扰动	土类定名、含水率、密度、固结试验、强度试验
Ⅱ	轻微扰动	土类定名、含水率、密度
Ⅲ	显著扰动	土类定名、含水率
Ⅳ	完全扰动	土类定名

5. 钻孔编录

为了及时发现问题及总结规律，从钻探开始就要注意钻进的动态和分段采取岩芯，详细观察、描述及编录，主要包括以下工作：

(1) 每个钻孔都应准备一个钻探记录本，记录该钻孔的编号、位置、孔口高程，该孔勘探的主要内容，预计钻进深度、钻进时间，采用的钻探设备、钻杆及钻头直径等。

(2) 必须详细、全面而及时地分段采取和观察描述岩芯，一般钻进 50 m 左右即应采取该段岩芯。每段岩芯所有块数，无论大小、长短，均应按照顺序放置于特制的岩芯箱中，每段附一岩芯牌，牌上注明该段的深度、取样时间。地质勘探人员应及时对各段岩芯进行观察描述。

各类岩土的野外描述内容如下：

1) 对碎石土：名称、颗粒级配、颗粒形状、颗粒排列、母岩成分、风化程度、充填物的性质和充填程度、密实度。

2) 对砂土：名称、颜色、湿度、密实度、矿物组成、颗粒级配、颗粒形状、包含物及含量。

3) 对粉土：名称、颜色、包含物、湿度、密实度、摇震反应、光泽、干强度、韧性。

4) 对黏性土：名称、颜色、状态、包含物、光泽、摇震反应、干强度、韧性、土层结构等。

5) 对特殊类型土：除应描述相应土类规定的内容外，还应描述其特殊成分和特殊性质；例如，对淤泥还需描述臭味，对填土还需描述物质成分、堆积时间、密实度和均匀性。

(3) 对钻进动态的观察和记录，如进尺速度的变化及变化位置、孔壁塌块的位置，各段冲洗液消耗情况等。

(4) 记录进行力学试验取样、做水文地质试验及钻孔摄影、地球物理勘探的位置等。

(5) 钻孔完成后即可将上述取得的各种资料进行分析，整理得出一张较全面的钻孔柱状图。

随着科学技术的不断进步，工程勘察手段也得到了极大的提升和发展，类似无人机技术和遥感技术已经越来越多地应用于实际工程项目及工程管理中。无人机技术在工程勘察中已经有了广泛的应用，能够比传统勘测方法更加精准、高效地获取相关数据。无人机可以进行低空遥感摄影，实现高清晰度、全角度、多尺度的空间数据收集，提高了调查和监测的可靠性及准确性。遥感技术是现代工程勘察中最新的研究领域之一，借助于航空摄影、地面测量、地球卫星数据等技术，可以实现更加高效的地表勘探、高精度的全球地形科学观测等。

总之，随着科技不断进步，工程勘察手段也在不断地升级，不断提高勘探的准确性和效率。随着几何测量、地球物理学、遥感技术、数字化技术、化学分析技术等技术的不断发展，越来越多的高效、准确、精细的工程勘察技术将会被引进并应用于实际工程项目和工程管理中，为各种应用提供更加可靠的支持和保障①。

① 课程素养：党的二十大报告指出："高质量发展是全面建设社会主义现代化国家的首要任务"，"我们要坚持以推动高质量发展为主题"，"着力提高全要素生产率"。工程勘察关注质量和效益，注重品质管理，为此我们要关注科技创新和技术成果转化，注重技术创新和效益提升，促进工程勘察等工程建设环节高质量发展。

8.3 原位测试

8.3.1 荷载试验

静力荷载试验是在拟建建筑场地上，在挖至设计的基础埋置深度的平整坑底放置一定规格的方形或圆形承压板，在其上逐级施加荷载，测定相应荷载作用下地基土的稳定沉降量，分析研究地基土的强度与变形特性，求得地基土容许承载力与变形模量等力学数据。由此可见，静力荷载试验实际上是一种与建筑物基础工作条件相似，而且直接对天然埋藏条件下的土体进行的现场模拟试验。所以，对于建筑物地基承载力的确定，比其他测试方法更接近实际。当试验影响深度范围内土质均匀时，用此法确定该深度范围内土的变形模量也比较可靠。

静力荷载试验包括平板荷载试验和螺旋板荷载试验。平板荷载试验是在岩土体原位，用一定尺寸的承压板，施加竖向荷载，同时观测承压板沉降，测定岩土体承载力和变形特性；螺旋板荷载试验是将螺旋板旋入地下预定深度，通过传力杆向螺旋板施加竖向荷载，同时量测螺旋板沉降，测定土的承载力和变形特性。平板荷载试验包括浅层平板荷载试验和深层平板荷载试验。浅层平板荷载试验适用于 3 m 以上、没有地下水的浅层地基土，深层平板荷载试验适用于 3 m 以下、没有地下水的深层地基土和大直径桩的桩端土；螺旋板荷载试验适用于地下水水位以下的地基土。

1. 试验装置

平板荷载试验因试验土层软硬程度、压板大小和试验面深度等不同，采用的测试设备也很多。试验装置由承压板、加荷系统、反力系统、观测系统四部分组成，如图 8.4 所示。各部分机能：加荷系统控制并稳定加荷的大小，通过反力系统反作用于承压板，承压板将荷载均匀传递给地基土，地基土的变形由观测系统测定。

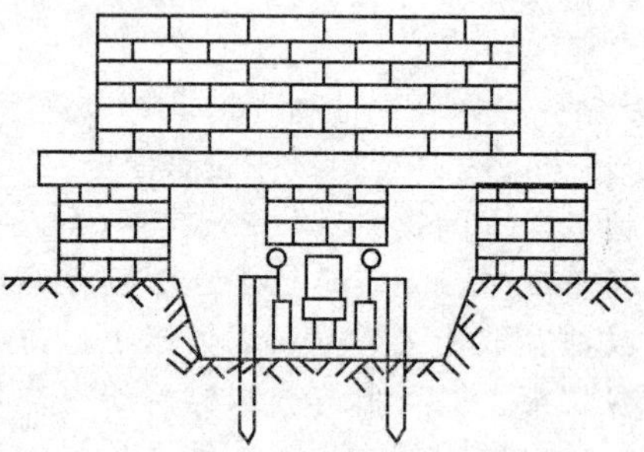

(a)

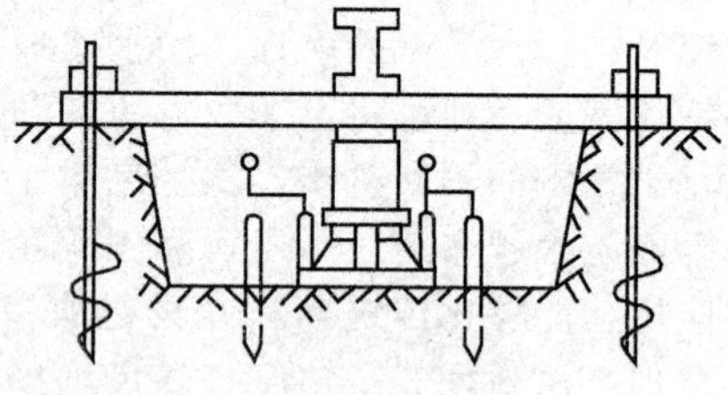

(b)

图 8.4　荷载试验装置

(a) 压重平台法；(b) 锚桩法

荷载试验的承压板，宜采用刚性的圆形压板。根据国内的实际经验，承压板面积可采用 0.25～0.5 m^2。软土应采用尺寸大些的承压板，否则易发生歪斜。

2. 试验要求

浅层平板荷载试验的基坑宽度或直径不应小于承压板宽度或直径的 3 倍，深层平板荷载试验的承压板采用直径为 0.8 m 的刚性板，紧靠承压板周围外侧土层的高度不小于 80 cm。

试验时，试坑或试井底的岩土应避免扰动，保持其原状结构和天然温度，并在承压板下铺设不超过 20 mm 的砂垫层找平，以保证底板水平，并与土层均匀接触。尽快安装试验设备，螺旋板头入土时，应按每转一圈下入一个螺距进行操作，减少对土的扰动。

荷载试验加荷方式应采用分级维持荷载沉降相对稳定法（常规慢速法）。

浅层平板荷载试验的加荷分级不少于 8 级，最大加载量不少于设计要求的 2 倍。每级荷载施加后，间隔 10 min、10 min、10 min、15 min、15 min，以后间隔 30 min 测读一次沉降，当连读 2 h 每小时沉降量小于等于 0.1 mm 时，可认为沉降已达相对稳定标准，施加下一级荷载。

当出现下列情况之一时，可终止试验：承压板周边的土出现明显侧向挤出；沉降急剧增大，荷载—沉降曲线出现陡降段；在某级荷载下 24 h 沉降速率不能达到相对稳定标准；沉降量与承压板直径（或宽度）之比大于或等于 0.06。

3. 数据处理

根据荷载试验成果分析要求，应绘制荷载（p）与沉降（s）曲线，必要时绘制各级荷载下沉降（s）与时间（t）或时间对数（$\log t$）曲线。完整的 p—s 曲线包含了 3 个阶段，如图 8.5 所示。

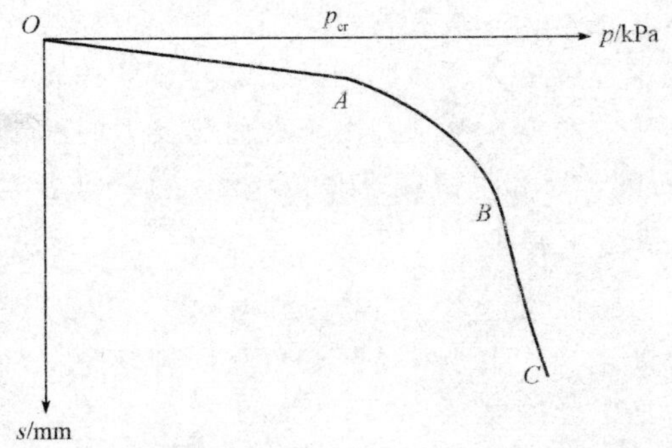

图 8.5　荷载试验的荷载—沉降曲线（p—s 曲线）

OA 段为弹性阶段，曲线特征为近似线性，基本上反映了地基土的弹性性质，A 点为比例界限，对应的荷载称为临塑荷载；AB 段为塑性发展阶段，曲线特征为曲率加大，表明地基土由弹性过渡到弹塑性，并逐步进入破坏；BC 段为破坏阶段，曲线特征为产生陡降段，C 点对应的荷载称为破坏荷载，在该级荷载作用下承压板的沉降通常不能稳定或总体位移太大，C 点荷载的前一级荷载（不一定是 B 点）称为极限荷载。若绘出的 p—s 曲线的直线段不通过坐标原点，可按直线段的趋势确定曲线的起始点，以便对 p—s 曲线进行修正。

4. 成果应用

（1）确定地基的承载力。根据试验得到的 p—s 曲线，可以按强度控制法、相对沉降控制法或极限荷载法来确定地基的承载力。

当 p—s 曲线上有比例界限时，取该比例界限所对应的荷载为承载力；

当极限荷载小于该比例界限荷载的 2 倍时，取该极限荷载的一半作为承载力；

当不能按上述要求确定，且承压板面积为 0.25～0.5 m^2 时，可取 $s/b=0.01$～0.015 所对应的荷载，但不应大于最大荷载的一半。

（2）计算变形模量。浅层平板荷载试验的变形模量 E_0（MPa），可按下式计算：

$$E_0=I_0(1-v^2)\frac{pd}{s} \tag{8-3}$$

式中 I_0——刚性承压板的形状系数，圆形承压板取 0.785；方形承压板取 0.886；

v——土的泊松比，碎石土取 0.27，砂土取 0.30，粉土取 0.35，粉质黏土取 0.38，黏土取 0.42；

d——承压板直径或边长（m）；

p——$p—s$ 曲线线性段的压力（kPa）；

s——与 p 对应的沉降（mm）。

8.3.2 静力触探

静力触探试验是通过一定的机械装置，将某种规格的金属探头用静力压入土层，同时用传感器或直接量测仪表测试土层对触探头的贯入阻力，以此来判断、分析、确定地基土的物理力学性质。

静力触探的主要优点是连续、快速、精确；可以在现场直接测得各土层的贯入阻力指标；掌握各土层原始状态（相对于土层被扰动和应力状态改变而言）下有关的物理力学性质。这对于地基土层在竖向变化比较复杂，而用其他常规勘探手段不可能大密度取土或测试来查明土层变化；对于饱和砂土、砂质粉土及高灵敏度软黏土层中钻探取样往往不易达到技术要求，或者无法取样的情况；用静力触探连续压入测试，则显出其独特的优越性。但是，静力触探也有不足之处：不能对土层进行直接的观察、鉴别；由于稳固的反力问题没有解决，测试深度不能超过 80 m；对于含碎石、砾石的土层和很密实的砂层一般不适合应用等。

1. 静力触探试验的主要技术要求

静力触探试验使用的静力触探仪主要由三部分组成：贯入装置（包括反力装置），其基本功能是可控制等速压贯入；传动系统，主要有液压和机械两种系统；量测系统，包括探头、电缆和电阻应变仪或电位差计自动记录仪等。

常用的静力触探探头分为单桥探头和双桥探头，如图 8.6 所示，静力触探探头规格见表 8.11。

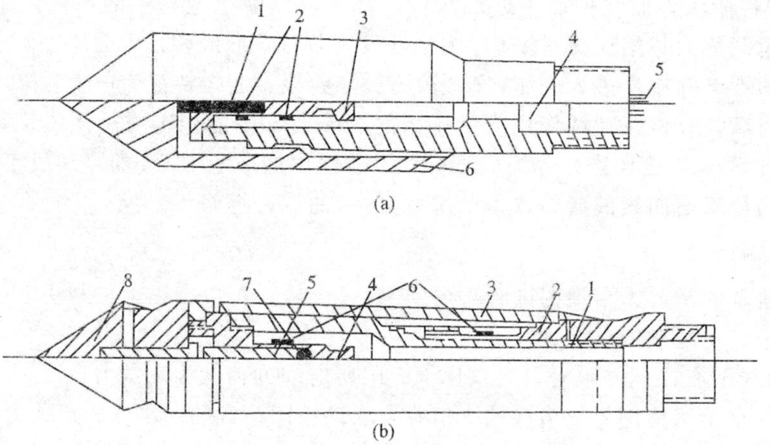

图 8.6 静力触探探头结构

（a）单桥探头；（b）双桥探头

（a）1—顶柱；2—电阻应变片；3—传感器；4—密封垫圈套；5—四芯电缆；6—外套筒

（b）1—传力杆；2—摩擦传感器；3—摩擦筒；4—锥尖传感器；5—顶柱；6—电阻应变片；7—钢球；8—锥尖头

表 8.11　静力触探探头规格

锥头截面面积 A /cm^2	探头直径 d /mm	锥角 α /(°)	单桥探头	双桥探头	
			有限侧壁长度 L/mm	摩擦筒侧壁面积 /cm^2	摩擦筒长度 L/mm
10	35.7	60	57	200	179
15	43.7		70	300	219
20	50.4		81	300	189

2. 触探指标

(1) 单桥探头。单桥探头能测定一个触探指标——比贯入阻力 p_s。比贯入阻力值是指总贯入阻力 p 与探头锥尖底面面积 A 的比值。这一贯入阻力对应于一定几何形状的探头，因此是相对贯入阻力，经大量试验研究，按表 8.11 确定探头规格，则触探结果不受其规格尺寸的影响。

$$p_s = \frac{p}{A} \tag{8-4}$$

(2) 双桥探头。双桥探头能测定两个指标，即锥尖阻力 q_c 和侧壁摩阻力 f_s。

$$q_c = \frac{Q_c}{A} \tag{8-5}$$

$$f_s = \frac{p_f}{F} \tag{8-6}$$

式中　Q_c、P_f——锥尖总阻力和侧壁摩阻力；

A、F——锥底截面面积和摩擦筒表面积。

在静力触探的整个过程中，探头应匀速、垂直地压入土层，贯入速率一般控制为（1.2±0.3）m/min。静力触探探头传感器必须事先进行率定，室内率定非线性误差、重复性误差、滞后误差、温度飘移，归零误差范围应为±（0.5%～1.0%）。在现场试验时，应检验现场的归零误差不超过 3%. 它是试验质量的重要指标。触探时，深度记录误差一般为±1%。当贯入深度大于 50 m 时，应量测触探孔的偏斜度，校正土的分层界线。

3. 静力触探的工作原理

将探头压入土中时，由于土层的阻力，探头受到一定的压力，土层的强度越高，探头所受到的压力越大。通过探头内的阻力传感器，土层的阻力转换为电信号，然后由仪表测量出来。为了实现这个目的，需运用三个方面的原理，即材料弹性变形的胡克定律、电量变化的电阻率定律和电桥原理。传感器受力后要产生变形，根据弹性力学原理，如应力不超过材料的弹性范围，其应变的大小与土的阻力大小成正比，而与传感器截面面积成反比。因此只要能将传感器的应变大小测量出，即可知土阻力的大小，从而求得土的有关力学指标。

如果在传感器上牢固地贴上电阻应变片，当传感器受力变形时，应变片也随之产生相应的应变，从而引起应变的电阻产生变化，根据电阻定律，应变片的阻值发生变化，与电阻丝的长度变化成正比，与电阻丝的截面面积变化成反比，这样就能将钢材的变形转化为电阻的变化。但由于钢材在弹性范围内的变形很小，引起电阻的变化也很小，不易测量出来。为此，在传感器上贴一组电阻应变片，组成一个桥路，使电阻的变化转化为电压的变化，通过放大，就可以测量出来。因此，静力触探是通过探头传感器实现一系列的转换（土的强度—土的阻力—传感器的应变—电阻的变化—电压的输出），最后由电子仪器放大和记录下来，达到测定土的强度和其他指标的目的。

4. 静力触探的应用

根据目前的研究与经验，静力触探试验成果的应用主要有下列几个方面：

(1) 划分土层界线。在建筑物的基础设计中，对于地基土结合地质成因，按土的类型及其物理力学性质进行分层是很重要的，特别是在桩基设计中，桩尖持力层的标高及其起伏程度和厚度变化，是确定桩长的重要设计依据。根据静探曲线可对地基土进行力学分层，如图 8.7～图 8.9 所示。

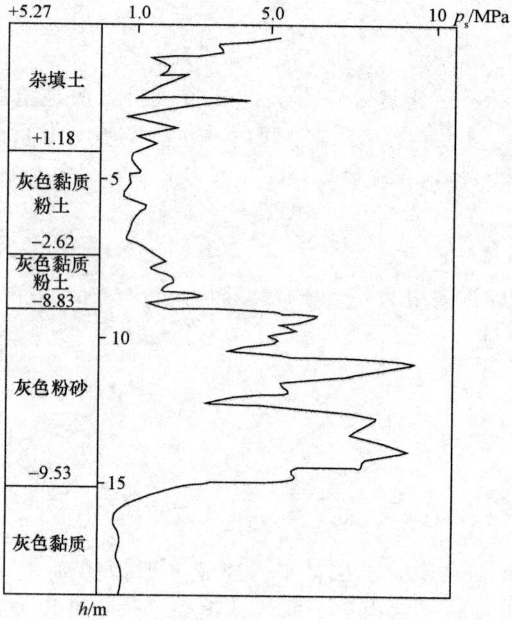

图 8.7 静力触探 p_s—h 曲线

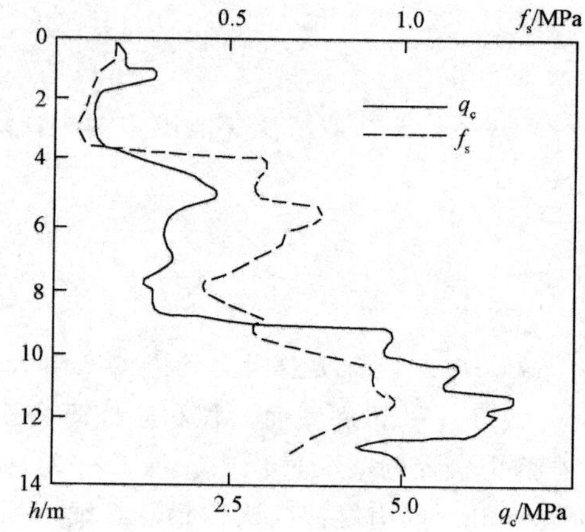

图 8.8 静力触探 q_c—h、f_s—h 曲线

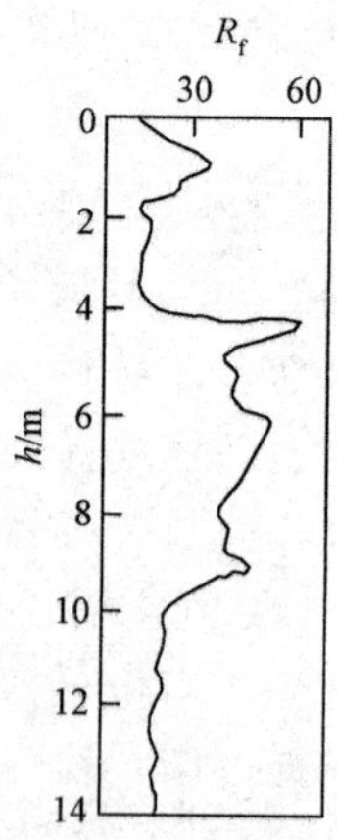

图 8.9 静力触探 R_f—h 曲线

具体分层需满足以下要求：上下层贯入阻力相差不大时，取超前深度和滞后深度的中心，或中点偏向小阻力土层 5～10 cm 处作为分层界线；上下层贯入阻力相差 1 倍以上时，当由软层进入硬层或由硬层进入软层时，取软层最后一个（或第一个）贯入阻力小值偏向硬层 10 cm 处

作为分层界线；上下层贯入阻力无甚变化时，可结合 f_a 或 R_f 的变化确定分层界线（R_f 为摩阻比，即 f_s/q_c）。

(2) 估算单桩承载力。当根据单桥探头静力触探资料确定混凝土预制桩单桩竖向极限承载力标准值时，如无当地经验，可按下式计算：

$$Q_{uk}=Q_{sk}+Q_{pk}=u\sum q_{sik}l_i+\alpha p_{sk}A_p \tag{8-7}$$

当 $p_{sk1}<p_{sk2}$ 时

$$p_{sk}=\frac{1}{2}(p_{sk1}+\beta\cdot p_{sk2}) \tag{8-8}$$

当 $p_{sk1}\geqslant p_{sk2}$ 时

$$p_{sk}=p_{sk2} \tag{8-9}$$

式中　Q_{sk}、Q_{pk}——总极限侧阻力标准值和总极限端阻力标准值；

u——桩身周长；

q_{sik}——用静力触探比贯入阻力值估算的桩周第 i 层土的极限侧阻力，如图 8.10 所示；

l_i——桩周第 i 层土的厚度；

α——桩端阻力修正系数，可按表 8.12 取值；

p_{sk}——撞断附近的静力触探比贯入阻力标准值（平均值）；

A_p——桩端面积；

p_{sk1}——桩端全截面以上 8 倍桩径范围内的比贯入阻力平均值；

p_{sk2}——桩端全截面以下 4 倍桩径范围内的比贯入阻力平均值，如桩端持力层为密实的砂土层，其比贯入阻力平均值 p_s 超过 20 MPa 时，则需乘以表 8.13 中系数 C 予以折减后，再计算 p_{sk1} 及 p_{sk2} 值；

β——折减系数，按表 8.14 选用。

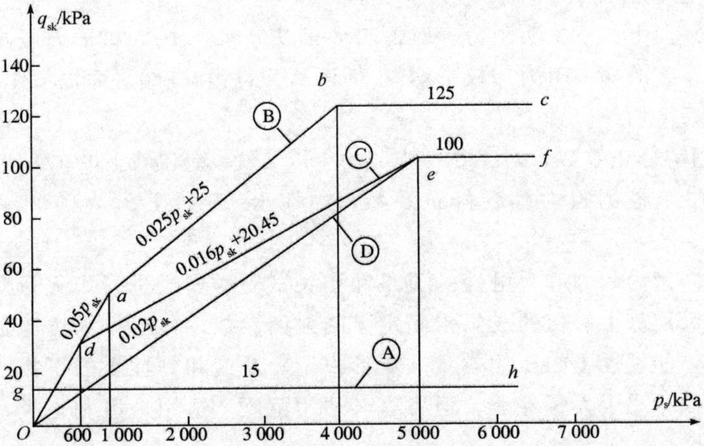

图 8.10　q_{sk}—p_s 曲线

注：1. q_{sik} 值应结合土工试验资料，依据土的类别、埋藏深度、排列次序，按图折线取值；图中，直线Ⓐ（线段 gh）适用于地表下 6 m 范围内的土层；折线Ⓑ（$Oabc$）适用于粉土及砂土土层以上（或无粉土及砂土土层地区）的黏性土；折线Ⓒ（线段 $Odef$）适用于粉土及砂土土层以下的黏性土；折线Ⓓ（线段 Oef）适用于粉土、粉砂、细砂及中砂。

2. p_{sk} 为桩端穿过的中密～密实砂土、粉土的比贯入阻力平均值；p_{si} 为砂土、粉土的下卧软土层的比贯入阻力平均值。

3. 采用的单桥探头，圆锥底面积为 15 cm^2，底部带 7 cm 高滑套，锥角为 60°。

4. 当桩端穿过粉土、粉砂、细砂及中砂层底面时，折线Ⓓ估算的 q_{sik} 值需乘以表 8.15 中系数 η_s 值。

表 8.12　桩端阻力修正系数 α 值

桩长/m	$l<15$	$15\leqslant l\leqslant 30$	$30<l\leqslant 60$
α	0.75	0.75～0.90	0.90
注：桩长 15 m≤l≤30 m，α 值按 l 值直线内插；l 为桩长（不包括桩尖高度）			

表 8.13　系数 C

p_s/MPa	20～30	35	>40
系数 C	5/6	2/3	1/2

表 8.14　折减系数 β

p_{sk2}/p_{sk1}	≤5	7.5	12.5	≥15
β	1	5/6	2/3	1/2

表 8.15　系数 η_s 值

p_{sk}/p_{sl}	≤5	7.5	≥10
η_s	1.00	0.50	0.33

当根据双桥探头静力触探资料确定混凝土预制桩单桩竖向极限承载力标准值时，对于黏性土、粉土和砂土，如无当地经验时，可按下式计算：

$$Q_{uk}=Q_{sk}+Q_{pk}=u\sum l_i\beta_i f_{si}+\alpha q_c A_p \tag{8-10}$$

式中　f_{si}——第 i 层土的探头平均侧阻力（kPa）；

q_c——桩端平面上、下探头阻力，取桩端平面以上 $4d$（d 为桩的直径或边长）范围内按土层厚度的探头阻力加权平均值（kPa），然后和桩端平面以下 $1d$ 范围内的探头阻力进行平均；

α——桩端阻力修正系数，对于黏性土、粉土取 2/3，饱和砂土取 1/2；

β_i——第 i 层土桩侧阻力综合修正系数，黏性土、粉土：$\beta_i=10.04\ (f_{si})^{-0.55}$；砂土：$\beta_i=5.05\ (f_{si})^{-0.45}$。

（3）其他应用。国内利用静力触探的成果和相关试验的成果进行了大量对比研究，建立起很多经验公式，可利用静力触探的成果来确定土的强度参数，如不排水抗压强度和砂土内摩擦角，土的变形参数，如黏性土的压缩模量（变形模量）及饱和黏性土的不排水模量，尤其是在确定地基承载力方面积累了大量经验，但各有其适用范围、适用地区和土类。具体的取值可参考相关资料分类选取。

8.3.3　圆锥动力触探

圆锥动力触探试验是用一定质量的重锤，以一定高度的自由落距，将标准规格的圆锥形探头贯入土中，根据打入土中一定距离所需的锤击数，判定土力学特性。圆锥动力触探的优点是设备简单、操作方便、工效高、适应性广，并且具有连续贯入的特性。对于难以取样的砂土、粉土和碎石土等，圆锥动力触探是十分有效的探测手段。

1. 圆锥动力触探类型及规格

圆锥动力触探试验分为轻型、重型和超重型三种，各种试验的类型及规格见表 8.16。圆锥动力触探的试验设备主要由圆锥触探头、触探杆、穿心锤三部分组成，轻型圆锥动力触探试验设备如图 8.11 所示，重型和超重型圆锥动力触探试验探头如图 8.12 所示。

表 8.16　圆锥动力触探类型及规格

类型		轻型	重型	超重型
落锤	锤的质量/kg	10	63.5	120
	落距/cm	50	76	100
探头	直径/mm	40	74	74
	锥角/(°)	60	60	60
探杆直径/mm		25	42	50～60
指标		贯入 30 cm 的锤击数 N_{10}	贯入 10 cm 的锤击数 $N_{63.5}$	贯入 10 cm 的锤击数 N_{120}

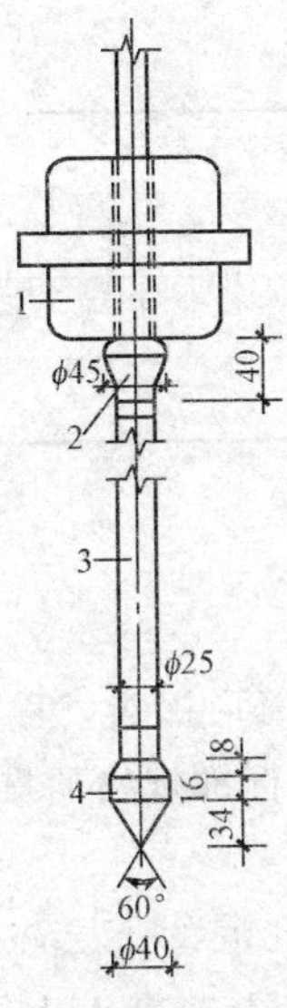

图 8.11　轻型圆锥动力触探试验设备

1—穿心锤；2—锤垫；3—触探杆；4—锥头

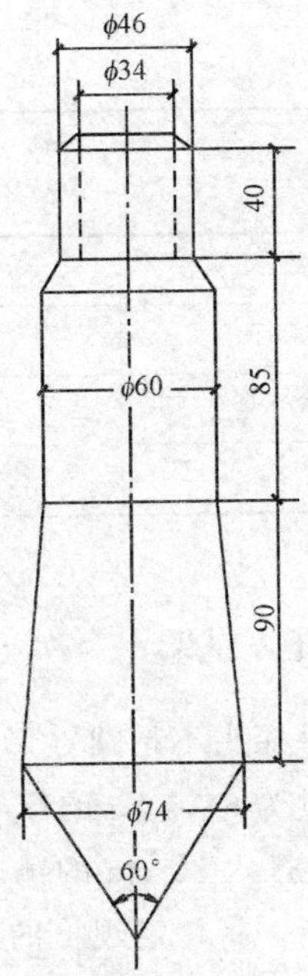

图 8.12　重型、超重型圆锥动力触探试验探头

2. 圆锥动力触探的适用范围

轻型圆锥动力触探试验一般用于贯入深度小于 4 m 的黏性土、黏性土组成的素填土和粉土。可用于施工验槽、地基检验和地基处理效果的检测。重型圆锥动力触探试验一般适用于砂土、中密以下的碎石土和极软岩。超重型圆锥动力触探试验一般适用于较密实的碎石土、极软岩和软岩。

3. 圆锥动力触探试验技术要求

(1) 采用自动落锤装置。

（2）触探杆最大偏斜度不应超过2%，锤击贯入应连续进行；同时防止锤击偏心、探杆倾斜和侧向晃动；保持探杆垂直度；锤击速率宜为15～30击/min。

（3）每贯入1 m，宜将探杆转动一圈半；当贯入深度超过10 m，每贯入20 cm宜转动探杆一次。

（4）对于轻型动力触探，当$N_{10}>100$或贯入15 cm锤击数超过50时，可停止试验；对于重型动力触探，当连续三次$N_{63.5}>50$时，可停止试验或改用超重型动力触探。

4. 成果应用

圆锥动力触探可用于评价碎石土的密实度，对于平均粒径等于或小于50 mm且最大粒径小于100 mm的碎石土可采用重型动力触探分类，见表8.17；对于平均粒径大于50 mm，或最大粒径大于100 mm的碎石土可采用超重型动力触探分类，见表8.18。

表8.17 碎石土密实度$N_{63.5}$分类

重型动力触探锤击数$N_{63.5}$	密实度	重型动力触探锤击数$N_{63.5}$	密实度
$N_{63.5}\leqslant 5$	松散	$10<N_{63.5}\leqslant 20$	中密
$5<N_{63.5}\leqslant 10$	稍密	$N_{63.5}>20$	密实

表8.18 碎石土密实度N_{120}分类

重型动力触探锤击数N_{120}	密实度	重型动力触探锤击数N_{120}	密实度
$N_{120}\leqslant 3$	松散	$11<N_{120}\leqslant 14$	密实
$3<N_{120}\leqslant 6$	稍密	$N_{120}>14$	很密
$6<N_{120}\leqslant 11$	中密		

8.3.4 标准贯入试验

标准贯入试验触探头不是圆锥形探头，而是标准规格的圆筒形探头，称为贯入器。标准贯入试验就是利用质量为63.5 kg的穿心锤，以76 cm的落距，将标准规格的贯入器，自钻孔底部预打15 cm，记录再打入30 cm的锤击数，判定土的力学特性。

一定的锤击动能，将一定规格的对开管式贯入器打入钻孔孔底的土层，根据打入土层的贯入阻力，评定土层的变化和土的物理力学性质。贯入阻力用贯入器贯入土层30 cm的锤击数$N_{63.5}$表示，也称标贯击数。

标准贯入试验结合钻孔进行，国内统一使用直径42 mm的钻杆，国外也有使用直径50 mm或60 mm的钻杆。标准贯入试验的优点在于：操作简便，设备简单，土层的适应性广，而且通过贯入器可以采取扰动土样，对它进行直接鉴别描述和有关的室内土工试验。该试验主要适用于一般黏性土、粉土和砂土，特别对不易钻探取样的砂土和砂质粉土物理力学性质的评定具有独特的意义，不适用于软塑—流塑的软土。

1. 试验设备及试验要点

（1）试验设备。试验设备主要由落锤、贯入器、钻杆三部分组成，各部分规格要符合表8.19的要求，标准贯入试验设备结构如图8.13所示。

表 8.19　标准贯入试验设备规格

穿心锤		锤的质量/kg	63.5±0.5
		落距/cm	76±2
贯入器	对开管	长度/mm	>500
		外径/mm	51
		内径/mm	35
	管靴	长度/mm	50～76
		刃口角度/(°)	18～20
		刃口单刃厚/mm	2.5
钻杆		直径/mm	42
		相对弯曲	<1/1 000

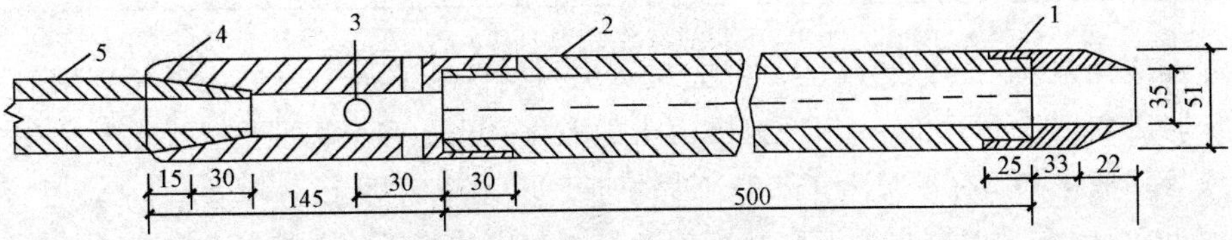

图 8.13　标准贯入试验设备结构

1—贯入器靴；2—由两个半圆形管合成贯入器身；3—出水口（ϕ15）；4—贯入器头；5—触探杆

（2）试验要点。标准贯入试验孔采用回转钻进，并保持孔内水位略高于地下水水位。当孔壁不稳定时，可用泥浆护壁，钻至试验标高以上 15 cm 处，清除孔底残土后再进行试验；采用自动脱钩的自由落锤法进行锤击，并减小导向杆与锤间的摩阻力，避免锤击时的偏心和侧向晃动，保持贯入器、探杆、导向杆连接后的垂直度，锤击速率应小于 30 击/min；贯入器打入土中 15 cm 后，开始记录每打入 10 cm 的锤击数，累计打入 30 cm 的锤击数为标准贯入试验锤击数 $N_{63.5}$。若地层比较密实，贯入击数较大时，也可记录贯入深度小于 30 cm 的锤击数，此时可按式 8.11 换算成 30 cm 的标准贯入试验锤击数 $N_{63.5}$，并终止试验。

$$N_{63.5}=\frac{n}{\Delta s}\times 30 \tag{8-11}$$

式中　n——所选取的任意贯入量的锤击数；

Δs——对应锤击数 n 击的贯入量（cm）。

2. 锤击数修正

根据标准贯入试验锤击数 $N_{63.5}$ 的用途不同，需要考虑对准贯入试验锤击数的修正，着重对杆长进行修正。实际应用 $N_{63.5}$ 时，应按具体岩土工程问题，参照有关规范考虑是否进行杆长修正或其他修正；勘察报告应提供不做杆长修正的 $N_{63.5}$ 值，应用时再根据情况考虑修正或不修正。

对准贯入试验锤击数 $N_{63.5}$ 进行杆长修正，可按下式进行：

$$N'=N_{63.5}\alpha \tag{8-12}$$

式中　α——杆长修正系数，可根据表 8.20 确定；

N'——杆长修正后的锤击数；

$N_{63.5}$——现场实测锤击数。

表 8.20 杆长修正系数

触探杆长度/m	≤3	6	9	12	15	18	21
α	1.00	0.92	0.86	0.81	0.77	0.73	0.70

3. 成果应用

（1）评定砂土密实度。可根据标准贯入试验锤击数评定砂土密实度，具体见表 8.21。

表 8.21 用 $N_{63.5}$ 评定砂土密实度

标贯击数 $N_{63.5}$	$N_{63.5}>30$	$15<N_{63.5}\leqslant 30$	$10<N_{63.5}\leqslant 15$	$N_{63.5}\leqslant 10$
密实度	密实	中密	稍密	松散

（2）砂土液化判别。当饱和砂土、粉土经初步判别认为需进一步进行液化判别时，应采用标准贯入试验法判别地面下 20 m 深度范围内土的液化。当饱和土标准贯入锤击数（未经杆长修正）小于或等于液化判别标准贯入锤击数临界值时，应判为液化土。

在地面下 20 m 深度范围内，液化判别标准贯入锤击数临界值可按下式计算：

$$N_{cr}=N_0\beta\left[\ln(0.6d_s+1.5)-0.1d_w\right]\sqrt{3/\rho_c} \tag{8-13}$$

式中 N_{cr}——液化判别标准贯入锤击数临界值；

N_0——液化判别标准贯入锤击数基准值，可按表 8.22 选用；

d_s——饱和土标准贯入点深度（m）；

d_w——地下水水位液化判别标准贯入锤击数基准值；

ρ_c——黏粒含量百分率；

β——调整系数，设计地震第一组取 0.80，第二组取 0.95，第三组取 1.05。

表 8.22 液化判别标准贯入锤击数基准值

设计基本地震加速度/g	0.10	0.15	0.20	0.30	0.40
液化判别标准贯入锤击数基准值	7	10	12	16	19

8.3.5 波速测试

波速测试试验主要是为工程抗震、动力机器基础设计提供必要的资料。弹性波分为体波和面波两大类。体波是在介质内部传播的，又分为压缩波和剪切波两类。当体波传播时，如质点振动方向与波的传播方向一致时，为压缩波；如相互垂直时，则为剪切波。在岩土介质表面，存在以瑞利波形式传播的面波，其质点振动轨迹呈椭圆状，按逆时针方向运动。在不同岩土介质的交界面上，还存在勒夫波。土的波速测试，主要是测试剪切波速 v_s。同时应该注意的是，在地表的剪切波测试中会受到压缩波的干扰，为了提高波速测试的精度，避免剪切波检测的困难，工程上常用瑞利波波速测试来代替剪切波测试。

1. 波速测试方法

波速测试根据任务要求，可采用单孔法、跨孔法或面波法。

（1）单孔法波速测试中假定地下介质为水平层状地层模型，剪切波速在水平方向为均匀分布，而在垂直方向随深度变化。其技术要求应符合下列规定：测试孔应垂直；将三分量检波器固定在孔内预定深度处并紧贴孔壁；可采用地面激振或孔内激振；应结合土层布置测点，测点的垂直间距宜取 1～3 m。层位变化处加密，并宜自下而上逐点测试。

（2）跨孔法利用相隔一定间距的两个平行钻孔，一个孔放置震源，另一个放置检波器，接收信号。其技术要求应符合下列规定：

1）震源孔和测试孔应布置在一条直线上。

2）测试孔的孔距在土层中宜取 2～5 m，在岩层中宜取 8～15 m，测点垂直间距宜取 1～2 m；近地表测点宜布置在 40%孔距的深度处，震源和检波器应置于同一地层的相同标高处。

3）当测试深度大于 15 m 时，应进行激振孔和测试孔倾斜度及倾斜方位的量测，测点间距宜取 1 m。

（3）面波法波速测试可采用瞬态法或稳态法，宜采用低频检波器，道间距可根据场地条件通过试验确定。

波速测试成果分析应包括下列内容：

1）在波形记录上识别压缩波和剪切波的初始时间；

2）计算由震源到达测点的距离；

3）根据波的传播时间和距离确定波速；

4）计算岩土小应变的动弹性模量、动剪切模量和动泊松比。

2. 成果应用

波速测试的直接成果就是各被测土层的弹性波速，它们主要被用于计算小应变条件下的动剪切模量、动弹性模量和动泊松比，其计算公式如下：

$$G_d=\rho \cdot V_s^2 \tag{8-14}$$

$$E_d=\frac{\rho V_s^2\left(3V_p^2-4V_s^2\right)}{V_p^2-V_s^2} \tag{8-15}$$

$$\mu_d=\frac{V_p^2-2V_s^2}{2\left(V_p^2-V_s^2\right)} \tag{8-16}$$

式中　G_d、E_d、μ_d——地基土的动剪切模量（MPa）、动弹性模量（MPa）、动泊松比；

V_p、V_s——压缩波波速、剪切波波速；

ρ——土的密度。

8.3.6　十字板剪切试验

十字板剪切试验（VST）是用插入土中的标准十字板探头，以一定速率扭转，量测土破坏时的抵抗力矩，测定土的不排水剪的抗剪强度和残余抗剪强度。

十字板剪切试验可用于测定饱和软黏性土（$\varphi \approx 0$）的不排水抗剪强度及灵敏度。所测得的抗剪强度值，相当于试验深度处天然土层在原位压力下固结的不排水抗剪强度。十字板剪切试验不需要采取土样，避免了土样扰动及天然应力状态的改变，是一种有效的现场测定土的不排水强度试验方法。

1. 十字板剪切仪剪切试验

（1）十字板剪切仪的主要组成。

1）十字板头的规格。十字板头（图 8.14、图 8.15）宜采用不锈钢整体制造，其规格见表 8.23 的规定，且板面粗糙度不大于 6.3 μm。对于不同土类应选用不同尺寸的十字板头，在浅部软弱的淤泥、淤泥质黏性土、软黏土中一般选择 75 mm×150 mm 的十字板头较为合适，在稍硬土中可选择 50 mm×10 mm 的十字板头。

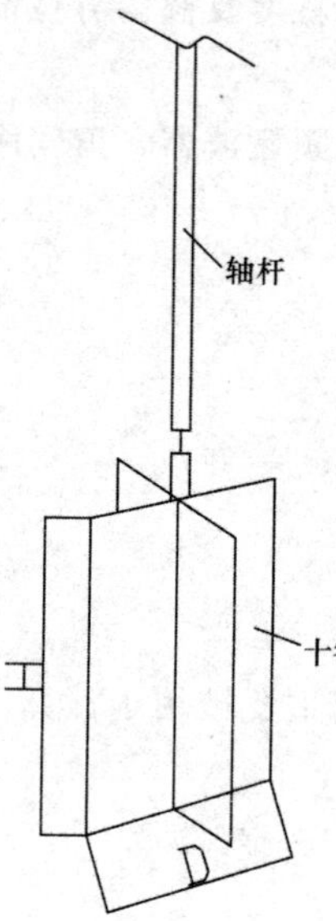

图 8.14　十字板头

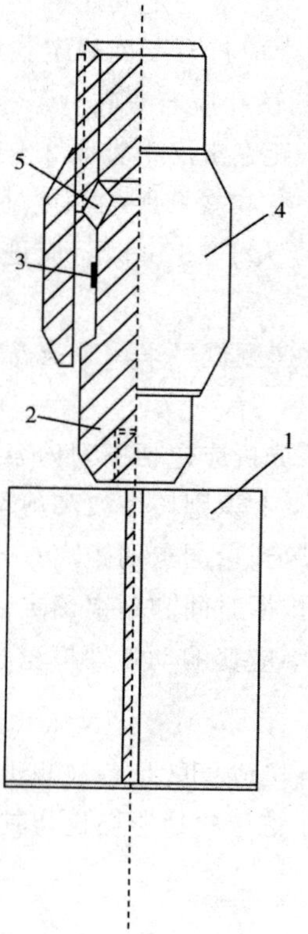

图 8.15　板头结构示意

1—十字板；2—扭力柱；3—应变片；4—套筒；5—出线孔

表 8.23　十字板头规格

型号	板高 H /mm	板宽 D /mm	板厚 t /mm	板下端刃角 a/（°）	轴杆		高宽比 H/D	厚宽比 t/D	面积比 A_3/%
					直径 φ /mm	长度 s /mm			
Ⅰ	100	50	2	60	13	50	2	0.04	≤14
Ⅱ	150	75	3	60	16	50	2	0.04	≤13

2）贯入主机。机械式十字板剪切试验应使用钻机或其他成孔机械预先成孔；电测式十字板采用静力触探贯入主机将十字板头压入指定深度。

（2）十字板剪切仪的技术性能。

1）电测式十字板剪切仪的扭力传感器应采用电阻应变式，并应符合下列规定：

①在额定荷载下，检测总误差不应大于 3%FS，其中非线性误差、重复性误差、滞后误差、

归零误差均应小于 1%FS。

②传感器出厂时的对地绝缘电阻不应小于 500 MΩ；在 300 kPa 水压下恒压 1 h 后，绝缘电阻应大于 300 MΩ。

③用于现场试验的传感器，其对地绝缘电阻不得小于 20 MΩ。

④传感器护套外径不宜大于 20 mm。

2）电测式十字板剪切试验用的记录仪应符合下列规定：

①时漂应小于 0.1%FS/h；温漂应小于 0.01%FS/℃。

②有效最小分度值应小于 0.06%FS。

3）电测式十字板剪切仪所用贯入主机的探杆夹持器，应能牢固夹持探杆，不得产生相对转动。

4）钢环式测力计，其检测精度应符合 1）中①的规定；配备的量表和刻度盘的检测误差应小于 1%FS。

（3）十字板剪切试验对探杆的要求。

1）探杆必须平直。用于前 5 m 的探杆，其弯曲度不应大于 0.05%，后续探杆的弯曲度不应大于 0.1%。

2）探杆两端螺纹曲线的同轴度公差应小于 1 mm，探杆连接应有良好的互换性。以锥形螺纹连接的探杆，连接后不得有晃动现象；以圆柱形螺纹连接的探杆，拧紧后丝扣之根、肩应能密合。

3）对试验深度大于 10 m 的机械式十字板试验孔，应安设导轮，导轮间距不宜大于 10 m。

2. 开口钢环式十字板剪切试验

开口钢环式十字板剪切试验是利用涡轮旋转插入土中的十字板头，借开口钢环测出土的抵抗力矩，从而计算出土的抗剪强度（图 8.16）。

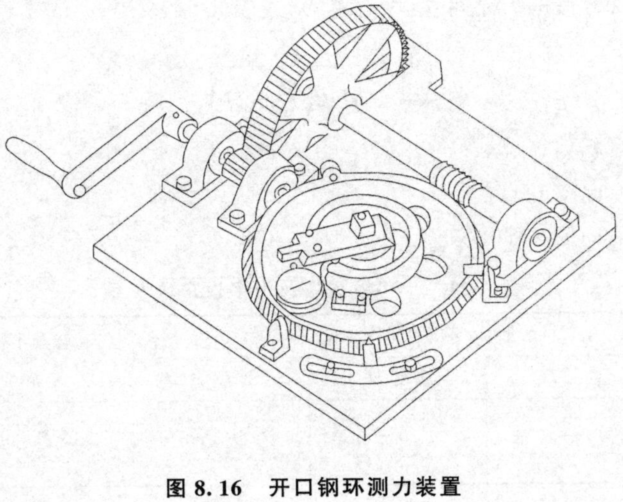

图 8.16 开口钢环测力装置

（1）试验方法及要求。

1）开孔前先调平机座，经水平尺校准后定位，用旋转干钻开孔，并用旋转法（不宜用击入法）下套管至预定试验深度以上 3～5 倍套管直径处，再用提土器清孔，在钻孔允许有少量虚土残存，但不宜超过 10 cm。在软土中钻进时，应在孔中保持足够水位，以防止软土在孔底涌起及尽可能保持试验土层的天然结构和应力状态。

2）将十字板头、离合器、轴杆、导轮与试验钻杆逐节接好下入孔内，使十字板头与孔底接触，接上导杆，安装底座，将底座与套管、底座与固定套之间用制紧轴制紧。先用专用摇把套在导杆上向右旋转，使十字板头离合器咬合，再将十字板头徐徐压入土中的预定试验深度，并应静置 2～3 min。如压入有困难，可用锤轻轻击入。

3）安装传动部件和测力装置，微转手柄使特制键落入键槽。装上量测钢环变形的百分表，并调整百分表至零。

4）试验开始即开动秒表，使十字板头每 10 s 转动 1°～2°，即以每 10 s 一到两转的速率旋转转盘，每转一圈，测记钢环变形读数一次，直到土体剪损（读取最大读数），仍继续读数 1 min。此时施加于钢环的作用力，即使原状土剪损时的总作用力 R 值。

5）在完成上述原状土试验后，拔下连接导杆与测力装置的特制键，套上摇把连续转动导杆、轴杆数转，使土体完全破坏，再插上特制键，按 4）以每 10 s 一到两转的速率进行试验，即可获得扰动土的总作用力 R 值。

6）拔掉特制键将十字板轴杆向上提起 3～5 cm，使连接轴杆与十字板头的离合器分离，再插上特制键，仍按 4）测得轴杆和设备的机械阻力 R_g 值。至此一个试验点的试验工作全部结束。

（2）资料整理。

1）计算土的抗剪强度。

$$c_u = K \cdot C\,(R_y - R_g) \tag{8-17}$$

式中 c_u——土的不排水抗剪强度（kPa）；

C——钢环系数［kN/（0.01 mm）］；

R_y——原状土剪损时量表最大读数（0.01 mm）；

R_g——轴杆与土摩擦时量表最大读数（0.01 mm）；

K——十字板常数（m^{-2}），可按式（8-18）或表 8.24 采用。

$$K = \frac{2R}{\pi D^2\left(\dfrac{D}{3} + H\right)} \tag{8-18}$$

式中 R——转盘半径（m）；

D——十字板头直径（m）；

H——十字板头高度（m）。

表 8.24　十字板规格及十字板常数 K 值

十字板规格 $D\times H$ /mm	十字板头尺寸/mm			转盘半径 /mm	十字板常数 K /m^{-2}
	直径 D	高度 H	厚度 B		
50×100	50	100	2～3	200 250	436.78 545.97
50×100	50	100	2～3	210	458.62
75×150	75	150	2～3	200 250	129.41 161.77
75×150	75	150	2～3	210	135.88

2）计算重塑土抗剪强度。

$$c_u' = K \cdot C\ (R_c - R_g) \tag{8-19}$$

式中　c_u'——重塑土不排水抗剪强度（kPa）；

R_c——重塑土剪损时量表最大读数（0.01 mm）。

3）计算土的灵敏度。

$$S_t = \frac{c_u}{c_u'} \tag{8-20}$$

4）绘制抗剪强度与试验深度的关系曲线，以了解土的抗剪强度随深度的变化规律（图 8.17）。

5）绘制抗剪强度与回转角的关系曲线，以了解土的结构性和受剪时的破坏过程（图 8.18）。

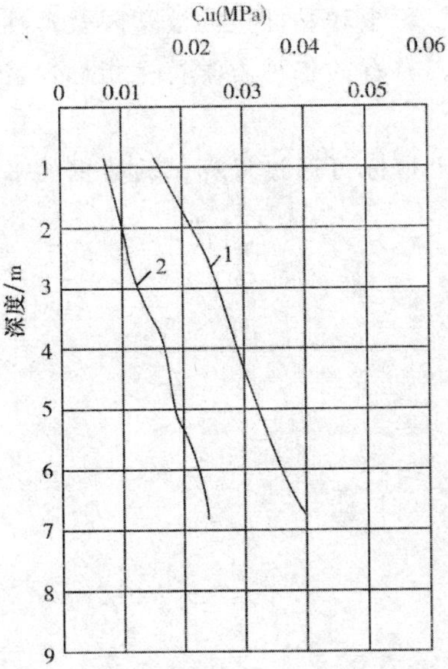

图 8.17　抗剪强度随深度变化曲线

1—未扰动土；2—扰动土

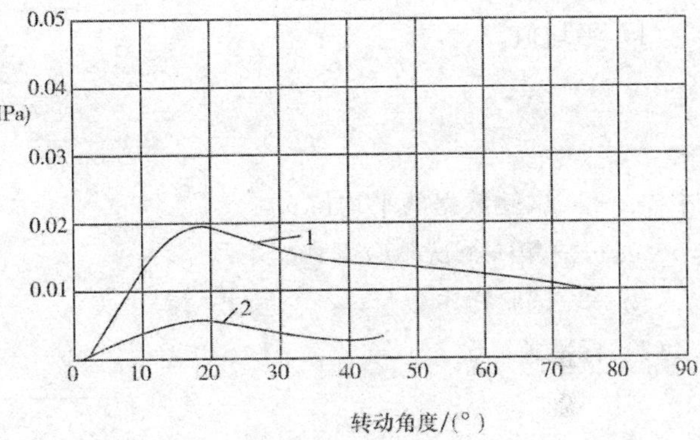

图 8.18　抗剪强度与回转角关系曲线

1—未扰动土；2—扰动土

8.4　岩土工程勘察报告

通过对建筑地区进行工程地质测绘、勘探、试验及长期观测等工程地质勘察工作，取得了大量的地质数据和试验数据。对这些资料进行室内整理，利用这些资料和岩土参数对岩土工程进行分析与评价，编写出合理的岩土工程勘察报告，为土木工程的规划、设计、施工提供可靠的地质依据，以确保工程建筑物的安全、稳定。因此，勘察资料整理、岩土工程勘察报告的编写至关重要。

8.4.1　岩土参数的选取

由于岩土体的非均匀性和各向异性，空间各点岩土的物理力学性质不同，相应的由试验得到的岩土参数也不同，尤其是不同岩土层的岩土参数变异性较大。因此，岩土性质指标统计应按工程地质单元和层位进行，统计时地质单元中的薄夹层不应混入统计。在整理有关数据之前，必须进行有关的工程地质单元的划分。所谓工程地质单元，是指在工程地质数据的统计工作中具有相似的地质条件或在某方面有相似的地质特征，则将其作为一个可统计单位的单元体。因而在这个工程地质单元体中，物理力学性质指标或其他地质数据大体上是相近的，但又不完全相同。一般情况下，同一工程地质单元具有共同的特征：

（1）具有同一地质年代、成因类型，并处于同一构造部位和同一地貌单元的岩土层。

（2）具有基本相同的岩土性质特征，包括矿物成分、结构构造、风化程度、物理力学性能和工程性能。

（3）影响岩土体工程地质性质的因素是基本相似的。

（4）对不均匀变形敏感的某些建（构）筑物的关键部位，视需要可划分更小的单元。

进行统计的指标一般包括岩土的天然密度、天然含水率、粉土和黏性土的液塑限及塑性指数，黏性土的液性指数、砂土的相对密实度、岩石的吸水率、岩石的各种力学特性指标，特殊性岩土的各种特征指标及各种原位测试指标等。

根据《建筑地基基础设计规范》（GB 50007—2011），岩土指标可通过计算试验数据的平均值、标准差、变异系数等进行选取。

（1）平均值。

$$\mu=\frac{\sum_{i=1}^{n}\mu_i}{n} \tag{8-21}$$

式中 μ——试验数据的平均值；

μ_i——第 i 个试验数据；

n——试验样本数量。

（2）标准差。

$$\sigma=\sqrt{\frac{\sum_{i=1}^{n}\mu_i^{\,2}-n\mu^2}{n-1}} \tag{8-22}$$

（3）变异系数。

$$\delta=\sigma/\mu \tag{8-23}$$

（4）统计修正系数。

$$\psi=1\pm\left(\frac{1.704}{\sqrt{n}}+\frac{4.678}{n^2}\right)\delta \tag{8-24}$$

式中 ψ——统计修正系数。

式中的“±”号根据所统计指标的最不利状态确定，如内摩擦和黏聚力取“－”号。

（5）标准值。

$$\mu_{\mathrm{k}}=\psi\cdot\mu \tag{8-25}$$

【例 8-1】 某粗砂 6 组试样的含水率试验结果分别为 18%、24%、23%、16%、24%、21%，试计算该粗砂含水率的标准值。

解：（1）平均值。

$$\mu=\frac{\sum_{i=1}^{n}\mu_i}{n}=\frac{18\%+24\%+23\%+16\%+24\%+21\%}{6}=21\%$$

(2) 标准差。

$$\sigma=\sqrt{\frac{\sum_{i=1}^{n}\mu_i^2-n\mu^2}{n-1}}=\sqrt{\frac{(18\%^2+24\%^2+23\%^2+16\%^2+24\%^2+21\%^2)-6\times21\%^2}{6-1}}=0.033$$

(3) 变异系数。

$$\delta=\sigma/\mu=0.033/21\%=0.16$$

(4) 统计修正系数。

$$\psi=1+\left(\frac{1.704}{\sqrt{n}}+\frac{4.678}{n^2}\right)=1+\left(\frac{1.704}{\sqrt{6}}+\frac{4.678}{6^2}\right)\times0.16=1.13$$

(5) 含水率标准值。

$$w_k=\psi\cdot w=1.13\times21\%=23.7\%$$

8.4.2 岩土工程勘察报告的主要内容

岩土工程勘察报告和图件是工程地质勘察的最终成果。在分析整理该工程地质勘察资料的基础上，最后向建设及设计部门提供一个准确可靠的岩土工程勘察报告。

岩土工程勘察报告应根据任务要求、勘察阶段、工程特点和地质条件等具体情况编写，并应包括下列内容：

(1) 勘察目的、任务要求和依据的技术标准。

(2) 拟建工程概括。

(3) 勘察方法和勘察工作布置。

(4) 场地地形、地貌、地层、地质构造、岩土性质及其均匀性。

(5) 各项岩土性质指标、岩土的强度参数、变形参数和地基承载力的建议值。

(6) 地下水埋藏情况、类型、水位及其变化。

(7) 土和水对建筑材料的腐蚀性。

(8) 可能影响工程的不良地质作用的描述和对工程危害程度的评价。

(9) 场地稳定性和适宜性评价。

岩土工程勘察报告书的任务在于阐明工作地区的工程地质条件，分析存在的工程地质问题，并做出工程地质评价，提出结论和建议。

岩土工程勘察报告除文字外，应附必要的图表，如勘探点平面布置图、工程地质柱状图、工程地质剖面图、原位测试成果图表、室内试验成果图表等。

8.4.3 工程地质图表

工程地质报告除文字部分外，还有一整套图件，即工程地质图，它是勘察区域的工程地质条件最直观的表现方式。工程地质图综合了工程地质测绘、勘探、试验及长期观测所取得的成果，结合文字报告编写的需要而制成的各种图件。该图与文字报告相配合，使设计、施工人员能更好地理解与运用。同时为了详细说明相关指标，采用了一些表具体说明相关数据。

1. 勘探点平面布置图

勘探点平面布置图是在建筑场地地形图上，把建筑物的位置、各类勘探点和原位测试点的编号与位置用不同的图例表示出来，并注明各勘探点、测试点的高程和勘探深度、剖面线及其编号等。某工程勘探点平面布置图如图 8.19 所示。

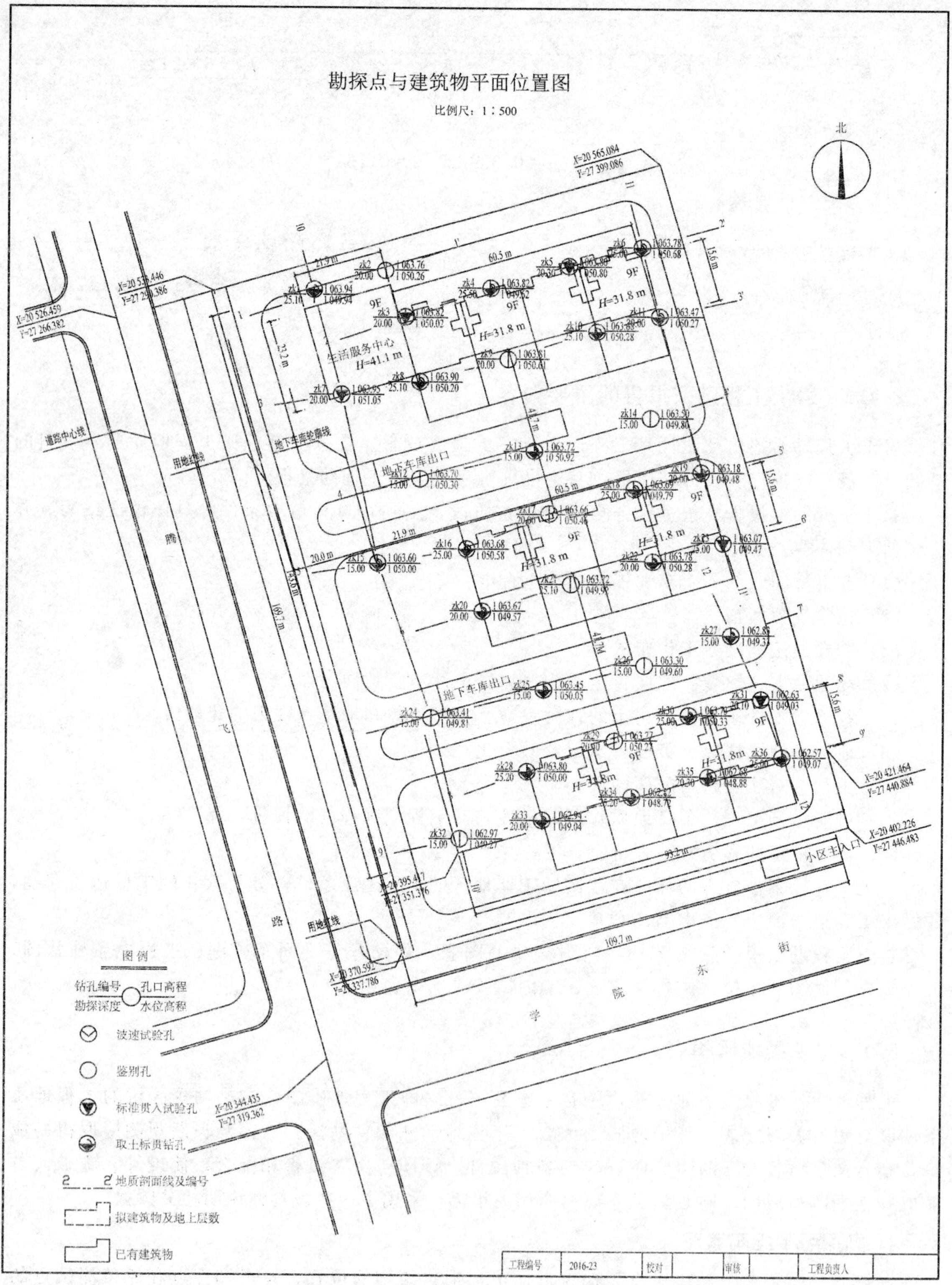

图 8.19　某工程的勘探点平面布置图

2. 工程地质柱状图

工程地质柱状图是对各勘探孔的概括与总结，在柱状图中，除注明钻进的工具、方法和具体事项外，其主要内容是关于地层的分布（层面的深度、层厚）、地层的名称和特征的描述。绘制柱状图之前，应根据土工试验成果及野外描述综合分析，进行认真分层。绘制柱状图时，应自上而下对地层进行编号和描述，并用一定的比例尺、图例和符号绘图。在柱状图中，还应标出地下水水位和取土深度等数据。某工程的工程地质柱状图如图 8.20 所示。

3. 工程地质剖面图

工程地质剖面图用于描述某一勘探线方向上、地层沿竖向和水平方向上的分布及变化情况，反映地质构造、岩性、分层、地下水的埋藏条件、各分层岩土的物理力学性质指标。它是岩土工程设计、地基的开挖、岩土治理等工程的最基本图件和重要的依据。

工程地质剖面图，实际上是把同一勘探线上的各工程地质勘探孔柱状图用剖面的形式完整地表现出来。在剖面图上，将各勘探孔相同的土层分界线用直线连接起来。当某地层在邻近钻孔中缺失时，该层可假定于相邻两孔中间尖灭。剖面图中应标出原状土样的取样位置，标准贯入试验位置和锤击数、静力触探曲线及地下水水位标高等。某工程的工程地质剖面图如图 8.21 所示。

由于勘探线的布置是与主要地貌单元的走向垂直，或与主要地质构造轴线垂直，或与建筑物的轴线相一致，故工程地质剖面图能更有效地揭示场地的工程地质条件。

4. 原位测试成果图表

原位测试成果图表主要有荷载试验、静力触探试验、圆锥动力触探试验、标准贯入试验、波速测试等成果图件。

5. 室内试验成果图表

室内试验成果图表主要有土的抗剪强度试验、颗粒分析试验、压缩试验等。

6. 其他专门图件

对于特殊土、特殊地质条件及专门性工程，根据各自的特殊需要，绘制相应的专门图件。

钻孔柱状图

工程名称	东园县新建医院人防工程勘察项目						
工程编号	2016-K34			钻孔编号	ZK1		
孔口高程/m	1 025.36	坐标/m	X= 321 770.08	开工日期		稳定水位深度/m	
孔口直径/mm	127.00		Y= 4 458 338.45	竣工日期		测量水位日期	

地层编号	时代成因	层底高程/m	层底深度/m	分层厚度/m	柱状图 1:150	岩土名称及其特征	取样	标贯击数/击	稳定水位/m和水位日期
①		1 023.960	1.40	1.40		粉土：黄褐；中密；稍湿；土质较均匀，含粉砂，表层30 cm为耕表土，含植物根系，该层分布于勘察场地上部	1 1.00~1.20		
②		1 009.360	16.00	14.60		粉质黏土：黄绿~灰黄；可塑；土质较均匀，夹有粉砂薄层，局部与粉砂互层，偶含粗砂透镜体，该层分布连续稳定	2 3.50~3.70 3 13.20~13.40	=8.00 5.20~5.50 =13.00 14.00~14.30	
③		1 007.560	17.80	1.80		粉质黏土：灰蓝；可塑；土质较均匀，夹有粉砂薄层或透镜体，含有机质，有异味，该层主要分布于勘察场地下部	4 16.50~16.70		
③1		1 006.860	18.50	0.70		细砂：灰蓝；中密；饱和；颗粒级配较差，分选性较好，含粉质黏土，该层分布连续	5 18.00~18.20	=26.00 18.00~18.30	
③		1 000.360	25.00	6.50		粉质黏土：灰蓝；可塑；土质较均匀，夹有粉砂薄层或透镜体，含有机质，有异味，该层主要分布于勘察场地下部	6 24.80~25.00	=15.00 20.40~20.70	

图 8.20　某工程的工程地质柱状图

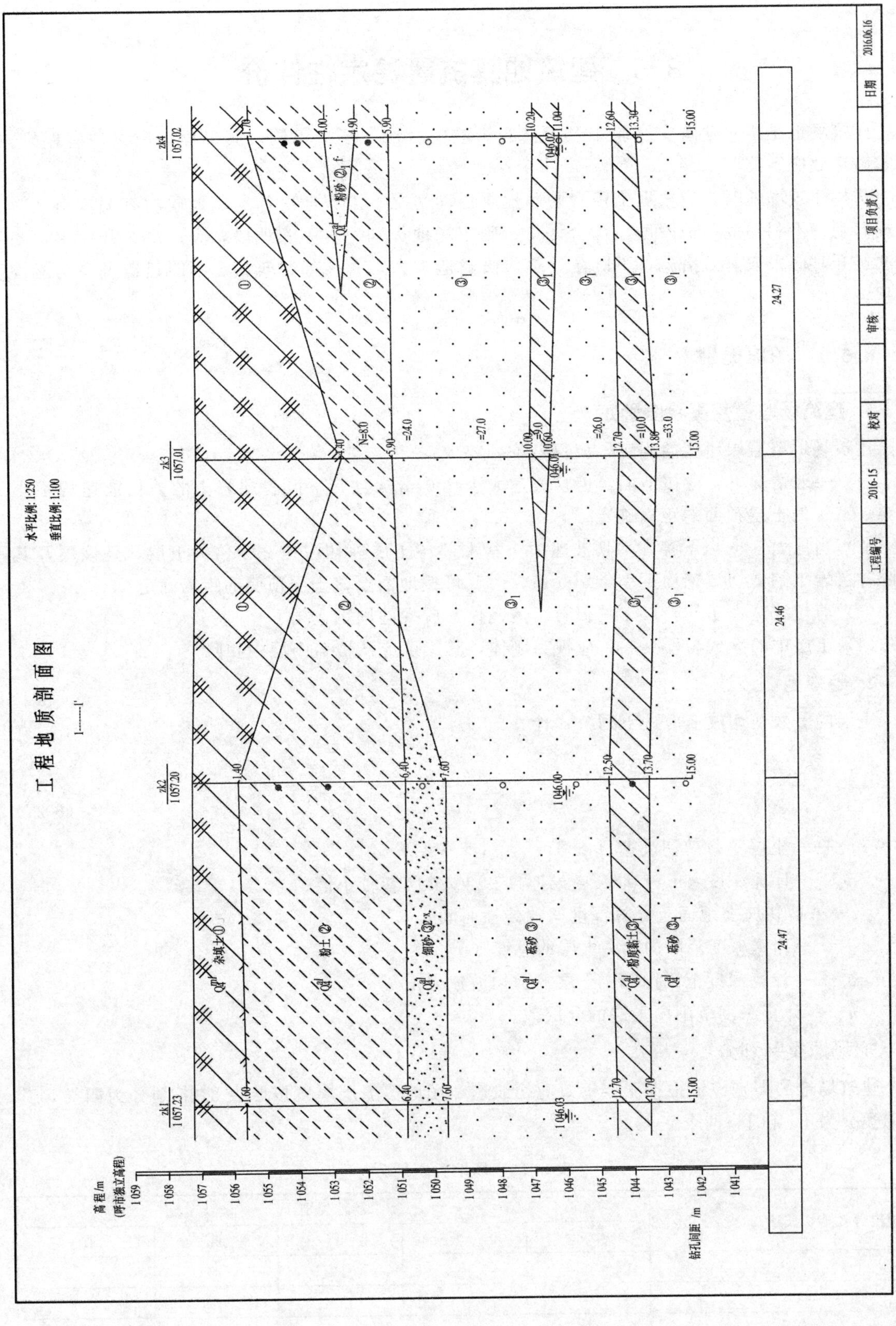

图 8.21　某工程的工程地质剖面图

8.5 建筑地基抗震稳定性评价

建筑场地是指对建筑安全施工及运营有影响的区域。场地不同，其工程地质条件有差别，地震破坏效应不同。

选择建筑场地时，应根据工程需要和地震活动情况、工程地质和地震地质的有关资料，对抗震有利、不利和危险地段做出综合评价，确定场地类别。对不利地段，应提出避开要求，当无法避开时应采取有效措施，不应在危险地段建造重大工程一般建筑，更不能建造重要功能性工程。

8.5.1 场地类别

1. 建筑场地覆盖层厚度确定

建筑场地覆盖层厚度的确定，应符合下列要求：

（1）一般情况下，应按地面至剪切波速大于500 m/s且其下卧各层岩土的剪切波速均不小于500 m/s的土层顶面的距离确定。

（2）当地面5 m以下存在剪切波速大于其上部各土层剪切波速2.5倍的土层，且该层及其下卧各层岩土的剪切波速均不小于400 m/s时，可按地面至该土层顶面的距离确定。

（3）剪切波速大于500 m/s的孤石、透镜体，应视同周围土层。

（4）土层中的火成岩硬夹层，应视为刚体，其厚度应从覆盖土层中扣除。

2. 等效剪切波速

土层的等效剪切波速应按下列公式计算

$$v_{se}=d_0/t \tag{8-26}$$

$$t=\sum_{i=1}^{n}(d_i/v_{si}) \tag{8-27}$$

式中 v_{se}——土层等效剪切波速（m/s）；

d_0——计算深度（m），取覆盖层厚度和20 m两者较小值；

t——剪切波在地面至计算深度间的传播时间；

d_i——计算深度范围内第 i 土层的厚度（m）；

v_{si}——计算深度范围内第 i 土层的剪切波速（m/s）；

n——计算深度范围内土层的分层数。

3. 场地类别划分

建筑场地的类别应该根据土层等效剪切波速和场地覆盖层厚度按照表8.25划分为四类，其中Ⅰ类分为Ⅰ_0和Ⅰ_1两个亚类。

表8.25 场地类别划分

土层等效剪切波速/（$m\cdot s^{-1}$）	场地类别				
	Ⅰ_0	Ⅰ_1	Ⅱ	Ⅲ	Ⅳ
$v_s>800$	0				
$800\geqslant v_s>500$		0			

续表

土层等效剪切波速/（m·s^{-1}）	场地类别				
	I_0	I_1	Ⅱ	Ⅲ	Ⅳ
$500 \geqslant v_s > 250$		<5	≥5		
$250 \geqslant v_s > 150$		<3	3～50	>50	
$v_s \leqslant 150$		<3	3～15	15～80	>80

【例 8-2】　某场地钻孔地质资料见表 8.26，试确定该场地类别。

表 8.26　某场地钻孔地质资料

土层名称	土层底部深度/m	土层厚度/m	土层等效剪切波速/（m·s^{-1}）
杂填土	3.0	3.0	200
粉土	9.1	6.1	380
粗砂	37.8	28.7	450
圆砾	43.8	6.0	560

解：（1）场地覆盖层厚度 d_{0v} 和计算深度 d_0。

因为地表下 37.8 m 下土层的剪切波速 560 m/s>500 m/s，所以场地覆盖层厚度为 37.8 m①。

因为场地覆盖层厚度 d_{0v}>20.0 m，所以计算深度取 20.0 m。

（2）等效剪切波速。

$$v_{se}=\frac{d_0}{\sum\limits_{i=1}^{n}\frac{d_i}{v_{si}}}=\frac{20}{\frac{3}{200}+\frac{6.1}{380}+\frac{10.9}{450}}=361.8\ (\mathrm{m/s})$$

（3）场地类别判定。

因为 250 m/s<v_{se}<500 m/s，且场地覆盖层厚度 d_{0v}>5 m，所以该场地类别为Ⅱ类。

8.5.2　发震断裂评价

场地内存在发震断裂时，应对发震断裂进行评价。符合下列条件之一的可忽略发震断裂的影响：

（1）抗震设防烈度小于 8 度。

（2）非全新世活动断裂。

（3）抗震设防烈度为 8 度和 9 度时，隐伏断裂的土层覆盖厚度分别大于 60 m 和 90 m。

若不符合前述条件，则应避开主断裂带。避让距离不宜小于表 8.27 对发震断裂最小避让距离的规定。

表 8.27　发震断裂的最小避让距离　　m

烈度	建筑抗震设防类别			
	甲	乙	丙	丁
8	专门研究	200	100	—
9	专门研究	400	200	—

① 课程素养：党的二十大报告指出：广大青年要坚定不移听党话、跟党走，怀抱梦想又脚踏实地，敢想敢为又善作善成，立志做有理想、敢担当、能吃苦、肯奋斗的新时代好青年。让青春在全面建设社会主义现代化国家的火热实践中绽放绚丽之花。

建筑抗震设防类别的确定方法如下：

（1）特殊设防类：是指使用上有特殊设施，涉及国家公共安全的重大建筑工程和地震时可能发生严重次生灾害等特别重大灾害后果，需要进行特殊设防的建筑，简称甲类。

（2）重点设防类：是指地震时使用功能不能中断或需尽快恢复的生命线相关建筑，以及地震时可能导致大量人员伤亡等重大灾害后果，需要提高设防标准的建筑，简称乙类。

（3）标准设防类：是指大量的除甲、乙、丁款外按标准要求进行设防的建筑，简称丙类。

（4）适度设防类：是指使用上人员稀少且震损不致产生次生灾害，允许在一定条件下适度降低要求的建筑，简称丁类。

8.5.3 天然地基承载力抗震验算

天然地基基础抗震验算时，应采用地震作用效应标准组合，地基抗震承载力应按下式计算：

$$f_{aE}=\zeta_a f_a \tag{8-28}$$

式中 f_{aE}——调整后的地基抗震承载力；

ζ_a——地基抗震承载力调整系数，按表8.28确定；

f_a——深宽修正后的地基承载力特征值。

表8.28 地基抗震承载力调整系数

岩土名称和性状	调整系数
岩石，密实的碎石土，密实的砾、粗、中砂，$f_{ak}\geqslant 300$ kPa的黏性土和粉土	1.5
中密、稍密的碎石土，中密的砾、粗、中砂，密实和中密的细、粉砂，150 kPa$\leqslant f_{ak}<$300 kPa的黏性土和粉土，坚硬黄土	1.3
稍密的细、粉砂，100 kPa$\leqslant f_{ak}<$150 kPa的黏性土和粉土，可塑黄土	1.1
淤泥，淤泥质土，松散的砂，杂填土，新近堆积黄土及流塑黄土	1.0

验算天然地基地震作用下的竖向承载力时，按地震作用效应标准组合的基础底面平均压力和边缘最大压力应满足以下要求：

$$p\leqslant f_{aE} \tag{8-29}$$

$$p_{max}\leqslant 1.2f_{aE} \tag{8-30}$$

式中 p——地震作用效应的标准组合的基础底面平均压力；

p_{max}——地震作用效应的标准组合的基础边缘最大压力。

8.5.4 地震液化评价

地震液化是指由地震作用使饱和松散砂土或粉土孔隙减小，孔隙水压力增加，强度降低，失去承载力，性质类似液体的现象。它可使地基软化，建筑物因而倒塌；大量饱和砂还可从地下如泉水涌出，在地面堆积成丘；另一方面则使地下某些部位空虚，地面因而沉陷。地震液化的程度可采用液化指数评价。

1. 液化指数及液化等级

对于存在液化砂土层、粉土层的地基，应探明各液化土层的深度和厚度，按下式计算液化指数，并按表8.29综合划分地基的液化等级。

$$I_{le}=\sum_{i=1}^{n}\left[1-\frac{N_i}{N_{cri}}\right]d_iW_i \tag{8-31}$$

式中　I_{le}——液化指数；

N_i、N_{cri}——i 点标准贯入锤击数的实测值和临界值，当实测值大于临界值时应取临界值；

d_i——i 点所代表的土层厚度（m），可采用与该标准贯入试验点相邻的上、下两标准贯入试验点深度差的一半，但上界不高于地下水水位深度，下界不深于液化深度；

W_i——i 土层单位土层厚度的层位影响权函数值。当该层中点深度不大于 5 m 时应采用 10，20 m 时应采用 0，5～20 m 时按线性内插法取值。

表 8.29　液化等级与液化指数的关系

液化等级	轻微	中等	严重
液化指数 I_{le}	$0<I_{le}\leqslant 6$	$6<I_{le}\leqslant 18$	$I_{le}>18$

【例 8-3】　某工程采用浅基础，其地层参数及标贯数据见表 8.30，该场地设防烈度为 8 度，设计地震分组为第一组，设计基本地震加速度为 0.20，试采用标准贯入试验判别法判别地基各点是否液化，计算该场地的地基液化指数，并判别液化等级。

表 8.30　地层参数及标贯数据

地层参数						标贯数据		
土名	层顶标高/m	层底标高/m	地下水水位/m	液化深度/m	地基承载力/kPa	标贯点号	标贯深度/m	标贯击数 N_i
粉砂	0.0	−3.6	−1.0			1	−2.0	6
粉质黏土	−3.6	−6.0						
粗砂	−6.0					2	−8.0	18
						3	−10.0	10
						4	−12.0	21
				−15.6		5	−14.0	16
黏土	−15.6				70			

解： 根据所给地层参数和标贯数据，依次求出液化层中各标准贯入点的标贯击数临界值 N_{cri}，若出现 $N_i>N_{cri}$，则意味着该点不液化，可不必进行以后的计算。

（1）求标贯击数临界值 N_{cri}。

按公式（8-13）有：

$N_{cr}=N_0\beta\,[\ln(0.6d_s+1.5)-0.1d_w]\sqrt{3/\rho_c}$

且 $N_0=12$，$\beta=0.8$，$\rho_c=3$，$d_w=1$ m，将各值代入式中得

$N_{cr1}=12\times0.8\,[\ln(0.6\times2+1.5)-0.1\times1]=8.6$

$N_{cr2}=12\times0.8\,[\ln(0.6\times8+1.5)-0.1\times1]=16.7$

$N_{cr3}=12\times0.8\,[\ln(0.6\times10+1.5)-0.1\times1]=18.4$

$N_{cr4}=12\times0.8\,[\ln(0.6\times12+1.5)-0.1\times1]=19.8$

$N_{cr5}=12\times0.8\ [\ln(0.6\times14+1.5)-0.1\times1]=21.0$

（2）液化判别。由于 $N_{cr2}=16.7<N_2=18$、$N_{cr4}=19.8<N_4=21$，所以这两个点不液化。液化指数仅需根据第 1、第 3、第 5 点计算。

（3）土层厚度及其中点深度。

第 1 点：$d_1=3.6-1=2.6$（m）

中点深度 $Z_1=1.0+\dfrac{2.6}{2}=2.3$（m）

第 3 点：$d_3=11.0-9.0=2.0$（m）

中点深度 $Z_3=9.0+\dfrac{2.0}{2}=10.0$（m）

第 5 点：$d_5=15.6-13.0=2.6$（m）

中点深度 $Z_5=13.0+\dfrac{2.6}{2}=14.3$（m）

（4）求第 i 点中点深度 Z_i 所对应的权函数值 W_i。

$Z_1=2.3\ \text{m}$　　　$W_1=10\ \text{m}^{-1}$

$Z_3=10.0\ \text{m}$　　　$W_3=6.7\ \text{m}^{-1}$

$Z_5=14.3\ \text{m}$　　　$W_5=3.8\ \text{m}^{-1}$

（5）求液化指数。按照式（8-31）有

$$I_{le}=\sum_{i=1}^{n}\left[1-\frac{N_i}{N_{cri}}\right]d_iW_i=\left(1-\frac{N_1}{N_{cr1}}\right)d_1W_1+\left(1-\frac{N_3}{N_{cr3}}\right)d_3W_3+\left(1-\frac{N_5}{N_{cr5}}\right)d_5W_5$$

$$=\left(1-\frac{6}{8.6}\right)\times2.6\times10+\left(1-\frac{10}{18.4}\right)\times2.0\times6.7+\left(1-\frac{16}{21}\right)\times2.6\times3.8$$

$$=16.3$$

（6）液化等级。因为 $6<I_{le}=16.3<18$，所以液化等级为中等。

2. 液化处理措施

当液化砂土层、粉土层比较均匀时，可按表 8.31 选用抗液化措施。不宜将未经处理的液化土层作为地基持力层。

表 8.31　抗液化措施

建筑抗震设防类别	地基液化等级		
	轻微	中等	严重
乙类	部分消除液化沉陷，或对基础和上部结构处理	全部消除液化沉陷或部分消除液化沉陷且对基础和上部结构处理	全部消除液化沉陷
丙类	基础和上部结构处理，也可不采取措施	基础和上部结构处理或更高要求的处理	全部消除液化沉陷或部分消除液化沉陷且对基础和上部结构处理
丁类	可不采取措施	可不采取措施	基础和上部结构处理或其他经济的措施
注：甲类地基的抗液化措施需进行专门研究，但不宜低于乙类的要求			

（1）全部消除地基液化的措施。全部消除地基液化的措施应符合下列要求：

1）采用桩基时，桩端伸入液化深度以下稳定土层中的长度（不包括桩尖部分），应按计算确定，且对碎石土，砾、粗、中砂，坚硬黏性土和密实粉土尚不应小于0.8 m，对其他非岩石土尚不宜小于1.5 m。

2）采用深基础时，基础底面应埋入液化深度以下的稳定土层，其深度不应小于0.5 m。

3）采用加密法（如振冲、振动加密、挤密碎石桩、强夯等）加固时，应处理至液化深度下界；振冲或挤密碎石桩加固后，桩间土的标准贯入锤击数不宜小于液化判别标准贯入锤击数临界值。

4）用非液化土替换全部液化土层，或增加上覆非液化土层的厚度。

5）采用加密法或换土法处理时，在基础边缘以外的处理宽度，应超过基础底面下处理深度的1/2且不小于基础宽度的1/5。

（2）部分消除地基液化的措施。部分消除地基液化的措施应符合下列要求：

1）处理深度应使处理后的液化指数减少，其值不宜大于5；大面积筏基、箱基的中心区域，处理后的液化指数可比上述规定降低1，对于独立基础和条形基础，尚不应小于基础底面下液化土特征深度和基础宽度的较大值。中心区域是指位于基础外边界以内沿长度方向距外边界大于相应方向1/4长度的区域。

2）采用振冲和挤密碎石桩加固后，桩间土的标准贯入锤击数不宜小于液化判别标准贯入锤击数临界值。

3）基础边缘以外的处理宽度，应超过基础底面下处理深度的1/2且不小于基础宽度的1/5。

4）采取其他减小液化震陷的其他方法，如增厚上覆非液化土层的厚度和改善周边的排水条件。

（3）减轻液化影响的基础和上部结构处理综合采用的各项措施。

1）选择合适的基础埋置深度。

2）调整基础底面面积，减少基础偏心。

3）加强基础的整体性和刚度，如采用箱基、筏基和钢筋混凝土交叉条形基础，加设基础圈梁等。

4）减轻荷载，增强上部结构的整体刚度和均匀对称性，合理设置沉降缝，避免采用对不均匀沉降敏感的结构形式。

5）管道穿过建筑处应预留足够尺寸或采用柔性节头等。

8.6　公路工程地质勘察

公路是一种延伸度极大的线形建筑物。公路建筑物由三类建筑构成：

（1）路基工程：它是线路的主体建筑物，包括路堤和路堑。

（2）桥隧工程：如桥梁、隧道、涵洞等，它们是使线路跨越河流、深谷、不良地质现象和水文地质地段、穿越高山峻岭或使线路从河、湖、海底下通过。

（3）防护建筑物：如明洞、挡土墙、护坡、排水盲沟等。

在不同的线路中，各类建筑物所占的比例是不同的，主要取决于线路所经地区工程地质条件的复杂程度。本节主要介绍路基中的主要工程地质问题。

8.6.1　路基的主要工程地质问题

公路路基包括路堑和半路堤、半路堑等。路基的主要工程地质问题是路基边坡稳定性问题、路基基底稳定性问题及天然建筑材料问题，在气候寒冷地区还存在公路冻害问题。

1. 路基边坡稳定性

路基边坡包括天然边坡、半填半挖的路基边坡及深路堑的人工边坡等。因具有一定坡度和高度，边坡在重力作用、河流冲刷等因素影响下会发生不同形式的变形和破坏，其主要表现为崩塌和滑坡。

路堑边坡在一定条件下还能引起古滑坡复活。由于古滑坡发生时间较长，长期在各种外力地质作用下其外表形迹已被改造成平缓的山坡地形，难以发现。当施工开挖使其滑动面临空时，很可能造成已休止的古滑坡重新活动。

2. 路基基底稳定性

一般路堤和高填路堤对路基基底的要求是要有足够的承载力。它不仅承受车辆在运营中产生的动荷载，而且在填方路堤地段还承受很大的填土压力。基底土的变形性质和变形量的大小主要取决于基底土的力学性质、基底面的倾斜程度、软弱夹层或软弱结构面的性质与产状等。另外，水文地质条件也是促进基底不稳定的因素，它往往使基底产生巨大的塑性变形而造成路基的破坏。

3. 天然建筑材料

路基工程需要的天然建筑材料不仅种类多，如道砟、土料、片石、砂和碎石等，而且数量也较大，还要求各种建筑材料产地沿线路两侧零散分布。建筑材料的质量和运输距离常常会影响工程的质量和造价。

4. 公路冻害

公路冻害具有季节性。冬季在负气温长期作用下，土体中水分重新分布，并平行于冻结界面形成数层冻层，局部还会有冰透镜体。因而土体体积增大（约 9%），产生路基隆起现象。春季地表冰层融化早，而下层尚未解冻，融化层的水分难以下渗，致使上层土的含水率增大而软化，在外荷载作用下，路基出现翻浆现象。

8.6.2 公路工程地质勘察的基本要求

公路工程地质勘察可分为预可行性研究阶段工程地质勘察（简称预可勘察）、工程可行性研究阶段工程地质勘察（简称工可勘察）、初步设计阶段工程地质勘察（简称初步勘察）和施工图设计阶段工程地质勘察（简称详细勘察）四个阶段。

1. 预可勘察

预可勘察应了解公路建设项目所处区域的工程地质条件及存在的工程地质问题，为编制预可行性研究报告提供工程地质资料。

预可勘察应充分收集区域地质、地震、气象、水文、采矿、灾害防治与评估等资料，采用资料分析、遥感工程地质解译、现场踏勘调查等方法，对各路线走廊带或通道的工程地质条件进行研究，完成下列各项工作内容：

（1）了解各路线走廊带或通道的地形地貌、地层岩性、地质构造、水文地质条件、地震动参数、不良地质和特殊性岩土的类型、分布范围、发育规律。

（2）了解当地建筑材料的分布状况和采购运输条件。

（3）评估各路线走廊带或通道的工程地质条件及主要工程地质问题。

（4）编制预可行性研究阶段工程地质勘察报告。

2. 工可勘察

工可勘察应初步查明公路沿线的工程地质条件和对公路建设规模有影响的工程地质问题，为编制工程可行性研究报告提供工程地质资料。

工可勘察应以资料收集和工程地质调绘为主，辅以必要的勘探手段，对项目建设各工程方案的工程地质条件进行研究，完成下列各项工作内容：

(1) 了解各路线走廊或通道的地形地貌、地层岩性、地质构造、水文地质条件、地震动参数、不良地质和特殊性岩土的类型、分布及发育规律。

(2) 初步查明沿线水库、矿区的分布情况及其与路线的关系。

(3) 初步查明控制路线及工程方案的不良地质和特殊性岩土的类型、性质、分布范围及发育规律。

(4) 初步查明技术复杂大桥桥位的地层岩性、地质构造、河床及岸坡的稳定性、不良地质和特殊性岩土的类型、性质、分布范围及发育规律。

(5) 初步查明长隧道及特长隧道隧址的地层岩性、地质构造、水文地质条件、隧道围岩分级、进出口地带斜坡的稳定性、不良地质和特殊性岩土的类型、性质、分布范围及发育规律。

(6) 对控制路线方案的越岭地段、区域性断裂通过的峡谷、区域性储水构造，初步查明其地层岩性、地质构造、水文地质条件及潜在不良地质的类型、规模、发育条件。

(7) 初步查明筑路材料的分布、开采、运输条件及工程用水的水质、水源情况。

(8) 评价各路线走廊或通道的工程地质条件，分析存在的工程地质问题。

(9) 编制工程可行性研究阶段工程地质勘察报告。

3. 初步勘察

初步勘察应基本查明公路沿线及各类构筑物建设场地的工程地质条件，为工程方案比选及初步设计文件编制提供工程地质资料。

初步勘察应与路线和各类构筑物的方案设计相结合，根据现场地形地质条件，采用遥感解译、工程地质调绘、钻探、物探、原位测试等手段相结合的综合勘察方法，对路线及各类构筑物工程建设场地的工程地质条件进行勘察。

(1) 路线初勘。路线初勘应以工程地质调绘为主，勘探测试为辅，基本查明下列内容：

1) 地形地貌、地层岩性、地质构造、水文地质条件。

2) 不良地质和特殊性岩土的成因、类型、性质及分布范围。

3) 区域性断裂、活动性断层、区域性储水构造、水库及河流等地表水体、可供开采和利用的矿体的发育情况。

4) 斜坡或挖方路段的地质结构，有无控制边坡稳定的外倾结构面，工程项目实施有无诱发或加剧不良地质的可能性。

5) 陡坡路堤、高填路段的地质结构，有无影响基底稳定的软弱地层。

6) 大桥及特大桥、长隧道及特长隧道等控制性工程通过地段的工程地质条件和主要工程地质问题。

(2) 一般路基初勘。一般路基初勘应根据现场地形地质条件，结合路线填挖设计，划分工程地质区段，分段基本查明下列内容：

1) 地形地貌的成因、类型、分布、形态特征和地表植被情况。

2) 地层岩性、地质构造、岩石的风化程度、边坡的岩体类型和结构类型。

3) 层理、节理、断裂、软弱夹层等结构面的产状、规模、倾向路基的情况。

4）覆盖层的厚度、土质类型、密实度、含水状态和物理力学性质。

5）不良地质和特殊性岩土的分布范围、性质。

6）地下水和地表水发育情况及腐蚀性。

4. 详细勘察

详细勘察应查明公路沿线及各类构筑物建设场地的工程地质条件，为施工图设计提供工程地质资料。

详细勘察应充分利用初勘取得的各项地质资料，采用以钻探、测试为主，调绘、物探、简易勘探等手段为辅的综合勘察方法，对路线及各类构筑物建设场地的工程地质条件进行勘察。

（1）路线详勘。路线详勘应查明公路沿线的工程地质条件，为确定路线和构筑物的位置提供地质资料。路线详勘应查明初勘规定的有关内容，对初勘资料进行复核。当路线偏离初步设计线位较远或地质条件需进一步查明时，应进行补充工程地质调绘，补充工程地质调绘的比例尺为1∶2 000。

（2）一般路基详勘。一般路基详勘应在确定的路线上查明各填方、挖方路段的工程地质条件，其内容应符合初勘的规定，应对初勘调绘资料进行复核。当路线偏离初步设计线位或地质条件需进一步查明时，应进行补充工程地质调绘，补充工程地质调绘的比例尺为1∶2 000。

8.7 桥梁工程地质勘察

桥梁一般由上部构造、下部结构、支座和附属构造物组成，上部结构又称桥跨结构，是跨越障碍的主要结构；下部结构包括桥台、桥墩和基础；支座为桥跨结构与桥墩或桥台的支承处所设置的传力装置；附属构造物则指桥头搭板、锥形护坡、护岸、导流工程等。桥涵根据多孔跨径总长和单孔跨径划分为特大桥、大桥、中桥、小桥和涵洞五种类型，见表8.32。

表8.32 桥涵分类

桥涵分类	多孔跨径总长 L/m	单孔跨径 L_k/m
特大桥	$L>1\ 000$	$L_k>150$
大桥	$100\leqslant L\leqslant 1\ 000$	$40\leqslant L_k<150$
中桥	$30<L<100$	$20\leqslant L_k<40$
小桥	$8\leqslant L\leqslant 30$	$5\leqslant L_k<20$
涵洞	—	$L_k<5$

注：1. 单孔跨径是指标准跨径；

2. 梁式桥、板式桥的多孔跨径总长为多孔标准跨径的总长，拱式桥为两岸桥台内起拱线的距离，其他形式桥梁为桥面系车道长度；

3. 管涵或箱涵无论管径或跨径大小、孔数多少，均为涵洞；

4. 标准跨径：梁式桥、板式桥以两桥墩中线间距离或桥墩中线与台背前缘间距为准，涵洞以净跨径为准

8.7.1 桥梁工程的主要工程地质问题

桥梁工程的主要工程地质问题有桥墩台地基稳定性、桥台的偏心受压及桥墩台地基的冲刷等。

1. 桥墩台地基稳定性

桥墩台地基稳定性主要取决于墩台岩土地基的容许承载力，它是桥梁设计中最重要的力学参数，它对确定桥梁的基础和结构形式起决定性的作用。

虽然桥墩台的基底面积不大，但经常遇到基底软弱、强度不一或软硬不均等问题，这严重影响了桥基的稳定性，在溪谷沟床、河流阶地、故河湾及古老洪积扇等处修建桥墩台时，往往遇到强度很低的饱和软土层，有时也遇到较大的断层破碎带，近期活动的断裂或基岩面高低不平，风化深槽，软弱夹层，囊状风化带，软硬悬殊的界面或深埋的古滑坡等地段，均能使桥墩台基础产生过大沉降或不均匀下沉，甚至造成整体滑动。

2. 桥台的偏心受压

桥台除承受垂直压力外，还要承受到岸坡的侧向主动土压力，在有滑坡的情况下，还受到滑坡的水平推力，使桥台基底总是处在偏心荷载状态下。桥墩的偏心荷载，主要是由于列车在桥梁上行驶突然中断而产生的，对桥墩台的稳定性影响很大，必须慎重考虑。

3. 桥墩台地基的冲刷

桥墩和桥台的修建，使原来的河槽过水断面减小，局部增大了河水流速，改变了流态，对桥基产生强烈冲刷，有时可把河床中的松散沉积物局部或全部冲走，使桥墩台基础直接受到流水的冲刷，威胁桥墩台的安全，因此，桥墩台基础的埋深，除决定于持力层的埋深与性质外，还需考虑冲刷的影响。

8.7.2　桥梁工程勘察的基本要求

1. 勘察内容

桥梁初勘应根据现场地形地质条件，结合拟订的桥型、桥跨、基础形式和桥梁的建设规模等确定勘察方案，基本查明下列内容：

(1) 地貌的成因、类型、形态特征、河流及沟谷岸坡的稳定状况和地震动参数。

(2) 褶皱的类型、规模、形态特征、产状及其与桥位的关系。

(3) 断裂的类型、分布、规模、产状、活动性，破碎带宽度、物质组成及胶结程度。

(4) 覆盖层的厚度、土质类型、分布范围、地层结构、密实度和含水状态。

(5) 基岩的埋深、起伏形态，地层及其岩性组合，岩石的风化程度及节理发育程度。

(6) 地基岩土的物理力学性质及承载力。

(7) 特殊性岩土和不良地质的类型、分布及性质。

(8) 地下水的类型、分布、水质和环境水的腐蚀性。

(9) 水下地形的起伏形态、冲刷和淤积情况及河床的稳定性。

(10) 深基坑开挖对周围环境可能产生的不利影响，桥梁通过气田、煤层、采空区时，有害气体对工程建设的影响。

桥梁详勘应根据现场地形地质条件和桥型、桥跨、基础形式制订勘察方案，查明桥位工程地质条件，其内容同初勘，并应对初勘工程地质调绘资料进行复核。当桥位偏离初步设计桥位或地质条件需进一步查明时，应进行补充工程地质调绘，补充工程地质调绘的比例尺为 1∶2 000。

2. 桥位选择原则

桥位应选择在河道顺直、岸坡稳定、地质构造简单、基底地质条件良好的地段。桥位应避开区域性断裂及活动性断裂。无法避开时，应垂直断裂构造线走向，以最短的距离通过。桥位应避开岩溶、滑坡、泥石流等不良地质及软土、膨胀性岩土等特殊性岩土发育的地带。

3. 勘探测试点布置及勘探深度

(1) 勘探测试点布置。桥梁勘探应以钻探、原位测试为主，勘探测试点布置应符合下列规定：

1) 勘探测试点应结合桥梁的墩台位置和地貌地质单元沿桥梁轴线或在其两侧交错布置，数量和深度应控制地层、断裂等重要的地质界线及说明桥位工程地质条件。

2) 特大桥、大桥和中桥的钻孔数量可按表8.33确定。小桥的钻孔数量每座不宜少于1个；深水、大跨桥梁基础及锚碇基础，其钻孔数量应根据实际地质情况及基础工程方案确定。

表8.33　桥位钻孔数量表

桥梁类型	工程地质条件简单/个	工程地质条件较复杂或复杂/个
中桥	2～3	3～4
大桥	3～5	5～7
特大桥	≥5	≥7

3) 基础施工有可能诱发滑坡等地质灾害的边坡，应结合桥梁墩台布置和边坡稳定性分析进行勘探。

4) 当桥位基岩裸露，岩体完整，岩质新鲜，无不良地质发育时，可通过工程地质调绘基本查明工程地质条件。

(2) 勘探深度。勘探深度应符合下列规定：

1) 基础置于覆盖层内时，勘探深度应至持力层或桩端以下不小于3 m；在此深度内遇有软弱地层发育时，应穿过软弱地层至坚硬土层内不小于1.0 m。

2) 覆盖层较薄，下伏基岩风化层不厚时，对于较坚硬岩或坚硬岩，钻孔钻入微风化基岩内不宜少于3 m；极软岩、软岩或较软岩，钻入未风化基岩内不宜少于5 m。

3) 覆盖层较薄，下伏基岩风化层较厚时，对于较坚硬岩或坚硬岩，钻孔钻入中风化基岩内不宜少于3 m；极软岩、软岩或较软岩，钻入微风化基岩内不宜少于5 m。

4) 地层变化复杂的桥位，应布置加深控制性钻孔，探明桥位地质情况。

5) 深水、大跨桥梁基础和锚碇基础勘探，钻孔深度应按设计要求专门研究后确定。

8.8　地下洞室工程地质勘察

地下洞室是指埋藏于地下岩土体内的各种构筑物，它在铁路、公路、矿冶、国防、城市地铁、城市建设等许多领域广泛应用。例如，公路和铁路的隧道，城市地铁、地下停车场、地下商场、地下体育馆、国防地下仓库等。

地下洞室的开挖改变了原始土体的应力状态，导致岩土体内的应力重新分布，使围岩产生变形。当重分布以后的应力达到或超过岩石的强度极限时，除弹性变形外还将产生较大的塑性变形，如果不阻止这种变形的发展就会导致围岩破裂，甚至失稳破坏。而且，对于那些被软弱结构面切割成块体或极破碎的围岩，则易于向洞室产生滑落和塌落，使围岩失稳。为了保障洞室的稳定安全必须进行支护以阻止围岩过大的变形和破坏。围岩的变形破坏可能对地下工程产生安全影响，同时可能对周边环境产生不良影响。

8.8.1　地下洞室的主要工程地质问题

围岩稳定性是地下洞室主要的工程地质问题，需要对地下洞室的围岩质量进行评价。由于结构面等的影响，地下洞室中地下水渗漏也是不可忽视的工程地质问题。

1. 围岩稳定性

(1) 影响围岩稳定性的因素。

1) 岩体完整性。岩体是否完整，岩体中各种节理、断层等结构面的发育程度，对洞室稳定性影响极大。对此应着重考虑结构面的组数、密度和规模，结构面的产状、组合形态及其与洞壁的关系，结构面的强度等。

2) 岩石强度。岩石强度主要取决于岩石的物质成分、组织结构、胶结程度和风化程度。

3) 地下水。地下水的长期作用将降低岩石强度、软弱夹层强度，加速岩石风化，对软弱结构面起润滑作用，促使岩块坍塌，如遇膨胀性岩石，还会引起膨胀，增加围岩压力。地下水水位很高，还有静水压力作用、渗流压力，对洞室稳定不利。

4) 工程因素。洞室的埋深、几何形状、跨度、高度，洞室立体组合关系及间距，施工方法，围岩暴露时间及衬砌类型等，对于围岩应力的大小和性质影响很大。对于洞室必须考虑地应力的影响。

(2) 公路隧道围岩分类。公路隧道围岩分类见表 8.34。

表 8.34　隧道围岩分类

<table>
<tr><th>围岩级别</th><th>围岩或土体主要定性特征</th><th>BQ 或 [BQ]</th></tr>
<tr><td>Ⅰ</td><td>坚硬岩，岩体完整，整体状或巨厚层状结构</td><td>＞550</td></tr>
<tr><td>Ⅱ</td><td>坚硬岩，岩体较完整，块状或厚层状结构；
较坚硬岩，岩体完整，块状整体结构</td><td>550～451</td></tr>
<tr><td>Ⅲ</td><td>坚硬岩，岩体较破碎，巨块（石）碎（石）状镶嵌结构；
较坚硬岩或较软硬岩层，岩体较完整，块体状或中厚层结构</td><td>450～351</td></tr>
<tr><td rowspan="2">Ⅳ</td><td>坚硬岩，岩体破碎，碎裂结构；
较坚硬岩，岩体较破碎—破碎，镶嵌碎裂结构；
较软岩或较硬岩互层，且以软岩为主，岩体较完整—较破碎，中薄层状结构</td><td>350～250</td></tr>
<tr><td>压密或成岩作用的黏性土及砂土；
黄土（Q_1、Q_2）；
钙质、铁质胶结的碎石土（碎石、卵石、块石等）</td><td></td></tr>
<tr><td rowspan="2">Ⅴ</td><td>较软岩，岩体破碎；
软岩，岩体较破碎—破碎；
极破碎各类岩体，碎裂状松散结构</td><td>≤250</td></tr>
<tr><td>半坚硬—硬塑状黏性土及稍湿—潮湿的碎石土；
黄土（Q_3、Q_4）；
非黏性土呈松散结构，黏性土及黄土呈松软结构</td><td></td></tr>
<tr><td>Ⅵ</td><td>软塑状黏性土及潮湿饱和的粉细砂、软土等</td><td></td></tr>
<tr><td colspan="3">注：本表不适用于特殊条件的围岩分级，如膨胀性围岩、多年冻土等</td></tr>
</table>

（3）铁路隧道围岩分类。铁路隧道围岩分级应根据围岩基本分级，受地下水、高地应力及环境条件等影响的修正，综合分析后确定。铁路隧道围岩的基本分级见表8.35。隧道围岩受地下水影响时，应进行分级修正。当围岩无水时，采用其围岩基本分级；当有少量地下水时，围岩基本分级Ⅲ～Ⅴ级者应对应修正为Ⅳ～Ⅵ级；当地下水水量较大时，围岩基本分级Ⅰ～Ⅴ级者对应修正为Ⅱ～Ⅵ级。

表8.35　铁路隧道围岩的基本分级

<table>
<tr><th rowspan="2">围岩级别</th><th colspan="2">围岩主要工程地质条件</th><th rowspan="2">围岩开挖后的稳定状态（小跨度）</th><th rowspan="2">围岩基本质量指标BQ</th><th rowspan="2">围岩弹性纵波速 v_p /（km·s^{-1}）</th></tr>
<tr><th>主要工程地质特征</th><th>结构特征和完整状态</th></tr>
<tr><td>Ⅰ</td><td>坚硬岩（单轴饱和抗压强度 R_c>60 MPa）；受地质构造影响轻微，节理不发育，无软弱面（或夹层）；层状岩层为巨厚层或厚层，层间结合良好，岩体完整</td><td>呈整体结构</td><td>围岩稳定，无坍塌，可能产生岩爆</td><td>>550</td><td>A：>5.3</td></tr>
<tr><td>Ⅱ</td><td>硬质岩（R_c>30 MPa）：受地质构造影响较重，节理较发育，有少量软弱面（或夹层）和贯通微张节理，但其产状及组合关系不致产生滑动；层状岩层为中层或厚层，层间结合一般，很少有分离现象；或为硬质岩偶夹软质岩石；岩体较完整</td><td>呈巨块状或大块状结构</td><td>暴露时间长，可能会出现局部小坍塌，侧壁稳定，层间结合差的平缓岩层顶板易塌落</td><td>550～451</td><td>A：4.5～5.3
B：>5.3
C：>5.0</td></tr>
<tr><td rowspan="2">Ⅲ</td><td>硬质岩（R_c>30 MPa）：受地质构造影响严重，节理发育，有层状软弱面（或夹层），但其产状组合关系尚不致产生滑动；层状岩层为薄层或中层，层间结合差，多有分离现象；或为硬、软质岩石互层</td><td>呈块（石）碎（石）状镶嵌结构</td><td rowspan="2">拱部无支护时可产生局部小坍塌，侧壁基本稳定，爆破震动过大易塌落</td><td rowspan="2">450～351</td><td rowspan="2">A：4.0～4.5
B：4.3～5.3
C：3.5～5.0
D：>4.0</td></tr>
<tr><td>较软岩（R_c=15～30 MPa）：受地质构造影响轻微，节理不发育；层状岩层为厚层，层间结合一般</td><td>呈大块状砌体结构</td></tr>
<tr><td rowspan="3">Ⅳ</td><td>硬质岩（R_c>30 MPa）：受地质构造影响极严重，节理很发育；层状软弱面（或夹层）已基本破坏</td><td>呈碎石状压碎结构</td><td rowspan="3">拱部无支护时可产生较大坍塌，侧壁有时失去稳定</td><td rowspan="3">350～251</td><td rowspan="3">A：3.0～4.0
B：3.3～4.3
C：3.0～3.5
D：3.0～4.0
E：2.0～3.0</td></tr>
<tr><td>软质岩石（R_c=5～30 MPa）：受地质构造影响较重或严重，节理较发育或发育</td><td>呈块（石）、碎（石）状镶嵌结构</td></tr>
<tr><td>土体：
1. 具压密或成岩作用的黏性土、粉土及砂类土；
2. 黄土（Q_1、Q_2）；
3. 一般钙质、铁质胶结的碎石土、卵石土、大块石土</td><td>1、2呈大块状压密结构，3呈巨块状整体结构</td></tr>
</table>

续表

围岩级别	围岩主要工程地质条件		围岩开挖后的稳定状态（小跨度）	围岩基本质量指标 BQ	围岩弹性纵波速 v_p /（$km \cdot s^{-1}$）
	主要工程地质特征	结构特征和完整状态			
Ⅴ	岩体：较软岩、岩体破碎；软岩、岩体较破碎；全部极软岩及全部极破碎岩（包括受构造影响严重的破碎带）	呈角砾、碎石状松散结构	围岩易坍塌，处理不当会出现大坍塌，侧壁经常出现小坍塌；浅埋时易出现地表下沉（陷）或塌至地表	≤250	A：2.0～3.0 B：2.0～3.3 C：2.0～3.0 D：1.5～3.0 E：1.0～2.0
	土体：一般第四系的坚硬、硬塑的黏性土，稍密及以上、稍湿或潮湿的碎石土、卵石土，圆砾土、角砾土、粉土及黄土（Q_3、Q_4）	非黏性土呈松散结构，黏性土及黄土松软结构			
Ⅵ	岩体：受地质构造影响严重呈碎石、角砾及粉末、泥土状的富水断层带，富水破碎的绿泥石或碳质千枚岩	黏性土呈易蠕动的松软结构，砂性土呈潮湿松散结构	围岩极易坍塌，有水时土砂常与水一齐涌出，浅埋时易塌至地表		<1.0（饱和状态的土<1.5）
	土体：软塑状黏性土、饱和的粉土和砂类土等，风积砂，严重湿陷的黄土				
注：弹性波中 A、B、C、D、E 的岩性按表 8.36 确定					

表 8.36　弹性波中 A、B、C、D、E 的岩性

岩性类型	代表性岩石
A	岩浆岩（花岗岩、闪长岩、正长岩、辉绿岩、安山岩、玄武岩、石英粗面岩，石英斑岩等）； 变质岩（片麻岩、石英岩、片岩、蛇纹岩等）； 沉积岩（熔结凝灰岩、硅质砾岩、硅质石灰岩等）
B	沉积岩（石灰岩、白云岩等碳酸盐类）
C	变质岩（大理岩、板岩等）； 沉积岩（钙质砂岩、铁质胶结的砾岩及砂岩等）
D	第三纪沉积岩类（页岩、砂岩、砾岩、砂质泥岩、凝灰岩等）； 变质岩（云母片岩、千枚岩等），且岩石的单轴饱和抗压强度 R_c>15 MPa
E	晚第三纪至第四纪沉积岩类（泥岩、页岩、砂岩、砾岩、砂质泥岩、凝灰岩等），且岩石的单轴饱和抗压强度 R_c≤15 MPa
注：1. 关于隧道围岩分级的基本因素和围岩基本分级的修正，按表 8.34～表 8.36 执行； 2. 围岩分级宜采用定性分级与定量分级相结合的方法，综合分析确定围岩级别； 3. 强膨胀岩（土）、第三系富水弱胶结砂泥岩、岩体强度应力比小于 0.15 的极高地应力软岩等，属于特殊围岩（T），相应工程措施应进行针对性的特殊设计	

岩体完整程度按表 8.37 划分。

表 8.37 岩体完整程度的划分

完整程度	结构面发育程度			主要结构面结合程度	主要结构面类型	相应结构类型	岩体完整性指数（K_V）	岩体体积节理数 J_V/（条·m^{-2}）
	定性描述	组数	平均间距/m					
完整	不发育	1～2	>1.0	结合好或一般	节理、裂隙、层面	整体状或巨厚层状结构	$K_V>0.75$	$J_V<3$
较完整		1～2	>1.0	结合差	节理、裂隙、层面	块状或厚层状结构	$0.75\geqslant K_V>0.55$	$3\leqslant J_V<10$
	较发育	2～3	1.0～0.4	结合好或一般		块状结构		
较破碎		2～3	1.0～0.4	结合差	节理、裂隙、劈理、层面、小断层	裂隙块状或中厚层状结构	$0.55\geqslant K_V>0.35$	$10\leqslant J_V<20$
	发育	≥3	0.4～0.2	结合好		镶嵌碎裂结构		
				结合一般		薄层状结构		
破碎		≥3	0.4～0.2	结合差	各种类型结构面	裂隙块状结构	$0.35\geqslant K_V>0.15$	$20\leqslant J_V<35$
	很发育	≥3	≤0.2	结合一般或差		碎裂结构		
极破碎	无序			结合很差		散体结构	$K_V\leqslant 0.15$	$J_V\geqslant 35$

隧道围岩受地下水影响时，应进行分级修正。

地下水状态分级按表 8.38 确定，地下水影响按表 8.39 修正。

表 8.38 地下水状态分级

地下水出水状态	渗水量/L·[（min·10 dm）$^{-1}$]
潮湿或点滴出水	<25
淋雨状或线流状出水	25～125
涌流状出水	>125

表 8.39 地下水影响修正

地下水状态分级＼围岩基本分级	Ⅰ	Ⅱ	Ⅲ	Ⅳ	Ⅴ	Ⅵ
潮湿或点滴出水	Ⅰ	Ⅱ	Ⅲ	Ⅳ	Ⅴ	
淋雨状或线流状出水	Ⅰ	Ⅱ	Ⅲ或Ⅳ①	Ⅴ	Ⅳ	
涌流状出水	Ⅱ	Ⅲ	Ⅳ	Ⅴ	Ⅵ	
注：①围岩岩体较完整时，定为Ⅲ级，其他情况，定为Ⅳ级						

隧道围岩受高地应力影响时，应按表 8.40 进行分级修正。

表 8.40　高地应力影响对隧道围岩分级修正

围岩类别	Ⅰ	Ⅱ	Ⅲ	Ⅳ	Ⅴ
极高应力	Ⅰ	Ⅱ	Ⅲ或Ⅳ①	Ⅴ	Ⅵ
高应力	Ⅰ	Ⅱ	Ⅲ	Ⅳ或Ⅴ②	Ⅵ

注：1. ①围岩岩体为较破碎的极硬岩、较完整的硬岩时，定为Ⅲ级，其他情况，定为Ⅳ级；②围岩岩体为破碎的极硬岩、较破碎及破碎的硬岩时，定为Ⅳ级；其他情况定为Ⅴ级。
2. 本表不适用于特殊围岩

(4) 支护结构设计。支护结构，应按洞室开挖后能发挥围岩的支护机能，保护围岩的原则，安全而有效地进行洞室内作业等设计；应在保持稳定的围岩中与开挖洞室而产生的新的应力相适应，并和洞室围岩成为一体以有效地利用周边围岩的支护机能，维持开挖断面，同时还应确保洞室内作业安全的结构；伴随洞室开挖，作用在支护结构上的荷载，多数随着开挖后的时间推移而大大增加，所以开挖后应立即施设能够施工的支护结构。一般情况下，作为支护构件有喷射混凝土、锚杆、钢支撑及衬砌等，考虑到支护构件的作用，可考虑单独或组合形成有效的支护结构。

2. 地下水的渗漏

岩土体中不同程度存在节理、断层等结构面。结构面是地下水运行的通道，在含有地下水的岩土体中开挖地下洞室，可能随时会使工作面通过结构面与地下水连通，导致地下水的渗漏和突涌，在岩溶地区尤为明显。一般在地下工程施工前，预先采用工程降水措施进行降水，使其降至基底以下一定深度，满足施工要求。如果地层中可能局部含有地下水，可预先钻进超前钻孔进行探查，在有地下水的区域可先进行冻结然后施工，以防地下水对工程施工产生影响。

8.8.2　地下洞室勘察的基本要求

地下洞室勘察分为可行性勘察、初步勘察和详细勘察。

1. 可行性勘察

可行性勘察应通过收集区域地质资料，现场踏勘和调查，了解拟选方案的地形地貌、地层岩性、地质构造、工程地质、水文地质和环境条件，做出可行性评价，选择合适的洞址和洞口。

2. 初步勘察

初步勘察应采用工程地质测绘、勘探和测试等方法，初步查明选定方案的地质条件和环境条件，初步确定岩体质量等级（围岩类别），对洞址和洞口的稳定性做出评价，为初步设计提供依据。

初步勘察时，工程地质测绘和调查应初步查明以下问题：地貌形态和成因类型，地层岩性、产状、厚度和风化程度，断裂和主要裂隙的性质、产状、充填、胶结和贯通及组合关系，不良地质作用的类型、规模和分布，地震地质背景，地应力的最大主应力的作用方向，地下水类型、埋藏条件、补给、排泄和动态变化，地表水体的分布及其与地下水的关系、淤积物的特征，洞室穿越地面建筑物、地下构筑物、管道等既有工程的相互影响。

初步勘察的勘探点宜沿洞室外侧交叉布置，勘探点间距为100～200 m，采取试样和原位测试勘探孔不宜少于勘探孔总数的2/3，控制性勘探孔深度，对岩体基本质量等级为Ⅰ级和Ⅱ级的岩体宜钻入洞底设计标高下1～3 m；对Ⅲ级岩体宜钻入3～5 m，对Ⅳ级和Ⅴ级的岩体勘探孔深度应根据实际情况确定。每一岩层和土层均应采取试样，当有地下水时应采取水试样。当洞区存在有害气体或地温异常时，应进行有害气体成分、含量及地温测定。对高应力地区应进行地应力量测。

3. 详细勘察

详细勘察应采用钻探、物探和测试为主的勘察方法，必要时可结合施工导洞布置洞探，详细查明洞址、洞口、洞室穿越线路的工程地质和水文地质条件，划分岩体质量等级，评价洞体和围岩的稳定性，为设计支护结构和确定施工方案提供资料。

详细勘察应进行以下工作：查明地层岩性及其分布，划分岩组和风化程度，进行岩石物理力学试验；查明断裂构造和破碎带的位置、规模、产状及力学属性，划分岩体结构类型；查明不良地质作用的类型、性质、分布，并提出防治措施的建议；查明主要含水层的分布、厚度、埋深，地下水的类型、水位、补给排泄条件，预测开挖期间出水状态、涌水量和水质的腐蚀性；城市地下洞室需降水施工时，需提出降水施工措施及参数；查明洞室所在位置及临近地段的地面建筑和地下构筑物、管线情况，预测洞室开挖可能产生的影响，提出防治措施。

详细勘察时，勘探点宜在洞室外侧6～8 m交叉布置，山区地下洞室按地质构造布置，且勘探点间距不应大于50 m，城市地下洞室的勘探点间距，岩土变化复杂的场地宜小于25 m，中等复杂的宜为25～40 m，简单的为40～80 m。

8.9 房屋建筑物工程地质勘察

房屋建筑物是为了满足生产和生活需要，利用所掌握的物质技术手段，并运用一定的科学规律和美学法创造的人工环境，包括工业建筑和民用建筑。工业建筑是指供工业生产使用的建筑物，包括专供生产使用的各种车间、厂房、电站、水塔、烟囱和栈桥等。民用建筑是居民住宅建筑和公共事业建筑的总称。居民住宅建筑是指供居民生活起居使用的建筑物，如住宅、宿舍等。公共事业建筑是指供人们进行社会公共活动的非生产性建筑物，如医院、办公楼、学校、图书馆、影剧院、大会堂、展览馆、体育馆等。

8.9.1 房屋建筑物的工程地质问题

房屋建筑物主要的工程地质问题是地基稳定性，包括地基强度和地基变形两个方面。

1. 地基强度

地基强度通过地基承载力反映。地基承载力是指地基土单位面积上所能承受荷载的能力，包括地基极限承载力和地基容许承载力。地基极限承载力是指地基土发生剪切破坏而即将失去整体稳定性时相应的最小基础底面压力。地基容许承载力是要求作用在基底的压应力不超过地基的极限承载力，并且有足够的安全度，而且所引起的变形不能超过建筑物的容许变形，满足以上两项要求，地基单位面积上所能承受的荷载。

研究地基承载力的目的是在工程设计中必须限制建筑物基底的压力，使其不超过地基的承载能力，以保证地基土不会产生剪切破坏而失去稳定，也不会因为建筑物基础产生过大的沉降或沉降差而使上部结构开裂、倾斜以致影响其正常使用。

地基承载力主要取决于地基土的性质，同时受基础形状、荷载倾斜与偏心、覆盖层抗剪强度、地下水水位、下卧层等的影响。地基承载力可以通过理论公式进行计算，也可采用静力荷载试验、静力触探等原位测试，并结合工程实践经验等方法综合确定。

2. 地基变形

地基变形主要表现为地基在上部结构荷载的作用下产生向下的沉降，包括均匀沉降和不均匀沉降。地基允许产生一定的变形，但不能超过一定的限值，地基变形如果超过建筑物的允许变形，可能会导致建筑物开裂甚至倒塌等安全问题，因此在实际工程中这一情况是不允许发生的。地基变形可通过沉降量、沉降差、倾斜和局部倾斜等指标控制，具体指标选用取决于建筑结构类型。地基变形允许值见表 8.41。

表 8.41　地基变形允许值

<table>
<tr><th colspan="2" rowspan="2">变形特征</th><th colspan="2">地基土类别</th></tr>
<tr><th>中、低压缩性土</th><th>高压缩性土</th></tr>
<tr><td colspan="2">砌体承重结构的局部倾斜</td><td>0.002 0</td><td>0.003</td></tr>
<tr><td rowspan="3">工业与民用建筑相邻柱基的沉降差</td><td>框架结构</td><td>0.002 0l</td><td>0.003l</td></tr>
<tr><td>砌体墙填充的边排柱</td><td>0.000 7l</td><td>0.001l</td></tr>
<tr><td>当基础不均匀沉降时不产生附加应力的结构</td><td>0.005l</td><td>0.005l</td></tr>
<tr><td colspan="2">单层排架结构（柱距为 6 m）柱基的沉降量/mm</td><td>(120)</td><td>200</td></tr>
<tr><td rowspan="2">桥式吊车轨面的倾斜（按不调整轨道考虑）</td><td>纵向</td><td colspan="2">0.004</td></tr>
<tr><td>横向</td><td colspan="2">0.003</td></tr>
<tr><td rowspan="4">多层和高层建筑的整体倾斜</td><td>$H_g \leqslant 24$</td><td colspan="2">0.004</td></tr>
<tr><td>$24 < H_g \leqslant 60$</td><td colspan="2">0.003</td></tr>
<tr><td>$60 < H_g \leqslant 100$</td><td colspan="2">0.002 5</td></tr>
<tr><td>$H_g > 100$</td><td colspan="2">0.002</td></tr>
<tr><td colspan="2">体型简单的高层建筑基础的平均沉降量/mm</td><td colspan="2">200</td></tr>
<tr><td rowspan="6">高耸结构基础的倾斜</td><td>$H_g \leqslant 20$</td><td colspan="2">0.008</td></tr>
<tr><td>$20 < H_g \leqslant 50$</td><td colspan="2">0.006</td></tr>
<tr><td>$50 < H_g \leqslant 100$</td><td colspan="2">0.005</td></tr>
<tr><td>$100 < H_g \leqslant 150$</td><td colspan="2">0.004</td></tr>
<tr><td>$150 < H_g \leqslant 200$</td><td colspan="2">0.003</td></tr>
<tr><td>$200 < H_g \leqslant 250$</td><td colspan="2">0.002</td></tr>
</table>

续表

变形特征		地基土类别	
		中、低压缩性土	高压缩性土
高耸结构基础的沉降量/mm	$H_g \leqslant 100$	400	
	$100 < H_g \leqslant 200$	300	
	$200 < H_g \leqslant 250$	200	

注：1. 本表数值为建筑物地基实际最终变形允许值；
2. 有括号者仅适用于中压缩性土；
3. l 为相邻柱基的中心距离（mm）；H_g 为自室外地面起算的建筑物高度（m）；
4. 倾斜是指基础倾斜方向两端点的沉降差与其距离的比值；
5. 局部倾斜是指砌体承重结构沿纵向 6～10 m 内基础两点的沉降差与其距离的比值

8.9.2 房屋建筑物勘察的基本要求

房屋建筑物的岩土工程勘察，应在收集建筑物上部荷载、功能特点、结构类型、基础形式、埋藏深度和变形限制等方面的资料基础上进行。建筑物的岩土工程宜分阶段进行，可行性研究勘察应符合选择场址方案的要求，初步勘察应符合初步设计的要求，详细勘察应符合施工图设计的要求，场地条件复杂或有特殊要求的工程宜进行施工勘察。

1. 可行性研究勘察

可行性研究勘察应对拟建场地的稳定性和适宜性做出评价，并收集区域地质、地形地貌、地震、矿产、当地岩土工程和建筑经验等资料，在此基础上通过踏勘了解场地的地层、构造、岩性、不良地质作用和地下水等工程地质条件。

2. 初步勘察

初步勘察应对场地拟建建筑地段的稳定性做出评价，并完成以下工作：收集拟建工程的有关文件、岩土工程资料及场地范围内的地形图；初步查明地质构造、地层结构、岩土工程特性、地下水埋藏条件；查明场地不良地质作用的成因、分布、规模、发展趋势，并对场地稳定性做出评价；对于抗震设防烈度等于或大于6度的场地，应对场地和地基的地震效应做出评价；季节性冻土地区，应查明场地的标准冻结深度；初步判定水和土对建筑材料的腐蚀性。

初步勘察的勘探线、勘探点间距应按表8.42确定，局部异常地段应加密。

表 8.42 初步勘察勘探线、勘探点间距

m

地基复杂程度等级	勘探线间距	勘探点间距
一级（复杂）	50～100	30～50
二级（中等复杂）	75～150	40～100
三级（简单）	150～300	75～200

初步勘察的勘探孔深度应按表 8.43 确定。

表 8.43　初步勘察勘探孔深度　　m

工程重要性等级	一般性勘探孔	控制性勘探孔
一级（重要工程）	≥15	≥30
二级（一般工程）	10～15	15～30
三级（次要工程）	6～10	10～20

初步勘察采取土试样和进行原位测试的勘探点应结合地貌单元、地层结构及土的工程性质布置，其数量可占勘探点总数的 1/4～1/2。采取土试样的数量和孔内原位测试的竖向间距，应按地层特点和土的均匀程度确定，每层土均应采取土样或进行原位测试，其数量不宜少于 6 个。

3. 详细勘察

详细勘察应按单体建筑物或建筑群提出详细的岩土工程资料及设计、所需的岩土工程参数，对建筑地基做出岩土工程评价，并对地基类型、基础形式、地基处理、基坑支护、工程降水和不良地质作用的防治提出建议。

详细勘察勘探点的间距应按表 8.44 确定。

表 8.44　详细勘察勘探点的间距

地基复杂程度等级	勘探点间距/m	地基复杂程度等级	勘探点间距/m
一级（复杂）	15～30	三级（简单）	30～50
二级（中等复杂）	10～15		

详细勘察勘探点的布置应符合下列规定：

勘探点宜按建筑物周边点和角点布置，对无特殊要求的其他建筑物可按建筑物或建筑群的范围布置；同一建筑范围内的主要受力层或有影响的下卧层起伏较大时，应加密勘探点，以查明变化；重大设备基础应单独布置勘探点；重大动力机器基础及高耸构筑物，勘探点不宜少于 3 个；勘探手段宜采用钻探和触探相配合，在复杂地质条件、湿陷性土、膨胀岩土、风化岩和残积土地区，宜布置适当探井；详细勘察的单栋高层建筑勘探点的布置，应满足对地基均匀性评价的要求，且不应少于 4 个；对于密集的高层建筑群，勘探点可适当减少，但每栋建筑物至少有一个控制性勘探点。

详细勘察的勘探深度应自基础底面算起，并符合下列规定：

勘探孔深度应能控制主要受力层，当基础底面宽度不大于 5 m 时，勘探孔的深度对条形基础不应小于基础底面宽度的 3 倍，对于单独基础不应小于 1.5 倍，且不应小于 5 m；对于高层建筑和需做变形验算的地基，控制线勘探孔的深度应超过地基变形计算深度；高程建筑的一般性勘探孔应达到基底 50%～100%的基础宽度，并深入稳定分布的土层；对于仅有地下室的建筑或高层建筑的裙房，当不能满足抗浮设计要求，需设置抗浮桩或锚杆时，勘探孔深度应满足抗拔承载力评价的要求；当有大面积地面堆载或软弱下卧层时，应适当加深控制性勘探孔的深度；如果遇到基岩或厚层碎石土等稳定地层时，勘探孔深度可适当调整。

详细勘察采取土试样和进行原位测试应满足岩土工程评价要求，并符合下列要求：

采取土试样和进行原位测试的勘探孔的数量，应根据地层结构、地基土的均匀性和工程特点确定，且不应少于勘探孔总数的1/2，钻探取土试样孔的数量不应少于勘探孔总数的1/3；每个场地每个主要土层的原状土试样或原位测试数据不应少于6件（组），当采用连续记录的静力触探或以动力触探为主要勘察手段时，每个场地不应少于3个孔；在地基主要受力层内，对厚度大于0.5 m的夹层或透镜体应采用土试样或进行原位测试；当土层性质不均匀时，应增加取土试样或原位测试。

基坑开挖后，岩土条件与勘察资料不符或发现必须查明的异常情况时，应进行施工勘察，在工程施工或使用期间，当地基土、边坡体、地下水等发生未曾估计到的变化时，应进行监测，并对工程和环境的影响进行评价。

8.10 边坡工程地质勘察

8.10.1 边坡工程的工程地质问题

边坡包括天然斜坡和人工开挖的边坡。自然界中的山坡、谷壁、河岸等各种斜坡的形成，是地质营力作用的结果。人类工程活动也经常开挖出大量的人工边坡，如路堑边坡，运河渠道、船闸、溢洪道边坡，房屋基坑边坡和露天矿坑的边坡等。

边坡的形成，使岩土体内部原有应力状态发生变化，出现应力重分布，其应力状态在各种自然营力及工程影响下，随着边坡演变而不断变化，使边坡岩土体发生不同形式的变形与破坏。不稳定的天然斜坡和人工边坡，在岩土体重力、水和振动力及其他因素作用下，常常发生危害性的变形与破坏，导致交通中断，江河堵塞，塘库淤填，甚至酿成巨大灾害。在工程修建中和建成后，必须保证工程地段的边坡有足够的稳定性。边坡的工程地质问题，就是边坡的稳定性问题，边坡的工程地质问题主要有以下几个方面。

1. 滑坡

滑坡是斜坡或边坡上的岩土体沿着一定的滑动面整体向下滑动的现象。滑坡的破坏性较大，危害严重，是属于边坡的主要工程地质问题。具体详见第6章。

2. 崩塌

边坡岩土体中被陡倾的张性破裂面分割的块体突然脱离岩体，从陡倾的斜坡上崩落下来，以垂直运动为主，顺斜坡为猛烈翻转、跳跃，最后堆落在坡脚，这种现象和过程称为崩塌。崩塌因发生急剧、短促和猛烈，故常摧毁建筑、破坏道路、堵塞河道，危害很大。例如，我国成昆、宝成、贵昆等铁路沿线，常有崩塌发生，威胁行车安全，造成运输中断。崩塌可通过削坡、遮挡、支挡等方式进行处理。具体详见第6章。

3. 剥落

剥落是指边坡岩土体在外力作用下导致局部破坏，与坡体脱离的现象。剥落主要发生于岩质边坡，剥落导致边坡逐步破坏，坡度减缓，并影响坡脚及坡顶工程安全。剥落可通过抹面、锚喷等方式进行处理。

8.10.2　边坡工程勘察的基本要求

1. 边坡工程勘察应查明的内容

岩土的类型、成因、工程特性、覆盖层厚度，基岩的形态和坡度；地貌形态；岩体主要结构面的类型、产状、延展情况、闭合程度、充填状况、充水状况、力学属性和组合关系，主要结构面和临空面关系，是否存在外倾结构面；地下水的类型、水位、水压、水量、补给和动态变化，岩土的透水性和地下水的出露情况；地区气象条件（特别是雨期、暴雨强度），汇水面积、坡面植被，地表水对坡面、坡角的冲刷情况；岩土的物理力学性质和软弱结构面的抗剪强度。

2. 大型边坡各阶段的勘察要求

（1）初步勘察应收集地质资料，进行工程地质测绘和少量勘探及室内试验，初步评价边坡的稳定性。

（2）详细勘察应对可能失稳的边坡及相邻地段进行工程地质测绘、勘探、试验、观测和分析计算，做出稳定性评价，对人工边坡提出最优开挖坡角，对可能失稳的边坡提出防护处理措施的建议。

（3）施工勘察应配合施工开挖进行地质编录，核对、补充前阶段的勘察资料，必要时进行施工安全预报，提出修改设计的建议。

3. 勘探及试验

勘探线应垂直边坡走向布置，勘探点间距应根据地质条件确定。当遇有软弱夹层或不利结构面时应适当加密。勘探孔深度应穿过潜在滑动面并深入稳定层 2～5 m，除常规钻探外，根据需要探洞、探槽、浅井和斜孔。

主要岩土层和软弱层应采取试样。每层的试验对土层不应少于 6 件，对岩层不应少于 9 件，软弱层宜连续取样。

三轴剪切试验的最高围岩和直接剪切试验的最大法向压力的选择应与试样在坡体中的实际受力情况相近。对于控制边坡稳定的软弱结构面，宜进行原位剪切试验。对于大型边坡，必要时可进行岩体应力测试、波速测试、动力测试、孔隙水压力测试和模型试验。抗剪强度指标应根据实测结果结合当地经验确定，并宜采用反分析方法验证。对于永久性边坡尚应考虑可能随时间的降低效应。

4. 边坡稳定性评价

边坡稳定性评价应在确定边坡破坏模式的基础上进行，可采用工程地质类比法、图解分析法、极限平衡法、有限单元法进行综合评价。各区段条件不一致时应分区段进行。

边坡稳定系数的取值，对新设计的边坡、重要工程宜取 1.30～1.50，一般工程宜取 1.15～1.30，次要工程宜取 1.05～1.15。采用峰值强度时取大值，采用残余强度时取小值。验算已有边坡稳定时，取 1.10～1.25。

8.11 基坑工程地质勘察

进入 21 世纪以来，城市高层建筑在我国如雨后春笋般大量出现。这些高层建筑一般有 1～3 层地下室，相应的基坑工程开挖深度通常为 6～15 m，需要进行深基坑施工。而且一些大城市的地铁工程也相继开始建设施工，随之也带来大量的地下基坑工程。由于高层和其他地下工程的基坑施工经常遇到各种不同的技术问题，包括极其复杂的工程地质和水文地质条件，致使许多基坑工程成为当地建筑工程中投资大、难度高、风险也大的技术工程，从而引起有关主管部门和工程界的广泛重视。

基坑工程设计包括勘察、支护结构设计、降水设计（地下水水位控制）、土方开挖方案设计、监测和环境保护方案设计等内容。基坑工程设计的特殊性与施工密不可分。其施工的每一阶段，外荷载、结构体系等都在变化；施工工艺和施工顺序的变化，支撑形成时间的长短，支撑拆除的顺序和方式，基坑尺寸的大小及气温的变化，都影响最后的计算结果。因此，详细了解各个施工工况对正确进行基坑设计十分重要。

8.11.1 基坑工程的工程地质问题

基坑工程主要的工程地质问题有边坡稳定性、降水引起的周边建筑物的沉降问题等。

1. 边坡稳定性

受基坑周边环境条件影响，在当前建设用地资源紧缺的情况下基坑边坡一般坡度较大，在自然情况下边坡不能保证安全稳定，对基坑工程施工及基础工程和人员安全造成严重威胁，如果土质条件差、基坑周边超载值较大时，边坡破坏的可能性更大。因此，基坑工程一般需要进行基坑支护。基坑支护应保证基坑周边建（构）筑物、地下管线、道路的安全和正常使用及主体结构的施工空间。

基坑支护设计时，应综合考虑基坑周边环境和地质条件的复杂程度、基坑深度等因素，按表 8.45 采用支护结构的安全等级。

表 8.45 支护结构的安全等级

安全等级	破坏后果
一级	支护结构失效、土体过大变形对基坑周边环境或主体结构施工安全的影响很严重
二级	支护结构失效、土体过大变形对基坑周边环境或主体结构施工安全的影响严重
三级	支护结构失效、土体过大变形对基坑周边环境或主体结构施工安全的影响不严重

支护结构选型应综合考虑下列因素：基坑深度；土的性状及地下水条件；基坑周边环境对基坑变形的承受能力及支护结构失效的后果；主体地下结构和基础形式及其施工方法、基坑平面尺寸及形状；支护结构施工工艺的可行性；施工场地条件及施工季节；经济指标、环保性能和施工工期等。支护结构主要有支挡式结构、土钉墙、重力式水泥土墙及放坡等，各类支护结构的适用条件见表 8.46。

表 8.46　各类支护结构的适用条件

<table>
<tr><td colspan="2" rowspan="2">结构类型</td><td colspan="3">适用条件</td></tr>
<tr><td>安全等级</td><td colspan="2">基坑深度、环境条件、土类和地下水条件</td></tr>
<tr><td rowspan="5">支挡式结构</td><td>锚拉式结构</td><td rowspan="5">一级
二级
三级</td><td>适用于较深的基坑</td><td rowspan="5">1. 排桩适用于可采用降水或截水帷幕的基坑；
2. 地下连续墙宜同时用作主体地下结构外墙，可同时用于截水；
3. 锚杆不宜用在软土层和高水位的碎石土、砂土层中；
4. 当临近基坑有建筑物地下室、地下构筑物等，锚杆的有效锚固长度不足时，不应采用锚杆；
5. 当锚杆施工会造成基坑周边建（构）筑物的损害或违反城市地下空间规划等规定时，不应采用锚杆</td></tr>
<tr><td>支撑式结构</td><td>适用于较深的基坑</td></tr>
<tr><td>悬臂式结构</td><td>适用于较浅的基坑</td></tr>
<tr><td>双排桩</td><td>当锚拉式、支撑式和悬臂式结构不适用时，可考虑采用双排桩</td></tr>
<tr><td>支护结构与主体结构结合的逆作法</td><td>适用于基坑周边环境条件很复杂的深基坑</td></tr>
<tr><td rowspan="4">土钉墙</td><td>单一土钉墙</td><td rowspan="4">二级
三级</td><td>适用于地下水水位以上或降水的非软土基坑，且基坑深度不宜大于 12 m</td><td rowspan="4">当基坑潜在滑动面内有建筑物、重要地下管线时，不宜采用土钉墙</td></tr>
<tr><td>预应力锚杆复合土钉墙</td><td>适用于地下水水位以上或降水的非软土基坑，且基坑深度不宜大于 15 m</td></tr>
<tr><td>水泥土桩复合土钉墙</td><td>用于非软土基坑时，基坑深度不宜大于 12 m；用于淤泥质土基坑时，基坑深度不宜大于 6 m；不宜用在高水位的碎石土、砂土层中</td></tr>
<tr><td>微型桩复合土钉墙</td><td>适用于地下水水位以上或降水的基坑，用于非软土基坑时，基坑深度不宜大于 12 m；用于淤泥质土基坑时，基坑深度不宜大于 6 m</td></tr>
<tr><td colspan="2">重力式水泥土墙</td><td>二级
三级</td><td colspan="2">适用于淤泥质土、淤泥基坑，且基坑深度不宜大于 7 m</td></tr>
<tr><td colspan="2">放坡</td><td>三级</td><td colspan="2">1. 施工场地满足放坡条件；
2. 放坡与上述支护结构形式结合</td></tr>
<tr><td colspan="5">注：1. 当基坑不同部位的周边环境条件、土层性状、基坑深度等不同时，可在不同部位分别采用不同的支护形式；
2. 支护结构可采用上、下部以不同结构类型组合的形式</td></tr>
</table>

2. 降水引起的周边建筑物的沉降问题

当地下水水位在基底以上时，基础施工会受到地下水的影响，需进行地下水控制。地下水控制应根据工程地质条件和水文地质条件、基坑周边环境要求及支护结构形式选用截水、降水、集水明排或其他组合。

采用降水方法进行地下水水位控制，根据有效应力原理，土体中的孔隙水压力减小，有效应力将增加，导致地基沉降。如果地基沉降超过周边建筑物的沉降允许值，周边建筑物可能会发生破坏。因此，在进行基坑降水时，应考虑对基坑周边建筑产生的影响。如果影响较大，可考虑采用截水等措施控制地下水水位。

8.11.2 基坑工程勘察的基本要求

需进行基坑设计的工程，勘察时应包括基坑工程勘察的内容。在初步勘察阶段，应根据岩土工程条件，初步判定开挖可能发生的问题和需要采取的支护措施；在详细勘察阶段，应针对基坑工程设计的要求进行勘察；在施工阶段，必要时还应进行补充勘察。

1. 勘察的范围和深度

基坑工程勘察的范围和深度应根据场地条件及设计要求确定。勘察深度宜为开挖深度的 2～3 倍，在此深度内遇到坚硬黏性土、碎石土和岩层，可根据岩土类别和支护设计要求减少深度。勘察的平面范围宜超出开挖边界外开挖深度的 2～3 倍。在深厚软土区，勘察深度和范围尚应适当扩大。在开挖边界外，勘察手段以调查研究、收集已有资料为主，复杂场地和斜坡场地应布置适量的勘探点。

2. 基坑支护勘察和地下水控制

在受基坑开挖影响和可能设置基坑支护结构的范围内，应查明岩土分布，分层提供支护设计所需的抗剪强度指标。土的抗剪强度试验方法，应与基坑工程设计要求一致，符合设计采用的标准，并应在勘察报告中说明。

当场地水文地质条件复杂，在基坑开挖过程中需要对地下水进行控制（降水或隔渗），且已有资料不能满足要求时，应进行专门的水文地质勘察。

当基坑开挖可能产生流砂、流土、管涌等渗透性破坏时，应有针对性地进行勘察，分析评价其产生的可能性及对工程产生的影响。当基坑开挖过程中有渗流时，地下水的渗流作用可通过渗流计算确定。

3. 基坑周边环境勘察

基坑工程勘察，应进行环境状况的调查，查明临近建筑物和地下设施的现状、结构特点及对开挖变形的承受能力。在城市地下管网密集分布区，可通过地理信息系统或其他档案资料了解管线的类别、平面位置、埋深和规模，必要时应采用有效方法进行地下管线探测。

4. 分析计算内容

基坑工程勘察应针对以下内容进行分析，提供有关计算参数和建议：

（1）边坡的局部稳定性、整体稳定性和坑底抗隆起稳定性。

（2）坑底和侧壁的渗透稳定性。

（3）挡土结构和边坡可能发生的变形。

（4）降水效果和对环境的影响。

（5）开挖和降水对临近建筑物及地下设施的影响。

8.12　废弃物处理工程

8.12.1　固体废弃物堆场的特点及主要岩土工程问题

1. 固体废弃物堆场的特点

固体废弃物是指在生产建设、日常生活和其他活动中产生的污染环境的固态、半固态废弃物质。固体废弃物可分为工业固体废弃物、城市生活垃圾和危险废弃物。固体废弃物堆场是处置废弃物的处理工程。

固体废弃物堆场有山谷型、平地型和坑埋型，以山谷型为主。山谷型废弃物堆场的组成如下：

(1) 堤坝：一般为土石坝，在坝内填埋废弃物。

(2) 填埋场：即库区，用以填埋废弃物。有时需设置防渗帷幕，以防止渗出液流出库区。有时需设置截洪沟，用以防止洪水入库。

(3) 封闭系统：对于封闭型填埋场，底部设有防渗衬层，顶部有封盖层，以阻断渗出液和气体对环境的污染。

(4) 水和气的排出系统：包括渗出液集排系统、雨水集排系统、地下水集排系统和气体集排系统。采用井、管道、砂、土工布等构筑，将渗出液导入污水池。

(5) 输送系统：对于水力输送的工业固体废弃物填埋场，一般需先筑初期坝，待废弃物超过初期坝高度时，用废渣材料加高坝，并有输送用的管道、隧道等。

(6) 截污坝、污水池、污水处理厂等。

(7) 监测系统。

(8) 防渗衬层是固体废弃物堆场的关键设施。防渗衬层设在填埋场的底部，具有防止渗漏、防止扩散和吸附污染物的功能。应有足够的强度和适应变形的能力，在发生差异沉降、膨胀收缩和水流冲刷时不致失效。防渗衬层还应具有一定的抗腐蚀能力。

(9) 封闭型堆场顶部还有封盖层。其功能是防止雨水和地表水进入堆场，以及防止废气逸出，污染空气。封盖层应具有一定的强度和抗变形的能力，以适应差异沉降引起的拉应力。

2. 固体废弃物堆场的主要岩土工程问题

(1) 不良地质作用和地质灾害的勘察与防治。洪水、泥石流、滑坡、崩塌、岩溶、地震等不良地质作用和地质灾害，对废弃物堆场的威胁很大。对于山谷型固体废弃物堆场，最危险的地质灾害是洪水和泥石流。它们可以冲垮堤坝，淹没库区，破坏设施，甚至毁坏整个堆场。岩溶、土洞、塌陷等不仅影响堆场稳定，而且造成地下渗漏，污染下游环境。强烈地震不仅使堆场和堆积体产生动力反应，还可引起震陷、液化、滑坡、崩塌、泥石流等次生灾害，危害工程安全。

(2) 堆场的稳定性评价和变形分析。固体废弃物堆场的稳定问题，包括堆场的整体稳定及坝体、坝基、坝肩和库区边坡的稳定，以及废弃物堆积体的稳定。为了保证堆场的整体稳定，填埋场的地形坡度不能太陡。

坝体、坝基、坝肩和库区边坡的稳定分析方法与一般水利工程类似。废弃物堆积体的稳定有外部稳定和内部稳定。外部稳定包括边坡稳定和整体稳定及可使底部防渗衬层产生拉应力的水平拉伸变形。废弃物堆放过程中和堆放体本身的稳定是内部稳定问题。

固体废弃物堆场的变形，包括地基土的变形和废弃物堆积体的变形，可造成坝体的沉降、开裂、侧移，堆积体的沉降、侧移，防渗衬层的破坏和封盖层的开裂。

(3) 堆场的渗漏和污染物运移的预测。坝基、坝肩和库区的渗漏，不仅对稳定有一定影响，还会对水源、农业、生态环境造成污染。分析和评价污染物的运移规律，预测填埋场附近环境的变化是非常突出的岩土工程问题。污染物的运移规律可用弥散理论和水质模型进行研究分析。

(4) 似土废弃物和非土废弃物的物理力学性能。固体废弃物可分为似土废弃物和非土废弃物两类，尾矿、赤泥、灰渣等工业废弃物，主要成分为无机物，类似砂土、粉土或黏性土，可称为似土废弃物。未分选的垃圾，成分非常复杂，含有大量有机物、人工合成材料，与土的成分和性质差别很大，称为非土废弃物。

似土废弃物可用土力学的原理和方法进行试验及研究。测定其颗粒组成、物理性质、强度参数、变形参数、渗透性质、动力性质，研究其应力应变关系，预估沉降，评价边坡稳定性。非土废弃物要取样进行试验一般困难较大，有时可通过对类似物质堆积体的观测，用反分析方法估值。某工程生活垃圾经测定，相对密度为 1.1，总应力法的黏聚力为 1.8 kPa，内摩擦角为 26°，有效应力法的黏聚力为 1.2 kPa，内摩擦角为 36°。

3. 固体废弃物堆场的岩土工程勘察

(1) 勘察阶段。固体废弃物堆场的岩土工程勘察应分阶段进行，可分为可行性研究勘察、初步勘察和详细勘察三个阶段。

1) 可行性研究勘察应主要采用踏勘调查，必要时辅以少量勘探工作，对拟选场地的稳定性和适宜性做出评价。

2) 初步勘察应以工程地质测绘为主，辅以勘探、原位测试、室内试验，对拟建堆场的总平面布置、场地的稳定性、废弃物对环境的影响等进行初步评价，并提出建议。

3) 详细勘察应采用勘探、原位测试和室内试验等手段进行。地质条件复杂地段应进行工程地质测绘，获取工程设计所需的参数，提出设计施工和监测工作的建议，并对不稳定地段和环境影响进行评价，提出治理建议。

(2) 勘察前应收集的资料。固体废弃物堆场勘察前应收集下列技术资料：

1) 废弃物的成分、粒度、物理和化学性质，废弃物的日处理量、输送和排放方式。

2) 堆场（或填埋场）的总容量、有效容量和使用年限。

3) 山谷型堆场的流域面积、降水量、径流量、多年一遇洪峰流量。

4) 初期坝的坝长和坝顶标高，加高坝的最终坝顶标高。

5) 活动断裂和抗震设防烈度。

6) 邻近的水源地保护带、水源地开采情况和环境保护要求。

(3) 勘察内容。固体废弃物堆场的岩土工程勘察应着重查明下列内容：

1) 地形地貌特征和水文气象条件。

2) 地质构造、地层岩性和不良地质作用。

3) 岩土的物理力学性质。

4) 水文地质条件、岩土和废弃物的渗透性。

5) 场地、地基和边坡的稳定性。

6) 污染物的运移规律，及其对水源和岩土的污染，对环境的影响。

7) 筑坝材料，防渗衬层和封盖层用黏土的产地、储量、性能指标及运输条件。

8）地震设防烈度，场地、地基和堆积体的地震效应。

本章介绍处置城市生活垃圾的垃圾填埋场和处置工业废弃物的工业废渣堆场的岩土工程勘察与评价。危险废弃物处理场的勘察还应满足有关规定。

8.12.2　垃圾填埋场

1. 垃圾填埋场的规模和组成

垃圾填埋场的建设应根据城市的规模和特点，结合城市环境卫生规划，合理确定填埋场建设规模和项目构成。中、小城市宜进行区域性规划，集中建设填埋场。

2. 垃圾填埋场的场址选择

（1）选址前应收集的资料。垃圾填埋场的场址选择，应由建设、规划、环保、设计、国土管理、地质勘察等部门有关人员参加。选址前应收集下列基础资料：

1）城市用地规划，区域环境规划，场址周围人群活动分布与城区的关系。

2）城市环境卫生规划和垃圾处理规划。

3）地形、地貌和相关地形图。

4）地质构造、地层岩性等工程地质资料。

5）地下水类型、埋深、流向等水文地质资料及地下水的利用情况。

6）夏季主导风向和风速。

7）降水量、蒸发量等气象资料。

8）周围水系流向和用水状况。

9）洪水泛滥周期（年）。

10）垃圾类型、性质和组成成分。

11）填埋处理的垃圾总量和日处理量。

12）土石料条件，包括取土石料的难易程度、远近和储量。

13）交通运输和供水、供电条件。

（2）选址要求。垃圾填埋场的选址应符合下列要求：

1）填埋场场址的设置应符合当地城市建设总体规划的要求，符合当地城市区域环境总体规划要求，符合当地城市环境卫生事业发展规划的要求。

2）填埋场对周围环境不应产生影响或对周围环境的影响不超过《生活垃圾填埋场污染控制标准》（GB 16889—2024）等规范的规定。

3）填埋场应与当地的大气防护、水土资源保护、大自然保护和生态平衡要求相一致。

4）填埋场场址的选择应重点考虑下列情况：填埋场不应设置在地下水保护区及其补充水源地；填埋场地基和周围地层应能保持长期的稳定或通过不太复杂的工程处理能够达到长期稳定；填埋场场址不能位于有洪水危险、岩石塌方、滑坡和雪崩等不良地质作用发育的地段；为了能长期防止垃圾填埋场排出的污染物影响周围环境，填埋场周围应有较好的天然屏障；场址应有足够的填埋容积，一般至少要有 10 年的使用期限，填埋场宜选在地下水贫乏地区。

5）垃圾填埋场不应设置在下列地区：地下水集中供水的水源地和补给区；洪泛区；淤泥区；填埋区距居民居住区或人畜供水点 500 m 以内的地区；填埋区直接与河流和湖泊相距 50 m 以内的地区；活动的坍塌地带、地下蕴矿区和岩溶发育区；珍贵动植物保护区和国家自然保护区；公园，风景、游览区，文物古迹区，考古学、历史学、生物学研究考察区；军事要地、基地，军工基地和国家保密地区。

垃圾填埋场选址的影响因素见表 8.47。

表 8.47　填埋场选址影响因素和指标

项目	名称	推荐性指标	排除性指标
地质条件	基岩埋深/m	>15	<9
	地层性质	页岩等非常细密、均质，透水性差的岩层	有裂隙的、破碎的碳酸岩层，任何破碎的其他岩层
	地震	0～1 级地区（其他震级在 4 级以上应有防震、抗震措施）	3 级地区（其他震级在 4 级以上应有防震措施）
	地壳结构	距现有断裂>1 600 m	距现有断裂<1 600 m，在考古、古生物学方面的重要意义地区
地形地貌条件	场址位置	高地、黏土盆地	湿地、洼地、洪泛区、漫滩
	地势	平地或平缓的坡地，平面作业法坡度<10%为宜	石坑、砂坑、卵石坑、与陡坡相邻或冲沟，坡度>25%
	土壤层深度/cm	>100	<25
	土壤层结构	淤泥、沃土、黄黏土渗透系数 $K<10^{-7}$ cm/s	经人工碾压，渗透系数 $K>10^{-7}$cm/s
	土壤层排水	较通畅	很不通畅
水文地质条件	排水条件	易于排水的地段和干燥的地表	易受洪水泛滥受淹地段、洪泛平原
	地表水影响	离河岸距离>1 000 m	湿地、河岸边的平地和 50 年一遇的洪水漫滩
	分隔距离	离湖泊、沼泽>1 000 m，与河流相距至少 600 m	与任何河流距离>50 m，至流域分水岭边界 8 km 以内
	地下水	地下水较深地区	地下水渗漏、喷泉、沼泽等
	覆盖层厚度	具有较深的基岩和不透水覆盖层厚>2 m	<2 m，$K>10^{-7}$ cm/s
	水流方向	流向场址	流离场址
	距水源距离	距自备饮水水源>800 m	<800 m
气象条件	降雨量	蒸发量超过降雨量 10 cm	降雨量超过蒸发量地区应做处理
	暴雨量	发生率较低的地区	位于龙卷风和台风经过的地区
	风力	具有较好的大气混合扩散作用下风向，白天人口不密集地区	空气流动不畅，在下风向 500 m 处是人口密集区
交通条件	距离公用设施/m	>25	<25
	距离国家主要公路/m	>300	<50
	距离飞机场/km	10	<8
资源条件	土地利用与现有农田相距/m	>30	<30
	黏土资源	丰富、较丰富	贫土、外运不经济
	人文环境条件、人口密集区位置	人口密集较低地区>500 m，离城市水源>10 km	与公园文化娱乐场所<500 m，距饮水井<800 m，距地表水取水口<1 000 m
	生态条件	生态价值低，不具有多样性、独特性的生态地区	稀有、濒危物种保护区
	使用年限/年	>10	≤8

(3) 选址步骤。填埋场场址选择按下列步骤进行：

1) 场址初选。根据城市总体规划、区域地形、工程地质和水文地质资料确定多个候选场址。

2) 场址推荐。对候选场址进行踏勘，并通过对场地的地形、地貌、工程地质、水文地质、植被、水文、气象、交通运输、覆盖土源和人口分布等进行对比分析，征求当地政府意见，确定 2 个以上（含 2 个）的预选场址。

3) 场址确定。对预选场址进行技术、经济和环境的综合比较，提出首选方案，完成可行性研究报告（或选址报告），通过审查确定场址。

3. 垃圾填埋场的岩土工程勘察

垃圾填埋场的岩土工程勘察，除按照一般的工程勘察的基本要求进行外，还应结合填埋场的工程特点、填埋场的建设规模及填埋场所处的地质环境特点进行。

填埋场的场区道路工程、配套工程、生产管理与生活服务设施的勘察工作可参照有关的现行规范。

填埋场的岩土工程勘察阶段可划分为选址勘察、初步勘察和详细勘察。

(1) 选址勘察。场址选择对于填埋场的投资影响很大，对于岩土工程勘察工作者，选址勘察的主要任务是配合建设、规划、环保、环卫、设计、国土管理、水利、卫生防疫等参与选址部门的人员做好以下几个方面的工作，并对拟建场址的稳定性和适宜性做出评价。

收集区域地质、地形地貌、地震、矿产水源、自然灾害（洪水、侵蚀）、自然地理、人文环境、城市整体规划条件和附近地区的工程地质、水文地质和岩土工程资料，了解拟填埋的垃圾的类型、性质、成分、来源。通过踏勘，初步了解场地的主要地层、构造、岩土性质，地下土层结构和渗透情况，不良地质作用（重点是采空区、岩溶发育区）及地下水水位深度、流向等。调查了解并收集天然水体保护方面的资料，包括地表水存量、地下水存量、地表水流向、周围水系流向、用水状况及排水沟渠情况、污水排放去向。

选址勘察的主要工作方法以调查了解为主，但对工程地质与岩土条件较复杂、已有资料和踏勘尚不能满足要求的场地，应进行工程地质测绘和必要的勘探工作。

(2) 初步勘察。初步勘察应密切结合初步设计，对选定的填埋场场址内的主体工程、配套工程及生产管理与生活服务设施等建筑或构筑物地段的稳定性做出评价，为确定填埋场建（构）筑物总平面布置，选择主要建（构）筑物的地基基础方案和不良地质作用的防治对策进行论证，选择防止污染周围环境的初步方案并初步获得相关参数。

初步勘察应进行下列工作：收集本项目的可行性研究报告、选址报告、场址地形图、工程地质、水文地质、环境地质、项目规模等文件资料。初步查明地层、构造、岩土性质、冻土地区标准冻结深度，不良地质作用的成因、分布及其对场地稳定性的影响程度和发展趋势。当场地条件较复杂，尚应进行工程地质、水文地质测绘和调查。其中对于地层的勘察工作应重点放在对地层渗透性的勘察方面。调查当地的水源地分布情况、供水量，地下水、地表水的历年资料和当地的地下水、地表水的管理制度，预测拟建场地未来的地下水、地表水变化趋势。对于抗震设防烈度等于或大于 6 度的场地，应进行初步判定场地和地基的地震效应。

勘探线应垂直地貌单元边界线、地质构造线及地层界线。勘探点一般按勘探线布置，在每个地貌单元和地貌交接部位均应布置勘探点，同时在微地貌单元和地层变化较大的地段应予以加密。在地形平坦地区，勘探点可按方格网布置。勘探线、点的间距可根据地形地貌条件、地层条件等因素考虑，勘探线间距为 150～200 m，勘探点间距为 75～200 m。

勘探孔分为一般孔和控制孔。控制孔深度为20～30 m，一般孔深度为8～20 m。控制孔宜占勘探孔总数的1/5～1/3，且每个地貌单元、水文地质单元均应有控制孔。当深度范围内遇见相对隔水层时，一般孔深度应加深至钻穿相对隔水层。

采取土、水试样和原位测试应满足以下要求：采取土试样和进行原位测试的孔、井在平面上应均匀布置，其数量一般占勘探孔总数的1/4～1/2。取土数量或原位测试的竖向间距，应按地层特性和土的均匀程度确定。各土层一般均需取样或取得测试数据。勘探深度范围内遇见地下水时应选取有代表性的水试样进行水质分析。对于黏性土需进行室内渗透试验，必要时进行抽水试验获得土层的渗透系数。

初勘阶段可运用物探方法，以提供拟建填埋场范围内的地下水分布和地基土层的资料。物探应与钻探方法配合使用，与钻探成果相比才能提供较为准确的资料。对于地下水水位较高的拟建场地可根据需要进行地下水的监测，监测内容包括水位、水质和流向等。勘探钻孔完成后应采用水泥黏土浆回填封闭钻孔。

（3）详细勘察。详细勘察应配合设计进行，对选定的填埋场场址内的主体工程、配套工程及生产管理与生活服务设施等建筑物或构筑物提出详细的工程地质资料和设计所需的岩土技术参数，对建筑地基做出岩土工程分析评价，为基础设计、地基处理、不良地质作用的防治等具体方案做出论证、结论和建议并提供相应的参数。

1）详细勘察应进行下列工作：收集本项目的初步设计方案、详细勘察要求、初步勘察报告等文件资料。查明拟建场地地貌特征，各建（构）筑物的地层、构造、岩土性质，不良地质作用的成因、分布及其对场地稳定性的影响程度和发展趋势。其中，对于填埋场地层的勘察工作除应查明地基承载力和地基沉降计算参数外，还应重点放在对地层渗透性的勘察方面，并评价填埋场运营后地基的渗漏性及渗漏对地下水污染的可能性，同时提供防止渗漏的方案建议。查明勘察深度范围内场地地下水情况，流向、水力梯度和流速，包括长期和季节性的变化；查明含水层、隔水层的分布、厚度和埋藏深度；查明地下水水位及其发展变化趋势；查明地下水的化学性质、腐蚀性物质；圈定地下水的保护区范围，查明暂时或长期降低地下水水位及将来恢复地下水水位对场地的影响；查明邻近地表水体的影响及其与地下水的关系；查明接受地下水补给河流的情况及洪水与潮汐的影响；查明有效降雨量，地面径流、渗漏率、地表蒸发及地下水补给情况。查明地基土和地下水的污染背景，调查当地消除土、水污染的经验。对于抗震设防烈度等于或大于6度的场地，应判定场地和地基的地震效应。

2）勘探工作量布置要求：当选定的填埋场场地地质条件复杂时，可根据实际需要，进行工程地质、水文地质测绘工作。测绘范围应包括填埋区及其周围对填埋场场地稳定性有影响的地区。测绘比例尺可选用1∶200～1∶12 000，用于稳定性整治设计时其比例尺为1∶200～1∶500。测绘工作除满足一般要求外，重点应注意调查不良地质作用及其成因和发展变化趋势，地表水和地下水的补给、排泄情况。

对于填埋区勘探点一般按方格网布置，勘探点间距一般为30～60 m，在每个地貌单元和地貌交接部位均应布置勘探点，同时在微地貌单元和地层变化较大的地段应予以加密。控制性勘探孔深度应能满足稳定性评价和渗透性评价的需要，一般情况下，控制性勘探孔深度为预计填埋高（深）度的1.5倍，一般性勘探孔深度为预计填埋高（深）度的1倍。控制性勘探点为勘探点总数的1/4～1/3，在每条剖面线上不少于2～3个控制性勘探点。勘探孔深度可根据现场勘探结果进行调整。对于其他配套工程和生产管理与生活服务设施等建（构）筑物的勘探工作量布置可按有关规范的规定执行。勘探孔完成后应采取水泥黏土浆回填封闭钻孔。

3）测试工作要求：采取土试样和进行原位测试的孔、井应均匀布置，其数量一般占勘探孔总数的 1/3～1/2。取土数量或原位测试的竖向间距，应按地层特性和土的均匀程度确定，对需要统计物理力学指标的主要地层，每层土取样数量不宜少于 10 个。勘探深度范围内遇见地下水时应选取有代表性的水试样进行水质分析。对于填埋区黏性土除进行室内的渗透试验外，尚可根据地下水水位和含水层的情况进行注水试验或抽水试验等，以获得土层的渗透系数。地下水流向、流速等的测定应选取合适的测试方法。

必要时，可采取适当的检测手段对地下水水位、水质、流向进行长期监测。

思考题

1. 勘察等级如何划分？
2. 勘察阶段如何划分？各阶段的目的、要求和主要方法是什么？
3. 工程地质测绘的范围、比例尺和精度要求有哪些？
4. 工程地质测绘的方法有哪些？
5. 简要说明电阻率法的基本原理。
6. 不同等级的土样可进行哪些试验？
7. 根据荷载试验如何确定地基承载力？
8. 说明静力触探试验的类型及其测定的指标。静力触探的应用主要有哪些？
9. 说明圆锥动力触探类型及规格。根据圆锥动力触探如何评价碎石土的密实度？
10. 根据标准贯入试验如何评价砂土的密实度？如何判别砂土液化？
11. 岩土参数标准值如何确定？
12. 岩土工程勘察报告的内容有哪些？
13. 场地类别如何划分？
14. 根据液化指数如何判别液化等级？
15. 简述公路工程勘察的基本要求。
16. 简述桥梁工程勘察的基本要求。
17. 地下洞室围岩如何分类？简述地下洞室勘察的基本要求。
18. 简述房屋建筑物勘察的基本要求。
19. 简述边坡工程勘察的基本要求。
20. 简述基坑工程的主要工程地质问题。
21. 简述基坑工程勘察的基本要求。

计算题（答案请扫描下方二维码）：

1. 某建筑物地基，地面下 3～18 m 为粉砂层，地下水水位埋深 3 m，标准贯入试验平均击数 $N_{63.5}=16$，试以临界标贯击数方法判断该土层 10 m 深度处在发生地震烈度为 8 度的地震时是否发生液化（已知设计基本地震加速度为 0.2g，地震分组为第一组）。

2. 某场地钻孔地质资料见表 8.48，试确定该场地类别。

表 8.48　某场地钻孔地质资料

土层名称	土层底部深度/m	土层厚度/m	土层波速/（$m \cdot s^{-1}$）
填土	2.0	2.0	160
粉砂	11.0	9.0	180
粉土	16.0	5.0	470
砾砂	28.0	12.0	480

3. 某黏性土 6 组试样的黏聚力试验结果分别为 24 kPa、23 kPa、26 kPa、29 kPa、22 kPa、23 kPa，试计算该黏性土黏聚力的标准值。

4. 某场地地下水水位埋深 $d_w=5.0$ m，1、2 两点分别位于地面下 8.0 m、16.0 m 深度，地面下土层分布及 1、2 两点的标准贯入试验平均击数 N_1 与 N_2 如图 8.22 所示：(1) 试分别计算 1、2 两点的液化判别标准贯入锤击数临界值 N_{cr}，并判断 A、B 两点是否发生液化；(2) 试计算该场地的液化指数 I_{le}（已知：$\rho_c=3$，$N_0=10$，$\beta=0.8$）。

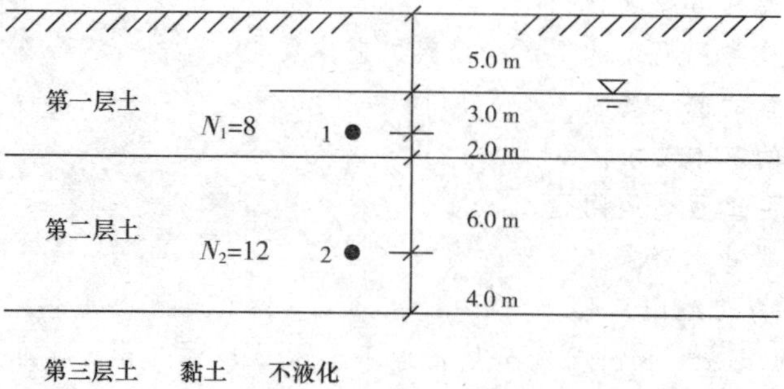

图 8.22　4 题图

第 9 章

室内地质分析应用技能训练

教学与学习目标

学习目标：通过本章学习，学生应掌握鉴别各种矿物类别、地质构造的技能，以及能准确绘制出节理玫瑰花图。

重点：本章的重点是绘制节理玫瑰花图。

难点：本章的难点是绘制节理玫瑰花图。

思维导图

素质目标：通过实习实训，培养学生对矿物和岩石外观特征的观察能力，促进学生之间的合作与交流，从而提高学生分析问题及解决问题的能力。

9.1 实训—矿物的鉴别

9.1.1 目的要求

(1) 初步学会观察描述矿物的颜色、条痕、透明度、光泽。

(2) 初步学会鉴别矿物的硬度、解理、断口、相对（质量）密度和磁性。

(3) 初步掌握矿物硬度、解理、断口、相对（质量）密度和磁性的分类或分级标准。

(4) 初步学会描述矿物的物理性质。

9.1.2 实训内容和方法

1. 矿物的颜色

根据矿物颜色产生的原因，观察自色、他色和假色。

自色：自然硫、方铅矿、蓝铜矿；他色：紫水晶、烟水晶；假色：斑铜矿（锖色）、云母（晕色）。

观察矿物的颜色应在矿物的新鲜面上或解理面上进行。最常用来描述矿物颜色的是标准色谱法和类比法，如果矿物的颜色为两种颜色的混合色，则可采用双重命名法，即把主要颜色放在后面，次要颜色做形容词放在主要颜色前面。亮度（色彩）放在最前面来形容主、次颜色。

例如暗蓝绿色，即主要是绿色，带有蓝色色调，亮度低，色彩阴暗。

2. 矿物的条痕

将矿物在无釉瓷板上磨划后所留下的痕迹就是该矿物的条痕。观察磁铁矿、黄铜矿、赤铁矿、石墨的条痕，并对比这些矿物标本的颜色和条痕之间的关系。描述矿物条痕的方法与描述矿物的颜色相同。

3. 矿物的透明度

矿物的透明度分为透明（水晶、冰洲石和石膏）、半透明（闪锌矿和锡石）、不透明（石墨、黄铁矿和磁铁矿）。肉眼划分矿物的透明度时，通常是透过矿物碎块边缘观察其他物体来进行的。能清晰地看到对方物体轮廓的为透明；只能模糊地看到对方物体存在的为半透明；不能见到对方任何物体存在的为不透明。

4. 矿物的光泽

观察下列四个等级的光泽和五种特殊光泽。

(1) 四个等级：金属光泽（方铅矿、黄铁矿）、半金属光泽（赤铁矿、铁闪锌矿）、金刚光泽（金刚石、辰砂）、玻璃光泽（石英、长石、方解石）。

(2) 五种特殊光泽：油脂光泽（石英或霞石的断口）、树脂光泽（闪锌矿断口）、珍珠光泽[白云母或透石膏（解理面上）]、蜡状光泽（叶蜡石或蛇纹石）、土状光泽（高岭石或褐铁矿）。

肉眼鉴别上述四个等级的光泽时，应选择面积较大、平坦而新鲜的表面，反复观察，并与已知光泽的标准矿物进行对比鉴别光泽。

5. 矿物的硬度

低硬度矿物（能被指甲刻伤）：滑石；中等硬度矿物（能被小刀刻伤，但指甲刻不动）：黄铜矿、萤石；高硬度矿物（小刀刻不动）：黄铁矿、石英、长石等。

测试矿物硬度时，应尽量选择在颗粒大的单晶体新鲜面上进行，要避免在细粒状、土状、粉末状或纤维状集合体上测试硬度。

6. 矿物的解理

观察下列矿物的解理等级：极完全解理（白云母、辉铜矿）、完全解理（方解石、方铅矿、正长石）、中等解理（普通辉石）、不完全解理（磷灰石、绿柱石）、极不完全解理（石英、石榴籽石）。

选择较大的晶体颗粒，对着阳光转动标本观察解理（不要把它与晶面、断口混淆）的有无。若矿物颗粒太小，肉眼难以判断时，可在体视显微镜下观察。

7. 矿物的断口

观察下列矿物的断口：贝壳状断口（石英）、锯齿状断口（自然铜）、参差状断口（磷灰石或蔷薇辉石）、土状断口（高岭石）。

8. 矿物的相对密度

矿物的相对密度可粗分为三级：轻级 <2.5；中级 $2.5\sim4$；重级 >4。用手掂量相对密度时，通常将未知矿物与标准矿物进行比较，以估计其近似的相对密度。

9. 矿物的磁性

肉眼鉴定矿物时，通常用马蹄形磁铁测试矿物的磁性。磁性分为三级：强磁性（矿物粉末能被马蹄形磁铁吸引并位移，如磁铁矿）；弱磁性（矿物粉末能被马蹄形磁铁吸引但不位移，如铬铁矿）；无磁性（矿物粉末不能被马蹄形磁铁吸引，如石英）。

9.1.3 实训报告的内容与格式

在观察和试验的基础上，按表 9.1 和表 9.2 的内容逐项认真填写。

表 9.1　矿物的物理性质（一）

班级：　　　　　　姓名：　　　　　　实训日期：

标本号码 矿物名称	颜色	条痕	透明度	光泽

表 9.2　矿物的物理性质（二）

班级：　　　　　　姓名：　　　　　　实训日期：

标本号码 矿物名称	硬度	解理	断口	相对密度	磁性

9.1.4 思考题

(1) 矿物的颜色、条痕、透明度、光泽之间有何关系？

(2) 为什么矿物的条痕要比矿物的颜色稳定？

(3) 测试矿物硬度时应注意哪些事项？

(4) 如何区别解理面和晶面？

9.2 实训—岩浆岩的鉴别

9.2.1 目的要求

通过对各类岩浆岩的观察和描述，应基本掌握各类岩石的矿物成分、矿物共生组合及结构、构造、次生变化等主要岩性特征，从而培养肉眼鉴定岩石的能力。

9.2.2 实训标本

(1) 鉴定描述超基性和基性岩的标本——辉长岩、辉岩、玄武岩。

(2) 鉴定描述中性岩的标本——闪长岩、安山岩、正长岩、正长斑岩。

(3) 鉴定描述酸性岩的标本——花岗岩、花岗斑岩、流纹岩。

(4) 鉴定描述碱性岩和脉岩的标本，包括霞石正长岩、伟晶岩、细晶岩。

9.2.3 实训内容

岩浆岩的手标本，在肉眼鉴定时的观察描述内容包括岩石的颜色、结构、构造和矿物成分，最后予以定名。

1. 颜色

岩石的颜色是指组成岩石的矿物颜色的总和，而非某一种或几种矿物的颜色。岩浆岩的颜色，大致可分为浅色、中色和暗色二种。实习时，应分出原生色（新鲜面的颜色）及次生色（经过次生变化后风化面的颜色）。

(1) 深成岩的颜色深浅，是暗色矿物含量和浅色矿物含量比率的反映。辉长岩、橄榄岩为深色；闪长岩为中色；花岗岩、霞石、正长岩为浅色。

(2) 浅成岩的颜色深浅，多受矿物粒度大小、结晶程度的影响。如微晶和隐晶质岩石比相同成分的深成岩颜色深。

(3) 喷出岩的颜色深浅，受到岩石成分、次生变化、结晶程度等方面的影响；另外，还受到强烈氧化、燃烧作用的影响。通常玄武岩类多呈黑色、黑绿色；蚀变后呈中绿色或浅绿色；安山岩类呈深灰色、暗紫色或紫红色；流纹岩类呈浅灰色或粉红色。

2. 结构、构造

岩浆岩按结晶程度可分为结晶质结构和非晶质（玻璃质）结构。岩浆岩按颗粒绝对大小又可分为粗、中、细粒结构，以及微晶、隐晶等结构。其中特别应注意微晶、隐晶和玻璃质结构的区别。

岩浆岩的常见构造为块状构造，其次为气孔、杏仁和流纹状构造等。仅在少数手标上可见到其他构造，如斑杂和条带状等构造。

显晶质岩石，其主要造岩矿物粒度大致相等时，应写出粒度与习惯用结构名称。如中粒辉长结构、粗粒花岗结构、中粒二长结构、粗粒半自形结构等。

3. 矿物成分

对于显晶质结构的岩石，应注意观察描述各种矿物，特别是主要矿物的颜色、晶形、解理、光泽、断口、双晶等特征，并且估其含量（注意每种矿物应选择其最具特征的性质进行描述）。尤其注意以下几方面：

(1) 观察有无长石出现。若有长石出现则应鉴定长石的种类，并分别目估其含量。

(2) 观察有无石英、橄榄石、副长石出现。若有石英出现，则为酸性岩；若有橄榄石出现，则为超基性和基性岩；若有副长石出现则为碱性岩。必须指出：石英和橄榄石、副长石为不共生矿物。它们在岩石中的形态均为粒状；具有不完全或极不完全解理；贝壳状断口，断口为油脂光泽，故易混淆，应注意识别。在肉眼下，有几种常见矿物的区别见表9.3。

表 9.3　几种常见矿物的区别

矿物＼特征	颜色	风化及风化产物	共生的长石类型
石英	白色、无色	不易风化，表面干净	常与碱性和酸性斜长石共生
橄榄石	绿色、墨绿色	易风化成褐色伊丁石	常与基性斜长石共生
霞石	常带浅红色	易风化成高岭土，故表面不干净	常与碱性长石共生

(3) 鉴定暗色矿物的成分，并且估其含量。特别注意辉石和角闪石，以及它们和黑云母的区别。

(4) 对于具斑状结构或似斑状结构的岩石，则应分别描述斑晶和基质的成分、特点及含量。基质若为隐晶质，则可用色率和斑晶推断其成分；若为玻璃质，则只能用斑晶来推断。

(5) 在喷出岩中，浅色矿物常出现高温变种或高温低压变种，如正长石斑晶多为高温透明的透长石；石英斑晶多为烟灰色高温石英。铁镁暗色矿物常出现暗化边（但肉眼不易观察到）。在鉴定和描述时，应特别注意这些矿物的特点。

对矿物成分的观察和描述应包括以下内容：矿物名称、物性特点、粒度大小、百分含量等。

对于显晶质等粒结构的岩石，应描述主要矿物、次要矿物、副矿物、次生矿物。描述时应按含量多的先描述，含量少的后描述，即“先多后少”的顺序。

对矿物特征的描述应包括以下几方面：颜色、形态及鉴定特征（包括可反映岩石的结构、构造等特征）、粒度、目估百分含量等。

岩石具斑状或似斑状结构时，首先，指明斑晶矿物在整个岩石中的目估百分含量；其次，以斑晶矿物含量“先多后少”的顺序描述其特征；最后，描述基质中矿物的特征，如矿物粒度呈细粒时，其描述顺序与要求同前述。当基质粒度小于细粒时，只要求指明主、次要矿物，不要求做详细描述。

9.2.4　岩石的命名

岩浆岩的命名一般为颜色＋结构＋（构造）＋基本名称，如肉红色粗粒花岗岩。喷出岩有时仅用（颜色）＋构造＋基本名称，如气孔状玄武岩。对于玻璃质的岩石，常按其特征予以命名，如具珍珠裂隙者，称为珍珠岩；具油脂光泽者，称为松脂岩；具玻璃光泽和贝壳状断口者，称为黑曜岩；对于不具任何特征者，则需通过化学分析方能确定岩石的名称。

9.2.5　岩浆岩手标本描述实例

1. 深成岩——橄榄辉长岩

肉眼描述：新鲜面暗灰色，风化面暗褐色。中粒辉长结构，颗粒均匀，颗粒直径为 2～5 mm。块状构造。岩石比较新鲜。暗色矿物主要为黑色的辉石，呈近于短轴状的颗粒，有时可见解理。其次，可见少量黄绿色（或暗绿色）、油脂光泽的橄榄石和具珍珠光泽的黑云母。暗色矿物含量约 50%。浅色矿物为斜长石，呈长板状，白色至灰色，玻璃光泽，含量约 50%。

2. 浅成岩——闪长玢岩

肉眼描述：浅灰色，斑状结构，块状构造。斑晶成分为灰白色板状斜长石和绿色柱状角闪石，斑晶直径为 1～6 mm；斑晶占岩石体积的 30%左右。基质为隐晶质结构。

3. 喷出岩——流纹岩

肉眼描述：浅紫色，斑状结构，流纹构造，气孔构造，斑晶成分为石英和透长石。石英为不规则粒状，无色，油脂光泽，贝壳状断口。透长石为柱状，无色透明，玻璃光泽，有解理。基质为隐晶质，浅紫色为主，夹杂有粉红和白色，稍有拉长的气孔和柱状透长石组成的定向排列，斑晶直径为 1～2 mm，约占岩石体积的 15%。

9.2.6 作业

（1）提交辉长岩、辉绿岩、玄武岩、闪长岩、正长岩、安山岩、花岗岩、流纹岩、霞石正长岩、伟晶岩、细晶岩的实训报告。

（2）对比酸性、中性、基性和超基性岩的特点。

9.3 实训一沉积岩的鉴别

9.3.1 目的要求

（1）观察和熟悉沉积岩的主要构造类型及其特征。

（2）观察和熟悉陆源碎屑岩、火山碎屑岩的结构特征（碎屑颗粒的粒度、形态、胶结物的结构及胶结类型）及分类命名原则。

（3）掌握石灰岩的分类及分类命名原则。掌握白云岩和硅质岩及其过渡岩石的观察与描述方法，以及分类和命名原则。

9.3.2 实训内容

肉眼观察和描述下列岩石标本：

（1）水平层理、平行层理、波状层理、交错层理、波痕、泥裂、缝合线。

（2）砾岩、角砾岩、石英砂岩、黏土岩、泥岩、页岩。

9.3.3 实训方法和步骤

（1）鉴别确定岩石中的碎屑成分，并估计其含量。

（2）实际测量（薄片中）和估测（手标本上）碎屑颗粒的粒径（最大、最小和一般粒径）。也可利用粒度管或粒度盘及较标准的标本进行对比，并确定岩石的分选程度。

（3）鉴别碎屑颗粒的磨圆度。

（4）鉴别填隙物的成分。认真仔细区别不同类别的胶结物：

1）硅质胶结物：白色、致密状、硬度大于小刀、加盐酸不起泡。

2）铁质胶结物：岩石往往呈紫红色。

3）碳酸盐质胶结物：浅灰—浅绿色、加盐酸起泡。

4）海绿石胶结物：暗绿色、风化后使岩石带绿色斑痕。

5）泥质杂基胶结物：灰色、褐色、硬度小、岩石易破碎松散、加盐酸不起泡。

（5）区分岩石的支撑性质，并尽可能地区分出基底式、孔隙式、接触式等胶结类型。

（6）泥质岩因为矿物颗粒非常细小，肉眼无法鉴定，所以要注意其颜色及各种物理性质的观察。

（7）要注意观察泥质岩的断口和手触摸时的感觉，据此判断其结构类型及与砂岩的区别。

（8）正确区分层理和页理；利用颜色、条痕及加酸起泡与否等，区别各种不同类型的页岩。

（9）观察时要注意区分沉积角砾和火山角砾。火山角砾多为火山岩岩屑，呈棱角状，颜色常为紫红色、灰绿色等，常具斑状结构。

（10）凝灰岩的外貌很像细砂岩、粉砂岩，区别在于颜色较特殊，常为紫红色、灰绿色等，有时颜色分布很不均匀。凝灰岩中晶屑多呈棱角状，破碎及熔蚀现象明显，晶面常有较多的裂纹。凝灰岩与火山熔岩也很相似，但凝灰岩具火山碎屑结构，表面粗糙等。

9.3.4　描述实例

1. 砾岩

灰色。砾状结构，胶结紧密，标本呈块状构造。其中砾石占 70%，填隙物占 30%。砾石大小不一，粒径一般为 2～20 mm，以 2～10 mm 为主。砾石呈圆状及次圆状，少数次棱角状，断面多呈椭圆及长条形。砾石以石灰岩和白云岩为主，还有少量喷出岩和硅质岩。填隙物浅灰绿色，多为与砾石成分相同的砂及粉砂，砂及粉砂间有钙质、泥质等填隙物，属基底式胶结类型。

2. 紫褐色中粒铁质砂岩

暗紫褐色，颜色分布不均匀。中粒砂状结构，标本呈块状构造。碎屑含量占整个岩石的 85%左右，胶结物约占 15%。砂粒绝大多数是石英，粒径为 0.15～1 mm，分选性好，大小比较一致。胶结物主要为氧化铁，分布不均匀，局部聚集成团块。岩石为颗粒支撑，呈孔隙式胶结。

3. 含粉砂泥岩

浅灰色。含粉砂泥质结构，块状构造。断口不太平滑，手摸略有粗糙感。在水中不易泡软，加盐酸不起泡。由此推断主要由黏土矿物组成，含少量粉砂。

4. 页岩

砖红色。泥质结构，页理构造。由于岩石受到轻微变质，使其页理不甚明显。断口呈贝壳状。岩石主要由铁质及黏土矿物组成。

5. 火山角砾岩

褐红—紫红色。火山角砾结构，块状构造。岩石中火山碎屑占 90%以上，其中以粒径为 10～20 mm 的熔岩角砾为主（约占 75%），另外含少量长石和石英晶屑及玻璃屑。火山角砾外形不规则，呈尖棱角状。火山角砾为褐红色细小的凝灰胶结。岩石次生变化不明显。

6. 竹叶状灰岩

（1）颜色：灰绿色略带灰红色，颜色分布不均匀。

（2）矿物成分：绝大多数由方解石组成，含微量的铁质。

（3）结构组分：

1）颗粒：主要为砾屑，圆度好，断面呈长椭圆形，似竹叶状，大小不一，表面被氧化铁包围。砾石成分为泥晶灰岩，还有少量砂屑，其成分也是泥晶灰岩，充填于砾屑之间。

2）填隙物：主要为泥晶基质，均已不同程度地重结晶。

(4) 结构：砾屑结构；颗粒支撑为孔隙式胶结。

7. 泥晶白云岩

暗灰色。隐晶结构，手标本呈块状构造。岩石致密，断口呈贝壳状，加盐酸微弱起泡。岩石由泥晶白云岩组成。

8. 硅质条带石灰岩

灰色。隐晶—粉晶结构，条带状构造。岩石由浅灰的粉晶石灰（约占岩石的 70%）和暗灰色的硅质条带（约占岩石的 30%）组成。石灰岩由粉晶方解石组成，加盐酸剧烈起泡，断口略粗糙不平。硅质条带由燧石组成，致密，硬度大于小刀。

9.3.5 作业

提交角砾岩、石英砂岩、粗砂岩、泥岩、页岩的实训报告。

9.4 实训—变质岩的鉴别

9.4.1 目的要求

掌握接触变质岩、区域变质岩、动力变质岩等主要岩石类型的岩性特征及分类命名原则。掌握常见变质岩的观察及描述方法。

9.4.2 实训内容

肉眼观察和描述下列岩石标本：

(1) 火山角砾岩、白云岩、砾屑（竹叶状）灰岩、大理岩、石英岩、页岩。

(2) 板岩、千枚岩、片岩、片麻岩。

9.4.3 实训方法和步骤

(1) 变质岩结构、构造的观察步骤一般是首先确定结构、构造的成因类型，如变余结构、变晶结构、碎裂结构、变余构造、变成构造等；其次进一步定出结构、构造的具体名称（如变晶结构则可根据变晶矿物的粒度、形状、相互关系等确定为粒状变晶结构、纤维变晶结构等）。当一种岩石同时具有几种不同的结构、构造时，应分清主次，采用综合描述的方法，即把次要结构、构造放在前面，主要结构构造放在后面，如纤维鳞片变晶结构、鳞片花岗变晶结构、千枚板状构造等。对于斑状变晶结构的观察，除观察变斑晶与基质的相互关系外，还应观察描述变斑晶和基质本身的结构，如基质的重结晶程度、粒度大小，变斑晶中有无包裹体等。例如某石榴二云片岩，则是基质具花岗鳞片变晶的斑状变晶结构，而变斑晶本身还具残缕结构。

(2) 对比变质岩结构、构造与岩浆岩、沉积岩结构、构造的区别，如变晶结构与结晶结构的区别；斑状变晶结构与斑状结晶结构的区别；结晶片理与层理的区别等。

(3) 观察区域变质岩时，应首先以结构、构造和矿物组合相结合的原则，确定出岩石的基本名称，如板岩、千枚岩、片岩等。在此基础上，根据岩石中主要矿物、次要矿物、特征变质矿物等进行详细命名。

(4) 在实训中，要注意下列相近岩石的区别：板岩、千枚岩；片岩、片麻岩；角斜长片麻岩、斜长角闪岩、角闪岩；片麻岩、麻粒岩；麻粒岩、榴辉岩。

9.4.4　描述实例

1. 板岩

常见颜色为深灰色、黑色；变余结构。常见变余泥状结构或致密隐晶结构；板状构造；黏土及其他肉眼难辨矿物。

2. 千枚岩

通常呈灰色、绿色、棕红色及黑色；变余结构，或显微鳞片状变晶结构；千枚状构造；肉眼可辨的主要矿物为绢云母、黏土矿物及新生细小的石英、绿泥石、角闪石矿物颗粒。千枚岩的质地松软。强度低，抗风化能力差，容易风化剥落，沿片理倾向容易产生塌落。

3. 片岩类

变晶结构；片状构造，故取名片岩；岩石的颜色及定名均取决于主要矿物成分。例如，云母片岩、角闪石片岩、绿泥石片岩、石墨片岩等。片岩的片理一般比较发育，片状矿物含量高，强度低，抗风化能力差，极易风化剥落，岩体也易沿片理倾向塌落。

4. 片麻岩类

变晶结构；片麻状构造；浅色矿物多粒状，主要是石英、长石；深色矿物多针状或片状，主要是角闪石、黑云母等，有时含少量变质矿物，如石榴籽石等。片麻岩进一步定名也取决于主要矿物成分，如花岗片麻岩、闪长片麻岩、黑云母斜长片麻岩等。片麻岩强度较高，如果云母含量增多，强度相应降低。

5. 混合岩类

混合岩类在区域变质作用下，地下深处重熔带高温区，大量岩浆携带外来物质进入围岩，使围岩中的原岩经高温重熔、交代混合等复杂的混合岩化深度变质作用形成的一种特殊类型变质岩。混合岩晶粒粗大，变晶结构；条带状、眼球状构造；矿物成分与花岗片麻岩接近。

6. 大理岩

大理岩由石灰岩、白云岩经接触变质或区域变质的重结晶作用而成。纯质大理岩为白色，强度中等，易于开采加工，色泽美丽，我国建材界称为“汉白玉”。若含杂质时，大理岩可为灰白、浅红、淡绿，甚至黑色；等粒变晶结构；块状构造。以方解石为主称为方解石大理岩，以白云石为主称为白云石大理岩。

7. 石英岩

石英岩由石英砂岩或其他硅质岩经重结晶作用而成。纯质石英岩呈暗白色，硬度高，有油脂光泽；含杂质后可为灰白色、蔷薇色或褐色等；等粒变晶结构；块状构造；石英含量超过85%。结构和构造与大理岩相似，一般由较纯的石英砂岩变质而成。强度很高，抗风化能力强，是良好的建筑材料，但开采相当困难。

8. 云英岩

云英岩由花岗岩经交代变质而成。常为灰白色、浅灰色；等粒变晶结构；致密块状构造；主要矿物为石英和白云母。

9. 蛇纹岩

蛇纹岩由富含镁的超基性岩经交代变质而成。常为暗绿色或黑绿色，风化后则呈现黄绿色或灰白色；隐晶质结构；块状构造；主要矿物为蛇纹石，常含少量石棉、滑石、磁铁矿等矿物；断面不平坦；硬度较低。

10. 构造角砾岩

构造角砾岩是断层错动带中的产物，又称断层角砾岩。原岩受极大动压力而破碎后，经胶结作用而成构造角砾岩。角砾压碎状结构；块状构造；碎屑形状不均，粒径可由数毫米到数米；胶结物多为细粉粒岩屑或后期从溶液中沉淀的物质。

11. 斜长角闪岩

中细粒变晶结构，块状构造，局部地方因斜长石和角闪石的定向排列或分布不均匀，显示出不明显的片理构造及条带构造。

9.4.5 作业

提交大理岩、石英岩、板岩、千枚岩、云母片岩的实训报告。

9.5 实训—地质构造的鉴别

9.5.1 目的要求

(1) 了解地质图的基本概念，进一步认识地质构造在地质图上的表现。

(2) 认识地质图并掌握阅读地质图的方法和步骤；能根据地质平面图做出地质剖面图。

9.5.2 实训方法与步骤

地质图是反映一定范围内地质构造的平面图件。因此，图中应包括图名、图例、比例尺、岩层的性质、地质年代及其分布规律；地质构造形态特征（向斜、背斜、断层等）；岩层的接触关系及地形特征等内容。一幅地质图反映了该地区各方面地质情况。读图时，一般要分析地层时代、层序和岩石类型、性质和岩层、岩体的产状、分布及相互关系。地质构造方面主要是褶皱的形态特征、空间分布、组合和形成时代；断裂构造的类型、规模、空间组合、分布和形成时代或先后顺序；岩浆岩体产状和原生及次生构造及变质岩区所表现的构造特征等。读图分析时，可以边阅读边记录，边绘示意剖面图或构造纲要图。

9.5.3　案例分析

对明山寨地质图（图 9.1）进行分析，步骤如下：

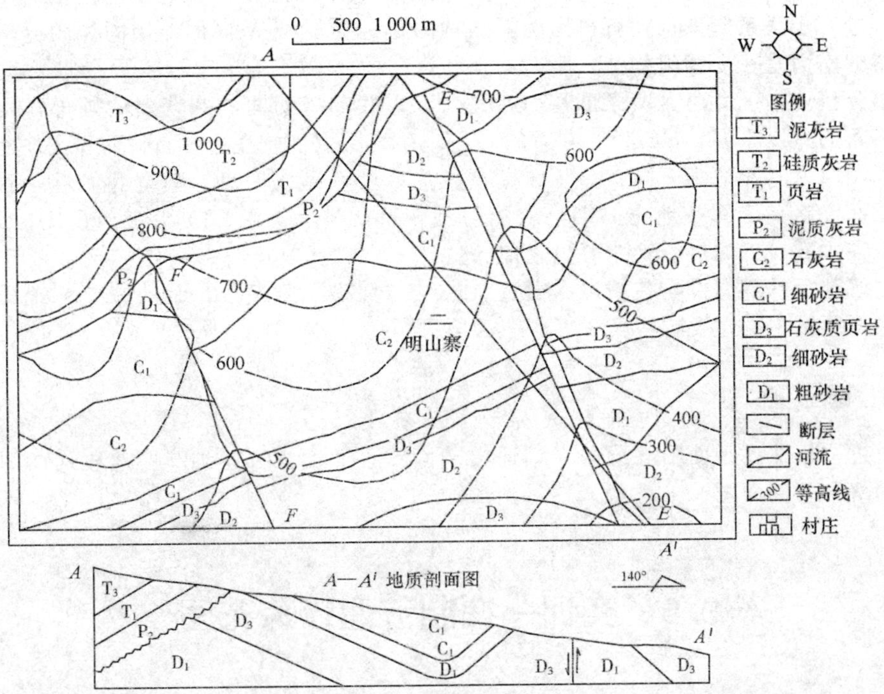

图 9.1　明山寨地质图

（1）地质图的比例尺：明山寨地质图的比例尺是 1∶50 000，即图上 1 cm 实际为 500 m；故明山寨地质图的范围为 7 km×5 km=35 km^2。

（2）仔细阅读图 9.1 右边的图例，这是为了了解该区共出现哪些地质年代的岩层，而其岩性特征又是如何？从明山寨地质资料可知：出现的地层由早到晚为早泥盆世（D_1）的粗砂岩、中泥盆世（D_2）的细砂岩、晚泥盆世（D_3）的石灰质页岩、早石炭世（C_1）的细砂岩、中石炭世（C_2）的石灰岩、晚二叠世（P_2）的泥质灰岩、早三叠世（T_1）页岩、中三叠世（T_2）的硅质灰岩、晚三叠世（T_3）的泥灰岩。

这些资料不但清楚地告诉我们出露在该区的岩层全是沉积岩层，而且说明该区在其地史发展过程中，在晚石炭世及早二叠世地史时期为一上升隆起时期，遭受风化剥蚀，故缺失了这两个地史时期的沉积岩系。这一客观的历史事实又告诉我们：石炭纪与上二叠世之间的接触关系为一角度不整合的接触关系。

（3）对明山寨地区地质图的阅读与具体分析如下：

1）地形特征：本区地形最高点为 1 000 m，位于西北部。最低处为 200 m，位于本区的东南角，除东部有一个 600 m 高度的小山岗外，地势由西北向东南逐渐低缓，呈一单面坡的地形特征。

2）地层分布情况：从地质图中可知，地质年代较晚的中生代地层均分布在本区的西北部，值得我们注意的是，晚二叠世的地层界线除与 *EE*、*FF* 两断层线接触外，还与 D_1、D_2、C_1 等地层界线相交，这一有意义的地质现象就进一步说明了中石炭世地层与上覆的晚二叠世地层呈角度不整合的接触关系。其他地层的接触关系是整合的。

3）地质构造形成的分析。

①褶曲分析：从所出露的岩层来看，中部较大面积出露 C_2 的石灰岩，而其两侧又对称地出露 C_2、D_1、D_2 等地层。尽管地质图中没标明岩层的产状，但核部地层的地质年代比两翼部岩层的地质年代晚，则说明是向斜构造。这一构造特征又可从 *EE*、*FF* 两断层的两侧岩层的特点得到证实。若进一步联系起来，就可得出向斜的轴向是近 NE—SW 向的。用同样的分析方法又可发现在向斜的南面是一个背斜构造。

②断层分析：本区共出露两条断层（*EE*、*FF*）并都横切向斜和背斜的轴部，从断层两侧核部岩层出露的宽度来看，*EE* 断层右边的 C_2 及 C_1 岩层宽度较左边窄，说明了 *EE* 断层的右盘为上升盘，相应地其左边为下降盘。至于断层发生在哪一地史时期，只要我们看一看断层线穿过哪些地层而又终止于哪一地史时期，就能得到正确的答案，根据明山寨地质图的资料可知，断层是发生在中石炭纪之后，晚二叠世之前的。

为了更好地反映其深部构造情况，通过 $A—A'$ 方向做一剖面线，做的 $A—A'$ 地质剖面图能更好地反映平面图中的主要内容。

9.5.4 思考题

如何通过一幅地质平面图去绘制一幅地质剖面图？要注意哪些细节？地质剖面图是否就是工程地质勘察中的剖面图？

9.6 实训—编制节理玫瑰花图

9.6.1 目的要求

（1）整理节理资料和绘制节理玫瑰花图。

（2）分析节理玫瑰花图反映的构造意义。

9.6.2 说明

1. 绘制节理走向玫瑰花图的方法

（1）资料整理。将野外测量的节理走向，换算成北东和北西方向，按其走向方位角的一定间隔分组。分组间隔依作图要求及地质情况而定，一般采用5°或10°为一间隔，如分成0°～9°、10°～19°……习惯上把0°归入0°～9°组，10°归入10°～19°组，依此类推。然后统计每组的节理数目，计划出每组节理平均走向，如0°～9°组内，有走向为6°、5°、4°三条节理，则其平均走向为5°。把统计整理好的数值填入表9.4。

表9.4　节理走向统计表

间隔/（°）	走向	平均值	间隔/（°）	走向	平均值
0～9	12	5	70～79		
10～19	5	14.8	80～89		
20～29	6	22.2	270～279	3	282.7
30～39	13	34.7	280～289	6	294
40～49	21	45.9	290～299	10	304.2
50～59			300～309	16	314.9
60～69			310～319	10	325.6

续表

间隔/（°）	走向	平均值	间隔/（°）	走向	平均值
320～329			340～349		
330～339			350～359		

（2）确定作图比例尺。根据作图的大小和各组节理数目，选取一定长度的线段代表一条节理，然后以等于或稍大于比例尺表示的、数目最多的那一组节理的线段的长度为半径，作半圆，过圆心作南北线及东西线，在圆周上标明方位角（图 9.2）。

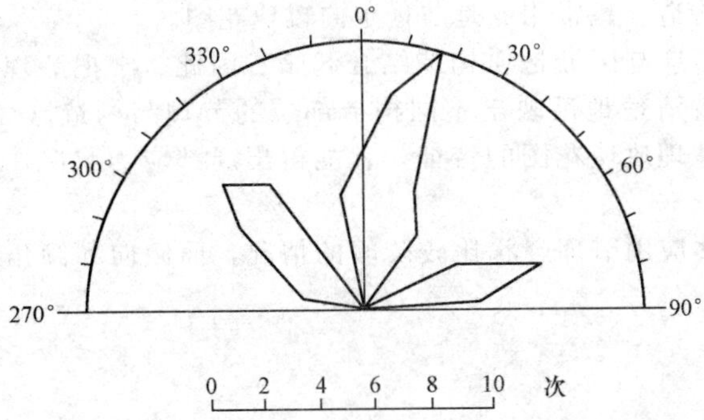

图 9.2 节理走向玫瑰花

（3）找点连线。从 0°～9°一组开始，按各组平均走向方位角在半圆周上做一记号，再从圆心向圆周上该点的半径方向，按该组节理数目和所定比例尺定出一点，此点即代表该组节理平均走向和节理数目。各组的点确定后，顺次将相邻组的点连线。如其中某组节理为零，则连线回到圆心，然后从圆心引出与下一组相连。

（4）写上图名和比例尺。

2. 绘制节理倾向玫瑰花图的方法

按节理倾向方位角分组，求出各组节理的平均倾向和节理数目，用圆周方位代表节理的平均倾向，用半径长度代表节理条数，作法与节理走向玫瑰花图相同，只不过用的是整圆（图 9.3）。

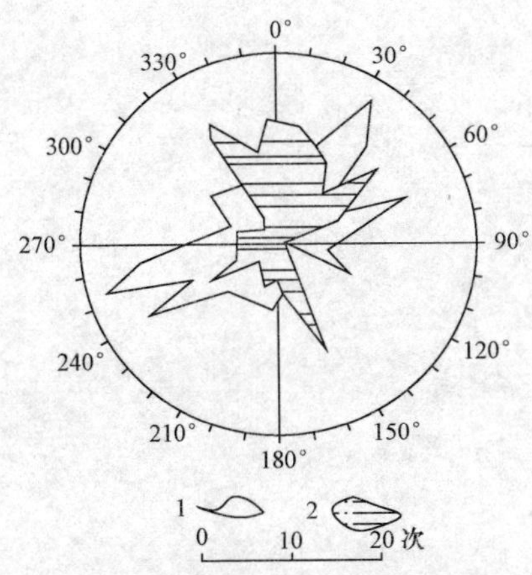

图 9.3 节理倾向、倾角玫瑰花图

1—倾向玫瑰花图；2—倾角玫瑰花图

注：比例尺代表节理的数目

3. 绘制节理倾角玫瑰花图的方法

按上述节理倾向方位角的组，求出每组的平均倾角，然后用节理的平均倾向和平均倾角作图，圆半径长度代表倾角，由圆心至圆周从 0°～90°，找点和连线方法与倾向玫瑰花图相同倾向，倾角玫瑰花图一般重叠画在一张图上。作图时，在平均倾向线上，可沿半径按比例找出代表节理数和平均倾角的点，将各点连成折线即得。图上用不同颜色或线条加以区别。

4. 节理玫瑰花图的分析

玫瑰花图是节理统计方式之一，作法简便，形象醒目，可以比较清楚地反映出主要节理的方向，有助于分析区域构造。最常用的是节理走向玫瑰花图。

分析节理玫瑰花图，应与区域地质构造结合起来。因此，常把节理玫瑰花图，按测点位置标绘在地质图上。这样就清楚地反映出不同构造部位的节理与构造（如褶皱和断层）的关系。综合分析不同构造部位节理玫瑰花图的特征，就能得出局部应力状况，甚至可以大致确定主应力轴的性质和方向。

走向节理玫瑰花图多应用节理产状比较陡峻的情况，而倾向和倾角玫瑰花图多用于节理产状变化较大的情况。

9.6.3 作业

选择某一观测点的节理测量资料（统计节理不少于 150 条），按方位间隔加以整理的结果列表分组，作节理走向玫瑰花图。

附录 1

地质罗盘结构及岩层产状要素的野外量测

罗盘是野外地质工作不可缺少的工具，掌握罗盘的使用方法是工程地质野外实习对学生基本技能的要求。利用罗盘可以对观测点及对我们所在的方向进行定位，同时还能测定所有地质界面（岩层层面、褶皱轴面、断层面、节理面）的产状、地形坡角等。

1.1 罗盘结构

地质罗盘由磁针、刻度盘、测斜仪、瞄准觇板、水准器等几部分安装在一个铜、铝或木制的圆盘内而组成，如附图 1.1 所示。

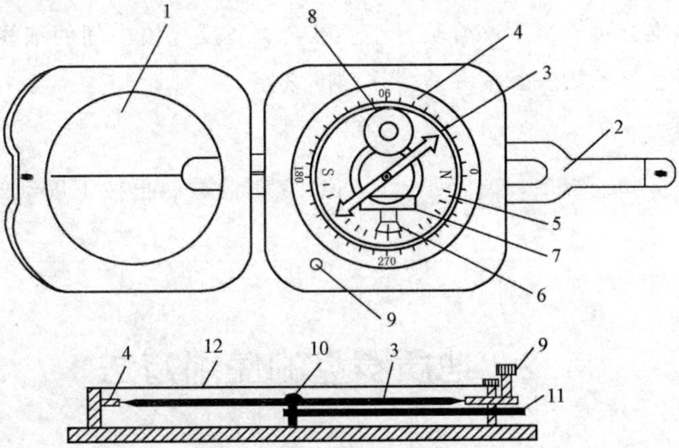

附图 1.1 罗盘的结构

1—反光镜；2—瞄准觇板；3—磁针；4—水平刻度盘；5—垂直刻度盘；6—垂直刻度指示器；7—垂直水准器；8—底盘水准器；9—磁针固动螺旋；10—顶针；11—杠杆；12—玻璃盖

1. 磁针

磁针一般为中间宽两边尖的菱形钢针，安装在底盘中央的顶针上，可自由转动，不用时应旋紧固动螺旋，将磁针抬起压在盖玻璃上避免磁针帽与顶针尖的碰撞，以保护顶针尖，延长罗盘使用寿命。在进行测量时放松磁针固动螺旋，使磁针自由摆动，最后静止时磁针的指向就是磁针子午线方向。由于我国位于北半球，磁针两端所受磁力不等，使磁针失去平衡。为了使磁针保持平衡，常在磁针南端绕上几圈铜丝，便于区分磁针的南北两端。磁针是用来读走向和倾向度数的。测倾向时如果量测的是岩层顶面，则罗盘的 S 端靠在岩层层面上，此时读北针；如果量测的是岩层底面，则罗盘的 S 端靠在岩层层面上就读南针，N 端靠在岩层层面上就读北针，即“靠南（端）读南（针），靠北（端）读北（针）”。

2. 水平刻度盘

水平刻度盘是用来读走向和倾向的。水平刻度盘的刻度标示方式：从零度开始按逆时针方向每10°一记，连续刻至360°，0°和180°分别为N和S，90°和270°分别为E和W，利用它可以直接测得地面两点间直线的磁方位角。刻度盘上的东西方向和实际的地理方位是相反的，这是因为我们读数时是从镜子外面往刻度盘里读数。

3. 垂直刻度盘

垂直刻度盘是用来读倾角和坡角读数的，以E或W位置为0°，以S或N位置为90°，每隔10°标记相应数字。

4. 垂直刻度指示器

垂直刻度指示器是罗盘的重要组成部分，悬挂在磁针的轴下方，底盘处的觇扳手可使其转动，它是用来测定岩层倾角和地形坡度的。中央的白色尖端所指刻度即倾角或坡角的度数。

5. 水准器

水准器通常有两个，分别装在圆形玻璃管中，底盘水准器（圆形水准器）固定在底盘上，垂直水准器（长形水准器）固定在垂直刻度指示器上。

6. 瞄准器

瞄准器包括长照准合页、短照准合页、小照准合页、反光镜中间的细线、下部的透明小孔。瞄准器使眼睛、细线、目的物三者成一线，作瞄准之用。

7. 磁针固动螺旋

磁针固动螺旋按下固动螺旋，磁针不动，可以立刻读数。再按下固动螺旋，磁针恢复自由转动。

1.2 地质罗盘的使用方法

1.2.1 在使用前必须进行磁偏角的校正

因为地磁的南、北两极与地理上的南、北两极位置不完全相符，即磁子午线与地理子午线不相重合，地球上任一点的磁北方向与该点的正北方向不一致，这两方向间的夹角叫作磁偏角。

地球上某点磁针北端偏于正北方向的东边称为东偏，偏于正北方向的西边称为西偏。东偏为（+），西偏为（−）。地球上各地的磁偏角都按期计算，公布以备查用。若某点的磁偏角已知，则一测线的磁方位角 $A_{磁}$ 和正北方位角 A 的关系为磁方位角 A 等于 $A_{磁}$ 加减磁偏角，即正北方位角 $A=A_{磁}\pm$磁偏角。应用这一原理可进行磁偏角的校正，校正时可旋动罗盘的刻度螺旋，使水平刻度盘向左或向右转动（磁偏角东偏则向右，西偏则向左），使罗盘底盘南北刻度线与水平刻度盘0°～180°连线间的夹角等于磁偏角。经校正后测量时的读数就为真连线间夹角等于磁偏角。

1.2.2 应用

1. 定方位

方位是目标所处的方向和位置。定方位也称交会定点。

(1) 当目标在视线（水平线）上方时的测量方法。右手握紧仪器，上盖背面向着观察者，手臂贴紧身体，以减少抖动。左手调整长照准合页和反光镜，转动身体，使目标、照准尖的像同时映入反光镜的椭圆孔，并为镜线所平分，保持水平水准器水泡居中，则读磁针北极所指示的度数，即该目标所处的方向。

按照同样的方法，在另一测点对该目标进行测量，这样两个测点对同一目标进行测量，得出两线沿着测出的度数相交于目标，就得出目标的位置。

(2) 当目标在视线（水平线）下方时的测量方法。右手紧握仪器，反光镜在观察者的对面，手臂同样贴紧身体，以减少抖动。左手调整长照准合页和上盖，转动身体，使目标、照准尖同时映入反光镜的椭圆孔，并为镜线所平分，保持水平水准器水泡居中，则读磁针北极所指示的度数，即该目标所处的方向。

按照同样的方法，在另一测点对同一目标进行测量。这样从两个测点对该目标进行测量，得出两线沿着测出的度数相交于目标，就得出目标的位置。

2. 坡度角

坡度角即测量目标到观察者与水平面的夹角。右手握住仪器外壳和底盘，长照准器在观察者的一方，将仪器平面垂直于水平面，长水泡居下方。左手调整上盖和长照准器，使目标、照准尖的孔同时为反光镜椭圆孔刻线所平分。然后右手中指调整手把，从反光镜中观察长水泡居中，此时指示盘在方向盘上所指示的度数即该目标的坡角。如果测某一坡面的坡角，则只需把上盖打开到极限位置，将仪器侧边直接放在该坡面上，调整长水泡居中，读出角度，即该坡面的坡角。

3. 岩层产状要素的测量

岩层的空间位置决定于其产状要素，岩层产状要素包括岩层的走向、倾向和倾角。测量岩层产状是野外地质工作最基本的工作方法，必须熟练掌握。

(1) 岩层走向的测定。岩层走向是岩层层面与水平面交线的方向，它是岩层在水平方向的延伸方向。测量时将罗盘长边与层面紧贴，然后转动罗盘，使底盘水准器的水泡居中，读出指针所指刻度即岩层的走向。注意量测过程中罗盘长边始终不能离开岩层层面。

(2) 岩层倾向的测定。岩层倾向是指岩层向下最大倾斜方向线在水平面上的投影，与岩层走向垂直。它是指岩层倾斜的方向。测量时，将罗盘北端或瞄准觇板指向岩层倾斜方向，罗盘南端紧靠着层面（顶面）即走向线，并转动罗盘，使底盘水准器水泡居中，读指北针所指刻度即岩层的倾向。注意测量时罗盘的短边始终不能离开岩层层面。

(3) 岩层倾角的测定。岩层倾角是岩层层面与假想水平面间的最大夹角，即真倾角。它是表示岩层倾斜的程度，是沿着岩层的真倾斜方向测量得到的，沿其他方向所测得的倾角是视倾角。视倾角恒小于真倾角，也就是说岩层层面上的真倾斜线与水平面的夹角为真倾角，岩层层面上的视倾斜线与水平面的夹角为视倾角。野外分辨层面的真倾斜方向甚为重要，其恒与走向垂直。另外，可用小石子使之在层面上滚动或滴水使之在层面上流动，测量时将罗盘直立，并以长边靠着岩层的面上所画的倾向线，并用中指扳动罗盘底部的活动扳手，使垂直水准器水泡居中，读出垂直刻度指示器上白色线所指角度即真倾角。

由于岩层走向和倾向相差 90°，所以野外一般直接测定倾向，走向可通过换算确定。岩层产状的表示一般为“倾向∠倾角”。

附录 2

工程地质测绘剖面图的绘制

工程地质测绘剖面图是反映地层岩性、地质构造的有效手段，研究地区的多个剖面可以控制该区的工程地质条件。

2.1 测量基本工具

测量基本工具主要有罗盘（确定岩层及构造面产状、坡度角、方位角）、皮尺（确定距离）。

2.2 测量方法

（1）两人分别担任前后测手，前测手牵引导线至坡度变化处或皮尺拉伸至末端形成导线，确定导线长度，后测手测定导线方位角和坡度角。

（2）在该导线范围内遇到不同的地层需进行地层划分，确定分层界线及各地层厚度并进行岩性描述；对划分地层进行产状测量；遇到地质构造应记录地质构造位置，并进行产状测量和详细描述。

（3）一导线结束，前测手沿预定导线方位前行，后测手至前测手位置，重复前面的过程直至完成剖面图测定。

2.3 剖面图绘制

（1）根据测定的剖面长度和图面幅度确定合适的比例尺。

（2）按照野外测定导线长度和坡度角勾绘地形线。

（3）根据分层厚度在地形线上确定分层位置，并根据岩层产状绘制岩性花纹。

（4）在导线起点标注导线方位角、地层内标注产状、分层编号。

（5）绘制图例和图签。

附录 3

第四纪地层的成因类型符号

附表 3.1 第四纪地层的成因类型符号

地层名称	符号	地层名称	符号	地层名称	符号	地层名称	符号
人工填土	Q^{ml}	残积层	Q^{el}	海陆交互相沉积层	Q^{mc}	滑坡堆积层	Q^{del}
植物层	Q^{pd}	风积层	Q^{eol}	冰积层	Q^{ol}	泥石流堆积层	Q^{set}
冲积层	Q^{al}	湖积层	Q^{l}	冰水沉积层	Q^{fgl}	生物堆积层	Q^{o}
洪积层	Q^{pl}	沼泽沉积层	Q^{h}	火山沉积层	Q^{b}	化学堆积层	Q^{ch}
坡积层	Q^{dl}	海相沉积层	Q^{m}	崩积层	Q^{col}	成因不明的沉积层	Q^{pr}

注：1. 两种成因混合而成的沉（堆）积层，可采用混合符号，例如：冲积和洪积混合层，可用 Q^{al+pl} 表示。

2. 地层和成因的符号可合起来使用，例如：由冲积形成的第四系上更新统，可用 Q_3^{ml} 表示

附录 4

岩层倾角换算表

附表 4.1　岩层倾角换算表

真倾角	岩层走向与剖面间夹角								
	80°	75°	70°	65°	60°	55°	50°	45°	40°
10°	9°51′	9°40′	9°24′	9°5′	8°41′	8°13′	7°41′	7°6′	6°25′
15°	14°47′	14°31′	14°8′	13°39′	13°34′	12°28′	11°36′	10°4′	9°46′
20°	19°43′	19°23′	18°53′	18°15′	17°30′	16°36′	15°35′	14°25′	13°10′
25°	24°48′	24°15′	23°39′	22°56′	22°0′	20°54′	19°39′	18°15′	16°41′
30°	29°37′	29°9′	28°29′	27°37′	26°34′	25°18′	23°51′	22°12′	20°21′
35°	34°36′	34°4′	33°21′	32°24′	31°13′	29°50′	28°12′	26°20′	24°14′
40°	39°34′	39°2′	38°15′	37°15′	36°0′	34°30′	32°44′	30°41′	28°20′
45°	44°34′	44°1′	43°13′	42°11′	40°54′	39°19′	37°27′	35°16′	32°44′
50°	49°34′	49°1′	48°14′	47°12′	45°54′	44°17′	42°23′	40°7′	37°27′
55°	54°35′	54°4′	53°19′	52°18′	51°3′	49°29′	47°35′	45°17′	42°33′
60°	59°37′	59°8′	58°26′	57°30′	56°19′	54°49′	53°0′	50°46′	48°4′
65°	64°40′	64°14′	63°36′	62°46′	61°42′	60°21′	58°40′	56°36′	54°2′
70°	69°43′	69°21′	68°49′	68°7′	67°12′	66°8′	64°35′	62°42′	60°29′
75°	74°47′	74°30′	74°5′	73°32′	72°48′	71°53′	70°43′	69°14′	67°22′
80°	79°51′	79°39′	79°22′	78°59′	78°29′	77°51′	77°2′	76°0′	74°40′
85°	84°56′	84°50′	84°41′	84°29′	84°14′	83°54′	83°29′	82°57′	82°15′
89°	88°59′	88°58′	88°56′	88°54′	88°51′	88°47′	88°42′	88°35′	88°27′

真倾角	岩层走向与剖面间夹角								
	35°	30°	25°	20°	15°	10°	5°	1°	
10°	5°46′	5°2′	4°15′	3°27′	2°31′	1°45′	0°59′	0°10′	
15°	8°44′	7°38′	6°28′	5°14′	3°33′	2°40′	1°20′	0°16′	
20°	11°48′	10°19′	8°45′	7°6′	5°23′	3°37′	1°49′	0°22′	
25°	14°58′	13°7′	11°9′	9°3′	6°53′	4°37′	2°20′	0°28′	
30°	18°19′	16°6′	13°43′	11°10′	8°30′	5°44′	2°53′	0°35′	
35°	21°55′	19°18′	16°29′	13°28′	10°16′	6°56′	3°30′	0°42′	
40°	25°42′	22°45′	19°31′	16°0′	12°15′	8°17′	4°11′	0°50′	
45°	29°50′	26°33′	22°55′	18°53′	14°30′	9°51′	4°59′	1°0′	
50°	34°21′	30°47′	26°44′	22°11′	17°9′	11°41′	5°56′	1°11′	
55°	39°20′	35°32′	31°7′	26°2′	20°17′	13°55′	7°6′	1°26′	
60°	44°47′	40°54′	36°14′	30°29′	24°8′	16°44′	8°35′	1°44′	
65°	50°53′	46°59′	42°11′	36°15′	29°2′	20°25′	10°35′	2°9′	
70°	57°36′	53°57′	49°16′	43°13′	35°25′	25°30′	13°28′	2°45′	
75°	64°58′	61°49′	57°31′	51°55′	44°1′	32°57′	18°1′	3°44′	
80°	72°15′	70°34′	67°21′	62°43′	55°44′	44°33′	26°18′	5°31′	
85°	81°20′	80°5′	78°19′	75°39′	71°20′	43°15′	44°54′	11°17′	
89°	88°15′	88°0′	87°38′	87°5′	86°9′	84°15′	78°41′	44°15′	

附录 5

土的野外鉴别

附表 5.1　碎石土的密实度野外鉴别

密实度	骨架颗粒含量和排列	可挖性	可钻性
密实	骨架颗粒质量大于总质量的70%，呈交错排列，连续接触	锹镐挖掘困难，用撬棍方能松动，井壁较稳定	钻进困难，钻杆、吊锤跳动剧烈，孔壁较稳定
中密	骨架颗粒质量等于总质量的60%～70%，呈交错排列，大部分接触	锹镐可挖掘，井壁有掉块现象，从井壁取出大颗粒处，能保持颗粒凹面形状	钻进较困难，钻杆、吊锤跳动不剧烈，孔壁有坍塌现象
松散	骨架颗粒质量小于总质量的60%，排列混乱，大部分不接触	锹可以挖掘，井壁易坍塌，从井壁取出大颗粒处，立即塌落	钻进较容易，钻杆稍有跳动，孔壁易塌落

附表 5.2　砂土的野外鉴别

鉴别特征	砾砂	粗砂	中砂	细砂	粉砂
观测颗粒粗细	约有1/4颗粒比荞麦或高粱粒（2 mm）大	有一半以上颗粒比小米粒（0.5 mm）大	有一半以上颗粒与砂糖或白菜籽（＞0.25 mm）近似	大部分颗粒与粗玉米粉（＞0.1 mm）近似	大部分颗粒与小米粉（＜0.1 mm）近似
干燥时状态	颗粒完全分散	颗粒完全分散，个别胶结	颗粒基本分散，部分胶结，胶结部分一碰即散	颗粒大部分分散，少量胶结，胶结部分稍加碰撞即散	颗粒少部分分散，大部分胶结（稍加压即分散）
湿润时用手拍后的状态	表面无变化	表面无变化	表面偶有水印	表面有水印（翻浆）	表面有显著翻浆现象
黏着程度	无黏着感	无黏着感	无黏着感	偶有轻微黏着感	有轻微黏着感

附表 5.3　黏性土、粉土的野外鉴别

鉴别方法	分类		
	黏土	粉质黏土	粉土
	塑性指数		
	$I_p>17$	$10<I_p\leqslant 17$	$I_p\leqslant 10$
湿润时用刀切	切面非常光滑，刀刃有黏腻的阻力	稍有光滑面，切面规则	无光滑面，切面较粗糙
用手捻摸时的感觉	湿土用手捻摸时有滑腻感，当水分较大时极易粘手，感觉不到有颗粒存在	仔细捻摸感觉到有少量细颗粒，稍有滑腻感，有黏滞感	感觉有细颗粒存在或感觉粗糙，有轻微黏滞感或无黏滞感
黏着程度	湿土极易黏着物体（包括金属与玻璃），干燥后不宜剥去，用水反复洗才能去掉	能黏着物体，干燥后较易剥掉	一般不黏着物体，干燥后一碰就掉
湿土搓条情况	能搓成小于 0.5 mm 的土条（长度不短于手掌），手持一段不宜断裂	能搓成 0.5～2 mm 的土条	能搓成 2～3 mm 的土条
干土的性质	坚硬，类似陶瓷碎片，用锤击方可打碎，不易击成粉末	用锤易击碎，用手难捏碎	用手很易捏碎

附录 6

地质图例

6.1 土的图例

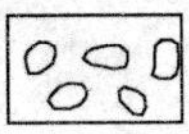
漂石

块石

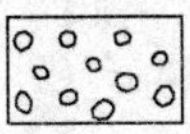
卵石

碎石

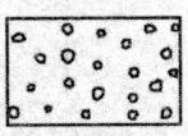
砾石

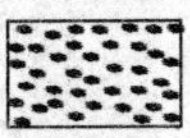
粗砂

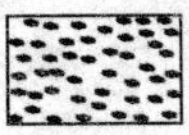
中砂

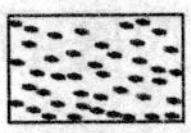
细砂

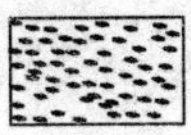
粉砂

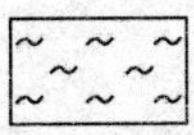
淤泥

素填土

杂填土

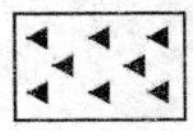
冲填土

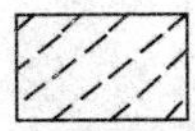
粉土

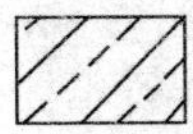
粉质黏土

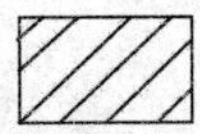
黏土

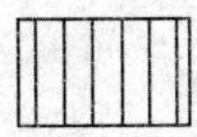
黄土

6.2 沉积岩的图例

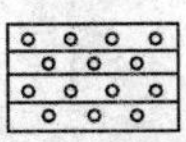
砾岩

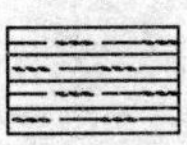
泥质砂岩

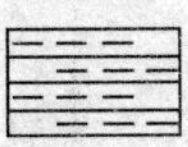
泥岩

炭质页岩

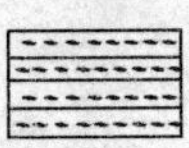
砂岩

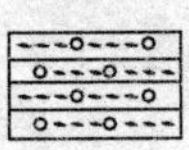
含砾砂岩

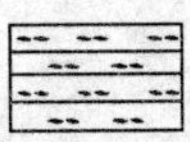
石英砂岩

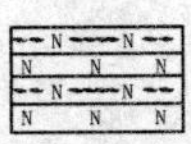
长石砂岩

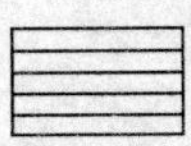
页岩

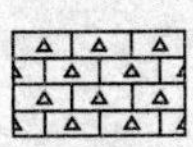
角砾状灰岩

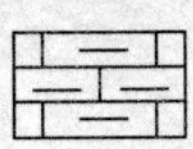
炭质灰岩

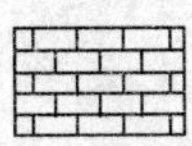
石灰岩

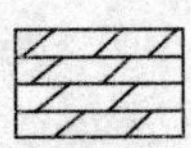
泥灰岩

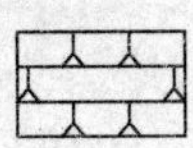
燧石灰岩

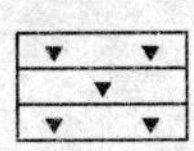
石膏

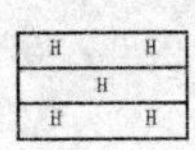
盐岩

6.3 火成岩的图例

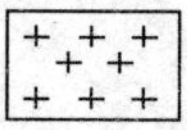	花岗岩	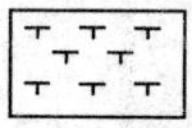	正长岩		安山岩
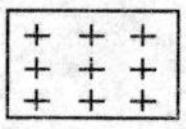	花岗斑岩	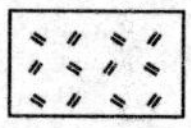	二长岩	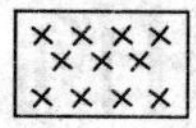	辉长岩
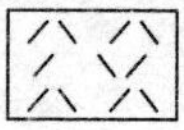	流纹岩	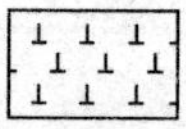	闪长斑岩		辉石岩
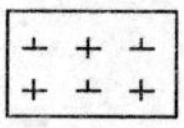	花岗闪长岩	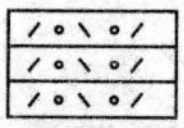	凝灰岩		橄榄岩
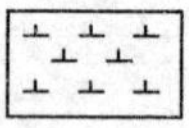	闪长岩	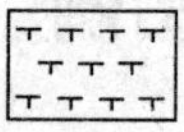	粗面岩	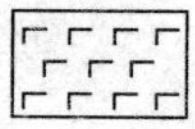	玄武岩

6.4 变质岩的图例

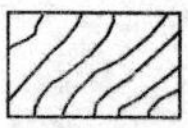	角砾状灰岩		花岗片麻岩	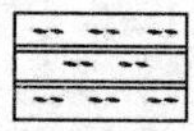	石英岩
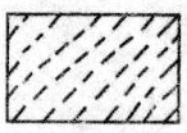	千枚岩	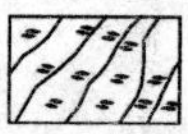	石英片岩	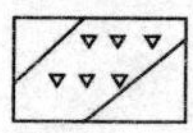	构造角砾岩
	板岩	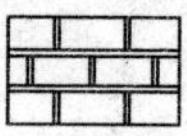	大理岩	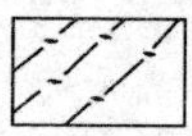	糜棱岩
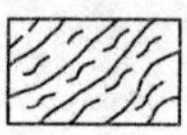	绿泥片岩	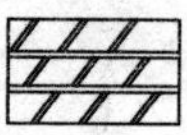	白云大理岩		角闪片岩
	片麻岩	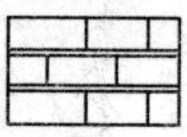	硅质灰岩		二云片岩

参考文献

[1] 邵艳，汪明武．工程地质［M］．武汉：武汉大学出版社，2013.

[2] 白云峰，工程地质［M］．郑州：郑州大学出版社，2007.

[3] 宿文姬，李子生．工程地质学［M］．3 版．广州：华南理工大学出版社，2013.

[4] 倪宏革，周建波．工程地质［M］．2 版．北京：北京大学出版社，2013.

[5] 倪宏革，时向东．工程地质［M］．北京：北京大学出版社，2009.

[6] 曹文贵，刘晓明，张永杰．工程地质学［M］．长沙：湖南大学出版社，2015.

[7] 陈洪江．土木工程地质［M］．2 版．北京：中国建材工业出版社，2010.

[8] 石振明，孔宪立．工程地质学［M］．2 版．北京：中国建筑工业出版社，2011.

[9]《工程地质手册》编委会．工程地质手册［M］．5 版．北京：中国建筑工业出版社，2018.

[10] 孙家齐，陈新民．工程地质［M］．4 版．武汉：武汉理工大学出版社，2011.

[11] 周德泉．工程地质实践教程［M］．长沙：中南大学出版社，2014.

[12] 谷兆祺，彭守拙，李仲奎．地下洞室工程［M］．北京：清华大学出版社，1994.

[13] 王泽云，刘永户，崔自治，等．土力学［M］．2 版．重庆：重庆大学出版社，2002.

[14] 何培玲，张婷．工程地质［M］．2 版．北京：北京大学出版社，2012.

[15] 刘宗仁．基坑工程［M］．哈尔滨：哈尔滨工业大学出版社，2008.

[16] 宿文姬，李子生．工程地质学［M］．3 版．广州：华南理工大学出版社，2013.

[17] 张咸恭，李智毅，郑达辉，等．专门工程地质学［M］．北京：地质出版社，1988.

[18] 孔宪立，石振明．工程地质学［M］．北京：中国建筑工业出版社，2001.

[19] 臧秀平．工程地质［M］．4 版．北京：高等教育出版社，2024.

[20] 刘忠玉．工程地质学［M］．北京：中国电力出版社，2007.

[21] 王贵荣．工程地质学［M］．2 版．北京：机械工业出版社，2017.

[22] 孙广忠，孙毅．地质工程学原理［M］．北京：地质出版社，2004.

[23] 韩娟．工程地质实训指导书［M］．郑州：黄河水利出版社，2013.

[24] 盛海洋．工程地质与水文实训［M］．北京：科学出版社，2011.

[25] 刘凡．地质与地貌学（南方本）［M］．2 版．北京：中国农业出版社，2018.

[26] 北京大学，南京大学，上海师范大学，等．地貌学［M］．北京：人民教育出版社，1978.

[27] 李维能，方贤铨．地貌学（测绘专业用）［M］．北京：测绘出版社，1983.

[28] 刘红军，张秀华．工程地质学［M］．哈尔滨：东北林业大学出版社，2004.

[29] 李智毅，杨裕云．工程地质学概论［M］．北京：中国地质大学出版社，1994.

［30］刘新荣，杨忠平．工程地质［M］．武汉：武汉大学出版社，2018.
［31］石振明，黄雨．工程地质学［M］．3 版．北京：中国建筑工业出版社，2018.
［32］梁秀娟，迟宝明，王文科，等．专门水文地质学［M］．4 版．北京：科学出版社，2016.
［33］张广兴，张乾青．工程地质［M］．3 版．重庆：重庆大学出版社，2020.
［34］梁成华．地质与地貌学［M］．2 版．北京：中国农业出版社，2017.
［35］盛海洋．工程地质与桥涵水文［M］．3 版．北京：机械工业出版社，2022.
［36］柴贺军，李晓，唐胜传，等．山区公路工程地质勘察［M］．重庆：重庆大学出版社，2019.
［37］周洪福，符文熹，唐文清，等．活动断裂带工程地质调查研究理论与实践——以安宁河断裂带为例［M］．北京：科学出版社，2020.
［38］殷杰，陈亮．工程地质与土力学 Engineering Geology and Soil Mechanics［M］．镇江：江苏大学出版社，2020.
［39］中华人民共和国住房和城乡建设部．GB 50007—2011 建筑地基基础设计规范［S］．北京：中国计划出版社，2012.
［40］中华人民共和国交通运输部．JTG C20—2011 公路工程地质勘察规范［S］．北京：人民交通出版社，2011.
［41］中华人民共和国交通运输部．JTG B01—2014 公路工程技术标准［S］．北京：人民交通出版社，2015.
［42］中华人民共和国住房和城乡建设部，中华人民共和国国家质量监督检验检疫总局．GB/T 50011—2010 建筑抗震设计标准（2024 年版）［S］．北京：中国建筑工业出版社，2010.
［43］中华人民共和国住房和城乡建设部．GB 50223—2008 建筑工程抗震设防分类标准［S］．北京：中国建筑工业出版社，2008.
［44］中华人民共和国建设部．GB 50021—2001 岩土工程勘察规范［2009 年版］［S］．北京：中国出版社，2004.
［45］中华人民共和国建设部．GB/T 50145—2007 土的工程分类标准［S］．北京：中国计划出版社，2008.
［46］中华人民共和国住房和城乡建设部．GB/T 50266—2013 工程岩体试验方法标准［S］．北京：中国计划出版社，2013.
［47］中华人民共和国住房和城乡建设部，中华人民共和国国家质量监督检验检疫总局．GB/T 50218—2014 工程岩体分级标准［S］．北京：中国计划出版社，2015.